ZUM ABLAUF IONISCHER POLYMERISATIONSREAKTIONEN

ZUM ABLAUF IONISCHER POLYMERISATIONSREAKTIONEN

von

Prof. Dr. rer. nat. habil. GÜNTHER HEUBLEIN

Jena

Mit 37 Abbildungen und 58 Tabellen

AKADEMIE-VERLAG · BERLIN
1975

Erschienen im Akademie-Verlag, 108 Berlin, Leipziger Str. 3–4

Lizenznummer: 202 · 100/488/75
Einband und Schutzumschlag: Rolf Kunze
Gesamtherstellung: VEB Druckhaus „Maxim Gorki“, 74 Altenburg
Bestellnummer: 761 909 7 (6184) · LSV 1215, 1275
Printed in GDR
EVP 58,–

Vorwort

Auf dem Gebiet der Polymerchemie ist in den letzten Jahren ein umfangreiches Schrifttum erschienen. Neue Zeitschriften wurden herausgegeben, um die außerordentliche Fülle an Originalarbeiten aufzunehmen. Es ist für den Einzelnen nicht mehr möglich, die gesamte Breite des Gebietes zu übersehen oder gar zu beherrschen. Daraus resultiert der Wunsch vieler Fachkollegen nach Quellen, die für Teilaspekte eines Wissensgebietes kurze und dennoch nicht fragmentarische Informationen vermitteln.

Eine Literaturumschau zeigt jedoch, daß derartige Abhandlungen relativ selten sind oder als z. T. recht umfangreiche Monographien nur einem kleinen Kreis von Lesern ständig zur Verfügung stehen. Dabei fällt ein besonderer Mangel an Zusammenfassungen über den Verlauf von Polymerisationsreaktionen auf. Die wenigen Bücher, die diesen Gegenstand in den Vordergrund stellen, bedienen sich gesicherter Beispiele radikalischer Polymerisationen, während die weitaus problematischere ionische Polymerisation kaum berücksichtigt wird.

In der Einführung zu diesem Buch wird auf die Nachteile ionischer Polymerisationen hingewiesen, die sicherlich z. T. für den erwähnten Mangel verantwortlich sind. Gleichzeitig sind dort jedoch auch die Vorteile erwähnt, die besonders über die Möglichkeit einer gezielten Reaktionsführung auch zu technisch nutzbaren Lösungen führen sollten. Dazu ist es allerdings erforderlich, mehr über den Verlauf ionischer Polymerisationen zu wissen.

Unsere gegenwärtigen Kenntnisse könnten bei pessimistischer Einschätzung als zu lückenhaft bezeichnet werden, um über diesen Gegenstand zu schreiben. Optimistisch betrachtet gibt es bereits Verallgemeinerungswürdiges, erste theoretische Ansätze für das Verständnis von Elementarreaktionen und sogar brauchbare Modelle zu ihrer Quantifizierung. Diese Lichtblicke darzulegen, ihren z. T. noch als Lehrmeinung geltenden, hypothetischen Charakter durch neues Material entweder zu bestätigen oder weiterführende Korrekturen anzuregen, ist das Hauptanliegen dieses Buches.

Im Kapitel 1. geht es um die Einordnung des Verlaufes von Polymerisationsreaktionen in allgemeine reaktionstheoretische Sachverhalte sowie um den Vergleich ionischer und radikalischer Elementarschritte. Im zweiten Kapitel sind die Gemeinsamkeiten ionischer Polymerisationen in den Vordergrund gestellt, soweit sie sich aus der Natur von Ionen, Ionenpaaren und deren Beeinflussung durch polare bzw. sterische Effekte oder durch Mediumeinflüsse ergeben.

Die Kapitel 3. und 4. enthalten einige z. T. gesicherte sowie einige noch in der Diskussion befindliche Grundlagen über den Verlauf kationischer bzw. anionischer Polymerisationen. Einige Besonderheiten beim Ablauf ionischer Copolymerisationen werden in Kapitel 5. beschrieben.

Kapitel 6. stellt schließlich den Versuch dar, auf Wege und Möglichkeiten zur Quantifizierung ionischer Polymerisationen aufmerksam zu machen.

Die Fülle des in der Originalliteratur vorhandenen Materials zwingt zu einer Auswahl, die willkürlich und von den Interessen des Autors bestimmt ist. Dabei wird der Polymerisation von Vinylmonomeren gegenüber heterocyclischen Ringöffnungspolymerisationen der Vorrang eingeräumt. Auf Untersuchungen zur Struktur von Polymeren wird nur eingegangen, wenn dies zum unmittelbaren Verständnis der Diskussion über Mechanismen beiträgt.

Bei Abhandlungen, die am Anfang oder inmitten einer Entwicklung stehen sind Irrtümer und Fehlinterpretationen nicht auszuschließen. Für diesbezügliche Hinweise wäre ich den Fachkollegen dankbar. Als Leserkreis wünscht sich der Autor fortgeschrittene Studenten, die bereits einen Grundkurs in makromolekularer Chemie gehört haben. Praktiker in Forschungseinrichtungen und Industrielaboratorien, die über reaktionsmechanistische Betrachtungen informiert sein möchten, ohne selbst als Spezialisten auf diesem Gebiet tätig zu sein, könnten dem Buch vielleicht nützliche Anregungen entnehmen. Zahlreichen Fachkollegen im In- und Ausland bin ich für Diskussionen und fördernde Hinweise zu großem Dank verpflichtet. Mein besonderer Dank gilt Herrn *Prof. J. Ulbricht*, Merseburg, der fünf Kapitel des Buches durchgesehen hat. Herrn *Prof. P. H. Plesch*, Keele (Großbritannien) verdanke ich kritische Hinweise zum Kapitel 3. und Herrn *Prof. I. M. Panayotov*, Sofia (VR Bulgarien) zum Kapitel 4. Herrn *Dr. P. Hallpap*, Jena, danke ich für die Durchsicht der Kapitel 1. und 2. Er hat gleichzeitig das Kapitel 6. verfaßt.

Meinen Mitarbeitern möchte ich ganz besonders danken für die Überlassung von experimentellen Ergebnissen sowie für die Unterstützung bei der Anfertigung von Bildern und der Gestaltung des Manuskriptes.

Dem Akademie-Verlag, insbesondere seinen Mitarbeitern im Lektorat Chemie, danke ich für die angenehme Zusammenarbeit.

Jena, Dezember 1972 *Günther Heublein*

Inhalt

Einführung

Unter Polyreaktionen versteht man die hauptvalenzmäßige Verknüpfung einer Vielzahl von Monomermolekülen. Bei der Reaktion jeweils gleicher Monomermoleküle werden Homopolymerisate, andernfalls Mischpolymerisate erhalten. Nach dem Verknüpfungsprinzip beurteilt, ist zwischen Polykondensation (I), Polyaddition (II) und Polymerisation (III) zu unterscheiden.

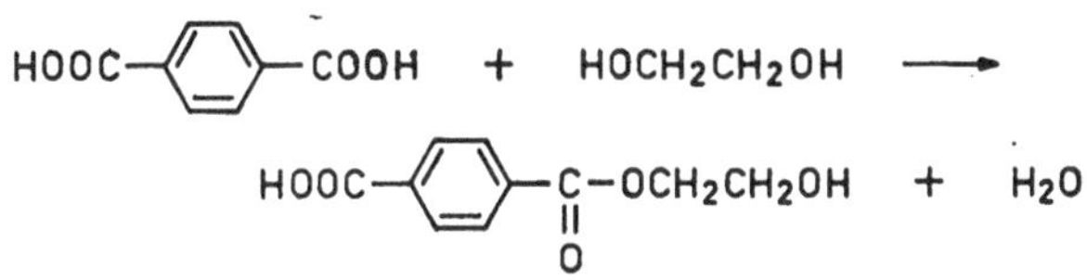

(I)

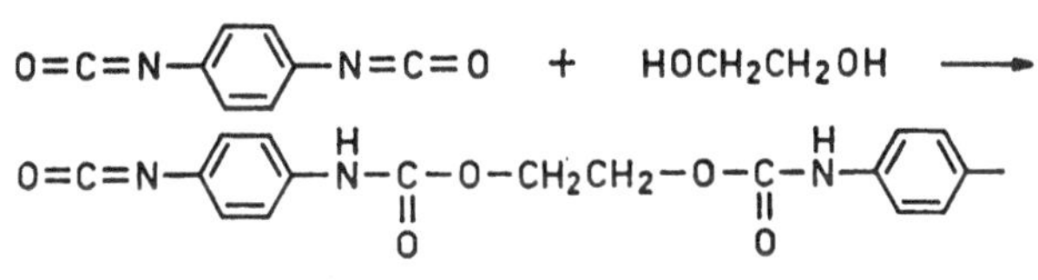

(II)

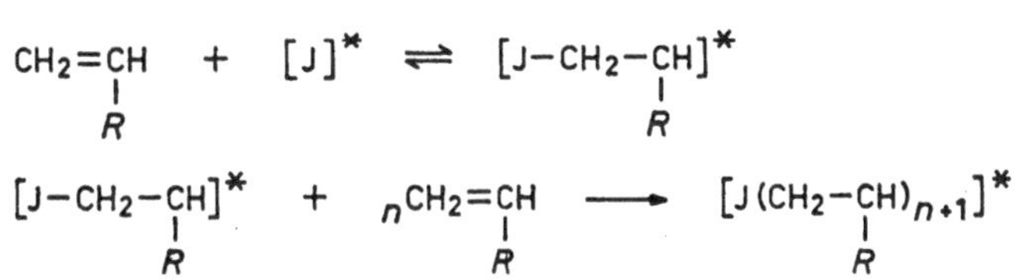

(III)

Nach (I) entsteht in der ersten Stufe der Polykondensation Wasser und ein Ester. Letzterer ist auf Grund seiner Bifunktionalität zu weiteren analogen Polyreaktionsschritten befähigt. Bei der Polyurethanreaktion (II) entsteht ebenfalls ein stabiles Zwischenprodukt, das im Unterschied zu (I) die gleiche Bruttoformel hat wie die eingesetzten Monomere. Im Gegensatz zu diesen kettenbildenden Reaktionsschritten über thermodynamisch stabile Zwischenstufen ist der Polymerisation ein Gleichgewicht vorgelagert, in welchem ein Teil der Monomere zunächst in die „polymerisationsaktive" Spezies übergeführt werden muß. Erst mit der Bildung einer polymerisationsaktiven Spezies, dem sogenannten

Kettenträger, kann die Polymerisation im Sinne einer Kettenreaktion nach (III) ablaufen.

Für die Aktivierung der Startmoleküle gibt es vielfältige Möglichkeiten, wie z. B.

a) thermische Anregung (Spontanpolymerisation von Styrol)
b) Strahlung unterschiedlicher Energie (Photopolymerisation, Ionische Polymerisation durch γ-Strahlen, Laser-Initiierte Polymerisation)
c) elektrische Felder (ionische und radikalische Polymerisation)
d) chemische Reaktionen mit Radikalen, Kationen und Anionen oder entsprechenden Ionenpaaren
e) Molekülreaktionen nach dem Donator-Akzeptor-Prinzip (Koodinationskomplexe).

Wenn die Bildung der Startmoleküle nach a)—c) erfolgt, kann von einer direkten Initiierung gesprochen werden, da die Veränderung der Elektronenstruktur im Monomeren zu einem Radikal oder Ion ohne „Zweitkomponente" erfolgt (vgl. jedoch Abschnitt 2.3.2.). Nach d) und e) eingeleitete Kettenreaktionen ent-

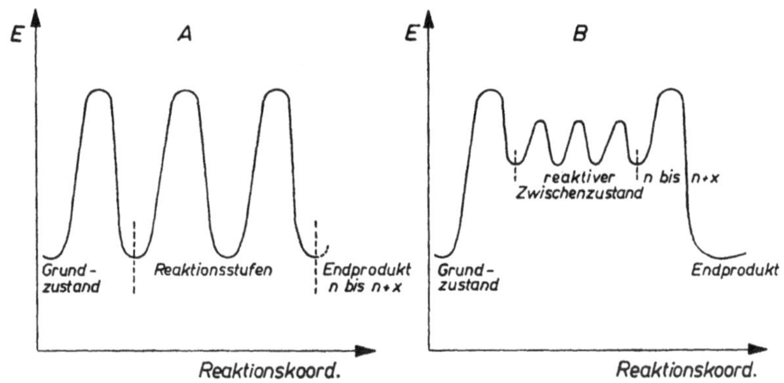

Bild 1. Schematische Energieprofildiagramme
A: Polykondensations- bzw. Polyadditionsreaktion; *B:* Polymerisationsreaktion

sprechen einer indirekten Initiierung unter Mitwirkung der oben genannten „Zweitkomponenten", deren chemische Natur im allgemeinen nicht der des Monomeren gleicht. Allen Polymerisationsreaktionen ist jedoch gemeinsam, daß die durchlaufenen Zwischenstufen im Gegensatz zur Polykondensation und der normalen Polyaddition nur eine geringe thermodynamische Stabilität aufweisen. In den folgenden Kapiteln soll eingehender erläutert werden, daß es oft schwer fällt, Polymerisationsreaktionen nach d) oder e) scharf voneinander abzugrenzen.

Im Bild 1 werden die wesentlichen Unterschiede der drei Kettenreaktionen in einem schematischen Energieprofildiagramm gegenübergestellt. Bei der Polykondensationsreaktion (bzw. Polyaddition) ist der Endzustand des ersten Reaktionsschrittes zugleich der Ausgangszustand für den nächsten Schritt, und die Aktivierungsenergie (E_A) ist für beide Schritte näherungsweise gleich. Die Kettenlänge kann durch Erreichen des Gleichgewichtszustandes unter den jeweiligen Bedingungen, durch mangelnde Löslichkeit des Polymeren im Medium oder durch den Verbrauch einer Monomerkomponente limitiert werden.

Im Falle der Polymerisation wird unter Aufwand einer relativ hohen Aktivierungsenergie ein reaktiver Zwischenzustand gebildet, aus welchem mit meist sehr niedriger Aktivierungsenergie die Kettenreaktion erfolgt, bis durch die sogenannten „kettenlimitierenden“ Faktoren (vgl. Kap. 1.) ein stabiler Endzustand erreicht wird. Die hohe potentielle Energie des Zwischenzustandes von Polymerisationsreaktionen verursacht in weit höherem Maße als bei anderen kettenbildenden Reaktionen den konkurrierenden Ablauf von Parallel- und Folgereaktionen. Dies gilt

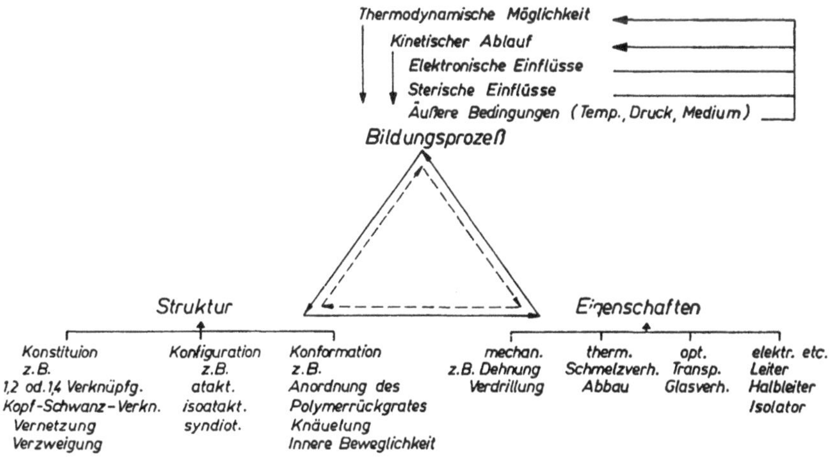

Bild 2. Schematische Darstellung von Teilaspekten der Polymerforschung

gleichermaßen für radikalische und ionische Polymerisationen, während die komplex-koordinativ-katalysierten Polyreaktionen in der Regel eine größere Selektivität im Elementarschritt der Wachstumsreaktion zeigen (s. Abschnitt 2.2.). Die außerordentlich große Bedeutung von polymeren Werkstoffen, Halbfabrikaten und Konsumtionsartikeln für die gesamte Volkswirtschaft erfordert einerseits die möglichst rationelle Reaktionsführung bekannter Polyreaktionen und zum anderen das Auffinden neuer Wege, die mit großer Sicherheit zu polymeren Werkstoffen mit ganz bestimmten Eigenschaften und Gebrauchswerten führen. Bekanntlich sind spezielle Eigenschaften von Polymeren an besondere strukturelle Merkmale gebunden, so daß die Untersuchung der Struktur-Eigenschafts-Relation ein weiterer Schwerpunkt der Polymerforschung ist. Insgesamt stellt die Kenntnis von Bildungsprozeß, Struktur und Eigenschaften von Polymeren einen funktionalen Zusammenhang mit wechselseitiger Bedingung dar, der die Grundlagenforschung auf diesem Gebiet bestimmt. Bild 2 enthält eine schematische Darstellung von Teilaspekten der Polymerforschung, ohne Anspruch auf Vollständigkeit.

Durch die methodische Verbesserung bekannter physikalischer Meßprinzipien sowie durch die Anwendung neuer Untersuchungsmethoden hat die Kenntnis über den Feinbau von Makromolekülen in fester Phase oder in gelöstem Zustand in den letzten Jahren beträchtliche Fortschritte erfahren. Durch die multivalente Einsatzmöglichkeit polymerer Werkstoffe wurde diese häufig als Polymerphysik ausgewiesene Richtung stark stimuliert. Sie liefert Aussagen insbesondere darüber, welche Strukturparameter das Eigenschaftsspektrum von Polymeren bestimmen und welche Strukturvariationen erforderlich sind, um speziell gewünschte Eigenschaften zu optimieren. Letzteres kann z. T. durch nachträgliche chemische oder physikalische Veränderungen des makromolekularen Stoffes erreicht werden. Andererseits kann auch die Forderung erhoben werden, den Bildungsprozeß der Polyreaktion so zu steuern, daß die erwarteten Strukturen mit den gewünschten Eigenschaften quasi „gesetzmäßig" erhalten werden. Die Realisierung dieser Forderung setzt voraus, daß der Bildungsprozeß in seinen Elementarschritten und seiner quantitativen Beeinflußbarkeit im Detail bekannt ist und damit auf allgemeine Naturgesetze zurückgeführt, beherrscht werden kann. Die gegenwärtigen Möglichkeiten, auf dem Wege der Rückkopplungen zwischen Bildungsprozeß, Struktur und Eigenschaften, wie sie im Bild 2 angedeutet werden sollten, polymere Werkstoffe „nach Maß" zu machen, bleiben indessen noch weit hinter der Zielstellung zurück. Die Gründe für diesen Rückstand sind gewiß vielschichtiger Natur. Richtig dürfte jedoch die Feststellung sein, daß der Grundlagenforschung auf dem Gebiet der gezielten Reaktionsführung in der Vergangenheit eine zu geringe Aufmerksamkeit zukam. So kann z. B. festgestellt werden, daß die für Hochschuleinrichtungen geforderte und für eine moderne Ausbildung geradezu unerläßliche Grundlagenforschung, in unserer Republik vor wenigen Jahren kaum auf dem Gebiet der Polymerchemie durchgeführt wurde. Die Entwicklung der Polymerchemie wurde vorrangig in Industrielaboratorien vorangetrieben, wobei verständlicherweise der Stoff selbst und seine Verwertbarkeit gegenüber seiner Bildungsweise im Vordergrund stand. Es ist daher sicher kein Zufall, daß die Bildungsmechanismen von Polykondensationsreaktionen oder die der radikalischen Polymerisation, die auch heute noch den überwiegenden Teil der industriell durchgeführten Polyreaktionen darstellen, besser bekannt sind als z. B. ionische Polymerisationen. In diesem Zusammenhang sei auch vermerkt, daß die erst seit etwa zwanzig Jahren bekannte komplexkoordinativ-katalysierte Polymerisation nach ihrer industriellen Anwendung eine äußerst intensive Bearbeitung zur Aufklärung des Reaktionsmechanismus erfahren hat, wobei innerhalb kurzer Zeit weithin akzeptierte Vorstellungen über die Elementarschritte dieser Polymerisation sowohl bei homogener als auch heterogener Reaktion gewonnen werden konnten.

Die Ursachen für die bisher geringe industrielle Bedeutung ionischer Polymerisationen sind vor allem in ihrem größeren technischen Aufwand zu suchen. Sie bestehen unter anderem in folgendem:

1. Zum Erreichen hoher Molekulargewichte ist eine Unterdrückung von Kettenübertragungsreaktionen (siehe folgende Kapitel) erforderlich. Aus diesem Grunde werden häufig Tieftemperaturpolymerisationen durchgeführt, die spezielle technische Voraussetzungen erfordern und schließlich das Produkt durch erhöhte Energiekosten verteuern.

2. Die hohe Reaktionsgeschwindigkeit ionischer Polymerisationen bedingt ihre bevorzugte Durchführung in Lösung. Mit dem Lösen der Monomere, der Produktfällung und der Lösungsmittelentfernung sind somit zusätzliche Verfahrensstufen notwendig. Schließlich müssen, um überhaupt eine ionische Polymerisation in Gang zu bringen, in vielen Fällen an die Reinheit der Lösungsmittel besondere Anforderungen gestellt werden.
3. Im Gegensatz zur radikalischen Polymerisation können ionische Polymerisationen, von wenigen Ausnahmen abgesehen, nicht in Wasser als dem billigsten Lösungsmittel der Industrie durchgeführt werden, da entweder bereits die Katalysatoren durch hydrolytischen Zerfall desaktiviert werden oder durch die Fähigkeit des Wassers, sowohl nucleophil als auch elektrophil in Reaktion treten zu können, ein Kettenwachstum verhindert wird.
4. Durch die hohe Reaktivität der Kettenträger treten bei ionischen Polymerisationen selbst bei sehr tiefen Temperaturen Isomerisierungen (siehe folgende Kapitel) auf, die zu strukturuneinheitlichen Polymeren führen.
5. Auf Grund der möglichen „Kombination gewünschter Eigenschaften" haben Mischpolymerisate ein besonderes technisches Interesse. Im Falle der radikalischen Polymerisation kann die Mischpolymerisation, auf der Basis theoretischer Betrachtungen und einer ungleich größeren Zahl empirischer Erfahrungswerte, mit gewissen Einschränkungen in vorausschaubarer Form gesteuert werden. Demgegenüber ist die ionische Mischpolymerisation noch stark „dem Zufall" überlassen.

Den genannten Nachteilen stehen jedoch eine Reihe Vorteile gegenüber, die eine technische Nutzung ionischer Polymerisationsverfahren rechtfertigen würden, zumal der technische Aufwand etwa im Vergleich zur ebenfalls industriemäßig betriebenen komplexkoordinativ-katalysierten Polymerisation kaum höher sein sollte und von einer modernen chemischen Industrie ohne größere Schwierigkeiten geleistet werden könnte. Voraussetzung dafür ist natürlich, daß die auf diesem Wege darzustellenden Polymere Eigenschaften aufweisen, die anderweitig nicht zu erreichen sind oder von anderen Produkten nicht gezeigt werden. Einige allgemeine Vorteile ionischer Polymerisationsreaktionen seien kurz erwähnt:

1. Einige Monomere sind ausschließlich (Vinyläther, Isobutylen) oder vorteilhaft (s. Kap. 1.) auf ionischem Wege zu polymerisieren.
2. Bei geeigneter Reaktionsführung werden auf ionischem Wege stereoregulierte Polymere erhalten, wobei die verwendeten Katalysatoren im allgemeinen billiger sind und einfacher gehandhabt werden können als komplex-koordinative Katalysatoren.
3. Ein „Makel der gesamten Polymerchemie" ist die meist recht breite Molekulargewichtsverteilung, die z. B. bei der radikalischen Polymerisation durch die Kombination von Radikalketten unterschiedlicher Länge zwangsläufig entsteht und sich nachteilig auf die mechanischen Eigenschaften der Produkte auswirkt.
   Auf dem Wege der ionischen Polymerisation lassen sich dagegen unter geeigneten Bedingungen Polymere mit nahezu einheitlichem Molekulargewicht herstellen.
4. Da bei ionischen Polymerisationen cyclischer Mono- und Diolefine die endocyclischen Doppelbindungen in der Regel nicht angegriffen werden, können Homo- bzw. Mischpolymerisate hergestellt werden, die für eine nachträgliche Bearbeitung (Vulkanisation, polymeranaloge Reaktionen) benötigte Doppelbindungen enthalten.
5. Unter der Voraussetzung besserer Kenntnisse über die Elementarschritte ionischer Polymerisationen sollte schließlich eine gesteuerte Mischpolymerisation relativ einfach erreicht

werden können, da bekanntlich Ladungsträger in übersichtlicher Weise durch Mediumeffekte oder durch elektrische Felder beeinflußbar sind. Damit könnte die Palette industriell interessanter Mischpolymerisate wesentlich erweitert werden.

Die wenigen Beispiele mögen genügen, um zu zeigen, daß z. B. zur Herstellung von Spezialpolymeren mit besonderen Eigenschaften, etwa für den Einsatz in Optik, Elektronik oder dem Gerätebau, ionische Polymerisationen eine zunehmende Bedeutung haben sollten. Während nun die Strukturuntersuchung oder die Eigenschaftstestung von Polymeren im Prinzip ohne die Kenntnis der Bildungsweise durchgeführt werden können (obwohl daraus wesentliche Rückschlüsse möglich sind), ist der technische Einsatz ionischer Polymerisationen unbedingt an erweiterte Untersuchungen der Elementarprozesse und deren regelbare Beeinflussung geknüpft. Mit anderen Worten ausgedrückt, muß der Grad der Beherrschbarkeit ionischer Polymerisationen erheblich gesteigert werden. Im folgenden sollen daher die Reaktionsmechanismen ionischer Polymerisationen betrachtet werden. Auf verfahrenstechnische Probleme kann in diesem Rahmen nicht eingegangen werden. Auch Strukturuntersuchungen an Polymeren, soweit sie nicht unmittelbar zum Verständnis der Bildungsprozesse beitragen, können in Anbetracht der verbleibenden Stoffülle keine Berücksichtigung finden. Im Vordergrund der Betrachtung sollen möglichst verallgemeinerungsfähige Aspekte über den Ablauf und die Steuerungsmöglichkeiten von ionischen Polymerisationsreaktionen stehen. Dabei wird experimentell belegbaren Argumenten der Vorzug gegeben. Gelegentlich sollen jedoch auch Hypothesen und Vermutungen zur Weiterentwicklung des Gegenstandes beitragen. Es soll nicht unerwähnt bleiben, daß die Zahl der vom Mechanismus her noch unklaren Polymerisationsreaktionen oder diejenigen, die bislang nicht eindeutig einem „Standardprozeß" zugeordnet werden können, möglicherweise das Volumen der hier berücksichtigten Fälle übersteigt. Eine reaktionstheoretische Betrachtung sollte jedoch stets von den gemeinsamen Merkmalen vergleichbarer Bildungsprozesse ausgehen und bei umfangreicher experimenteller Sicherung verbleibende Ausnahmen einzuordnen versuchen.

Die Vielfalt der in der Literatur bekannten Polymerisationen, für die ein ionischer Mechanismus nachgewiesen wurde oder als wahrscheinlich gilt, gestattet nur, eine Auswahl wesentlicher Untersuchungen zur Erläuterung bestimmter Sachverhalte heranzuziehen. Dabei kann weder auf eine chronologische Abhandlung über die Entwicklung der Reaktionsmechanismen noch auf eine Erfassung aller in irgendeinem Zusammenhang verwendeten Monomere, Katalysatoren, äußeren Bedingungen etc. Wert gelegt werden. Zur weiteren Information über den Gesamtkomplex von Bildungsprozessen, Struktur und Eigenschaften makromolekularer Verbindungen sei daher auf folgende Werke verwiesen:

A) *Gesamtübersicht:*

1. B. Philipp: „*Grundlagen der makromolekularen Chemie*", Akademie-Verlag, Berlin, 1964
2. B. Vollmert: „*Grundriß der makromolekularen Chemie*", Springer-Verlag, 1962
3. H.-G. Elias: „*Makromoleküle*", Verlag Hüttig u. Wepf, Basel und Heidelberg, 1971

B) *Mechanismen:*

1. B. L. Erusalimskii: „*Ionische Polymerisation polarer Monomerer*", Verlag d. Wiss., Leningrad (russ.), 1970
2. G. Henrici-Olivé: „*Polymerisation (Katalyse — Kinetik — Mechanismen)*", Verlag Chemie, Weinheim/Bergstr., 1969
3. C. Walling: „*Free Radicals in Solution*", John Wiley & Sons, New York (engl.), 1957
4. P. H. Plesch: „*The Chemistry of Cationic Polymerization*", Pergamon Press, Oxford (engl.) 1963
5. M. Szwarc u. J. Smid: „*The Kinetics of Propagation of Anionic Polymerization and Co-Polymerization*", in; G. Porter: „*Progress in Reaction Kinetics*", Pergamon Press, Oxford, Bd. 2 (engl.), 1964

C) *Strukturaufklärung*

1. W. Holzmüller u. K. Altenburg: „*Physik der Kunststoffe*", Akademie-Verlag, Berlin, 1961
2. K. A. Wolf: „*Struktur und physikalisches Verhalten der Kunststoffe*", Springer-Verlag, Berlin, 1962
3. H. A. Stuart: „*Die Physik der Hochpolymeren*", 4 Bände, Springer-Verlag, Berlin, 1952—1956
4. V. A. Kargin u. G. L. Slonimski: „*Kurzer Abriß der physikalischen Chemie der Hochpolymeren*", Moskauer Universitätsverlag (russ.), 1960.

D) *Technologie*

1. F. Runge: „*Einführung in die Chemie und Technologie der Kunststoffe*", Akademie-Verlag, Berlin, 1963
2. R. Houwink: „*Chemie und Technologie der Kunststoffe*", 2 Bände, Geest u. Portig, 4. Aufl. 1962

1. Systemaspekte beim Vergleich ionischer und radikalischer Polymerisationen

Sowohl radikalische als auch ionische Polymerisationen verlaufen als Kettenreaktionen prinzipiell nach dem folgenden Schema (IV):

$[J]^* + M_1 \rightarrow [J-M_1]^*$	(Kettenstart; Initiierung; katalytische Aktivierung)	
$[J-M_1]^* + nM \rightarrow [J-M_{n+1}]^*$	(Kettenwachstum; auch als Polyadditionsschritt bezeichnet)	(IV)
$[J-M_{n+1}]^* + Z \rightarrow J-M_{n+1}-Z$	(Kettenabbruch; Desaktivierung)	

In (IV) sind mehrere synonym verwendete Bezeichnungsweisen der einzelnen Reaktionsschritte enthalten. $[J]^*$ bedeutet die Mindestkonzentration des Initiators, der mit dem Monomeren (M) in Reaktion tritt. Als Initiatoren kommen Radikale, Ionen, Elektronen bzw. Protonen in Frage. Auch Neutralmoleküle können infolge Komplexbildung initiierend wirken, vorausgesetzt, daß der Komplex direkt oder nach Elektronenaustausch zwischen den Komponenten polymerisationsaktiv ist. Wenn die Aktivierung des Systems durch äußere Energie (z. B. Wärmezufuhr) erfolgt, dann ist die Initiatorkonzentration mit der Mindestkonzentration an Monomermolekülen identisch, die sich in einem angeregten Zustand befinden.

Die Wachstumsreaktion vollzieht sich nach der in Bild 1 skizzierten Form, wobei die in der Einführung bereits erwähnte hohe Geschwindigkeit für Kettenreaktionen symptomatisch ist.

Diese Aussage bezieht sich zunächst auf die Geschwindigkeit des Verbrauchs der polymeraktiven Spezies und nicht auf den Verbrauch des Monomeren. Es werden daher bereits nach Bruchteilen von Sekunden fertige Ketten neben nichtreagiertem Monomeren vorliegen.

Für die Desaktivierung der wachsenden Kette bestehen zwei generelle Möglichkeiten, nämlich die des Kettenabbruchs und die der Kettenübertragung. Diese Reaktionen erfolgen im allgemeinen bimolekular (in IV mit Z) unter Beendigung der Polymerisation oder durch Übertragung des Ionen- bzw. Radikalcharakters auf ein Monomeres unter Auslösung einer neuen Kette. In wenigen Fällen (s. Kap. 3.) werden auch monomolekulare kettenlimitierende Reaktionen diskutiert, die als „spontaner Abbruch“ bzw. „spontane Übertragung“ bekannt sind. Wie später noch näher zu erläutern ist, muß in derartigen Fällen wahrscheinlich mit einer Teilnahmeordnung äußerer Medien (Lösungsmittel etc.) gerechnet werden. Zunächst seien einige Beispiele kettenlimitierender Reaktionen genannt, die später konkreter behandelt werden.

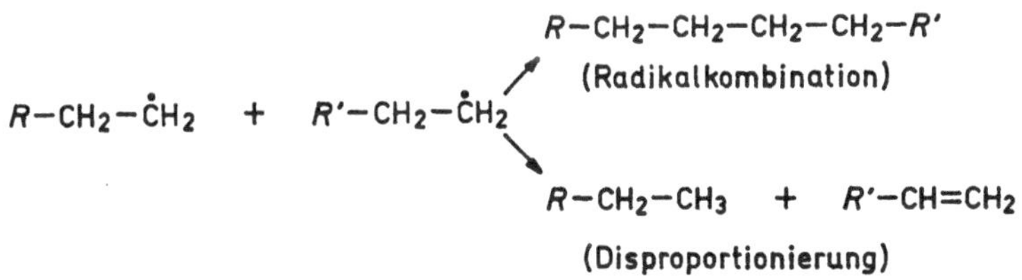

(V)

(VI)

Im Prinzip kann die Reaktion nach (VI) auch unter Bildung eines gesättigten Polymeren und eines Vinylradikals (VII) verlaufen. Die Übertragungsreaktion nach (VI) ist jedoch energetisch günstiger.

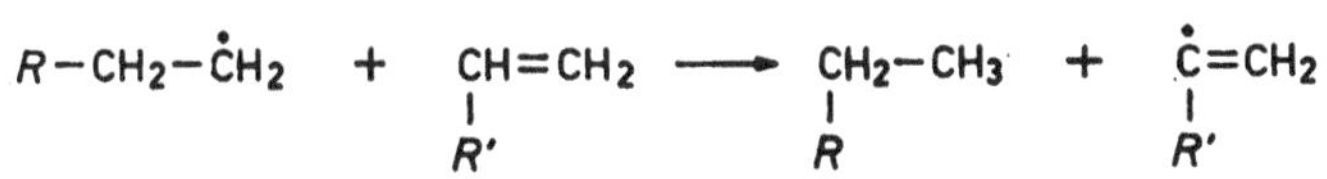

(VII)

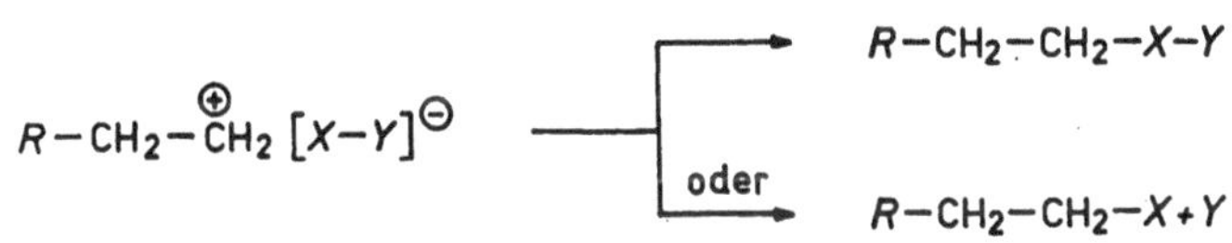

(VIII)

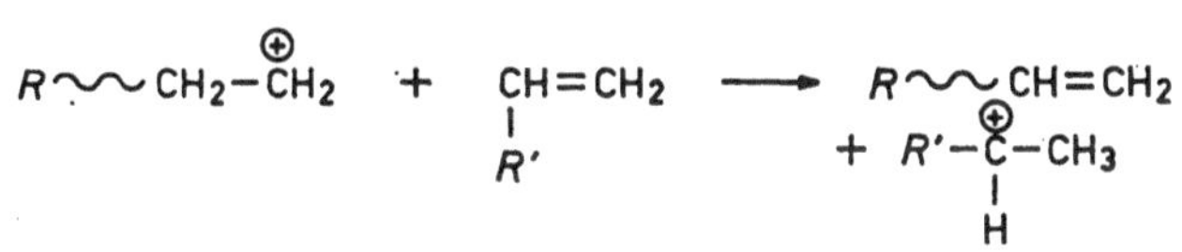

(IX)

Die Abbruchreaktion nach (VIII) kann gelegentlich bei kationischen Polymerisationen beobachtet werden. Hierbei kommt es praktisch zum Ladungsausgleich mit dem Gegenion oder einem Fragment des Gegenions. Eine analoge Abbruchreaktion mit dem Gegenion (meist Alkalikationen) erfolgt bei der anionischen Polymerisation nicht. Die weitaus am häufigsten auftretende kettenlimitierende Reaktion für kationische Polymerisationen ist dagegen in (IX) enthalten. In vereinfachter Weise wurde hier die Protonenübertragung auf das Monomere formuliert, wobei in Analogie zur radikalischen Polymerisation eine neue Kette gestartet wird. Das Proton könnte unter Rückbildung des Katalysators auch auf das Gegenion übertragen werden oder auf andere Elektronendonatoren (Lösungsmittel etc.). Eine analoge Übertragungsreaktion unter Hydridabspaltung kann im Prinzip bei der anionischen Polymerisation ebenfalls erfolgen, ist jedoch mit einer sehr hohen Aktivierungsenergie verbunden und wird daher nur in speziellen Systemen beobachtet. Insgesamt sind Abbruch- und Übertragungsreaktionen bei anionischen Polymerisationen weniger gravierend als im Falle der kationischen und radikalischen Polymerisationen. Sie beschränken sich im wesentlichen auf folgende Reaktionstypen.

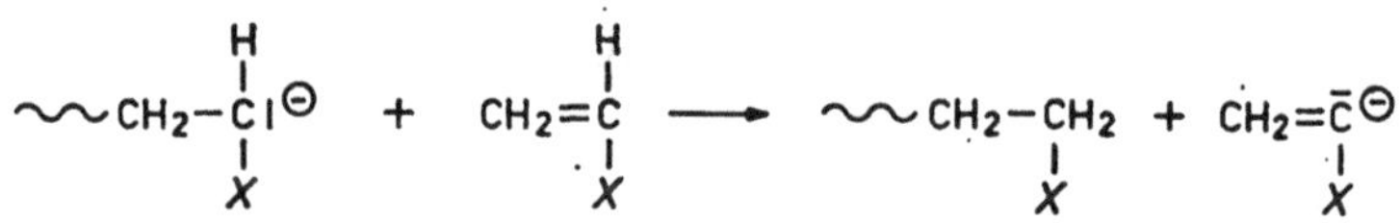

(X)

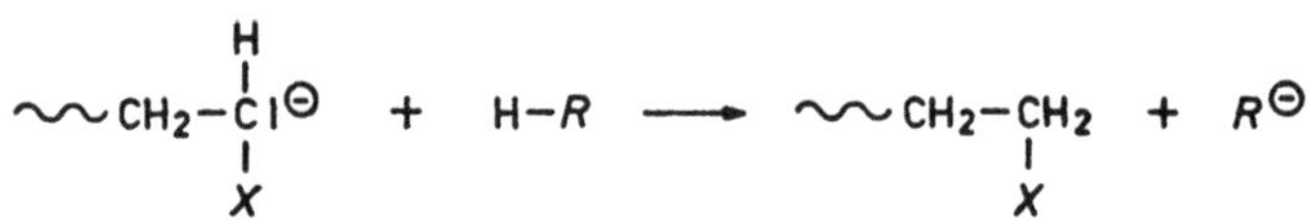

(XI)

Am häufigsten tritt die Reaktion (XI) auf, wobei als „Protonenlieferant“ vor allem tertiäre oder sekundäre C—H-Bindungen in Monomeren, Polymeren oder Lösungsmitteln in Frage kommen. In gleicher Weise wirken protonenhaltige Verunreinigungen, wie z. B. Wasser oder Alkohole u. dgl.

Als Reaktionszentrum bei Polymerisationen kommen unpolare oder polare Mehrfachbindungen sowie polare Einfachbindungen ringförmiger Monomerer in Frage. Während die radikalische Polymerisation auf Kohlenstoff—Kohlenstoff-Mehrfachbindungen infolge der relativ leichten Aktivierung der π-Elektronen beschränkt bleibt*), ist bei heteroanalogen Bindungen (z. B. C=O) und gesättigten Heterocyclen (Epoxide, Tetrahydrofuran, Schwefelanaloga etc.) auch eine ionische Polymerisation möglich. Auf Grund der Polarität von Bindungen mit Heteroatomen ist z. B. verständlich, daß radikalische Polymerisationen im allgemeinen durch Säuren bzw. Basen nicht katalysiert werden und auch keine erhebliche Abhängigkeit vom Medium zeigen.

Der hauptsächliche Unterschied in den Mechanismen radikalischer und ionischer Polymerisationen muß daher in der Natur der Zwischenzustände bzw. Übergangszustände bestehen, die die einzelnen Elementarschritte (entsprechend IV) charakterisieren. Als verallgemeinerungsfähiges Kriterium für die zu durchlaufenden Elementarschritte kann deren Polarität gelten. Während bei Radikalreaktionen die Polarität der reagierenden Spezies relativ gering ist, handelt es sich bei

*) Von derartigen Spezialfällen wie der „Plasmapolymerisation“, wo z. B. in Glimmentladungen aus Acetylen, aromatischen Kohlenwasserstoffen, aber auch gesättigten Kohlenwasserstoffen nach einem vorwiegend radikalischen „Zerfalls-Kombinations-Mechanismus“ hochvernetzte Polymere entstehen können, sei hier abgesehen.

ionischen Elementarprozessen um hochpolare Systeme, die unter geeigneten Bedingungen sogar elektrische Leitfähigkeit zeigen.

Die hohe Polarität elektrophiler bzw. nucleophiler Kettenträger erklärt auf der Basis des Donator-Akzeptor-Prinzipes auch deren starkes Koordinationsbestreben. Aus diesem Grunde kann die Beurteilung ionischer Mechanismen nur durch die gemeinsame Wirkung von Kettenträger, Gegenion und das beide umgebende Medium erfolgen. Im Falle von Radikalketten kann dagegen das wachsende Kettenende in erster Näherung als „freies Radikal" betrachtet werden. Der Vergleich relativer Reaktivitäten oder die anteilmäßige Beteiligung von Parallelreaktionen ist damit in überschaubarerer Form von den stereoelektronischen Verhältnissen im Monomeren abhängig als bei ionischen Polymerisationen. Dieser wesentliche Unterschied im Mechanismus wird durch die experimentelle Erfahrung bestätigt, wonach Radikalreaktionen in der Gasphase, in Lösung oder in Substanz mit durchaus vergleichbaren Geschwindigkeiten ablaufen, während ionische Reaktionen, sofern überhaupt im konkreten Falle Gasphasenreaktionen diskutabel sind, Geschwindigkeitsunterschiede von mehreren Größenordnungen zeigen.

Im folgenden sollen zunächst einige thermodynamische und kinetische Betrachtungen beim Vergleich ionischer und radikalischer Polymerisationen behandelt werden.

1.1. Thermodynamische Aspekte

Als Kettenreaktionen zählen die Polymerisationsreaktionen grundsätzlich zu den exothermen Prozessen. Die Bildungsenthalpie (ΔH_p) des Polymeren wird auf den freigesetzten Wärmewert pro Mol des umgesetzten Monomeren bezogen. Naheliegenderweise handelt es sich dabei um eine Bruttobildungsenthalpie, die sich aus den Einzelbeiträgen der zwischen Initiierung und Kettenabbruch stattfindenden Reaktionen zusammensetzt. Bei der Bildung eines Makromoleküls steht einer großen Zahl von Wachstumsschritten jeweils nur ein Initiierungsschritt bzw. Abbruchschritt gegenüber. Sollen z. B. bei einem Molekulargewicht des Monomeren von 100, Makromoleküle mit dem Molekulargewicht zwischen 100000 und 1000000 entstehen, so würde das Verhältnis der Elementarschritte wie 10^3 bzw. 10^4 zu 2 sein. In erster Näherung kann daher die gemessene Reaktionsenthalpie ΔH mit der Bildungsenthalpie der Wachstumsreaktion ΔH_p identifiziert werden [1].

$$\Delta H \sim \Delta H_p \tag{XII}$$

Die Messung der Reaktionsenthalpien geschieht vorzugsweise auf direktem Wege durch Kalorimetrie [1] oder indirekt durch Berechnung nach empirischen Methoden [2]. In Tab. 1 sind die ΔH_p-Werte einer Reihe von Olefinen, die nach unterschiedlichen Methoden polymerisiert wurden, zusammengestellt. Die Tabelle enthält für Vergleichszwecke die Reaktionsenthalpien für die Bromaddition an Olefine.

Tabelle 1. Polymerisationsenthalpien (ΔH_p) für einige Monomere

Monomere	Bedingungen	$-\Delta H_p$ [kcal/Mol]	Literatur
Äthylen*)	s. Fußnote	22,8	[2]
Propylen	$AlBr_3/HBr$; n-Butan; −78 °C	16,5	[2]
Styrol	radikal.; Raumtemp.	16,1	[3]
p-Chlorstyrol	Dibenzoylperoxid; 76,8 °C	16,4	[2]
Äthylvinylbenzol	Dibenzoylperoxid; 76,8 °C	16,5	[2]
Methylmethacrylat	Dibenzoylperoxid; 78,8 °C	13,0	[2]
Isobutylen	kation.; Hexan	12,8	[2]
α-Methylstyrol		9,0	[3]
Isopren		17,9	[3]
Butadien		17,3	[3]
	Bromaddition		
		$-\Delta H$ [kcal/Mol]	
trans-Stilben	Br_2; CCl_4; 25 °C	25,2	[4]
Styrol	Br_2; CCl_4, 25 °C	26,1	[4]
Cyclohexen	Br_2; CCl_4; 25 °C	30,5	[4]

*) Berechneter Wert, aus der Differenz der Verbrennungswärmen von Monomerem und Polymerem

Die ΔH_p-Werte in Tab. 1 liegen in einem Bereich zwischen −9 bis −23 kcal/Mol, mit einem Häufungswert um −16 kcal/Mol. Man erkennt, daß dieser Wert als die Differenz zwischen dem Ausgangszustand und dem Endzustand der Polyreaktion in erster Näherung unabhängig vom Mechanismus und der Temperatur ist. Die auftretenden Unterschiede sind vor allem auf zwei Ursachen zurückzuführen:

1. Die notwendige Überwindung der elektronischen Stabilisierung im Monomeren, die durch induktive bzw. mesomere Gruppenwirkung entsteht.
2. Die Veränderung der stereoelektronischen Verhältnisse im Polyadditionsschritt (Bindungswinkel, Gruppenhäufung etc.).

Beide Faktoren vermindern die Polymerisationsenthalpie der Monomere. Im Falle des Äthylens kommt keiner der beiden Faktoren zur Wirkung, und es wird somit der höchste ΔH_p-Wert gefunden. Diene, aromatisch substituierte Vinylmonomere oder konjugierte Δ_1-Olefine zeigen gegenüber Äthylen eine Verminderung von ΔH_p, die ungefähr der Resonanzenergie entspricht. Bei 1,1-disubstituierten Olefinen bewirkt der zweite Faktor eine zusätzliche Reduzierung der Polymerisationsenthalpie, wie das am Beispiel des Isobutylens und des α-Methylstyrols zu sehen ist. Die kombinierte Wirkung beider Effekte erklärt z. B. zwanglos, weshalb 1,1-Diphenyläthylen weder radikalisch noch ionisch polymerisiert werden kann, obwohl die Bildung des Diphenylmethylkations bzw. des entsprechenden Radikals sehr leicht erfolgt. In Tab. 1 wurden einige ΔH-Werte der Bromaddition an Olefine mit aufgenommen, deren relative Unterschiede auf die gleichen Ursachen zurückzuführen sind wie im Falle der Polymerisation. Vom reaktionstheoretischen Standpunkt besteht somit kein prinzipieller Unterschied hinsichtlich der thermodynamischen Begünstigung bimolekularer Additionsreaktionen an Doppelbindungen. Die hohe Bildungsgeschwindigkeit (vgl. 1.2.) von Makromolekülen ist jedoch im Gegensatz zur Bromaddition bevorzugt auf die geringe Aktivierungsenergie im Zwischenzustand (vgl. Bild 1) zurückzuführen, während für die Bromaddition (wie auch für andere einfache Reaktionen) die Aktivierungsenergie des Primärschrittes maßgeblich ist.

Entsprechend den Grundgesetzen der Thermodynamik sollte nun eine exotherm verlaufende Reaktion bei Verminderung der Temperatur begünstigt werden, während mit zunehmender Temperatur die Gleichgewichtseinstellung in Richtung des Ausgangszustandes verlagert wird. Tatsächlich kann in geeigneten Fällen die Reversibilität des Polyadditionsschrittes an der Depolymerisation beobachtet werden.

$$[(M_n)] + M \underset{k_{-p}}{\overset{k_p}{\rightleftharpoons}} [(M_{n+1})] \qquad \text{(XIII)}$$

Unter Standardbedingungen [3] kann in grober Näherung [2] angenommen werden, daß die Gleichgewichtskonstante $K_p = \dfrac{k_p}{k_{-p}}$ in (XIII) unabhängig von der Kettenlänge ist.

Dann gilt

$$\Delta F = -RT \cdot \ln K_p = \Delta H_p - T\Delta S_p \qquad \text{(XIV)}$$

Wenn die Hin- und Rückreaktion in (XIII) mit gleicher Geschwindigkeit erfolgt, ist

$$\Delta F = 0 \quad \text{und} \quad T_c = \frac{\Delta H_p}{\Delta S_p} \qquad \text{(XV)}$$

Die Temperatur T_c wird als „ceiling-Temperatur" bezeichnet [2, 5]. Beim Erreichen dieser Temperatur ist die Konzentration des Polymeren im Gleichgewicht praktisch gleich Null. Während für die Mehrzahl der untersuchten Polymerisationsreaktionen die Temperatur dieses „kritischen Gleichgewichts" oberhalb 200—300 °C liegt und damit die Depolymerisation unter Normalbedingungen nicht ins Gewicht fällt, gibt es eine Reihe von Beispielen radikalischer und ionischer Polymerisationen mit nachweisbarer Reversibilität. Der thermische Abbau von Polymeren, der nur in wenigen Fällen mit der Rückreaktion etwa der radikalischen Polymerisation identifiziert werden kann [3], sollte nicht unter dem Gesichtspunkt der Depolymerisation betrachtet werden. In Tab. 2 sind einige Beispiele entsprechend (XIII) bzw. (XV) zusammengestellt.

Die Bestimmung der „ceiling-Temperatur" kann durch Extrapolation der Auftragung der Polymerisationsgeschwindigkeit gegen die Temperatur oder des Molekulargewichtes gegen die Temperatur erfolgen [2].

Bei Kenntnis von T_c und der experimentell leicht zugänglichen Polymerisationsenthalpie kann nach (XV) auch die Polymerisationsentropie ΔS_p erhalten werden.

Tabelle 2. „ceiling-Temperatur“ für einige Homo- und Copolymerisationen

Monomere	Bedingungen	Tc [°C]	Literatur
Tetrahydrofuran	kation.; z. B. $Ph_3C^+PF_6^-$	85 ± 2	[6]
α-Methylstyrol	anion.; Na-naphthalid in THF	60—65	[7]
Isobutylen	kation.; Friedel-Crafts-Kat. ~	70—75	[2]
Formaldehyd	kation.; HCOOH-Gasphase	137	[2]
Styrol	radikal.;	327	[3]
Methylmethacrylat	radikal.;	190	[3]
SO_2 + 1-Buten	radikal.; Dibenzoylperoxid	63,5	[3]
SO_2 + 2-Buten	radikal.; Dibenzoylperoxid	43—45	[3]

Tabelle 3. Polymerisationsentropien für einige Monomere

Monomere	Bedingungen	$-\Delta Sp$ [cal/grad. Mol]	Literatur
Äthylen	Gasphase	34,0	[8]
Styrol	photochem.; 25 °C	27,9	[2]
Isobutylen	Friedel-Crafts-Kat.	37	[2]
α-Methylstyrol		26	[2]
Formaldehyd	10—58 °C	32,5	[2]
Tetrahydrofuran	kation. Polym.	17 ± 4	[6]
Copolymerisation von			
SO_2 + 1-Buten	photochem. oder	71,9	[2]
SO_2 + 2-Buten	Dibenzoylperoxid; 40—65 °C	73,1	[2]

Weitere Methoden zur Bestimmung von ΔS_p sind in [2] ausführlich beschrieben. Tabelle 3 enthält einige ΔS_p-Werte für verschiedene Monomere.

Die Polymerisationsentropien in Tab. 3 zeigen wie auch die Enthalpiewerte (Tab. 1) keine spezifische Abhängigkeit vom Reaktionsmechanismus. Sie sind durchweg negativ und entsprechen damit der Erwartung für bimolekulare Reaktionsschritte. Auch die Größenordnung zwischen —20 bis —40 cal/grad. Mol entspricht in etwa den bei einfachen bimolekularen Elementarprozessen gefundenen Werten.

Die sehr hohen negativen ΔS_p-Werte der Polysulfoncopolymeren sind wahrscheinlich darauf zurückzuführen, daß zwischen Olefinen hoher Elektronendichte und SO_2 infolge seines Elektronenakzeptorcharakters primär 1:1-Komplexe gebildet werden, die durch Elektronenübergang im Molekülkomplex die eigentliche polymerisationsaktive Spezies liefern [2, 3, 5].

1.2. Kinetische Aspekte

Während die thermodynamischen Parameter zeigen, ob eine Reaktion überhaupt in eine gewünschte Richtung ablaufen kann, liefert die Kinetik Aussagen darüber, in welcher Zeit dies geschieht, und in einfachen Fällen auch, auf welchem

Wege. Somit kann die Reaktionskinetik als die hauptsächliche Methode zur Aufklärung des Mechanismus der Reaktion bezeichnet werden, wenn auch ihre Aussagefähigkeit unbedingt durch sogenannte „nichtkinetische Experimente“ erweitert und ergänzt werden muß. Wir werden an geeigneter Stelle auf derartige Untersuchungen wie z. B. Isotopenanalyse, stereochemische und spektroskopische Resultate usw. zu sprechen kommen. Zunächst sollen einige ganz allgemeine Betrachtungen über die Kinetik von Kettenreaktionen angestellt werden. Für ionische Polymerisationen erfolgt die Erläuterung der kinetischen Untersuchungen im Zusammenhang mit der Darlegung der jeweiligen Reaktionsmechanismen. Auf die Ableitung umfangreicher kinetischer Gleichungen und die Charakterisierung der elementaren Methodik wird bewußt verzichtet und auf entsprechende Literatur verwiesen [9, 10]. Ein kurzgefaßter Überblick der radikalischen und anionischen Polymerisationskinetik befindet sich in [11].

Die hauptsächlichen Unterschiede in der Kinetik radikalischer und ionischer Polymerisationen bestehen nicht im Gesamtumsatz-Zeit-Verhältnis, d. h. also der sogenannten Bruttokinetik (ν_{Br}), sondern im zeitlichen Verlauf der Teilreaktionen bzw. deren Beeinflussung durch vorwiegend äußere Faktoren. So können Beispiele von „Blitzpolymerisationen“ zitiert werden, deren zeitlicher Ablauf die Grenzen experimenteller Nachweismöglichkeiten überschreitet, während andererseits Reaktionszeiten von mehreren Stunden, bei radikalischen Polymerisationen sogar Wochen auftreten. Derartig langsame Reaktionen sind jedoch nicht auf die Geschwindigkeit im Polyadditionsschritt (ν_p) zurückzuführen, dessen Zeit zur Bildung eines Makromoleküls erheblich unter einer Sekunde (z. T. 10^{-2} bis 10^{-4} sec) liegen kann, sondern vielmehr auf die Initiierungsgeschwindigkeit (ν_i) bzw. im Falle radikalischer Polymerisationen richtiger auf die Dissoziationsgeschwindigkeit (ν_d) des Katalysators zur „Nachlieferung“ reaktionsfähiger Radikale, die zur Initiierung einer Kettenreaktion befähigt sind. Logischerweise kann die Abbruch- bzw. Übertragungsgeschwindigkeit (ν_a) bzw. $\nu_ü$) nicht für das Umsatz-Zeit-Verhältnis bestimmend sein, wohl aber für den Polymerisationsgrad oder die kinetische Kettenlänge, wie später noch näher ausgeführt wird.

Somit kann in Analogie zu dem allgemeinen Schema für Kettenreaktionen in (IV) ein entsprechendes kinetisches Schema abgeleitet werden. Auf die eine allgemeine Formalisierung erschwerende Kinetik von Übertragungsreaktionen wird im Zusammenhang mit der Darlegung der Mechanismen eingegangen.

Initiierung:

$$X_2 \underset{k_{-d}}{\overset{k_d}{\rightleftharpoons}} X\cdot + \cdot X \quad \text{oder} \quad X^+ + X^- \tag{XVI}$$

$$\nu_i = k_d \cdot 2[X]$$

$$\mathrm{C{=}C} + X_2 \xrightarrow{k_i} \begin{cases} X\mathrm{C{-}C}^+ + X^- \\ X\mathrm{C{-}C}\cdot + X\cdot \\ X\mathrm{C{-}C}^- + X^+ \end{cases} \tag{XVII}$$

für ionische Initiierung:

$v_i = k_i[M][X_2]$ (XVII a)

für radikalische Initiierung:
(bei reaktionsträgen Monomeren oder hoher Radikalausbeute)

$v_i = k_i[M] \cdot 2[X]$ (XVII b)

In vielen Fällen ist der eigentlichen Initiierung nach (XVII) ein homolytisches bzw. heterolytisches Dissoziationsgleichgewicht entsprechend (XVI) vorgelagert. Bei vielen radikalischen Polymerisationen ist dieser Schritt geschwindigkeitsbestimmend und v_i ist dann unabhängig von der Monomerkonzentration. In (XVI) wurde zunächst die Rückreaktion (k_{-d}) vernachlässigt unter der Annahme, daß alle Katalysatorfragmente zur Initiierung führen. Wenn diese Voraussetzung nicht zutrifft, so muß ein Aktivitätsfaktor (f) eingeführt werden, der den Anteil der Katalysatorfragmente charakterisiert, welche die Polymerisation initiieren (XVIII).

$$v_i = f \cdot k_d \cdot 2[X] \qquad \text{(XVIII)}$$

Für f gilt im allgemeinen: $0{,}5 < f < 1{,}0$

Handelt es sich dagegen um die Initiierung reaktionsträger Monomerer oder ist die Radikalaktivität ($f \sim 1$) sehr hoch, so fällt das „Monomerangebot" stärker ins Gewicht und die Initiierung erfolgt nach (XVII b). Für ionische Reaktionen kann in vereinfachter Weise zunächst (XVII a) als zutreffend gelten.

Polyadditionsschritt:

Das Kernstück der Polyreaktion, der Wachstumsprozeß, kann für beide Mechanismen (radikalisch und ionisch) gleichermaßen formuliert werden. Er besteht in der Addition eines Monomeren an das aktive Kettenende (P^*), d. h. daß beide Spezies mit jeweils erster Ordnung in die Wachstumsgeschwindigkeit eingehen (XIX).

$$v_p = k_p[P^*][M] \qquad \text{(XIX)}$$

Besonders bei der kationischen Polymerisation (Kap. 3) werden wir Fälle kennenlernen, die von (XIX) abweichen.

Kettenabbruch:

für ionische Reaktionen

$v_a = k_a[P^*]$ [XX a]

für radikalische Reaktionen

$v_a = k_a[P^*]^2$ (XX b)

Auf Grund der Abstoßung gleicher Ladungen (Kation oder Anion) muß die Abbruchreaktion nach (XX a) stets erster Ordnung bezüglich des aktiven Kettenendes sein. Die zweite Ordnung bezüglich des Kettenträgers in (XX b) zeigt an, daß unabhängig davon, ob die Kette durch Kombination oder Disproportionierung gemäß (V) beendet wird, immer zwei Radikale verschwinden.

Die Auswertung der Gleichungen der Teilgeschwindigkeiten für die Bruttogeschwindigkeit führt zu schwierigen mathematischen Operationen, insbesondere durch die mangelnde Kenntnis der aktuellen Konzentrationen von $[P^*]$ in den Partialgleichungen. Bei Erfüllung folgender Voraussetzungen kann jedoch $[P^*]$ aus den Gleichungen eliminiert und dadurch eine wesentliche Vereinfachung der Ableitung erzielt werden.

1. Es gilt das BODENSTEINsche Stationaritätsprinzip. Danach werden pro Zeiteinheit immer so viel Ketten initiiert, wie durch Abbruch beendet werden.

$$v_i = v_a \qquad \text{(XXI)}$$

Es wird dabei vorausgesetzt, daß sich diese Gleichheit der Geschwindigkeiten sehr schnell einstellt (wenige Sekunden) und für den Zeitraum der Messung erhalten bleibt.

2. Die Geschwindigkeitskonstanten des Kettenwachstums v_p und des Kettenabbruchs v_a (bzw. der Übertragung $v_ü$) sind unabhängig vom Polymerisationsgrad (Pn) bzw. von der mittleren kinetischen Kettenlänge ($\bar{v}$).

Das Zahlenmittel des Polymerisationsgrades drückt das Verhältnis zwischen der Wachstumsgeschwindigkeit und den Summen aller in Frage kommenden Abbruch- bzw. Übertragungsgeschwindigkeiten aus (XXII).

$$P_n = \frac{v_p}{(\sum v_a + \sum v_ü)} \qquad \text{(XXII)}$$

Unter der mittleren kinetischen Kettenlänge wird das Verhältnis der pro „Polymerisationskeim" (Radikal oder Ion) polymerisierenden Monomermoleküle bis zum Kettenabbruch verstanden (XXIII).

$$\bar{v} = \frac{v_p}{v_a} \qquad \text{(XXIII)}$$

Ist die Beteiligung von Übertragungsreaktionen zu vernachlässigen ($v_ü \ll v_a$), so werden die Beziehungen (XXII) und (XXIII) identisch. Diese Annahme ist jedoch bei kationischen Polymerisationen, deren bevorzugte Kettenlimitierung in Übertragungsreaktionen besteht, nicht zutreffend. Bei anionischen und radikalischen Polymerisationen mit geringer Übertragungsneigung kann sie dagegen zumindest näherungsweise erfüllt sein.

Insgesamt muß jedoch bemerkt werden, daß die postulierte Unabhängigkeit von v_p und v_a von P_n bzw. $\bar{v}$ an streng homogene Reaktionsbedingungen bei niedrigem Umsatzgrad des Monomeren (max. 10–15%) geknüpft ist, da bei Phasentrennung durch ausfallendes Polymeres ein Teil des Monomeren mit eingeschlossen sein kann oder durch Erhöhung der Viskosität des Mediums die Abbruchgeschwindigkeit verringert wird. Die daraus resultierende „Beschleunigung der Polymerisation" ist als Geleffekt bekannt.

Weiterhin sollte der Polyadditionsschritt (v_p) möglichst wenig von äußeren Bedingungen wie Lösungsmittel, Temperatur usw. beeinflußt werden. Diese Forderung kann a priori bei ionischen Polymerisationen weniger gut erfüllt sein als im Falle radikalischer Polymerisationen (vgl. Kap. 3).

3. Der Verbrauch an Monomerem bei der Initiierung soll gegenüber dem Monomerverbrauch im Polyadditionsschritt vernachlässigbar klein sein. Für diesen Fall kann die Bruttopolymerisationsgeschwindigkeit mit der Wachstumsgeschwindigkeit gleichgesetzt werden (XXIV).

$$-\frac{d[M]}{dt} = v_{Br} = v_p \qquad \text{(XXIV)}$$

Mit Hilfe dieser drei Postulate kann nun die Verknüpfung der Partialgeschwindigkeiten mit der direkt meßbaren Bruttogeschwindigkeit in einfacher Weise erfolgen. Bei Gültigkeit von (XXI) folgt für ionische Polymerisationen:

$$k_i \cdot [M][X_2] = k_a[P^*]$$

und

$$[P^*] = \frac{k_i}{k_a} [M][X_2] \qquad \text{(XXV)}$$

Durch Einsetzen von (XXV) in (XIX) und unter Berücksichtigung von (XXIV) erhalten wir

$$-\frac{d[M]}{dt} = v_{Br} = v_p = k_p \cdot \frac{k_i}{k_a} [M]^2[X_2] = k'[M]^2[X_2] \qquad \text{(XXVI)}$$

Für radikalische Polymerisationen werden die folgenden Beziehungen erhalten:

a) der geschwindigkeitsbestimmende Schritt ist gemäß (XVIIb)

$$k_i[M] \cdot 2[X] = k_a[P^*]^2$$

und

$$[P^*] = \sqrt{\frac{k_i}{k_a}} \cdot \sqrt{[M] \cdot 2[X]}$$

Nach analogem Vorgehen wie bei (XXVI) erhalten wir

$$-\frac{d[M]}{dt} = v_{Br} = v_p = k_p \cdot [M] \cdot \sqrt{\frac{k_i}{k_a}} \cdot \sqrt{[M] \cdot 2[X]} \qquad \text{(XXVII)}$$

b) der geschwindigkeitsbestimmende Schritt ist gemäß (XVIII)

$$f \cdot k_d \cdot 2[X] = k_a [P^*]^2$$

und

$$[P^*] = \sqrt{\frac{k_d}{k_a}} \cdot \sqrt{f \cdot 2[X]}$$

Entsprechend (XXVI) bzw. (XXVII) folgt dann

$$-\frac{d[M]}{dt} = v_{Br} = v_p = k_p[M] \cdot \sqrt{\frac{k_d}{k_a}} \cdot \sqrt{f \cdot 2[X]} \qquad \text{(XXVIII)}$$

Mit Hilfe der Zeitgesetze für die Bruttogeschwindigkeit (XXVI bis XXVIII) können eine ganze Reihe experimenteller Daten in Einklang gebracht werden. Durch die notwendige Ergänzung nichtkinetischer Experimente kann somit ein angenommener Mechanismus bestätigt oder widerlegt werden.

Sowohl im Bereich der radikalischen Polymerisation als auch besonders bei ionischen Polymerisationen werden jedoch häufig Abweichungen von den hier dargelegten „theoretischen" Geschwindigkeitsgesetzen gefunden, die oftmals auf eine sogenannte „nichtstationäre" Kinetik hinweisen. Zum Beispiel kann bei kationischen Polymerisationen ein Übergang von stationären zu nichtstationären Bedingungen bereits in einem Temperaturintervall von 30 °C erfolgen (s. Kap. 3.). Ähnliche Verhältnisse werden beim Lösungsmittelwechsel etwa von Hexan oder Toluol zu Dichlormethan beobachtet.

Zur Untersuchung der nichtstationären Kinetik wurden spezielle Methoden entwickelt, die eine getrennte Bestimmung der Partialgeschwindigkeitskonstanten gestatten. Für die photoinduzierte Polymerisation sei z. B. auf die Methode des rotierenden Sektors hingewiesen [3]. Auf entsprechende Untersuchungen ionischer Polymerisationen werden wir in den weiteren Kapiteln zurückkommen.

Es soll noch darauf hingewiesen werden, daß auch bei stationären Bedingungen Abweichungen vom theoretisch geforderten Geschwindigkeitsgesetz auftreten können, wenn im kinetischen Schema (hypothetischer Reaktionsmechanismus) nicht berücksichtigte Teilreaktionen in stärkerem Maße eine Rolle spielen. Damit wird auf die Notwendigkeit einer sorgfältigen chemischen Analyse vor der Aufstellung wenig gesicherter kinetischer Schemata hingewiesen.

1.2.1. Aktivierungsverhalten von Polymerisationsreaktionen

Im vorangegangenen Abschnitt wurde gelegentlich auf die Temperaturabhängigkeit von Polymerisationsreaktionen hingewiesen. Bekanntlich wird der Zusammenhang zwischen der kinetischen Energie der Moleküle und der Geschwindigkeitskonstante einer Reaktion durch die Gleichung von Arrhenius (XXIX) oder durch die Theorie des Übergangszustandes (XXX) beschrieben

$$k = P \cdot Z \cdot e^{-E_A/RT} \tag{XXIX}$$

$$k = \frac{k_B \cdot T}{h} \cdot e^{\Delta S^{+}/R} \cdot e^{\Delta H^{+}/RT} \tag{XXX}$$

Die parallele Handhabung beider Gleichungen ist an anderer Stelle [10] sowie in den meisten Lehrbüchern der physikalischen Chemie ausführlich erläutert.

Aus der Messung der Temperaturabhängigkeit der Geschwindigkeitskonstante in einem nicht zu großen Temperaturintervall ($T_1 - T_2 \sim 20-50\,°C$) können die Aktivierungsenergie (E_A) bzw. die Aktivierungsenthalpie (ΔH^{+}) sowie die Aktivierungsentropie (ΔS^{+}) erhalten werden (XXXI) und (XXXII).

$$E_A = \frac{RT_1T_2 \cdot \ln (k_2/k_1)}{T_2 - T_1}; \qquad \Delta H^{+} = E_A - RT \tag{XXXI}$$

$$\Delta S^{+} = \frac{RT_2 \ln k_2 - RT_1 \ln k_1}{T_2 - T_1} - R \cdot \left(\ln \frac{k_B T}{h} + 1\right) \tag{XXXII}$$

Für die komplexe Geschwindigkeitskonstante ($k' = k_p \cdot k_i/k_a$) der Bruttoreaktion erhält man auf diesem Wege die entsprechenden Aktivierungsparameter, sowie nach (XXXIII) die freie Enthalpie der Aktivierung (ΔG^{+}).

$$\Delta G^{+} = \Delta H^{+} - T\Delta S^{+} \qquad \text{(XXXIII)}$$

Bei Gültigkeit von $\nu_p \gg \nu_i/\nu_a$ und unter Vernachlässigung von Übertragungsreaktionen, kann $\nu_{Br} \sim \nu_p$ und damit $k' \sim k_p$ gesetzt werden, und die so erhaltenen Aktivierungsparameter kennzeichnen das Aktivierungsverhalten des Polyadditionsschrittes. Da diese Voraussetzung jedoch keineswegs immer erfüllt ist, muß eine exakte Ermittlung der Aktivierungsparameter der Teilreaktionen auch die Kenntnis ihrer individuellen Geschwindigkeitskonstanten voraussetzen. Die auf dem vorgenannten Wege erhaltenen Daten erhielten die Bezeichnung „scheinbare Aktivierungsgrößen".

Bei der Vielfalt der Polymerisationsreaktionen ist es wenig sinnvoll, allgemeine Zahlenvergleiche anzustellen. Die hohe Geschwindigkeit der meisten Polymerisationsreaktionen legt ohnehin nahe, daß die Aktivierungsenergie im allgemeinen relativ niedrig liegen muß. Für die meisten ionischen Polymerisationen liegt ΔH^{+} zwischen -3 bis -15 kcal/Mol und ΔS^{+} je nach Lösungsmittel zwischen -20 bis -50 cal/grad.Mol. Radikalische Polymerisationen zeigen Aktivierungsparameter prinzipiell in der gleichen Größenordnung, wobei eventuell die untere Grenze von ΔH^{+} mehr gegen 5–6 kcal/Mol tendiert und infolge der geringeren Lösungsmittelabhängigkeit die ΔS^{+}-Werte mehr zwischen -15 bis -30 cal/grad. Mol liegen. In beiden Fällen ist jedoch bemerkenswert, daß die Aktivierungsenergien weit unter den Dissoziationsenergien normaler Bindungen liegen, die, wie man meinen könnte, bei der Initiierung zunächst „überwunden" werden müssen. Aus diesem Grunde sollte man annehmen, daß die Bruttoaktivierungsenergie mindestens ebenso groß sein sollte wie die zur Initiierung benötigte Aktivierungsenergie. Die folgende, vorrangig für Radikalpolymerisationen geltende Betrachtung der Aktivierungsenergien der Teilschritte zeigt jedoch, daß dies nicht zutrifft und die Schnelligkeit von Polymerisationsreaktionen durch die Herabsetzung der Bruttoaktivierungsenergie als Folge des Kettenmechanismus angesehen werden muß.

Setzen wir für jeden Teilschritt eine einfache Temperaturabhängigkeit voraus, so gilt entsprechend (XXIX):

$$\begin{aligned} \nu_i &\sim e^{-E_i/RT} \\ \nu_p &\sim e^{-E_p/RT} \\ \nu_a &\sim e^{-E_a/RT} \end{aligned} \qquad \text{(XXXIV)}$$

Durch Einsetzen in $\nu_{Br} = \nu_p(\nu_i/\nu_a)^{1/x}$ erhält man

$$\nu_{Br} \sim e^{-[E_p + (1/x)(E_i - E_a)]/RT} \qquad \text{(XXXV)}$$

$\varkappa$ bedeutet die Reaktionsordnung bezüglich des Kettenträgers bei der Abbruchreaktion (bei radikalischen Polymerisationen $\varkappa = 2$).

Die scheinbare Aktivierungsenergie (E_{Br}) ergibt sich somit zu

$$E_{Br} = E_p + (1/\varkappa)(E_i - E_a) \qquad \text{(XXXVI)}$$

Das bedeutet konkret für

radikalische Polymerisationen und ionische Polymerisationen

$$E_{Br} = \frac{1}{2} E_i + E_p - \frac{1}{2} E_a \qquad \text{(XXXVIa)}$$

$$E_{Br} = E_i + E_p - E_a \qquad \text{(XXXVIb)}$$

Man erkennt aus (XXXVI), daß E_{Br} durchaus kleiner sein kann als E_i, und zwar besonders dann, wenn E_a nicht verschwindend klein ist (normalerweise zwischen 0,5 bis 5 kcal/Mol), oder was bei radikalischen Polymerisationen a priori gegeben ist, wenn der Kettenabbruch zweiter Ordnung ($\varkappa = 2$) hinsichtlich des Kettenträgers ist. Die erstgenannte Ursache kann in geeigneten Fällen für ionische Polymerisationen zutreffend sein, wenn z. B. die Abbruchreaktion über solvatisierte Ionenpaare erfolgt.

Abschließend sei vermerkt, daß die Temperaturabhängigkeit der Übertragungsgeschwindigkeit besonders bei kationischen Polymerisationen berücksichtigt werden muß, während anionische und radikalische Systeme eine geringere Empfindlichkeit zeigen. Generell gilt hier die Forderung

$$v_p \gg v_ü \quad \text{bzw.} \quad E_p \ll E_ü, \qquad \text{(XXXVII)}$$

wenn Makromoleküle erhalten werden sollen. Für die Mehrzahl der radikalischen und anionischen Polymerisationen ist diese Voraussetzung bei Raumtemperatur erfüllt. Im Falle der kationischen Polymerisation ist das Verhältnis $E_p/E_ü$ unter diesen Bedingungen nur wenig von eins verschieden, so daß häufig Polymerisationstemperaturen von $-80\,°C$ und darunter angewendet werden müssen, um einen hohen Polymerisationsgrad zu erreichen.

1.3. Phänomenologische Vergleiche

Um verallgemeinerungsfähige Schlußfolgerungen für den Vergleich ionischer und radikalischer Polymerisationen zu erhalten, können zunächst Photopolymerisationen sowie thermisch initiierte Polymerisationen aus der Betrachtung ausgeschlossen werden. Auf die Initiierung mit energiereicher Strahlung, wo neben radikalischem Verlauf auch ionische Mechanismen diskutiert werden, soll im Kap. 2. eingegangen werden.

Unter Ausklammerung der genannten Reaktionen bedarf es zur Einleitung einer Polymerisation stets eines Initiators. Die Bezeichnung Katalysator für das initiierende Agenz ist nur dann gerechtfertigt, wenn dieses unter Herabsetzung der Aktivierungsenergie der Startreaktion wirksam wird und während der Reaktion nicht verbraucht wird. Letzteres trifft jedoch im allgemeinen nicht zu. Durch Endgruppenanalyse kann nachgewiesen werden, daß die Initiatorradikale bzw. Initiatorionen z. T. im Polymeren enthalten sind. Oft wird die Polymerisation bereits vor dem völligen Verbrauch des Monomeren beendet und kann durch Zugabe einer weiteren Initiatormenge fortgeführt werden. Besonders im Bereich der kationischen und anionischen Polymerisation wird bevorzugt mit dem Begriff des Katalysators operiert, obwohl er streng genommen dort ebensowenig zutrifft wie bei der radikalischen Polymerisation. Am ehesten kann von einer Katalysatorwirkung bei kationischen Polymerisationen gesprochen werden, wenn für den Kettenstart Protonsäuren (Mineralsäuren oder Acidhydrate von Metallhalogeniden) Verwendung finden. Durch Protoneneliminierung während der Polymerisation (spontaner Abbruch) wird der Katalysator „regeneriert“ und erscheint zumindest formal nicht im Endprodukt. Wie im Kap. 3. gezeigt wird, ist der genaue Sachverhalt jedoch komplizierter. Aus der historischen Entwicklung der Polymerchemie begründet wird der Katalysatorbegriff, trotz der hier angedeuteten Unzulänglichkeiten, in so umfangreichem Maße verwendet, daß wir ihn im folgenden synonym neben der Bezeichnung Initiator ebenfalls beibehalten werden.

Zur Initiierung radikalischer Polymerisationen werden bevorzugt Peroxide, Azoverbindungen und Persulfate verwendet, die bei der gewünschten Reaktionstemperatur eine hinreichend große Zerfallsgeschwindigkeit besitzen. Die starke Temperaturabhängigkeit der Radikalbildung bietet zugleich die Möglichkeit einer Geschwindigkeitsregulierung für den Initiierungsschritt, wie sie bei ionischen Polymerisationen nicht gegeben ist. Besonders übersichtliche Verhältnisse der Radikalbildung nach einem Geschwindigkeitsgesetz erster Ordnung liefert das Azobisisobutyronitril (*AIBN*), welches hinsichtlich der effektiven Radikalausbeute in Abhängigkeit von der Temperatur, vom Lösungsmittel sowie der Natur und Konzentration des Monomeren besonders gut untersucht wurde [11]. Da bei Normaltemperatur für die meisten Azoverbindungen und Peroxide die Zerfallsgeschwindigkeit des Initiators zu gering ist, werden Radikalpolymerisationen vielfach bei erhöhter Temperatur (50—150 °C) durchgeführt. Das ist jedoch nur möglich, wenn die Übertragungskonstante (*C*) der Polymerisation einen geringen Temperaturfaktor aufweist, da andernfalls mit einer erheblichen Verminderung des Polymerisationsgrades zu rechnen ist (XXXVIII).

Nach (XXII) gilt für den Polymerisationsgrad:

$$P_n = \frac{v_p}{v_a + \sum v_ü} \qquad \text{und damit} \qquad \frac{1}{P_n} = \frac{v_a}{v_p} + \frac{\sum' v_ü}{v_p}$$

Der Ausdruck $\frac{v_a}{v_p} = \frac{1}{P_0}$ bedeutet den reziproken Polymerisationsgrad ohne Überträger. Für $v_ü = k_ü[Y][P^*]$ gilt dann die Beziehung (XXXVIII):

$$\frac{1}{P_n} = \frac{1}{P_0} + \frac{k_ü[Y]}{k_p[M]} = \frac{1}{P_0} + C\,\frac{[Y]}{[M]} \qquad \text{(XXXVIII)}$$

Das Verhältnis $\frac{k_ü}{k_p} = C$ ist die Übertragungskonstante der Polymerisation und $[Y]$ die Konzentration eines beliebigen, die Kettenübertragung fördernden Stoffes (z. B. Lösungsmittel, Monomeres, sog. Kettenregler wie Mercaptane etc.). P_0 ist der Polymerisationsgrad unter Bedingungen ohne nachweisbare Übertragung. Auf die außerordentlich hohe Temperaturabhängigkeit von $v_ü$ bei kationischen Vinylpolymerisationen wird im Kap. 3. noch näher einzugehen sein. In diesem Verhalten besteht einer der wesentlichsten Unterschiede zwischen radikalischen und ionischen Polymerisationsmechanismen.

Zur Durchführung radikalischer Polymerisationen bei niedrigeren Temperaturen kann die Radikalbildung auch durch *UV*-Bestrahlung (z. B. *AJBN*, Absorption der Azogruppe bei 360 nm) beschleunigt werden. In gleicher Weise können auch Peroxidinitiatoren durch Zugabe von Reduktionsmitteln (z. B. Fe^{2+}) beeinflußt werden [11]. Von besonderem Interesse für eine dosierte Radikalbildung ist das in wäßrigem Milieu initiierende $K_2S_2O_8$, das in Kombination mit geeigneten Puffersystemen auch kinetisch überschaubare Verhältnisse liefert [12].

Die Initiierung ionischer Polymerisationen erfolgt bevorzugt durch Säuren bzw. Basen im weitesten Sinne, sowie durch hochpolare Verbindungen mit carbenionoider (z. B. Aryl- oder Acylhalogenide) bzw. carbanionoider (z. B. Alkalialkylverbindungen wie Butyllithium) Natur. In geeigneten Fällen können ionische Polymerisationen auch durch salzartige Verbindungen (stabile Carbeniumionensalze bzw. Alkaliamide) initiiert werden. Speziellere Initiatorsysteme für kationische und anionische Polymerisationen mit z. T. recht komplizierten Mechanismen wollen wir im Kap. 3. bzw. Kap. 4. behandeln.

Ein wesentlicher Aspekt ionischer Polymerisationen ist der „Grad der Ladungstrennung" im Initiator selbst bzw. bei der Bildung der polymerisationsaktiven Spezies. Hierbei ist streng zwischen den Begriffen Ionisation und Dissoziation zu unterscheiden. So kann der Angriff auf das Monomere durch Mehrzentrenwechselwirkung ohne vorausgegangene Ionisation erfolgen, wie das im Falle der anionischen Polymerisation durch Lithiumalkyle unter geeigneten Bedingungen angenommen wird [13].

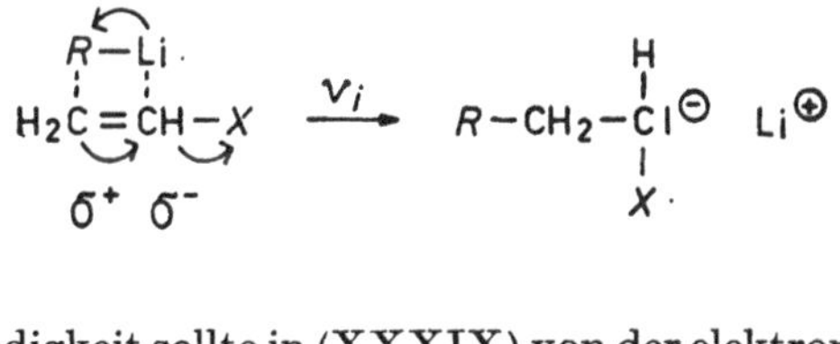

(XXXIX)

Die Initiierungsgeschwindigkeit sollte in (XXXIX) von der elektronenanziehenden Wirkung des Substituenten X und der Polarität der Lithiumalkylbindung abhängen. Naheliegenderweise wird eine solche Reaktion in besonders hohem Maße durch „äußere Faktoren", wie z. B. Temperatur und Lösungsmittel, beeinflußt.

Bei Variation der äußeren Bedingungen kann schließlich der gleiche Initiator in ionisierter Form vorliegen, ohne das es zur Dissoziation kommt. Als initiierendes Agenz fungiert dann ein sogenanntes „Kontaktionenpaar". Schließlich besteht beim Einsatz von Säuren, Basen oder Salzen in stärker dissoziierend wirkenden Medien oder bei entsprechend höheren Reaktionstemperaturen die Möglichkeit der Dissoziation in freie solvatisierte Ionen, die als besonders starke Initiatoren wirken. Es bestehen Hinweise, daß auch bei ionischen Polymerisationen zwischen dem Kontaktionenpaar und freien Ionen noch weitere diskrete Zustände existieren, die auf Winsteins Untersuchungen bei Solvolysereaktionen zurückgehend, als „Solvenzgetrennte Ionenpaare" — ($A^{\ominus}$/Solv./$B^{\oplus}$) bzw. ($A^{\oplus}$/Solv./$B^{\ominus}$) — bezeichnet werden [14].

Dieser Sachverhalt wird uns in den folgenden Kapiteln häufig beschäftigen, denn der differenzierte Grad der Ladungstrennung bei der Initiierung und der „Reproduktion des Zwischenzustandes" der ionischen Polymerisation liefert den Schlüssel für das Verständnis der Reaktionsmechanismen und die Möglichkeit zu ihrer gezielten Beeinflussung.

1.3.1. Monomerreaktivität

Im folgenden sollen nur einige vergleichende Aspekte der Reaktionstendenz von Kohlenstoff—Kohlenstoff-Doppelbindungen eine kurze Erwähnung finden, da für heteronukleare Doppelbindungen und ionische Ringöffnungspolymerisationen von Einfachbindungen keine Vergleichsmöglichkeit mit dem radikalischen Mechanismus besteht.

Generell muß zunächst bemerkt werden, daß eine absolute Monomerreaktivität, ausgedrückt etwa durch eine zu standardisierende „Aktivitätszahl", nicht diskutabel ist, da man die Monomerreaktivität als kooperative Wirkung innerer und äußerer Faktoren im jeweiligen Polymerisationssystem aufzufassen hat (vgl. Kap. 3., 4. und 5.). Unter den inneren Faktoren verstehen wir die elektronischen und sterischen Verhältnisse im Monomeren und im Initiator selbst sowie die sich daraus ergebenden Konsequenzen für den Polyadditionsschritt. Äußere Faktoren wären das Reaktionsmedium sowie die Variablen Temperatur und Druck (nur bei Gasreaktionen).

Im Hinblick auf den komplexen Charakter der Einflußgrößen auf die Monomerreaktivität liegt nahe, daß im Bereich der radikalischen Polymerisation besonders günstige Bedingungen zur Abschätzung „relativer Reaktivitäten" vorliegen sollten, da hier die äußeren Faktoren entweder näherungsweise vernachlässigt werden können (Mediumeinflüsse) oder zumindest lineare Abhängigkeiten liefern (Temperatur). Verständlicherweise konnte daher schon vor rund 25 Jahren für die radikalische Polymerisation mit dem Q,e-Schema von Alfrey und Price [15] eine Möglichkeit zur zahlenmäßigen Abschätzung relativer Reaktivitäten [16] vorgelegt werden, während für ionische Polymerisationen bislang keine Beziehung mit derartig umfassender Gültigkeit bekannt ist (s. Kap. 6.). Das zur Beurteilung der Copolymerisationstendenz verschiedener Monomerer abgeleitete Q,e-Schema gründet sich auf die Parameter der Resonanzstabilisierung der Radiale (Q) und der Polarität der C=C-Doppelbindung des Monomeren (e). Der Parameter (e) sollte somit generell geeignet sein, die Fähigkeit der Doppelbindung zur „Aufnahme von Elektronen" (Radikal oder Anion) bzw. zur „Abgabe von Elektronen" (Kation) zu charakterisieren. Tatsächlich bestehen Versuche, auf der Basis der e-Werte die relative Monomerreaktivität auch der kationischen und anionischen Polymerisation zu berechnen [17, 18]. Wenn wir auf das bereits erwähnte Donator-Akzeptor-Prinzip bei der Initiierung und dem Wachstum einer beliebigen Polymerisationsreaktion zurückführen und den Angriff auf die Doppelbindung als Donatorwirkung (Base, bzw. bei dynamischer Betrachtung besser nucleophiles Agenz, z. B. freies Elektronenpaar, Elektron geringer Resonanzstabilisierung, δ^--Partialladung) oder als Akzeptorwirkung (Säure, bzw. entsprechend elektrophiles Agenz, z. B. Elektronensextett, Elektron hoher Resonanzstabilisierung, δ^+-Partialladung) betrachten wollen, so folgt, daß zwischen der Monomerreaktivität bei radikalischen und anionischen Polymerisationen eher Parallelen bestehen sollten als im Vergleich beider mit der kationischen Polymerisation. Für die Gültigkeit dieser Parallele muß selbstverständlich vorausgesetzt werden, daß der Einfluß äußerer Faktoren auf den Polymerisationsmechanismus klein ist. Mit einer derartigen Voraussetzung reduziert sich der Vergleich relativer Monomerreaktivitäten auf

1. elektronische Faktoren

und

2. sterische Faktoren

Eine detaillierte Diskussion empirischer Beziehungen (z. B. HAMMETT-Gleichung) und quantentheoretischer Betrachtungen (z. B. MO-Berechnungen) zur Erfassung der elektronischen Faktoren führen wir in späteren Kapiteln. Hier sollen zunächst nur einige qualitative Vergleichsaspekte mit grobem Näherungscharakter besprochen werden.

Dazu betrachten wir in Tab. 4 eine Zusammenstellung von Monomeren, die prinzipiell zur Polymerisation befähigt sind und kennzeichnen gleichzeitig den bevorzugten Mechanismus. Für Vergleichszwecke sind in Tab. 4 einige Monomere mit aufgenommen, die nicht zur Homopolymerisation unter Bildung von Makromolekülen neigen.

Aus Tab. 4 können folgende Tendenzen für die Monomerreaktivität nach unterschiedlichen Mechanismen entnommen werden.

1. Unpolare bzw. wenig polare Doppelbindungen bevorzugen einen „wenig polaren" Mechanismus bei der elektronischen Umgruppierung in den Elementarprozessen. So werden Äthylen selbst wie auch Butadien und Isopren sehr leicht radikalisch bzw. komplex-koordinativ polymerisiert.
2. Monomere mit Substituenten, die einen Elektronendruck auf die Doppelbindung ausüben und somit die Elektronendichte der Doppelbindung relativ zum Äthylen erhöhen ($+I$- bzw. $+M$-Substituenten, z. B. Isobutylen, Vinyläther), polymerisieren besonders leicht nach

einem kationischen Mechanismus.

$$\overset{\delta+}{R} - CH = \overset{\delta-}{CH_2} + \overset{\delta+}{X} - \overset{\delta-}{Y} \rightarrow [R - \overset{\oplus}{C}H - CH_2 - X]Y^{\ominus} \qquad (XXXX)$$

Es liegt nahe, daß die Monomerreaktivität zunimmt, wenn

a) der $+I$- bzw. $+M$-Charakter von R relativ zu einem Standard (z. B. H-Atom) ansteigt, und

b) die Säurestärke bzw. Elektrophilie von $X - Y$ wächst.

3. Monomere mit Substituenten, die einen Elektronenzug auf die Doppelbindung bewirken und damit die Elektronendichte im Vergleich zum Äthylen vermindern (—I- bzw. $-M$-Substituenten, z. B. Acrylnitril, Vinylidencyanid), polymerisieren besonders leicht nach einem anionischen Mechanismus, der in Umkehrung von Punkt 2 mit polaren nucleophilen Elementarprozessen zu formulieren ist (XXXXI).

$$\overset{\delta-}{R} - CH = \overset{\delta+}{CH_2} + \overset{\delta-}{X} - \overset{\delta+}{Y} \rightarrow [R - \overset{\ominus}{C}H - CH_2 - X]Y^{\oplus} \qquad (XXXXI)$$

In entsprechender Weise steigt die anionische Reaktionsfähigkeit der Monomere mit zunehmendem $-I$- bzw. $-M$-Charakter von R und erhöhter Basenstärke bzw. Nucleophilie von $X-Y$.

Tabelle 4: Polymerisationsneigung (+) verschiedener Monomerer mit bevorzugtem Mechanismus (++)

Monomere	Polymerisationsmechanismus radikalisch	anionisch	kationisch	komplex-koordinativ
Äthylen	++	+	+	++
Propylen	+		+	++
Isobutylen			++	
Butadien	++	+	+	++
Isopren	++	+	+	++
Styrol	++	++	++	++
Vinylchlorid	++	(+)		
Acrylnitril	++	++		
Nitroäthylen	++	++		
Vinylidenchlorid ($CH_2{=}C(Cl)_2$)	++	(+)		
Vinylidencyanid ($CH_2{=}C(CN)_2$)	++	++		
Vinyläther ($CH_2{=}CH{-}OR$)			++	+
1,1-Diphenyläthylen				
1,2-Dicyclohexyläthylen				
Maleinsäure				
Allylchlorid				

4. Tab. 4 zeigt ferner die bereits angedeutete Parallelität der Monomerreaktivität für anionische und radikalische Polymerisationen, die generell mit der Bereitschaft des Monomeren zur Aufnahme von Elektronen erklärt werden kann. In der Praxis wird jedoch diese Par-

allelität oft „getrübt", durch Faktoren, die primär nicht auf die Reaktionsbereitschaft der Doppelbindung zurückzuführen sind. So ist z. B. der Elektronenzug von Halogenatomen auf die Doppelbindung noch relativ gering, so daß starke Basen (Alkalialkyle) zur Initiierung verwendet werden müssen. Unter diesen Bedingungen ist jedoch die Tendenz zur HX-Eliminierung bereits die vorrangige Reaktion mit dem Monomeren. In derartigen Fällen ist eine radikalische oder, soweit möglich, eine komplex-koordinative Polymerisation vorzuziehen. Andererseits können eine Reihe „elektronenarmer" Olefine, wie z. B. das in Tab. 4 aufgeführte Nitroäthylen bereits durch wäßriges Alkali anionisch, aber auch sehr leicht radikalisch polymerisiert werden.

5. In Tab. 4 sind einige Monomere aufgenommen, die nicht zu Makromolekülen führen, die wohl aber, wie Dimerisierung bzw. Oligomerisierung sowie Copolymerisation beweisen, zur Radikal- bzw. Ionenbildung befähigt sind. Zur Erklärung dieses Verhaltens muß zwischen elektronischen und sterischen Ursachen unterschieden werden.

a) Die mangelnde Monomerreaktivität von Allylchlorid (auch anderen Allylverbindungen) nach einem radikalischen oder ionischen Mechanismus zu polymerisieren, ist auf die Bildung stabiler Allylradikale bzw. -ionen zurückzuführen, die im Polyadditionsschritt eine zu hohe Aktivierungsenergie erfordern und somit nicht zum Kettenwachstum befähigt sind. Interessanterweise können Allylverbindungen dagegen nach einem unpolaren Mechanismus (ohne Ladungstrennung oder Radikalbildung), durch komplex-koordinative Katalyse polymerisiert oder zumindest oligomerisiert werden.

b) Die häufigste Ursache mangelnder Monomerreaktivität hinsichtlich eines jeden hier genannten Mechanismus ist die sterische Hinderung. Diese kann bei großvolumigen Initiatoren bereits die Initiierung beeinträchtigen, in der Mehrzahl der Fälle wirkt sie sich jedoch auf den Polyadditionsschritt aus. So kann z. B. 1,1-Diphenyläthylen leicht ein Carbeniumion, Carbanion oder Radikal bilden, wobei jedoch nur eine Dimerisierung erfolgt. Unter der Voraussetzung einer „Kopf-Schwanz-Addition" verursacht jedoch die Größe der geminalen Phenylgruppen in 1,3-Stellung eine so erhebliche sterische Hinderung, daß die Kettenbildung aus thermodynamischen Gründen verhindert wird. Darin besteht offensichtlich auch der Grund für die niedrige „ceiling-Temperatur" des α-Methylstyrols (vgl. Abschnitt 1.1.). Hingegen ist beim Isobutylen die Kettenbildung thermodynamisch möglich. Analoge Gründe sterischer Behinderung der Kettenbildung liegen auch bei 1,2-substituierten Olefinen und cyclischen Monoolefinen mit „innenständiger Doppelbindung" vor. Wir werden darauf im Kap. 3 zurückkommen.

Diesen Problemkreis abschließend sei noch eine kurze Bemerkung zum Styrol gestattet, daß gelegentlich als ein „Chamäleon" unter den Monomeren bezeichnet wird, da es unter geeigneten Bedingungen nach allen vier in Tab. 4 verzeichneten Mechanismen polymerisiert. Betrachtet man den elektronischen Einfluß des Phenylringes auf die Doppelbindung, so kann einerseits eine $-I$-Wirkung des sp^2-hybridisierten C_1-Atoms erfolgen, zum anderen eine $+M$-Wirkung des gesamten Phenylringes, wenn man weiterhin voraussetzt, daß der Elementarakt nach einem polaren Mechanismus (elektrophil oder nucleophil) beide Einflußrichtungen unterstützt. Erfolgt dagegen die Polymerisation nach einem unpolaren Mechanismus durch komplex-koordinative Katalyse, so sorgt die Kompensation beider Effekte für die notwendige „Elektroneutralität" im Elementarakt. Die radikalische Reaktionstendenz kann nach dieser Betrachtung, entsprechend Punkt 4 in Parallele zur anionischen Polymerisation gesehen werden.

Es ist schließlich auch zu bedenken, daß die im Zwischenzustand entstehenden Radikale, Carbanionen bzw. Carbeniumionen durch die Wirkung des Phenylringes annähernd gleiche π-Elektronenenergien haben sollten, was ebenfalls für eine Polymerisation nach mehreren Mechanismen spricht.

Im Bild 3 wurde versucht, die in diesem Abschnitt diskutierten Monomerreaktivitäten hinsichtlich der verschiedenen Reaktionsmechanismen in einem „Prinzipschema" zu ordnen. Für den Einzelfall müssen die angegebenen Reaktionstendenzen nicht unbedingt zutreffen, da sterische Aspekte in diesem Schema nicht enthalten sind und andererseits Milieueinflüsse oder Konkurrenzreaktionen zu einer erheblichen Veränderung des Verhaltens führen können.

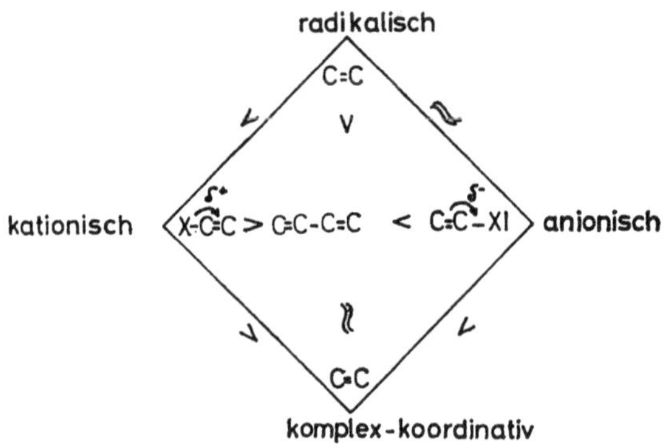

Bild 3. Monomerreaktivitäten nach bevorzugten Mechanismen

Zur „Grobeinordnung" vergleichender Betrachtungen für die Bevorzugung bestimmter Mechanismen erscheint es jedoch geeignet.

1.3.2. Medieneinflüsse

Im vorigen Abschnitt wurde bereits auf die notwendige Berücksichtigung äußerer Faktoren auf das Reaktionsgeschehen hingewiesen. Während Temperatureinflüsse vor allem bei ionischen Polymerisationen zu recht komplexen und z. T. widersprüchlichen Abhängigkeiten führen, können hinsichtlich des Lösungsmitteleinflusses verallgemeinerungsfähige Regelmäßigkeiten festgestellt werden.

Es wurde bereits mehrfach angedeutet, daß radikalische Polymerisationen zumindest in den üblicherweise verwendeten Lösungsmitteln [3, 11] nur geringfügige Veränderungen zeigen. Von dieser Feststellung ausgenommen sind jedoch Lösungsmittel bzw. Zusätze mit Akzeptorcharakter (aromatische Verbindungen mit $-I$- bzw. $-M$-Substituenten, CS_2, SO_2 etc.), die je nach Akzeptorstärke als „Radikalfänger" wirken und besonders den Initiierungsschritt verzögern oder gar inhibieren können. Im Falle des SO_2 haben wir am Beispiel der Polysulfoncopolymere bereits im Abschnitt 1.1. gezeigt, daß die „Wechselwirkung" elektronenreicher Olefine mit dem Akzeptor SO_2 schließlich sogar zur Reaktion führen kann.

Als Mediumeinflüsse bei radikalischen Polymerisationen ohne „direkte Wechselwirkung" zwischen Medium und Radikal sind die diffusionsbestimmten Vorgänge beim Wechsel der Viskosität des Mediums zu betrachten. Sie wirken sich bevorzugt auf Wachstums- und Abbruchreaktionen aus. Da bei radikalischen Polymerisationen im Vergleich zur ionischen Polymerisation meist sehr hohe Monomerkonzentrationen (sehr häufig Substanzpolymerisation) verwendet werden können, ist der Viskositätseinfluß für den bimolekularen Abbruch (Kombination oder Disproportionierung) von besonderer Bedeutung, während die Wachstumsreaktion entweder bei sehr hohen Viskositäten oder bei großen „Diffusionsstrecken" des Monomeren (in verdünnten Medien) beeinflußt wird. Für die Abbruchgeschwindigkeit konnte eine umgekehrte Proportionalität zur Viskosität des Lösungsmittels nachgewiesen werden [19]. Da mit dem Fortschreiten der Polymerisation die Viskosität des Mediums erhöht wird, kommt es infolge verminderter Abbruchgeschwindigkeit zu einer längeren Lebensdauer der polymerisationsaktiven Radikalketten und somit zu einer formalen „Selbstbeschleunigung" der Polymerisation in Relation zur Anfangsgeschwindigkeit [20, 21]. In derartigen Fällen durchlaufen die Geschwindigkeits-Zeit-Kurven häufig ein Maximum [22]. Bei ionischen Polymerisationen sind Hinweise auf den Einfluß der Viskosität des Mediums ziemlich rar, obwohl dieser Effekt vor allem hinsichtlich der Wachstumsreaktion (sowie Übertragungsreaktionen) nicht unbeträchtlich sein sollte. Wir kommen im Kap. 3. noch einmal darauf zurück.

Umfangreiche Untersuchungen, wenn auch meist nur qualitativer Natur, liegen dagegen über den Lösungsmitteleinfluß bei ionischen Polymerisationen vor. Auf Grund der stärkeren elektrostatischen Wechselwirkung zwischen Ionen und Dipolen gegenüber der reinen Dipol-Dipol-Anziehung ist die freie Solvatationsenergie bei Reaktionen mit ionischen Zwischenstufen apriori gewichtiger als bei Radikalreaktionen. Zur umfassenden Betrachtung von Mediumeinflüssen müssen neben der allgemein bekannten Wirkung des makroskopischen Dielektrikums vor allem die vielfältigen Erscheinungen der spezifischen Solvatation berücksichtigt werden. Für die freie Energie der Solvatation ($\Delta G_{\text{solv.}}$) bzw. die freie Aktivierungsenergie von Solvatationsprozessen ($\Delta G^{\pm}_{\text{solv.}}$) gilt somit:

$$\Delta G_{\text{solv.}} = \Delta G_{\text{DK}} + \Delta G_{\text{spezif.}} \quad \text{bzw.} \quad \Delta G^{\pm}_{\text{solv.}} = \Delta G^{\pm}_{\text{DK}} + \Delta G^{\pm}_{\text{spezif.}} \qquad \text{(XXXXII)}$$

Der mit einem Energiegewinn verbundene Solvatationsprozeß wird nach (XXXXII) über den „*DK*-Anteil" und den „Anteil der spezifischen Solvatation" erfaßt. In sogenannten „neutralen" oder inerten Lösungsmitteln [23] kann die spezifische Solvatation vernachlässigt werden, und man beobachtet auch bei ionischen Polymerisationsreaktionen die üblicherweise gefundene Reaktivitätsbeschleunigung mit zunehmender *DK* des Mediums [24]. Bei Lösungsmitteln mit Donator- bzw. Akzeptorcharakter kann dagegen die spezifische Solvatation den *DK*-Anteil in der Wirkung wesentlich überbieten, ohne das in der Regel eine quantitative Trennung beider Einflüsse möglich ist. Naheliegenderweise wirkt der Mediumeinfluß auf kationische und anionische Polymerisationen oft gegenläufig, da die spezifische Solvatation sowohl die Kettenträger als auch die Gegenionen beeinflußt [25]. So werden anionische Polymerisationen vorzüglich in Tetrahydrofuran als Lösungsmittel durchgeführt, da der n-Donator *THF* mit dem Gegenkation in Wechselwirkung tritt und deshalb die Nucleophilie des initiierenden Agenz wie auch die der Kettenträger etwa gegenüber Hexan (Inertlösungsmittel) erhöht. Andererseits bewirkt bereits eine Zugabe von *TH*F in einem Inertlösungsmittel eine Verminderung der Geschwindigkeit der kationischen Vinylpolymerisation, die mit Ausnahme von Vinyläthern (vgl. Kap. 3.) in reinem *THF* oder anderen n-Donatoren überhaupt nicht abläuft. Hierbei setzt, in Umkehrung zum vorgenannten Beispiel, die Wechselwirkung des n-Donators mit dem elektrophilen Initiator bzw. dem Kettenträger dessen Elektrophilie herab und damit das „Prinzip der kationischen Polymerisation" außer Kraft. Für Akzeptorlösungsmittel können analoge Verhältnisss beobachtet werden [25].

Grundsätzlich sind bei ionischen Polymerisationen alle Elementarschritte bzw. deren Geschwindigkeit in der hier skizzierten Art durch das Medium zu beeinflussen. Dabei kann das Verhältnis

$$v_p \gg \frac{v_i}{v_a}$$

proportional verändert werden, und unter Erhalt stationärer Bedingungen kann der Polymerisationsgrad bei zunehmender Bruttogeschwindigkeit erhöht werden. Andererseits ist der Einfluß der spezifischen Solvatation oft die Ursache für den Übergang zu nichtstationären Bedingungen, wonach bei erhöhter Bruttogeschwindigkeit, die auf eine schnelle Initiierung zurückzuführen ist, eine langsame Wachstumsreaktion stattfindet. In diesem Falle werden sehr rasch viele Ketten gestartet (Donatorlösungsmittel bei kationischen bzw. Akzeptorlösungsmittel bei anionischen Polymerisationen), die infolge begünstigter Abbruch- oder Übertragungsreaktionen nur zu geringen Polymerisationsgraden führen.

Unter dem Aspekt der Donator-Akzeptor-Wirkung kann auch der Einfluß von Wasser auf ionische Polymerisationen gesehen werden. Die stark dissoziierend wirkende Kraft des Wassers (hohe Solvatationsenergie) ist auf dessen Fähigkeit zur Donator- wie auch Akzeptorwechselwirkung mit Ladungsträgern oder polaren Bindungen zurückzuführen. Es können daher Kationen und Anionen solvatisiert, aber auch polare Bindungen (in Alkalialkylen oder Metallhalogeniden) hydrolytisch gespalten werden. Letzteres ist vor allem der Grund dafür, daß z. B. die anionische Polymerisation in der Regel (vgl. Abschnitt 1.3.1.) unter Ausschluß von Wasser durchgeführt werden muß. Zur kationischen Polymerisation mit Metallhalogeniden bedarf es hingegen der cokatalytischen Funktion (vgl. Kap. 3.) von Wasser, das unter Bildung hochacider MtX_n-Hydrate erst den „eigentlichen" Initiator liefert. Bei Überschreiten einer optimalen Wasserkonzentration werden durch den n-Donatorcharakter des Wassers Übertragungs- bzw. Abbruchreaktionen begünstigt, und die Reaktion kommt bei meist niedrigem Polymerisationsgrad leicht zum Stillstand. Es erscheint überflüssig zu erwähnen, daß radikalische Polymerisationen keine derartigen Abhängigkeiten in Gegenwart von Wasser zeigen, sondern dieses sogar als geeignetes Lösungsmittel im technischen Maßstab verwendet wird.

Eine ausführliche Behandlung der Mediumeinflüsse ionischer Polymerisationen, die oft als Ursache für den „Wechsel des Mechanismus" auf Grund des unterschiedlichen Grades der Ladungstrennung zwischen Kettenträger und Gegenion angesehen werden, sei den folgenden Kapiteln vorbehalten.

1.3.3. Diagnose des Mechanismus

Im folgenden wollen wir noch einige qualitative Merkmale zur Unterscheidung eines ionischen oder radikalischen Ablaufes von Polymerisationen besprechen. Die weit schwierigere und z. T. willkürliche Abgrenzung dieser Mechanismen von der komplex-koordinativ katalysierten Polymerisation wird, soweit es sich um homogene Reaktionen handelt, im Kap. 2. erörtert.

Zur Diagnose des Mechanismus können oftmals theoretische Überlegungen bereits zu nützlichen Hinweisen führen, die dann durch chemische und physikalische Untersuchungen Beweiskraft erlangen. Wenn es gilt, ein neues Katalysatorsystem hinsichtlich der Bevorzugung des Mechanismus zu testen, so kann z. B. bei heterolytischer Dissoziation sowohl das Kation als auch das Anion initiierend wirken (XXXXIII).

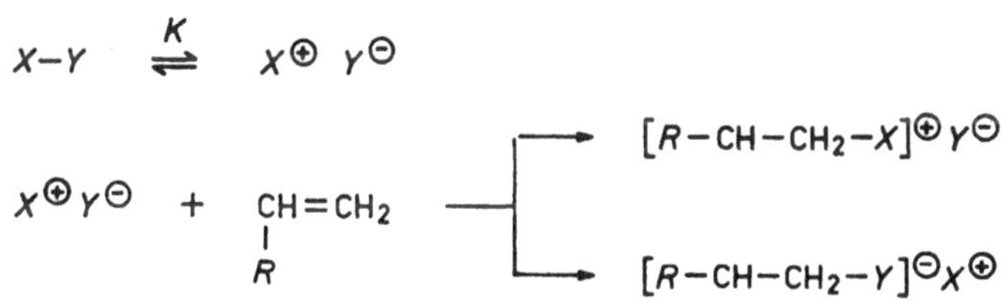

(XXXXIII)

Thermodynamische Standardwerte, wie die Dissoziationsenergie von XY oder das Ionisationspotential (bei Elektronenabgabe) bzw. die Elektronenaffinität (bei Elektronenaufnahme) des Monomeren, gestatten eine einfache Abschätzung, welche der beiden Möglichkeiten in (XXXXIII) mit dem größten Energiegewinn verbunden ist. Handelt es sich z. B. bei XY um eine Protonsäure (mit $X = \mathrm{H}$), so ist die hohe Bildungsenergie der C—H-Bindung ohne Zweifel der thermodynamisch begünstigte Reaktionsweg, was nicht besagt, daß die Reaktion auch kinetisch meßbar abläuft. Letzteres ist z. B. nicht der Fall, wenn sich im Reaktionssystem eine stärkere Base (allgem. Elektronendonator) befindet als das Monomere. Dieser Sachverhalt liefert zwei wesentliche Schlußfolgerungen:

1. Elektronenakzeptoren im weitesten Sinne können bevorzugt eine kationische Reaktion einleiten, während Elektronendonatoren eher zur anionischen Initiierung neigen. Wie im Abschnitt 1.3.1. näher ausgeführt wurde, gilt das Umgekehrte für die Natur des Mono-

meren, wonach bei hoher Elektronendichte der kationische und bei geringer Elektronendichte der anionische bzw. radikalische Weg wahrscheinlicher wird.

2. Olefinpolymerisationen, die in sauerstoff- bzw. stickstoffhaltigen Lösungsmitteln ablaufen (*n*-Donatorlösungsmittel), sind im allgemeinen nicht kationischer Natur. Andererseits gilt zumindest näherungsweise, daß Polymerisationen, die in Alkylhalogeniden als Lösungsmittel ablaufen, nicht mit anionischen Elementarprozessen verbunden sind, da die stark basischen Initiatoren (Alkalialkyle, Alkaliaryle) bevorzugt mit dem Lösungsmittel reagieren. Schließlich kann dem Lösungsmitteleinfluß auf eine Polymerisationsreaktion auch der Hinweis entnommen werden, ob prinzipiell ionische oder radikalische Elementarprozesse vorliegen. Wenn bei der Variation der Lösungsmittel um mehrere *DK*-Einheiten (ausgesprochene Donator- bzw. Akzeptorlösungsmittel sollten bei diesem Test vermieden werden) die Geschwindigkeit der Reaktion maximal nur um den Faktor 2—3 verändert wird, ist ein radikalischer Mechanismus wahrscheinlicher als ein ionischer.

An Punkt 1. anknüpfend können nun geeignete „Testmonomere“ zur Prüfung der Natur und der Aktivität (Relativwerte) eines Initiators herangezogen werden. Gelingt z. B. die Homopolymerisation des Isobutylens, so gilt ein kationischer Mechanismus in der Regel als gesichert. Hingegen ist dieser Mechanismus auszuschließen, wenn Acrylsäure oder deren Ester polymerisiert werden.

Während die Unterscheidung zwischen anionischem und kationischem Mechanismus relativ leicht fällt, ist der Beweis oder der Ausschluß von Radikalbeteiligung auf rein chemischem Wege oft nicht eindeutig zu führen. Gewisse Hinweise können aus der Testung eines Initiators gegenüber Ringöffnungspolymerisationen von Epoxiden oder Episulfiden erhalten werden, die der radikalischen Polymerisation normalerweise nicht zugänglich sind. Geeignet erscheint auch die Testung bifunktioneller Monomerer, wie z. B. des 2-Vinyloxyäthylmethacrylates, das kationisch nur über die Vinylgruppe, anionisch über den Acrylatrest und radikalisch durch „Copolymerisation“ beider Gruppierungen reagiert [26].

In vielen Fällen erscheinen physikalische Methoden zur Testung der Natur eines Katalysators oder ihre Kombination mit den vorgenannten Methoden geeigneter.

So kann auf spektroskopischem Wege aus der unterschiedlichen Absorption von Monomerkation bzw. Monomeranion bei der Dimerisierung des 1,1-Diphenyläthylens auf den Mechanismus geschlossen werden [25; vgl. dort angegebene Literatur]. In geeigneten Fällen können mit genügend schnell registrierenden spektroskopischen Methoden (bei tiefen Temperaturen) sowohl ionische (*UV, NMR*) als auch radikalische (*ESR*) Zwischenstufen erkannt werden.

Hinweise auf ionische Mechanismen folgen auch aus Leitfähigkeitsmessungen, obwohl diese Methode nur bei positivem Ausfall des Meßergebnisses Aussagekraft besitzt, da auch Ionenpaare als Träger der Polymerisation fungieren, ohne elektrolytische Leitfähigkeit zu zeigen. In den folgenden Kapiteln werden wir auf einige experimentelle Methoden, die zur Untersuchung von Reaktionsmechanismen geeignet sind und deren Diagnose dienen, ausführlicher eingehen.

2. Einige allgemeine Betrachtungen über die Voraussetzungen für den Ablauf ionischer Polymerisationen

In diesem Kapitel sollen einige Sachverhalte besprochen werden, die bei ionischen Polymerisationen von besonderer Bedeutung sind und die keine Vergleichsmöglichkeit mit „unpolaren“ Mechanismen zulassen. Als wesentlichen Unterschied ionischer und radikalischer Polymerisationen hatten wir im vorigen Kapitel einerseits die komplizierte und variable Natur der Ladungsträger und im Gegensatz dazu die relativ undifferenzierte Beschaffenheit der wachsenden Radikalkettenenden herausgestellt. Bei der Behandlung kooperativer Eigenschaften elektrophiler bzw. nucleophiler Kettenträger und deren konjugierten Gegenionen werden die Gemeinsamkeiten in phänomenologischer Hinsicht in den Vordergrund gestellt. So können einige Vorgänge bei ionischen Elementarprozessen zwar mit „vertauschtem Vorzeichen“, aber prinzipiell vergleichbarer Wirkung diskutiert werden. Eine genauere Behandlung unter Betonung der Besonderheiten kationischer und anionischer Polymerisationen erfolgt in Kap. 3. bzw. 4.

2.1. Die Kettenträger ionischer Polymerisationen

Während die Elementarprozesse radikalischer Polymerisationen notwendigerweise an Bildung und Verbrauch von Radikalen geknüpft sind, ist eine analoge Voraussetzung für das Auftreten von Kationen bzw. Anionen in bezug auf die ionische Polymerisation keineswegs immer zutreffend. So kann bei Reaktionen mit ionischen Zwischenstufen, wie sie üblicherweise in flüssiger Phase ablaufen, von „freien Ionen“ nur insofern gesprochen werden als diese vom jeweiligen Gegenion kinetisch unabhängig in Reaktion treten. Für die genaue Natur derartiger Ionen, ausgedrückt durch geeignete Parameter für ihre Struktur, für den Hybridisierungsgrad oder ihre thermodynamische Stabilität gibt es keinen absoluten Maßstab. Bei den als Kettenträger vorrangig in Frage kommenden Kohlenstoffatomen handelt es sich in jedem Falle um trikovalente Atome, die ein „nichtbindendes“ Orbital besitzen. Letzteres kann leer oder mit einem bzw. zwei Elektronen besetzt sein, und entsprechend unterscheiden wir Carbenium-Ionen, Radikale bzw. Carbanionen. Die genannten Spezies stellen im allgemeinen kurzlebige Reaktionszwischenstufen dar, deren Stabilität einerseits von der Möglichkeit zur partiellen Überlappung des nichtbindenden Orbitals mit anderen Orbitalen im gleichen Molekül abhängt (Resonanzstabilisierung), und zum anderen durch die Wechselwirkung mit Orbitalen von beliebigen Nachbarmolekülen mitbestimmt wird (z. B. Solvatation). Bei ionischen Zwischenzuständen gelten beide Faktoren für die Kettenträger wie auch für die entsprechenden Gegenionen. Da der Energiegewinn bei der Anziehung ungleichartiger Ladungen in nichtwäßrigen Medien meist größer ist als bei der Ionen-Dipol-Anziehung, dürfte das Auftreten freier solvatisierter Ionen mehr dem Grenzfall optimaler Wirkung der vorgenannten beiden Faktoren entsprechen als dem Regelfall. In der Praxis vergleichen wir daher stets relative Stabilitäten bzw. Strukturcharakteristika, die dem statistischen Mittel des Grades der Ladungstrennung im Zwischenzustand ionischer Polymerisationen entsprechen und die natürlich für den einzelnen Elementarakt durchaus differenziert sein können. Eine derartige Interpretation kennzeichnet zwar den realen Sachverhalt, bietet aber kaum die Möglichkeit zur exakten Behandlung der Problematik. Aus diesem Grunde zwingen Vereinfachungen zur Annahme diskreter Zustände zwischen freien solvatisierten Ionen und Ionenpaaren, auf die im Abschnitt 2.1.3. näher eingegangen werden soll. Zunächst seien dieser Betrachtung einige allgemeine Aspekte über Carbenium-Ionen und Carbanionen vorweggestellt.

2.1.1. Carbenium-Ionen

Zur umfassenden Information über die Vielfältigkeit der Chemie von Carbenium-Ionen im Zusammenhang mit der kationischen Polymerisation muß auf folgende Literatur hingewiesen werden [27, 28, 29, 30, 31, 35]. Eine sehr gute Übersicht theoretischer und experimenteller Arbeiten befindet sich in [32].

Die Bildungsweise von Carbenium-Ionen kann in drei allgemeine Reaktionsprinzipien eingeteilt werden [32]:

a) Heterolytische Spaltung von Molekülbindungen
b) Addition von Kationen an ungesättigte Systeme
c) Elektronenentzug von elektroneutralen Verbindungen (incl. Radikalen)

Der heterolytische Bindungsbruch nach a) erfolgt um so leichter, je geringer die Energie zur Polarisierung der $\mathrm{-\overset{|}{\underset{|}{C}}-}X$-Bindung ist und je stabiler die entstehenden Spezies sind. Hierbei kommt der äußeren Stabilisierung der Gegenionen durch Solvatation eine besondere Bedeutung zu, wie auch der hohen Stabilität von Molekülen, die neben Carbenium-Ionen nach diesem Bildungsweg mitentstehen. Als Beispiele leichter Bildungsweisen nach diesem Mechanismus führen wir den heterolytischen Zerfall von Diazoniumverbindungen (I) sowie die sauere Dehydratisierung von Alkoholen an (II).

$$[R\mathrm{-N{\equiv}N}]^{\oplus} X^{\ominus} \longrightarrow R^{\oplus} + \mathrm{N_2} + X^{\ominus} \qquad \text{(I)}$$

$$R\mathrm{-OH} + \mathrm{H}X \longrightarrow R^{\oplus} + \mathrm{H_2O} + X^{\ominus} \qquad \text{(II)}$$

Die Bildung stabiler Gegenionen, die durch spezifische Solvatation in Akzeptorlösungsmitteln (z. B. SO_2) unterstützt wird (III), exemplifiziert den Weg a) ebenso wie die Komplexstabilisierung von Anionen mit LEWIS-Säuren, insbesondere SbF_5 (IV).

$$R{-}X + (SO_2)_{fl.} \longrightarrow R^{\oplus} + [X \longrightarrow SO_2]^{\ominus} \quad \text{(III)}$$

$$R{-}X + SbF_5 \longrightarrow R^{\oplus} + [SbF_5X]^{\ominus} \quad \text{(IV)}$$

Die Reaktion nach (III) enthält den klassischen Nachweis von Carbenium-Ionen, wie er von WALDEN [33] und GOMBERG [34] vor nunmehr siebzig Jahren durch Leitfähigkeitsmessungen am Beispiel des Triphenylmethylkations erbracht wurde.

Das Bestreben von LEWIS-Säuren, mit der Erhöhung der Koordinationszahl eine größere Stabilität zu erreichen, erklärt deren exponierte Rolle bei der Bildung und Stabilisierung von Carbenium-Ionen. Bei abnehmender LEWIS-Säureaktivität [35] (vgl. Kap. 3) und zunehmender Polarisierbarkeit des zu stabilisierenden Anions [36] nimmt die Reaktionstendenz nach (IV) ab. Andererseits kann durch weitere Erhöhung der Acidität des Mediums die Wirkung der LEWIS-Säure verstärkt werden. Von G. OLAH und Mitarbeitern [37] konnten mit Hilfe der sogenannten „magischen Säure“ – einem Gemisch aus SbF_5 und FSO_3H – eine Reihe auf anderem Wege nicht zugänglicher aliphatischer Carbenium-Ionen nachgewiesen werden.

Außerordentlich vielfältig sind die Reaktionsmöglichkeiten zur Bildung von Carbenium-Ionen nach Weg b). So kann z. B. das tert.-Butylkation nach a) durch Heterolyse des entsprechenden Halogenids oder durch Protonierung von Isobutylen erhalten werden (V).

$$\begin{aligned} (CH_3)_3C{-}X &\longrightarrow (CH_3)_3C^{\oplus} \\ &+ X^{\ominus} \longleftarrow (CH_3)_2C{=}CH_2 + HX \end{aligned} \quad \text{(V)}$$

Die Bildung von Carbenium-Ionen durch Protonenaddition wird als Säure-Base-Reaktion um so mehr begünstigt sein, je größer die Säurestärke der BRÖNSTED-Säure oder je stärker die Basizität (bzw. Elektronendonatorfähigkeit) der ungesättigten Molekel ist.

Der Weg b) ist zugleich der am häufigsten beschrittene zur Bildung von Carbenium-Ionen bei der kationischen Vinylpolymerisation. Die Addition eines Protons oder Carbenium-Ions an die Doppelbindung stellt dabei das reaktionstragende Prinzip sowohl des Initiierungs- wie auch des Wachstumsschrittes dar. Die Reproduktion der Kettenträger im Wachstumsschritt ist vom reaktionsmechanistischen Standpunkt her gesehen die erste Stufe einer elektrophilen Addition, wobei deren Zwischenzustand gebildet wird. Das Verhältnis unterschiedlicher Aktivierungsenergien (vgl. Kap. 1.) ist dann bestimmend dafür, ob nach dem Prinzip der mikroskopischen Reversibilität durch Eliminierung das Olefin rückgebildet wird oder ein Ladungsausgleich mit dem Gegenion als zweite Stufe einer einfachen Additionsreaktion erfolgt, oder ob schließlich eine Polyaddition ablaufen kann (VI).

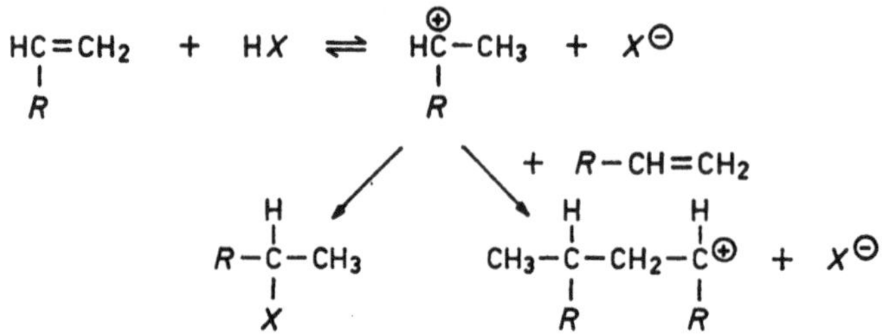

(VI)

Um nun die Konkurrenzreaktionen in (VI) zugunsten der Polyaddition zu lenken, muß die Wechselwirkung zwischen dem Carbenium-Ion und dem Gegenion möglichst gering sein, oder anders ausgedrückt, muß die Aktivierungsenergie für die Eliminierung bzw. die einfache Addition möglichst groß gehalten werden. Letzteres erreicht man in analoger Weise, wie bei der Carbenium-Ionenbildung nach Weg a) bereits beschrieben, durch erhöhte Anionstabilisierung mittels Lewis-Säuren (VII).

$$HCl + AlCl_3 \rightarrow H^{\oplus}[AlCl_4]^{\ominus} \qquad \text{(VII)}$$

Es ist unmittelbar einleuchtend, daß die hohe Dissoziationsfähigkeit der Brönsted-Säure $H^{\oplus}[AlCl_4]^{\ominus}$ einerseits die Bildung des Carbenium-Ions (Initiierung!) gegenüber der weniger aciden Säure HCl begünstigt und zum anderen die Lebensdauer des Carbenium-Ions durch die geringere Wechselwirkung mit dem komplexen Anion (s. Abschnitt 2.2.) erhöht wird, so daß die Konkurrenz „um das Carbenium-Ion" nach (VI) nunmehr in Abhängigkeit von der Basizität des Olefins (vgl. Abschnitt 1.3.1.) stärker zugunsten der Polyaddition entschieden wird. Analoge Gesichtspunkte gelten selbstverständlich auch für die $R^{\oplus}$-Addition an ungesättigte Verbindungen nach Weg b) (vgl. Kap. 3.).

Schließlich soll noch die Bildung von Carbenium-Ionen nach dem Mechanismus c) kurz erläutert werden.

Während die vorgenannten Bildungsweisen von Carbenium-Ionen in starkem Maße von „äußeren Bedingungen" abhängen, können freie Radikale z. B. durch Elektronenstoßmethoden [32] in Carbenium-Ionen übergeführt werden (VIII).

$$R\cdot \rightarrow R^{\oplus} + e^{\ominus} \qquad \text{(VIII)}$$

Diese Reaktion wird vorzugsweise in der Gasphase durchgeführt, da hierbei die inneren Faktoren des Ionisierungsprozesses ohne zusätzliche Komplikationen (z. B. durch Solvatation) erkannt werden können. Unter geeigneten Bedingungen kann der Elektronenentzug jedoch auch in flüssiger Phase erfolgen, durch anodische Oxydation, oxydierende Metallionen oder durch Stoß mit energiereichen Spezies [32]. Die für diese Reaktion geeigneten Radikale müssen jedoch eine gewisse Stabilität besitzen (Arylradikale), da andernfalls Radikalkombination und weitere Radikalreaktionen schneller ablaufen als der Elektronenentzug.

Die zum Elektronenentzug bei Radikalen genannten Methoden sind jedoch auch prinzipiell geeignet, um eine analoge Reaktion an elektroneutralen Molekülen zu bewirken. Das ist besonders der Fall, wenn die Moleküle stark delokalisierte π-Elektronen oder freie Elektronenpaare enthalten [32]. Unter diesen Bedingungen entstehen sogenannte Radikalkationen (IX).

$$(Ar)C = C(Ar) \xrightarrow{-e^{\ominus}} (Ar)^{+}C - \dot{C}(Ar) \qquad \text{(IX)}$$

Über die Möglichkeit der Bildung von Radikalkationen bei der Initiierung gewisser kationischer Polymerisationen soll im Kap. 3. berichtet werden.

Wenn nun nach einem der geschilderten Mechanismen Carbenium-Ionen gebildet werden, so ist deren Reaktionsverhalten eine Funktion ihrer Stabilität, die, wie bereits angedeutet, nur in relativem Maßstab diskutiert werden kann, da z. B. für die Heterolyse $R - X \rightarrow R^{\oplus} + X^{\ominus}$ keine exakte Unterteilung in Faktoren möglich ist, die nur von R bzw. nur von X abhängen. Durch quantenchemische Berechnungen von Elektronendichten, Lokalisierungsenergien etc. [32] gelangt man zwar zu „genauen Zahlenwerten", die jedoch nur für die Gasphase gültige Relationen widerspiegeln, d. h. sie gelten für Bedingungen, unter welchen die hier interessierenden ionischen Reaktionen gar nicht ablaufen. Das gleiche trifft für die in der Gasphase bestimmbaren Ionisierungsenergien [32] als Stabilitätsmaßstab zu. Trotzdem sind derartige Zahlenwerte von erheblichem Interesse für qualitative Betrachtungen oder für die semiempirische Behandlung des Reaktionsverhaltens (s. Kap. 6.). Die relative Stabilität von Carbenium-Ionen kann in zwei Aspekte zerlegt werden, die im realen Verhalten beide gemeinsam wirken.

a) Intramolekulare Ladungsverteilung und Strukturfaktoren im Carbenium-Ion
b) Wechselwirkung des Carbenium-Ions mit seiner Umgebung, insbesondere mit dem Gegenion sowie anderen Elektronendonatoren (Lösungsmittel, Monomere)

Zur Beurteilung der inneren Stabilisierung nach a) wird zweckmäßigerweise auf das einfachste Carbenium-Ion CH_3^+ relativiert. Die Bestimmung der R^+-Stabilität erfolgt neben anderen Methoden [32] gemäß Reaktion (VIII) als Ionisationspotential (I) der jeweiligen Radikale oder als heterolytische Dissoziationsenergie von $R - X$-Bindungen (D_{R^+/X^-}). In der Praxis wird die leichter zugängliche homolytische Dissoziationsenergie ($D_{R\cdot/X\cdot}$) gemessen und (D_{R^+/X^-} nach (X) berechnet.

$$D_{R^+/X^-} = D_{R\cdot/X\cdot} + I - E_e \qquad \text{(X)}$$

E_e bezeichnet die Elektronenaffinität von X. Für Gasphasereaktionen kann die Veranschaulichung der R^+-Stabilitäten auch durch die freie Enthalpie (ΔG) erfolgen, die unter diesen Bedingungen im wesentlichen vom Enthalpie- bzw. dem Energieglied repräsentiert wird. Bei Reaktionen in Lösung spielt dagegen neben dem Teil der „Energiefreisetzung durch Solvatation" von Kation und Anion das Entropieglied eine wesentliche Rolle. Im Bild 4 soll gezeigt werden, daß in diesem

Falle die freie Standardenthalpie (ΔG_{St}) der Ionenbildung in flüssiger Phase aus der Summe der freien Enthalpie der Ionisation (oder Dissoziation) in der Gasphase (ΔG_I) und der freien Solvatationsenthalpie ($\Delta G_{\text{solv.}}$) besteht [38].

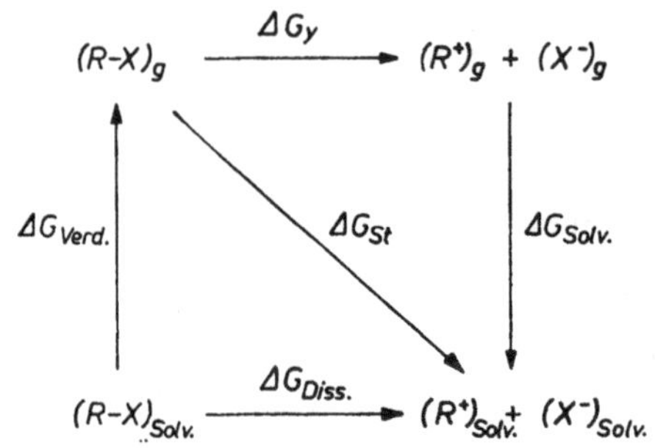

Bild 4. Freies Enthalpieschema der Ionenbildung in der Gasphase und in flüssiger Phase

Für die nicht direkt zugängliche freie Dissoziationsenthalpie in flüssiger Phase ($\Delta G_{\text{Diss.}}$) muß dann von (ΔG_{St}) noch der Wert der freien Verdampfungsenthalpie ($\Delta G_{\text{Verd.}}$) für die dissoziierende Molekel $R - X$ abgezogen werden.

Zur Kennzeichnung der inneren Stabilisierung sind dagegen die nach (X) erhaltenen Energiewerte (bzw. Enthalpiewerte $\Delta H_{R^+/X^-}$) geeignet. In Tab. 5 werden Ionisationspotentiale und Ionisationsenthalpien für die Gasphasereaktion $R - \text{Br} \rightarrow R^+ + \text{Br}^-$ sowie die entsprechenden homolytischen Dissoziationsenergien angegeben. Die letzte Spalte von Tab. 5 enthält die auf den Methyl- bzw. Benzylrest relativierte Stabilitätsdifferenz ($\Delta\Delta H_{R^+/X^-}$).

Tabelle 5. Parameter zur Kennzeichnung der relativen Carbenium-Ionenstabilität, aus der Reaktion R—Br→R^++Br⁻. Die Werte für $D_{R\cdot/X\cdot}$ und I sind aus [24] bzw. [32] entnommen. Die Ionisationsenthalpien wurden entsprechend Gleichung (X) mit einem E_e-Wert für Brom von 82 kcal/Mol berechnet.

R	$D_{R\cdot/X\cdot}$ [kcal /Mol]	I [kcal/Mol]	$\Delta H_{R^+/X^-}$ [kcal/Mol]	$\Delta\Delta H_{R^+/X^-}$
Methyl	67	229,4	214	—
Äthyl	67,2	202,5	187,7	−26,3
n-Propyl	67,2	200,4	185,6	−28,4
i-Propyl	67,6	182,2	167,8	−46,2
tert.-Butyl	63,8	171,8	153,8	−60,2
Allyl	45,5	188,2	152	—
Benzyl	50,5	178,9	147	—
p-Cl Benzyl	50,1	183,3	151	+ 4
p-CH_3 Benzyl	49,1	172,0	139	− 8
p-CH_3O Benzyl	50	157,7	125,7	−21,3
p-CN Benzyl	49,7	192,8	161	+14
m-NO_2 Benzyl	48,4	197,4	164	+17

Die Werte in Tab. 5 geben bekannte elektronische Einflüsse auf die innere Stabilisierung eines Carbeniumzentrums wieder, wie wir sie bei organischen Reaktionsmechanismen üblicherweise finden. So nimmt die Leichtigkeit der Carbeniumionenbildung und damit konform gehend ihre thermodynamische Stabilität bei den Alkylresten mit zunehmendem $+I$-Effekt ($CH_3 \rightarrow C(CH_3)_3$) naturgemäß zu. Die relativ hohe Stabilisierung von Benzyl- bzw. Allylcarbeniumionen als Folge der Resonanzwechselwirkung mit dem Reaktionszentrum bedarf ebenso keiner weiteren Erläuterung, wie die Möglichkeit den Resonanzeffekt je nach elektronischem Einfluß von Substituenten am Phenylring entweder zu erhöhen oder zu vermindern. Dieser Sachverhalt kann durch elektronische Parameter wie etwa Substitutentenkonstanten (σ bzw. σ^* [39]) sowie durch quantenchemische Daten [40] charakterisiert werden. Auf dieser Basis gelingt es, die innere Stabilisierung zu parametrisieren und mit Reaktivitätsdaten zu verknüpfen. Von derartigen Vergleichen darf man jedoch nicht mehr erwarten als bestenfalls qualitative Übereinstimmungen, da die Gültigkeit der Parameter der inneren Stabilisierung, wie bereits erwähnt, auf hypothetische Gasreaktionen oder bei quantenchemischen Näherungsverfahren auf die Grundzustände durch äußere Felder nicht beeinflußter Moleküle beschränkt ist. Zur besseren, aber zugleich weit schwierigeren Beurteilung relativer Stabilitäten von Carbeniumionen, ist daher deren Wechselwirkung mit der Umgebung (Punkt b), S. 37) besonders zu beachten.

Im Bild 4 wurde bereits auf die energetische Bilanz der Solvatation bei der Carbeniumionenbildung hingewiesen. Dabei handelt es sich jedoch um eine formaltheoretische Erörterung der Verknüpfung zugänglicher, aber auch nicht exakt faßbarer Größen. Gegenwärtig verfügen wir nicht über die Möglichkeit einer genauen Messung oder Berechnung der Solvatationsenergie von Carbeniumionen in einem beliebigen Medium.

Nach einem ausschließlich elektrostatischen Modell ist die Änderung der freien Energie für die Überführung eines Ions mit dem Kugelradius R und der Ladung q von der Gasphase in ein Medium mit der Dielektrizitätskonstante D durch folgende Beziehung (Born-Gleichung) gegeben (XI):

$$\Delta G = -\frac{q^2}{2R}(1 - 1/D) \qquad \text{(XI)}$$

ΔG entspräche dann der freien Solvatationsenergie des Ions.

Aus (XI) folgt der bekannte Zusammenhang, daß die elektrostatische Wechselwirkung zwischen dem Ion und dem Lösungsmittel am stärksten ist, wenn R möglichst klein und D groß ist. Danach sollte die Solvatationsenergie von Carbeniumionen als Ausdruck ihrer äußeren Stabilisierung apriori geringer sein, als das z. B. bei einfach geladenen kleinen Metallatomen der Fall ist.

Selbst bei weiterführenden Korrekturen dieses Modells [32], die eine dielektrische Sättigung in der Umgebung des Ions berücksichtigen oder die die über das Entropieglied zu erfassende Änderung der freien Energie bei Veränderung der zwischenmolekularen Lösungsmittelstruktur enthalten, bleibt dennoch nur eine rohe Näherung. Von unzulässigen Vereinfachungen, wie der Annahme einer Kugel für das Ion abgesehen, wird insbesondere die spezifische Solvatation des Carbeniumions nicht berücksichtigt.

Bild 5 soll zur Illustration dessen, was als spezifische Solvatation verstanden werden kann, dienen. Eine quantitative Separierung rein elektrostatischer Wechselwirkung zwischen dem Carbeniumion und seiner Umgebung als makroskopisches Kontinuum sowie andererseits der entsprechend Bild 5 möglichen Überlappung des freien *p*-Orbitals am Carbeniumion mit besetzten Orbitalen der Lösungsmittelmoleküle dürfte prinzipiell kaum möglich sein. Schließlich muß berücksichtigt werden, daß die partielle Orbitalüberlappung nach Bild 5 auch als die einer nucleophilen Reaktion mit dem Carbeniumion vorgelagerte Elektronen-Donator-Akzeptorkomplexbildung aufgefaßt werden kann, die unter geeigneten Bedingungen nach dem Prinzip der kleinsten Richtungsänderung im Elementarakt leichter zur elektronischen Umgruppierung in der Lage ist als nichtorientierte Stoßpartner [41].

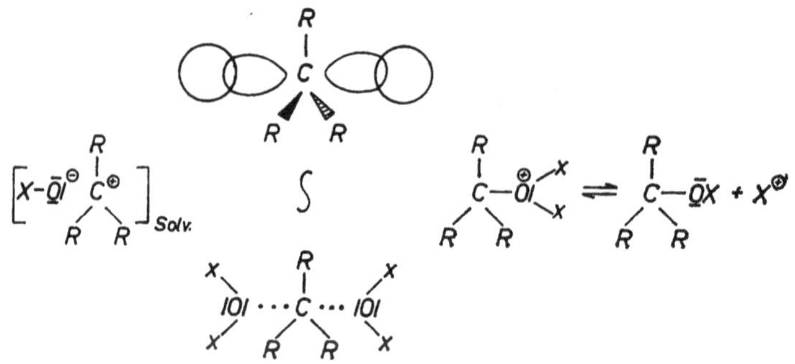

Bild 5. Spezifische Solvatation als Zwischenstellung zwischen elektrostatischer Wechselwirkung und kovalenter Bindung

Damit würde die spezifische Solvatation zwischen den beiden Extremfällen der rein elektrostatischen Wechselwirkung und der echten Kovalenz liegen, ohne das in jedem Falle eine willkürfreie Abgrenzung möglich ist. Es gibt jedoch vielfältige Beispiele für spezifische Solvatationseffekte bei Polymerisationsreaktionen (vgl. weitere Kap.) oder allgemein bei organischen Reaktionsmechanismen (vgl. [23] oder [32]).

Da eine Trennung des elektrostatischen Anteils und des spezifischen Anteils der Solvatation nicht gegeben ist, werden wir später zeigen, daß die gegenwärtig günstigste Möglichkeit zur Erfassung des Lösungsmitteleinflusses durch empirische Lösungsmittelparameter [32] erfolgen kann. Am erfolgreichsten sind dabei Parameter, die selbst auf der Grundlage von Reaktivitätsdaten gewonnen wurden und die somit beide Effekte berücksichtigen [42].

Bei der äußeren Stabilisierung von Carbeniumionen ist die Solvatation praktisch nur ein Sonderfall möglicher Wechselwirkungen mit nucleophilen Partnern. So ist z. B. die Wechselwirkung mit den stets in gleicher Konzentration vorhandenen

Gegenionen als „Konkurrenz" der Solvatation zu betrachten. Da dieser Sachverhalt in gleichem Maße auf Carbanionen und deren Gegenionen zutrifft, wird die damit verbundene Problematik der Ionenpaarkonzeption (Abschnitt 2.1.3.) sowie die allgemeine Rolle der Gegenionen (Abschnitt 2.1.4.) getrennt behandelt. Zum Schluß dieses Abschnittes werden noch einige kurze Hinweise zur Reaktivität von Carbeniumionen gegeben.

Da die innere bzw. äußere Stabilisierung auf Grund der vorhandenen Variationsbreite nur eine relative Stabilität zu diskutieren gestattet, kann konsequenterweise die Reaktivität intermediärer Carbeniumionen ebenfalls nur in relativen Maßstäben betrachtet werden. Beide Größen stehen bekanntlich in einem Zusammenhang, wie er durch Bild 6 veranschaulicht wird. Unter Reaktivität wird hier der kinetisch kontrollierte Verbrauch von Carbeniumionen bei der Reaktion, nicht aber deren Bildungsgeschwindigkeit verstanden.

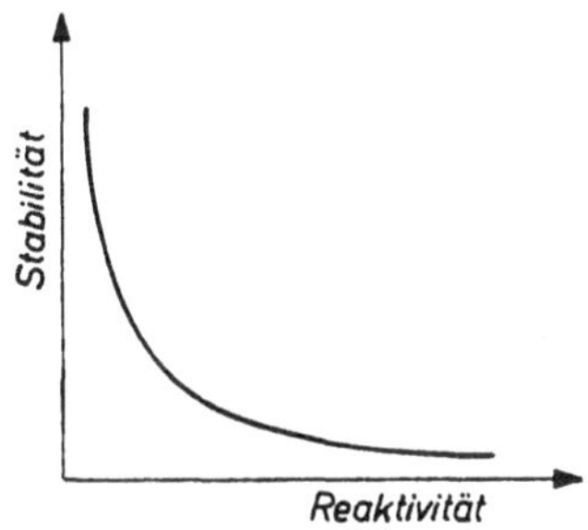

Bild 6. Das Verhältnis der Stabilität (z. B. Elektronenaffinität) zur Reaktivität (z. B. Geschwindigkeitskonstanten) bei Carbeniumionen

Danach ist für die sog. stabilen Carbeniumionen, wie sie etwa durch starke Resonanzstabilisierung und zusätzliche Wirkung des Gegenions erhalten werden können (vgl. [37] und Abschnitt 2.2.) eine relativ geringe Reaktivität zu erwarten, während umgekehrt sog. „heiße" Carbeniumionen [32], wie sie z. B. bei Desaminierungsreaktionen entstehen, durch eine hohe Reaktivität gekennzeichnet sind. Wir werden später zeigen, daß die relative Reaktivität der Kettenträger kationischer Polymerisationen als breite Palette zwischen den beiden genannten Fällen liegt.

In Ergänzung des früher bereits angedeuteten Zusammenhanges zwischen Reaktivität und Selektivität für einen bestimmten Elementarakt (vgl. Kap. 1) sei noch folgendes bemerkt.

Verallgemeinert können alle Carbeniumionenreaktionen als Wechselwirkung des elektrophilen Zentrums am trivalenten Kohlenstoff mit Nucleophilen bzw. Donatoren betrachtet werden. Als Nucleophile kommen freie Elektronenpaare, π-Elektronensysteme und σ-Bindungen in Frage.

Die relative Reaktivität eines Carbeniumions wird somit von dessen Elektrophilie (bzw. Akzeptorfähigkeit) und der Nucleophilie (Donatorfähigkeit) des angreifenden Agenz bestimmt [43]. Weiterhin kann die Stabilisierung des Carbeniumionenzwischenzustandes (s. Bild 7) auch als „innere Reaktion" erfolgen, wobei z. B. Eliminierung eines Protons am Nachbarkohlenstoffatom oder Umlagerung des Kohlenstoffgerüstes unter Bildung eines zweiten Carbeniumions eintreten kann [44].

Im Bild 7 werden in einem schematischen Energieprofildiagramm diese unterschiedlichen Reaktionsmöglichkeiten angedeutet.

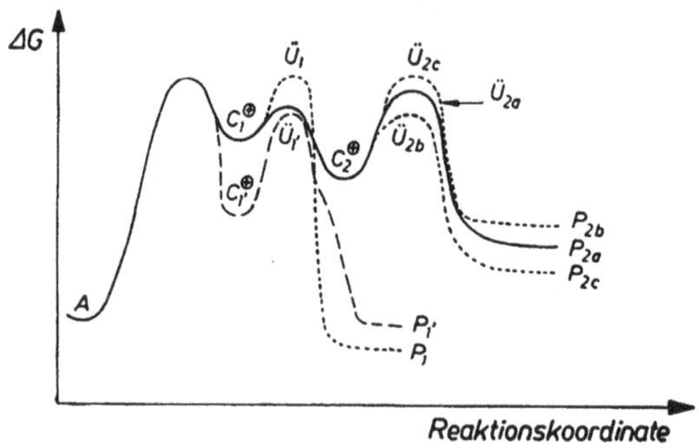

Bild 7. Schematisches Profil der freien Enthalpie für Carbeniumionen unterschiedlicher Reaktivität

A – Ausgangsstoffe; C^+ – Carbeniumionen; *P* – Produkte; *Ü* – Übergangszustände

Es leuchtet ein, daß ein Carbeniumion mit hoher potentieller Energie und somit hoher Reaktivität in stärkerem Maße zu Parallel- und Folgereaktionen neigt als bei geringerer Reaktivität. Die Aktivierungsenergie für die Umlagerung $C_1^{\oplus} \rightarrow C_2^{\oplus}$ oder für die Bildung von P_1 ist in beiden Fällen kleiner als für die Bildung von $P_{1'}$, da der Zwischenzustand von $C_1^{\oplus}$, stabiler ist, d. h. von einem tieferliegenden Energieniveau ausgehend der Übergangszustand ($Ü_{1'}$) erreicht werden muß. Bild 7 kann weiterhin entnommen werden, daß die Selektivität bei Parallelreaktionen von den Differenzen der verschiedenen Aktivierungsenergien abhängt. Die Veränderung der potentiellen Energie des Carbeniumions (z. B. durch Solvatbeeinflussung) oder die gegenseitige Verschiebung der absoluten Differenzen der Aktivierungsenergien für unterschiedliche Reaktionen (z. B. durch Temperaturbeeinflussung) stellen Möglichkeiten zur Steuerung des Verhältnisses Reaktivität/Selektivität dar, dessen Aufklärung und Nutzung in den weiteren Kapiteln beschrieben wird.

2.1.2. *Carbanionen*

Eine umfassende und zugleich moderne Darlegung der Carbanionchemie findet sich in [45]. Wie in der Einleitung zu diesem Kapitel bereits erwähnt, ergeben sich eine Reihe gleichartiger Gesichtspunkte bei der Betrachtung von ionischen Ladungsträgern, die im vorhergehenden Abschnitt z. T. schon in verallgemeinerter Form behandelt wurden. Da es sich bei Carbanionen in der Regel ebenfalls um sehr reaktive Spezies handelt, ist deren Stabilitätsverhalten, Solvatbeeinflussung, Gegenioneffekte etc. von gleicher Natur wie bei Carbeniumionen. Aus diesem Grunde sei auf eine Wiederholung der dort beschriebenen Zusammenhänge verzichtet. Das Auftreten einer Farbe und der Nachweis elektrischer Leitfähigkeit in der ätherischen Lösung des Triphenylmethyl-Natriums [46] waren bestimmend für die Entwicklung der Carbanionchemie, die lange Zeit als Gegenstück der „echten Metallorganochemie" galt. Nach den heutigen Vorstellungen ist eine scharfe Trennung zwischen metallorganischen Verbindungen und carbanionoiden Stoffen ebensowenig gerechtfertigt wie eine frühere Einteilung der letzteren in bevorzugt kovalente (z. B. Lithiumalkyle) bzw. ionische Vertreter (z. B. Naphthalinnatrium).

Zur Einteilung der Bildungsweise von Carbanionen kann im Prinzip die Umkehrung der auf S. 34 beschriebenen Reaktionen für Carbeniumionen gelten. Grundvoraussetzung ist die Gegenwart elektronenreicher Agenzien (Nucleophile oder Elektronendonatoren), die

a) zur heterolytischen Spaltung von Einfachbindungen unter Aufnahme elektronenarmer Atome oder Gruppen befähigt sind (XIIa und XIIb).

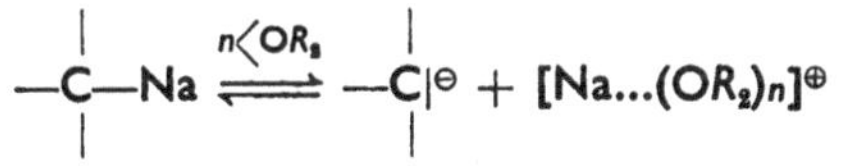

(XII a)

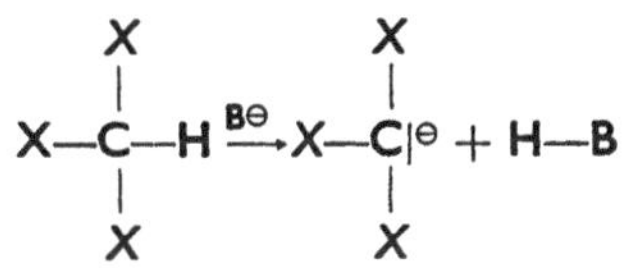

(XII b)

b) Addition von Atomen oder Gruppen mit freien Elektronenpaaren an ungesättigte Systeme (XIII).

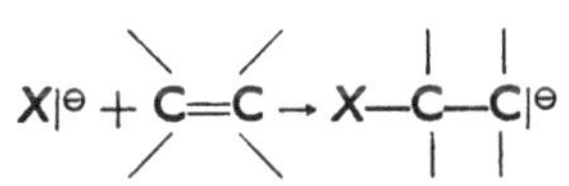

(XIII)

c) Elektronenanlagerung an Einfach- (XIV) oder Mehrfachbindungen (XV).

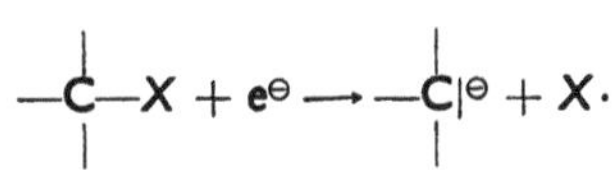

(XIV)

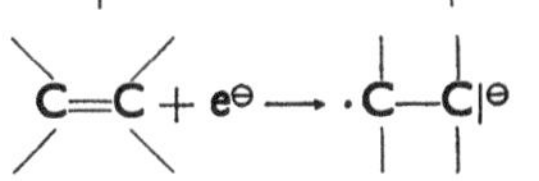

(XV)

Besonders auf die Bildungswege nach (XIII) und (XV) werden wir im Zusammenhang mit dem Mechanismus der anionischen Polymerisation (Kap. 4.) noch zurückkommen.

Die Frage der relativen Stabilität von Carbanionen erfährt im Prinzip die gleiche Beantwortung wie bei den Carbeniumionen. Wie diese sind sie meist wenig stabil, mit Ausnahme der Fälle, bei denen die negative Überschußladung über mehrere Kohlenstoffatome delokalisiert werden kann. Die bekanntesten Beispiele hierfür sind das Triphenylmethylcarbanion, das Cyclopentadienylanion (XVIa) oder das Allylanion (XVIb). Die beiden letztgenannten Carbenionen sind Prototypen symmetrischer Ladungsverteilung über fünf bzw. drei Kohlenstoffatome, wie sie durch die folgenden Formeln repräsentiert werden kann.

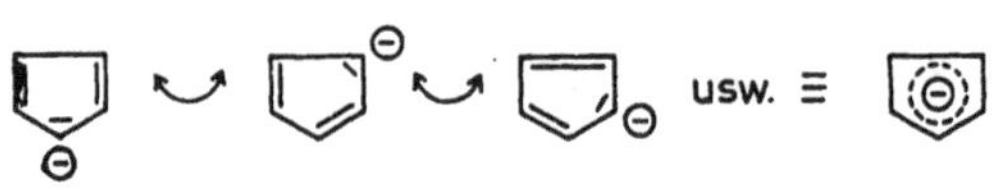

(XVIa)

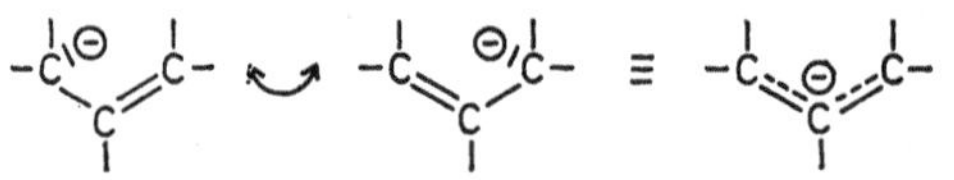

(XVIb)

Bei den reinen Carbanionen [45] mit lokalisierter Ladung ist die Stabilität in starkem Maße vom Hybridisierungsgrad des C-Atoms, das Träger der Überschußladung ist, abhängig. Es ergibt sich dabei folgende Reihenfolge (XVII):

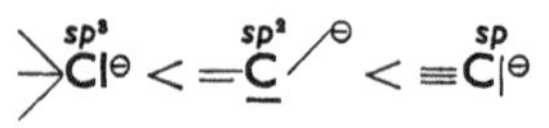

(XVII)

Die zunehmende Stabilität des Carbanions nach (XVII) ist eine Folge der höheren Elektronegativität von *s*-Orbitalen gegenüber *p*-Orbitalen. Als eine Auswirkung der veränderten Hybridisierungsverhältnisse sei an die C—H-Acidität von Acetylen und seiner Derivate erinnert, die in Form des Acetylidanions zu einer relativ hohen Stabilität führt [47).

Wenn hier das Stabilitätsverhalten von Carbanionen und damit im Zusammenhang deren Reaktivität skizziert werden soll, so ist neben den bereits erwähnten Aspekten (Delokalisierung, Hybridisierungsgrad), die mehr einer inneren Stabilisierung zukommen, in Analogie zum vorhergehenden Abschnitt wiederum der äußere Einfluß durch das Gegenion bzw. das Medium zu berücksichtigen.

Während z. B. die H—*NMR*-Spektren von Triphenylmethyllithium und Triphenylmethylnatrium in Tetrahydrofuran oder die der entsprechenden Cyclopentadienylverbindungen beider Metallkationen nahezu identisch sind und somit den Nachweis einer vollständigen Ionisation erbringen, ist dies etwa bei Lithiumalkylverbindungen im Vergleich mit den Natriumanaloga keineswegs der Fall [45]. Oft weisen bereits einfache Eigenschaften, wie etwa Schmelzverhalten oder Löslichkeit der Metallorganyle auf die Stärke des Ionencharakters der Metall-Kohlenstoff-Bindung hin. Während z. B. Lithiumalkyle niedrige Schmelzpunkte haben und in unpolaren Lösungsmitteln gelöst werden können, ist die salzartige Natur der Natriumalkyle bereits an deren Unschmelzbarkeit bzw. der Unlöslichkeit in Benzin erkennbar. Mit abnehmender Elektronegativität der Gegenkationen wird die Wechselwirkung mit dem carbanionischen Rest geringer und somit dessen nucleophile Reaktionstendenz infolge verminderter äußerer Stabilisierung größer. Beim Vergleich verschiedener Metallorganyle mit konstantem $R|^{\ominus}$ wird für die zunehmende nucleophile Potenz des Carbanions folgende Reihe gefunden (XVIII):

$$\mathrm{Mg} < \mathrm{Li} < \mathrm{Na} < \mathrm{K} < \mathrm{Rb} < \mathrm{Cs} \qquad \text{(XVIII)}$$

Da die zur Festlegung einer „Stabilitätsskala" notwendigen Untersuchungen freier Carbanionen (z. B. in der Gasphase) kaum mit der notwendigen Breite durchgeführt werden können [45], sollte die Umkehrung des vorstehend beschriebenen Sachverhaltes, nämlich die Aufstellung einer Stabilitätsreihe verschiedener Carbanionen, relativiert auf das gleiche Kation als Stabilitätsmaß dienen können. Die unter Mitwirkung einer Base (N|) feststellbare Gleichgewichtskonstante der Dissoziation (nach erfolgter Ionisation!) einer C—H-aciden Verbindung in einem geeigneten Medium kann z. B. als Stabilitätsmaßstab für die konjugaten Carbanionen gelten (XIX).

$$K_a = \frac{[\overset{\oplus}{\mathrm{N}} - \mathrm{H}]\,[\mathrm{C}|^{\ominus}]}{[\mathrm{N}|]\,[\mathrm{C} - \mathrm{H}]} \qquad \text{(XIX)}$$

Da die Bestimmung von K_a (und somit pK_a einer C—H-aciden Verbindung) bekanntlich nicht immer in Wasser ausgeführt werden kann, sind bestimmte Voraussetzungen für die Wahl der Lösungsmittel bzw. Standardkationen zu beachten, bevor eine Umrechnung auf die für Wasser geltenden pK_a-Werte möglich ist [48]. Diese Unzulänglichkeit der relativen Carbanionenstabilität deutet zugleich den gravierenden Einfluß des Mediums auf die Natur des Carbanions an. Ergänzende Bemerkungen über den Lösungsmitteleinfluß auf ionische Zwischenzustände bei Polymerisationen folgen in Abschnitt 2.1.3. und 2.1.4. Hier soll nur auf die besondere Wirkung von dipolar aprotischen Lösungsmitteln mit n-Donatorcharakter zur Steigerung der Reaktivität von Carbanionen hingewiesen werden. Neben cyclischen Äthern (Dioxan, *THF*) sind vor allem Glykoldimethyläther [49], Dimethylsulfoxid [50] und Hexamethylphosphortriamid [51] zu nennen. Die Wirkung der n-Donatoren kann in Analogie zu Bild 5 (Abschnitt 2.1.1.) als spezifische Solvatation des Metallkations erklärt werden. Die dadurch veranlaßte Herabsetzung der Elektrophilie der Gegenionen bewirkt eine geringere äußere Stabilisierung der Carbanionen und somit eine Erhöhung ihrer Reaktivität (Nucleophilie). Umgekehrt leuchtet ein, daß Akzeptorlösungsmittel zu einer Reduzierung der Carbanionenreaktivität führen.

Aus der bisherigen Darlegung folgt wiederum die große Variationsbreite im Stabilitäts/Reaktivitäts-Verhältnis für Carbanionen (analog Abschnitt 2.1.1.). Als geeignetes Charakteristikum für dieses Verhältnis sei noch auf den Polaritätsgrad der jeweiligen metallorganischen Bindung hingewiesen, deren ionischer Anteil [45] in gewisser Hinsicht der carbanionischen Reaktivität von $R|^{\ominus}$ entspricht. In Tab. 6 befinden sich Angaben über den prozentualen Ionencharakter für die *Mt*—C-Bindung von Carbanionoiden [45], die zur Illustration der Reihenfolge in (XVIII) bzw. des Gleichgewichtes in (XIX) dienen und somit das diskutierte Verhältnis unterstreichen.

Tabelle 6. Prozentualer Ionencharakter von Kohlenstoff-Metall-Bindungen einiger Carbanionoide, nach H. F. Ebel (entnommen aus [45])

Hybridisierungsgrad des C-Atoms					
sp^3	Ionencharakter [%]	sp^2	Ionencharakter [%]	sp	Ionencharakter [%]
$(H_3C)_2Mg$	20	$(H_2C{=}CH)_2Mg$	24	$(CH{\equiv}C)_2Mg$	31
H_3CLi	27	$H_2C{=}CHLi$	31	$HC{\equiv}CLi$	39
H_3CNa	29	$H_2C{=}CHNa$	33	$HC{\equiv}CNa$	40
H_3CK	31	$H_2C{=}CHK$	36	$HC{\equiv}CK$	44
H_3CRb	34	$H_2C{=}CHRb$	38	$HC{\equiv}CRb$	45

2.1.3. Ionen—Ionenpaare

Im Abschnitt 1.3. wurde bereits darauf hingewiesen, daß die Ionisation einer Bindung nicht notwendigerweise mit deren Dissoziation verbunden sein muß, sondern daß der Energiegewinn des Systems durch Solvatation auch durch partiellen Ladungsausgleich zwischen Ionen gegensätzlicher Ladungseinheiten kompensiert werden kann. Wie bereits erwähnt, spricht man dann von Ionenpaaren, einem Begriff aus der Elektrolytlehre zur Kennzeichnung von Ionenaggregationen in Lösungen starker Elektrolyte. Die Bildung derartiger Ionenpaare ist bekanntlich abhängig von der Konzentration der Ionen (elektrostatische Anziehung) und dem Dissoziationsvermögen des Mediums (Solvatationsenergie). Zum Beispiel kann bei hohen Ionenkonzentrationen starker Elektrolyte in Wasser/Dioxan-Mischungen [52] eine derartige Ionenaggregation eintreten, die eine vollständige Dissoziation verhindert (vgl. auch [52a]).

Es bedarf keiner Beweise, daß diese Erscheinung in den weniger dissoziierend wirkenden organischen Medien (z. B. relativ zu H_2O) und bei Betrachtung der uns hier interessierenden Dissoziation von $C - X$ (XX) bzw. $C - Mt$ (XXI), die z. T. ausgesprochen schwache Elektrolyte darstellen, in weit stärkerem Maße auftritt. Im folgenden Ionisations/Dissoziations-Schema sind die unter der Annahme diskreter Elektronenzustände in der Diskussion befindlichen Ionenaggregate enthalten:

$$C{-}X \longrightarrow C^{\oplus}X^{\ominus} \rightleftharpoons C^{\oplus}\|X^{\ominus} \rightleftharpoons C^{\oplus}_{solv.} + X^{\ominus}_{solv.} \qquad \text{(XX)}$$

$$C{-}Mt \longrightarrow \bar{C}^{\ominus}Mt^{\oplus} \rightleftharpoons \bar{C}^{\ominus}\|Mt^{\oplus} \rightleftharpoons \bar{C}^{\ominus}_{solv.} + Mt^{\oplus}_{solv.} \qquad \text{(XXI)}$$

konvalente Bindung	Kontaktionenpaar oder inneres Ionenpaar	lösungsmittelgetrenntes oder äußeres Ionenpaar	freie solvatisierte Ionen

Im Regelfall sollen die inneren bzw. äußeren Ionenpaare bezüglich der Ladungsträger „1:1-Elektrolyte" darstellen. Bei Polymerisationsreaktionen kann unter der Voraussetzung stationärer Bedingungen (vgl. Kap. 1.) und somit sehr geringer Konzentrationen an Ladungsträgern mit einem derartigen Verhalten gerechnet werden.

Eine Quantifizierung der Gleichgewichte in (XX) und (XXI) ist außerordentlich problematisch und gegenwärtig nicht befriedigend gelungen. Es kann jedoch zumindest in einigen Fällen [32, 45] der Nachweis erbracht werden, daß verschiedene Spezies mit unterschiedlichem Grad der Ladungstrennung an Reaktionen teilnehmen, die zum gleichen Endprodukt führen. Als einfacher Hinweis kann bereits die unterschiedliche Geschwindigkeit von Reaktionen mit ionaren Zwischenstufen beim Wechsel des Lösungsmittels zählen. Wie wir im Kap. 4. eingehend behandeln wollen, konnte im Falle der anionischen Polymerisation mit Hilfe der Strömungstechnik [53] gezeigt werden, daß z. B. für das System Polystyrol—Na in *THF* bei 25 °C die Wachstumsgeschwindigkeit der kinetisch freien Carbanionkettenenden etwa 10^3mal größer ist als die der entsprechenden Ionenpaare [54, 55].

Dieser Geschwindigkeitsunterschied, der auf der unterschiedlichen Elektrophilie bzw. Nucleophilie von Ionen und Ionenpaaren beruht, kann prinzipiell aus den Bruttoreaktionsgeschwindigkeiten und dem Dissoziationsgrad (α) der Ionenpaare bzw. der entsprechenden Dissoziationskonstante (K_D) erhalten werden. Für die Quantifizierung der Dissoziation können parallel zur Umsatz—Zeit—Bestimmung z. B. Leitfähigkeitsmessungen oder spektroskopische Untersuchungen durchgeführt werden [32, 45]. Zur Berechnung der Geschwindigkeiten parallel reagierender Ionen und Ionenpaare wird folgender einfacher Ansatz gemacht [56].

Ausgehend von einem bimolekularen Wachstumsschritt der Monomeren $[M]$ mit der polymeraktiven Spezies $[P^*]$ resultiert (XXII):

$$-\frac{d[M]}{dt} = k'[P^*][M] \qquad \text{(XXII)}$$

$$k'[P^*] = k_I[P^I] + k_{IP}[P^{IP}] \qquad \text{(XXIII)}$$

In (XXIII) bedeutet der Index (I) den ionischen Anteil (anionischer bzw. kationischer Kettenträger) und (IP) den Anteil des Ionenpaares an der Parallelreaktion.

Aus der elementaren Gleichgewichtslehre sei für den Zusammenhang zwischen (K_D) und (α) an folgende Beziehungen erinnert [57]:

$$[I^{\oplus}] = [P^{\ominus}] = [IP]_0 \cdot \alpha \quad \text{und} \quad [IP] = [IP]_0 \cdot (1 - \alpha) \qquad \text{(XXIV)}$$

$$K_D = \frac{[I^{\oplus}][P^{\ominus}]}{[IP]} = \frac{\alpha^2 [IP]_0^2}{(1-\alpha)[IP]_0} = \frac{\alpha^2 [IP]_0}{1-\alpha} \qquad \text{(XXV)}$$

Bei Berücksichtigung der experimentell zu bestimmenden Größe (α) in (XXIV) erhält man die erweiterte Gleichung (XXVI):

$$-\frac{d[M]}{dt} = k_I \cdot \alpha [P^I] \cdot [M] + k_{IP} \cdot (1 - \alpha) \cdot [P^{IP}] \cdot [M] \qquad \text{(XXVI)}$$

Unter geeigneten Bedingungen (s. Kap. 4.) können k_I und k_{IP} aus (XXVI) erhalten werden. Die Mehrzahl der realen Fälle, z. B. auf dem Gebiet der kationischen Polymerisation, hat jedoch gegenwärtig nur für wenige Ausnahmen eine Separierung spezifischer Geschwindigkeiten ergeben. In Gleichung (XXVI) steckt eine zu starke Vereinfachung, nämlich das parallele Wirken von freien Ionen und einer bestimmten „Art von Ionenpaaren". Für diesen einfachen Fall (z. B. freie solvatisierte Ionen und äußeres Ionenpaar; vgl. XX bzw. XXI) ist Gleichung (XXVI) anwendbar. Es ist jedoch bekannt, daß Kontaktionenpaare (z. B. in unpolaren Lösungsmitteln) ebenfalls als Kettenträger in Frage kommen, über deren Elektrophilieunterschiede zu äußeren Ionenpaaren keine Angaben bestehen. Schließlich sei vermerkt, daß kovalente Bindungen hoher Polarität (vgl. XX und XXI), d. h. mit hohem ionischem Bindungscharakter [58], prinzipiell auch ohne vorausgegangene Ionisation als Kettenträger fungieren können (vgl. z. B. Abschnitt 2.2. bzw. weitere Kap.).

Somit ergeben sich bereits bei der Annahme diskreter Zustände im Ionisations-Dissoziations-Schema schwer überschaubare Verhältnisse, die schließlich bei dynamischer Betrachtung des Grades der Ladungstrennung in Abhängigkeit von allen inneren und äußeren Parametern (z. B. bei Bild 5) gegenwärtig nicht formalisiert werden können. Zur Diagnose diskreter Zustände könnten zukünftig aus *NMR*-Untersuchungen, vornehmlich bei tiefen Temperaturen (Einfrieren entsprechender Gleichgewichte), notwendige Daten erhalten werden [59, 60]. In geeigneten Fällen sind auch Elektronenspinresonanzmessungen zur Untersuchung von Ionenpaaren geeignet, wenn eines der beteiligten Ionen paramagnetisch ist und das Gegenion einen Kernspin unterschiedlich von Null besitzt. Am Beispiel des Naphthalin—Na konnten aus der Hyperfeinstruktur des *ESR*-Spektrums in Lösungsmittelgemischen Hinweise auf Ionenpaare unterschiedlicher „Dichte" gefunden werden [60a], (vgl. besonders Zit. [359] in Kap. 4.).

Die zur Zeit gegebenen theoretischen Möglichkeiten bestehen entweder in Erweiterungen der elektrostatischen Theorie von BJERRUM [61], wobei allerdings eine exakte Berücksichtigung spezifischer Solvatationseffekte nicht erfolgt [32], sondern bestenfalls qualitativ „hinzudiskutiert" wird. Der zweite Weg arbeitet mit quantenchemischen Näherungsverfahren [45] bei stark vereinfachten Systemen. Ein Übergang zu Realsystemen mit dreidimensionaler Koordinatenvariation würde vermutlich selbst mit modernster Computertechnik zu einem ökonomisch kaum vertretbaren Rechenaufwand führen. Im Bild 8 soll der hier diskutierte Sachverhalt in Form eines Energieprofildiagramms zusammenfassend dargestellt werden (Formulierung in Bild 8 entsprechend XX; mit XXI völlig analog).

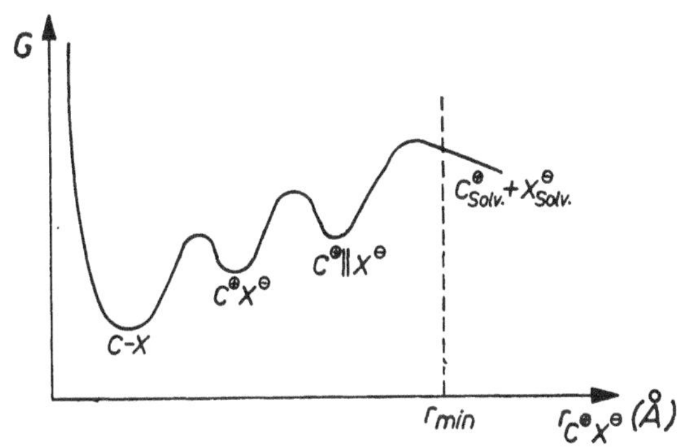

Bild 8. Energieprofil diskreter Zustände der Ladungstrennung im Ionisations/ Dissoziations-Schema

Bild 8 stellt praktisch die Zunahme der Freien Enthalpie (G) mit dem Grad der Ladungstrennung ($r_{C^+X^-}$ in Å) dar. Für Ionen unterschiedlicher Ladung wird nach der elektrostatischen Theorie ein Minimum bei der Ladungstrennung formuliert ($r_{\min}$), nach dessen Überschreitung die thermische Energie der Ionen größer ist als die elektrostatische Anziehung [62].

$$r_{\min} = \frac{Z_{I^+} Z_{P^-}}{2DkT} \cdot e^2 \qquad \text{(XXVII)}$$

In (XXVII) ist für die Abhängigkeit von $r_{\min}$ neben den Ionenladungen und der Elektronenladung vor allem die umgekehrte Proportionalität zum dielektrischen Medium (D) bemerkenswert. Auf dieser Basis errechnete Werte für $r_{\min}$ betragen für 1:1-Elektrolyte z. B. in Wasser 3,6 Å, in Eisessig 45 Å und in Benzol 120 Å [62]. Wenn wir einmal von den Unzulänglichkeiten der elektrostatischen Theorie (Ionen als nichtpolarisierbare Kugeln in einem mikroskopischen Dielektrikum) absehen wollen, so kann zumindest für eine qualitative Diskussion, bei Werten der Ladungstrennung kleiner als $r_{\min.}$ von Ionenpaaren gesprochen werden, die unter Beachtung der Größe üblicher Lösungsmittelmoleküle einen „Einschub" von einem oder mehreren Lösungsmittelmolekülen enthalten können. Aus Relaxationsmessungen an anorganischen Salzlösungen konnte schließlich festgestellt werden, daß die Umsolvatation in äußeren Ionenpaaren mit einem erheblichen Energieaufwand verbunden ist [63]. Dieser Sachverhalt deutet sicherlich auf die bereits früher erwähnte spezifische Wechselwirkung (vgl. Bild 5) zwischen Ionen und Solvatmolekeln im Sinne einer partiellen Orbitalüberlappung hin. Über diese „Primärsolvatation" hinaus wäre dann die eigentliche dielektrische Sättigung der Ladungen durch elektrostatische Feldwirkung zusätzlich zu berücksichtigen. Das würde bedeuten, daß im Bild 8 bereits zwischen dem Kontaktionenpaar und dem äußeren Ionenpaar, vor allem aber zwischen diesem und den freien solvatisierten Ionen weitere Potentialminima enthalten sein können.

Auf Grund der hohen Reaktivität ionischer Zwischenstufen muß schließlich bedacht werden, daß unter geeigneten Bedingungen die Solvatation einer kinetischen Kontrolle unterliegt und somit fraglich wird, ob die Annahme diskreter Zustände (als Gleichgewichte nach XX bzw. XXI formuliert) stets gerechtfertigt ist. Obwohl eine derartige dynamische Betrachtungsweise dem realen Verhalten sicher nahe kommt, kann sie gegenwärtig nur zu qualitativen Überlegungen veranlassen. Zur weiterführenden Information über die Theorie der Ionenpaarbildung [64] und spezielle Aspekte der Ionendissoziation [65] muß auf die Literatur verwiesen werden. Über die im Zusammenhang mit der ionischen Polymerisation stehenden Sachverhalte des Nachweises von Ionenpaaren und freien Ionen, ihrem parallelen Wirken sowie der vom Grad der Ladungstrennung abhängigen Einflüsse auf die Stereoregularität einer Polymerisation, das Molekulargewicht oder die Copolymerisationstendenz wird in den folgenden Kapiteln berichtet.

2.1.4. Gemeinsame Aspekte zur Natur des Gegenions

In die Diskussion des vorhergehenden Abschnittes wurde die nicht näher zu begründende Tatsache einbezogen, daß zur Aufrechterhaltung der Elektroneutralität der Reaktionslösung in kationischen bzw. anionischen Prozessen stets eine äquivalente Zahl an sog. Gegenionen vorhanden sein muß. Die bisherige Betrachtung beschränkte sich jedoch bevorzugt auf die Natur der Kettenträger. Für die Natur der Gegenionen gibt es unabhängig von ihrer Ladung ebenfalls gemeinsame Aspekte, die Beachtung verdienen. Dazu seien im folgenden einige kurze Bemerkungen angeschlossen, auf die sich die im Kap. 3. und 4. zu behandelnden Gegenioneffekte aufbauen lassen.

Von besonderem Interesse sind die Größe sowie die damit im Zusammenhang stehende relative Stabilität der Gegenionen, die wiederum in Analogie zur Natur der Kettenträger auf Grund innerer und äußerer Faktoren nicht durch einen absoluten Maßstab ausgedrückt werden kann.

Generell gilt, daß mit abnehmender Größe (Raumerfüllung) der Gegenionen die Wechselwirkung mit den Kettenträgern zunimmt. Dieser Sachverhalt kann in einfacher Weise auf der Grundlage der Theorie der harten und weichen Basen bzw. Säuren verstanden werden [66].

Je kleiner die Gegenionen sind, desto größer muß notwendigerweise die Ladungsdichte des Ions sein bis hin zum gedachten Grenzfall einer „Punktladung". In der gleichen Richtung nimmt die Polarisierbarkeit der Valenzelektronen von Akzeptor- bzw. Donatoratomen ab und damit die „Härte" der Säure bzw. Base zu. Gleiches gilt natürlich auch für Carbanionen bzw. Carbeniumionen, wonach z. B. nicht resonanzstabilisierte aliphatische Kettenträger „härtere" Basen bzw. Säuren darstellen als aromatische oder allylstabilisierte Systeme. Da nun harte Säuren harte Basen bevorzugen (und umgekehrt), ist vom Gegenion aus betrachtet die Wechselwirkung mit dem Kettenträger um so stärker, je härter (kleiner) das Gegenion ist.

Aus dem Gesagten ergibt sich unmittelbar der bereits früher diskutierte Zusammenhang zwischen relativer Stabilität des Gegenions und seiner Reaktivität mit der konjugierten Säure bzw. Base. So kann die in (XVIII; s. S. 45) angegebene Reihenfolge verminderter Wechselwirkung mit dem Carbanion, als Ausdruck der Zunahme der relativen Kationenstabilität vom Mg^{++} zum Cs^{+} betrachtet werden. Analoge Aspekte ergeben sich auch für kationische Polymerisationen. Bei Betrachtung der Halogene als potentielle Lewis-Säuren kann bekanntlich Jod zur Initiierung der kationischen Polymerisation einiger Olefine verwendet werden, nicht dagegen Brom oder Chlor. Die im Zwischenzustand [67] gebildeten Halogenanionen zeigen mit abnehmender Größe und damit verbundenem Übergang zur „härteren Base" eine bevorzugte Tendenz zur Addition, während das Jodanion (genauer $I_3^{\ominus}$) eine Konkurrenz des Monomeren um das elektrophile Reaktionszentrum zuläßt.

Um günstige Bedingungen für die Wachstumsgeschwindigkeit bei ionischen Polymerisationen zu schaffen, sollte nach dem soeben Dargelegten als generelle Forderung eine möglichst geringe Wechselwirkung der Kettenträger mit dem entsprechenden Gegenion erhoben werden. Dieser Forderung genügt die anionische Polymerisation auf Grund der meist relativ hohen Polarität (vgl. Ionencharakter in Tab. 6) der $C^{\delta-}$—$Mt^{\delta+}$-Bindungen im allgemeinen weit eher als die kationische Polymerisation. So können die höheren Alkalimetallionen infolge verringerter Elektronegativität („weichere Säure", z. B. $Li < Na < K$ etc.) im wesentlichen als relativ stabile Gegenionen betrachtet werden. Dies trifft besonders dann zu, wenn die Stabilisierung noch durch äußere Faktoren (z. B. Solvatation in Donatorlösungsmitteln wie THF etc). unterstützt wird. In diesen Fällen resultiert eine hohe Reaktivität des carbanionischen Restes, die allerdings oftmals mit mangelnder Selektivität verbunden ist und z. B. neben der erwünschten Wachstumsreaktion zu intraanionischen Umlagerungen und anderen Nebenreaktionen führt.

Bei der kationischen Polymerisation kann eine Erhöhung der Gegenionstabilität neben dem Einfluß von Akzeptorlösungsmitteln (SO_2, CS_2 usw.) vor allem durch Komplexbildung erreicht werden. So wird z. B. in Gegenwart des Chloranions als einer „harten Base" der Wachstumsschritt der kationischen Polymerisation leicht durch Ladungsausgleich oder Protonenaufnahme (vgl. Reaktionsschema S. 73) beendet. Durch Komplexbildung mit einer LEWIS-Säure nach (XXVIII) wird dagegen die Basizität des Chloranions in gewisser Weise „abgepuffert", so daß das Komplexanion als weichere Base in geringerem Maße mit dem elektrophilen Kettenträger in Wechselwirkung tritt.

$$Cl^{\ominus} + AlCl_3 \rightarrow [AlCl_4]^{\ominus} \qquad \text{(XXVIII)}$$

Leider gibt es bis jetzt noch zu wenig gesichertes Material für einen umfangreicheren Vergleich relativer Anionstabilitäten [68]. Trotzdem wurden verschiedene empirische Reihen aufgestellt, zu deren Erarbeitung die Beziehung (XXVIII) diente. Das Chloranion kann durch eine beliebige Base ersetzt werden [32], und auf diese Weise erhält man die LEWIS-Säureacidität (oder Aktivität) als Ausdruck der Reaktionstendenz mit der Standardbase. Als Maßstab können dann z. B. spektrale Veränderungen in der Standardbase oder Reaktionsenthalpien benutzt werden (vgl. Kap. 3.).

Als besonders stabile Gegenionen mit entsprechend geringer Wechselwirkung mit dem elektrophilen Reaktionszentrum haben sich einige komplexe Anionen erwiesen, die Bor, Phosphor oder Antimon als Zentralatom enthalten und von Fluoratomen der maximalen Koordinationszahl umgeben sind (XXIX).

$$[BF_4]^{\ominus};\ [PF_6]^{\ominus};\ [SbF_6]^{\ominus};\ [SbCl_6]^{\ominus} \qquad \text{(XXIX)}$$

In (XXIX) handelt es sich um stabile tetragonale bzw. hexagonale Strukturen, die besonders im Falle der Fluoratome schwer deformierbar sind und starke Säuren zu bilden vermögen. Die relativ hohe Stabilität des $[SbCl_6]^{\ominus}$ wird auf eine zusätzliche Wirkung der Beteiligung von *d*-Orbitalen an der Mt-Halogenbindung zurückgeführt [69]. Im allgemeinen nimmt jedoch die Stabilisierungstendenz bei Beteiligung höherer Halogenatome stark ab, wie aus Tab. 7 erkannt werden kann [70].

Tabelle 7. Bildungsenthalpie für die Koordination verschiedener Anionen in Bortrifluoridlösung nach
$X^{\ominus} + BF_3 \rightarrow [BF_3X]^{\ominus}$

Anion	ΔH (kcal/Mol)
$F^{\ominus}$	75
$OH^{\ominus}$	79
$Cl^{\ominus}$	25
$Br^{\ominus}$	11

Auf die besonders hohe Stabilität des $[SbF_6]^{\ominus}$ und die auf dieser Basis möglichen Nachweise von Carbeniumionenzwischenstufen, die anderweitig nicht zugänglich waren, sei hier nur hingewiesen [71].

Im Zusammenhang mit den Einflüssen auf den Zwischenzustand der kationischen bzw. anionischen Polymerisation kommen wir auf die Natur der Gegenionen zurück.

Zur allgemeinen Information über Ionenstabilitäten als koordinationschemische Erscheinung auf der Grundlage des Donor-Akzeptor-Prinzipes kann die Übersicht [72] sowie die dort zitierte Literatur empfohlen werden.

2.2. Abgrenzung zur komplex-koordinativ-katalysierten Polymerisation

In diesem Abschnitt soll der keineswegs leichte Versuch unternommen werden, die wesentlichen Unterschiede zwischen dem Ablauf eindeutig ionischer und ionisch-koordinativer Polymerisationen darzulegen, ohne die bestehenden Gemeinsamkeiten zu verschweigen. Dieser objektive Widerspruch impliziert notwendigerweise eine gewisse Unschärfe in der Abgrenzung, die daher auch nicht ohne Willkür erfolgen kann.

Eine Zusammenfassung der gegenwärtigen Vorstellungen über den Mechanismus der ionisch-koordinativen Polymerisation, die wir im folgenden einfachheitshalber als koordinative Polymerisation bezeichnen, findet sich in [73].

Bekanntlich wird die koordinative Polymerisation mit Mischkatalysatoren (Ziegler-Natta-Typ [73a]) durchgeführt, die als binäre Gemische in der Regel eine Übergangsmetallverbindung neben einer Metallorganoverbindung aus der ersten bis dritten Gruppe des Periodensystems enthalten. In Tab. 8 sind einige Vertreter dieser Katalysatorsysteme zusammengestellt. Die dort verzeichnete Löslichkeit bezieht sich auf die üblicherweise verwendeten Lösungsmittel Hexan, Heptan, Benzol, Toluol u. ä.

Tabelle 8. Auswahl einiger Ziegler-Natta-Katalysatoren

Übergangsmetallverbindung	Metallorganoverbindung	Löslichkeit
$TiCl_4$	$Al(C_2H_5)_3$	–
$TiCl_4$	$Al(C_2H_5)_2Cl$	–
$(C_5H_5)_2TiCl_2$	$AlC_2H_5Cl_2$	+
$TiCl_4$	$CH_3(CH_2)_3Li$	–
$TiCl_3$	$CH_3(CH_2)_3MgJ$	–
VCl_3	$Al(C_2H_5)_2Cl$	–
$VOCl_3$	$Al(C_2H_5)_3$	–
$CoCl_2 \cdot 2$ Pyridin	$Al(C_2H_5)_2Cl$	+
$Co(C_5H_7O_2)_2$	$Al(C_2H_5)_2Cl$	+

Bei Betrachtung der Tab. 8 wird bemerkt, daß ein Teil der verwendeten Mischkatalysatoren in den vorgenannten Lösungsmitteln unlöslich ist und somit eine heterogene Katalyse vorliegt. Da in unserer Betrachtung über Polymerisationsmechanismen verständlicherweise homogene Reaktionen im Mittelpunkt stehen werden, soll sich auch der in diesem Abschnitt angestrebte Vergleich auf diesen Fall beschränken.

Sofern bei kinetischen Untersuchungen heterogener Katalysatorsysteme überhaupt reproduzierbare Verhältnisse geschaffen werden können, treten zusätzliche Komplikationen auf Grund der Beschaffenheit der Festkörperkomponente ein

[74]. Von Bedeutung ist nicht allein, ob es sich um amorphe oder kristalline Stoffe (Übergangsmetallverbindungen) handelt, sondern im Falle der letzteren auch deren kristallographische Modifikationen, die spezifische Oberfläche, aktive Oberflächenzentren oder das Fehlordnungsverhalten auf der Oberfläche. Im Hinblick auf die genannten Schwierigkeiten sind die gegenwärtigen Vorstellungen über den Wachstumsmechanismus der heterogenen koordinativen Polymerisation [75, 76, 77], die u. a. durch röntgenographische und elektronenmikroskopische Untersuchungen gestützt werden, um so höher zu bewerten, wenngleich noch einige Probleme offen bleiben.

Der generelle Vorteil der Ziegler-Natta-Katalysatoren besteht bekanntlich einerseits in der Möglichkeit zur Polymerisation von Monomeren, die nach anderen Mechanismen nicht polymerisiert werden konnten (z. B. cyclische Monoolefine), und andererseits besonders in der Fähigkeit, geeignete Monomere stereospezifisch zu polymerisieren [78]. Als empirische Regel für die Stereoregularität von α-Olefinen gilt [73]:

1. Bevorzugt isotaktische Produkte bei heterogener Katalyse
2. Bevorzugt syndiotaktische Produkte bei homogener Katalyse
3. Bei Temperaturerhöhung oder Erhöhung der Polarität des Reaktionsmediums nimmt der Grad der Stereospezifität nach 1. und 2. ab.

Die allgemeine Fähigkeit zur Stereoregulierung sowie die gleichartige äußere Beeinflussung der koordinativen Polymerisation beider Mechanismen (heterogen und homogen) legte die Suche nach Gemeinsamkeiten z. B. bei der Koordination des Monomeren oder der am Beispiel der homogenen Katalyse noch zu behandelnden „Einschubreaktion" des Monomeren zwischen Übergangsmetall und wachsender Kette nahe. So dürfte wohl auch die Knüpfung einer Metall-Kohlenstoff-Bindung zwischen den π-Elektronen des Monomeren und den freien d-Orbitalen des Übergangsmetallatoms den wesentlichsten vereinigenden Aspekt der heterogenen und homogenen koordinativen Polymerisation darstellen und diese damit zugleich von den hier betrachteten Mechanismen abgrenzen. Andererseits werden wir bei der Interpretation stereospezifischer Polymerisationen nach ionischen Mechanismen auf Vorstellungen zurückkommen, die der vorgenannten starken sterischen Orientierung des Monomeren in der polymeraktiven Spezies sehr ähnlich sind [79]. In einigen Fällen wird schließlich auch die Stereospezifität bei ionischen Polymerisationen (vgl. Kap. 3., S. 110) auf den Übergang zur Mikroheterogenität (z. B. durch Entmischungserscheinungen bei Temperaturänderung) erklärt. Ohne Zweifel sind unsere Kenntnisse über die Elementarprozesse chemischer Reaktionen noch zu lückenhaft, um alle diese Fragen mit Sicherheit und damit verbundener scharfer Grenzziehung zwischen Gemeinsamem und Verschiedenem beantworten zu können. Wenn wir daher im folgenden ausschließlich den Mechanismus der homogenen koordinativen Polymerisation für Vergleichszwecke mit ionischen Mechanismen verwenden, so im wesentlichen deshalb, weil die experimentelle Sicherung einfacher ist (z. B. Kinetik) und aus diesem Grunde vielleicht weiterreichende Kenntnisse vorliegen. Zur umfassenderen Information über die homogene und heterogene koordinative Polymerisation wird auf [73] und die dort umfangreich zitierte Literatur verwiesen.

Bei Betrachtung von Tab. 8 ist auffallend, daß eine Reihe von Katalysatorkombinationen jeweils aus einem typischen Vertreter der kationischen bzw. anionischen Initiatoren bestehen (z. B. $TiCl_4/CH_3(CH_2)_3Li$). Für Monomere, die eine besondere Reaktionsbereitschaft nach einem der ionischen Mechanismen zeigen, ist daher die Diagnose einer koordinativen Polymerisation schwieriger, da durch den Überschuß einer Komponente im Gemisch eine mehr oder weniger starke kationische bzw. anionische Aktivität vorliegen kann. Im Falle der stereospezifischen Styrolpolymerisation mit Ziegler-Natta-Katalysatoren konnte eine Abhängigkeit des Taktizitätsgrades vom Ti/Al-Verhältnis des Katalysators festgestellt werden, wonach bei Erhöhung des Ti-Anteils zunehmend ataktisches Polystyrol gebildet wird, da der koordinative Mechanismus mit Erhöhung des Ti/Al-Verhältnisses entweder mehr in einen kationischen Mechanismus übergeht, oder wahrscheinlicher das Gewicht einer parallel erfolgenden kationischen Initiierung durch $TiCl_4$ zunimmt [80]. Ähnliche Verhältnisse können ebenfalls für

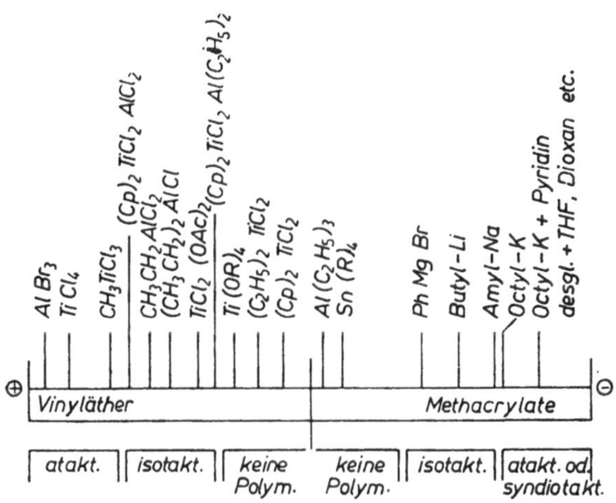

Bild 9. Ionische Katalysatoraktivität bei der stereospezifischen Polymerisation von polaren Monomeren [79]

die sog. pseudoanionische Polymerisation (s. Kap. 4.) durch Initiierung mit Lithiumorganylen diskutiert werden, wenn letztere Bestandteil eines koordinativen Mischkatalysators sind. Als eine wesentliche Auswahlregel zur Diagnose koordinativer Polymerisationsmechanismen ergibt sich somit, daß Monomere verwendet werden, die mit den Einzelkomponenten des Mischkatalysators nicht reagieren oder ein qualitativ anderes Endprodukt ergeben als bei der Initiierung durch eine Einzelkomponente. Nach Bild 3 (Kap. 1.) scheiden damit besonders elektronenreiche Vinylmonomere (z. B. Vinyläther) wegen ihrer leichten Neigung zur kationischen Polymerisation ebenso aus wie Monomere mit Akzeptorsubstituenten an der Doppelbindung (z. B. Methacrylate) infolge ihrer Tendenz zur anionischen

Polymerisation. Wir werden im Kap. 3. bzw. 4. ausführlich zeigen, daß die vorgenannten Monomertypen ebenfalls stereospezifisch polymerisiert werden können, jedoch nur unter ionischen Bedingungen. Im Bild 9 wird am Beispiel der Vinyläther und der Methacrylate die Abstufung der kationischen bzw. anionischen Aktivität verschiedener Katalysatoren schematisch dargestellt [79]. Gerade am Beispiel der Vinylätherpolymerisation wurden in zahlreichen Untersuchungen [81, 82, 83] typische Ziegler-Natta-Katalysatoren eingesetzt, deren Wirkungsweise jedoch eindeutig kationischen Charakter zeigte.

Aus diesen Untersuchungen folgt für die stereospezifische Vinylätherpolymerisation ein relativ schmaler Bereich kationischer Katalysatoraktivität, während die starken Lewis-Säuren nur ataktisches Produkt ergeben und die wenig zur ionischen Polymerisation neigenden Katalysatoren (z. B. $(C_5H_5)_2TiCl_2$) überhaupt keine Polymerisation einleiten (s. Bild 9). In diesen Fällen kann die Metallorganokomponente quasi als „Elektronendonator-Puffer“ für die Lewis-Säurekomponente aufgefaßt werden, deren Wechselwirkung eine „effektive Elektrophilie“ des Polymerisationssystems schafft, die darüber entscheidet, ob überhaupt noch eine Ionisierung erreicht wird, und wenn dies der Fall ist, tritt eine vom Grad der Ladungstrennung und der damit verbundenen sterischen Orientierung des Monomeren am freien Carbeniumion (bzw. innerhalb des Ionenpaares) abhängige sterische Kontrolle auf. Dieser Sachverhalt kann auf Grund des Donator-Akzeptor-Prinzipes [72] für Systeme mit anionischer Aktivität entsprechend formuliert werden.

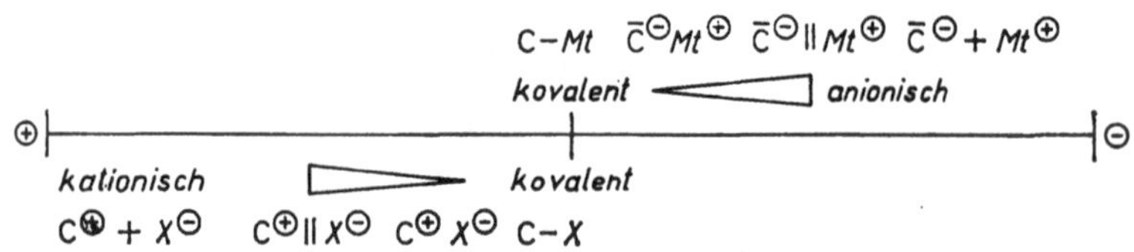

Bild 10. Schematische Darstellung der kontinuierlichen Veränderung der „ionischen Aktivität“ in Polymerisationssystemen [79]

Im Bild 9 wurde für Katalysatoren hoher anionischer Aktivität, die noch dazu durch die Dissoziationsfähigkeit der *n*-Donatorlösungsmittel begünstigt ist, sowohl ataktische als auch syndiotaktische Polymerisation angegeben. Tatsächlich findet man, vermutlich infolge einer energetisch günstigen Kettenanordnunng der Methacrylate im Wachstumsschritt der anionischen Polymerisation bei stark dissoziiertem Zwischenzustand, eine bevorzugte Bildung syndiotaktischer Strukturen. Es erscheint interessant, daß selbst bei der radikalischen Polymerisation von Methylmethacrylat syndiotaktische Strukturen bevorzugt sind [84]. Logischerweise ist im Grenzbereich schwach kationischer und schwach anionischer Aktivität eines Katalysators oder Katalysatorsystems aus Donor- und Akzeptorkomponente die Eindeutigkeit in der Zuordnung des Mechanismus besonders erschwert, da hier bevorzugt kovalente Bindungen beteiligt sind. Tatsächlich sprechen wir in derartigen Fällen oft von „pseudoionischen“ Mechanismen (vgl.

Kap. 3. und 4.). Da der Fall einer „Neutralisation" anionischer und kationischer Aktivität in Ziegler-Nata-Systemen leicht erreicht werden kann, besteht bei Verwendung polarer Monomerer die Gefahr einer Annahme koordinativer Bedingungen, wenn die ionische Natur (z. B. durch Leitfähigkeit oder spektroskop. Messungen) nicht eindeutig nachgewiesen werden kann. Bild 10 faßt die hier diskutierten Fakten unter Rückführung auf das Ionisations-Dissoziations-Verhalten nach (XX) und (XXI) in einem Schema zusammen.

Es sei also noch einmal hervorgehoben, daß selbst bei Ziegler-Natta-Kombinationen ohne eindeutiges „ionisches Übergewicht", bei Monomeren die nach einem oder auch nach beiden ionischen Mechanismen (z. B. Styrol, Propylen etc.; vgl. [79]) reagieren, nicht notwendigerweise auf eine koordinative Polymerisation geschlossen werden kann.

Damit stellt sich die Frage nach zuverlässigen „Testmonomeren" für die koordinative Polymerisation. Auf Grund der hohen Substratspezifität der Ziegler-Natta-Katalysatoren [73] kann jedoch keine allgemeingültige Antwort gegeben werden.

Während z. B. die Übergangsmetalle der vierten bis sechsten Nebengruppe außer Äthylen und α-Olefinen auch Diene polymerisieren, sind die Elemente der achten Gruppe nur in der Lage, Diene (z. B. Butadien, Isopren) zu polymerisieren, wobei neben meist geringem 1,2-Verknüpfungsanteil unter geeigneten Bedingungen [73] stereospezifisch 1,4-cis- bzw. 1,4-trans-Strukturen erhalten werden (XXX).

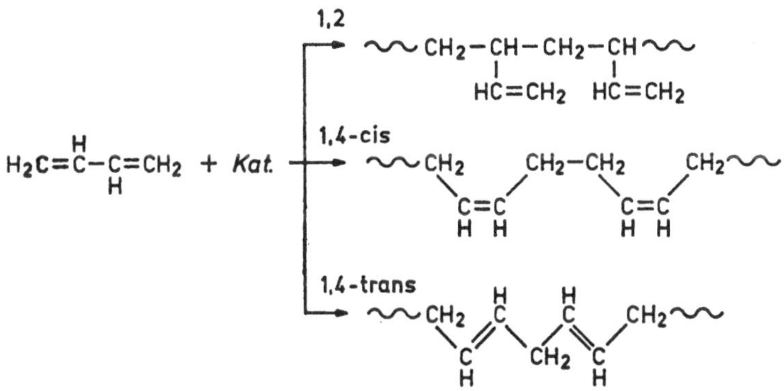

(XXX)

Die stereoelektronischen Ursachen für diesen Konfigurationswechsel in der Polymerkette sind bezeichnend für die Wirkungsweise der Ziegler-Natta-Katalysatoren. So konnte Natta [85, 85a] zeigen, daß mit Katalysatoren mehr kationischer Aktivität (z. B. $VCl_3/Al(C_2H_5)_3$ oder $TiCl_3/Al(C_2H_5)_2Cl$) zu über 90% 1,4-trans-Polybutadien entsteht, während mehr „neutrale" Katalysatoren (z. B. $CoCl_2/Al(C_2H_5)_2Cl$ oder $TiJ_4/Al(C_2H_5)_3$) fast ausschließlich 1,4-cis-Polybutadien bilden. Dieser Effekt ist wahrscheinlich auf die Festigkeit der Wechselwirkung zwischen dem Übergangsmetall und dem Monomeren zurückzuführen. Der elektrophilere Katalysatortyp tritt bevorzugt mit einer Doppelbindung des Butadiens in Wechselwirkung, da hierbei auf Grund der höheren Bindungsordnung im lokalisierten Bereich zwischen zwei C-Atomen ein höherer Energiegewinn zu erwarten ist. In diesem Falle bleibt das koordinativ fixierte Monomere in der energetisch stabileren trans-Konfiguration [86], die beim Wachstumsschritt erhalten bleibt (XXXI).

(XXXI)

Handelt es sich dagegen um weniger elektrophile Übergangsmetallverbindungen, die als weichere Säuren mit weicheren Basen in Wechselwirkung zu treten bestrebt sind, so geschieht dies günstiger mit dem stärker delokalisierten „1,4-π-Elektronensystem", das in seiner cisoiden Anordnung als zusätzliche Stabilisierungsmöglichkeit die Bildung eines „π-Allyl-Übergangsmetall-Komplexes" bietet und auf diese Weise die entstehende cis-Konfiguration im Polymeren präformiert [73].

Schließlich muß auch bedacht werden, daß die elektrophileren unter den oben erwähnten Katalysatortypen heterogen vorliegen, während die „neutraleren" auf Grund ihrer besseren Löslichkeit in homogener Phase wirken. Diese Substratspezifität sowie die bei entsprechenden Voraussetzungen damit verbundene Stereospezifität bilden daher die zuverlässigste Methode zur Diagnose koordinativer Polymerisationen. Die oben erwähnte Möglichkeit zur Polymerisation von Olefinen, die anderweitig bislang nicht polymerisiert werden konnten, bezieht sich im wesentlichen auf die koordinative Polymerisation von cyclischen Monoolefinen, die in Abhängigkeit von der Natur der Übergangsmetallverbindung entweder zur Ringöffnungs- oder zur Linearpolymerisation gebracht werden können (XXXII) [78] (vgl. dazu Abschnitt 3.1.2., sog. Metathesereaktion).

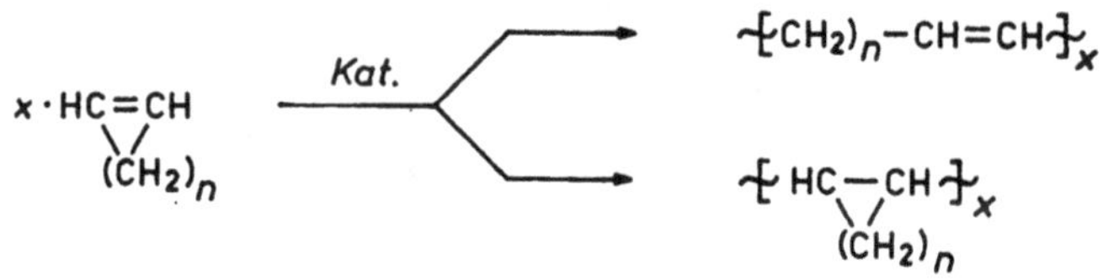

(XXXII)

Da jedoch Monomere mit innenständiger Doppelbindung (Δ_n-Olefine), wie z. B, die cyclischen Monoolefine, aus sterischen Gründen (vgl. Kap. 1.) eine geringe Polymerisationsneigung haben, bietet der positive Polymerisationstest keine ausreichende Breite über die Vielzahl aktiver Ziegler-Natta-Katalysatoren. Deshalb bleibt praktisch nur die vorher gekennzeichnete Methode der veränderten Produktqualität, wie sie durch die Einzelkomponenten nicht erreicht wird.

In diesem Falle entsteht der eigentliche Katalysator also erst durch Reaktion der beiden Komponenten. An homogenen Systemen konnte gut erkannt werden, um welche Reaktionsmöglichkeit es sich dabei handelt.

Als erster Reaktionsschritt (XXXIII) erfolgt die Alkylierung der Übergangsmetallkomponente durch die Metallorganoverbindung, wobei in vielen Fällen gleichzeitig eine Reduktion des Übergangsmetallatoms erfolgt.

$$\mathrm{TiCl}_X + \mathrm{Al}(R)_3 \longrightarrow \mathrm{Ti}R\mathrm{Cl}_{X-1} + \mathrm{Al}(R)_2\mathrm{Cl} \qquad \text{(XXXIII)}$$

Die entstehenden Titanalkylverbindungen sind instabil, in geeigneten Fällen jedoch darstellbar [87].

Der zweite wesentliche Reaktionsschritt besteht dann in der Koordination des Monomeren an das Übergangsmetallatom, dessen räumliche Anordnung der *d*-Orbitale eine Wechselwirkung mit den π-Elektronen im Monomeren zuläßt (XXXIV),

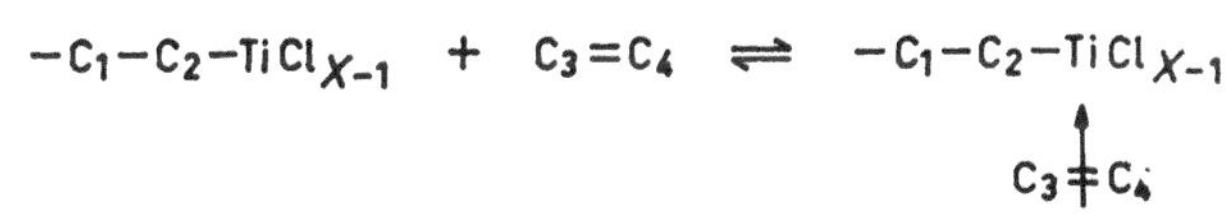

(XXXIV)

Von ausschlaggebender Bedeutung für den nachfolgenden Wachstumsschritt sind nun die relativen Stabilitäten der Titanalkylbindung einerseits und der Titanolefinbindung andererseits. Auf der Basis der *MO*-Theorie können bereits weitergehende Hinweise über die Bindungsverhältnisse in derartigen Komplexen erhalten werden [73]. Für unsere qualitative Diskussion erscheint es ausreichend zu bemerken, daß die Metall-Olefin-Komplexe nicht zu stabil sein dürfen, um z. B. in kristalliner Form abgeschieden zu werden, und schließlich muß die Titanalkylbindung locker genug sein, um einen Einschub des Monomeren zwischen dem Metallatom und dem Alkylrest zuzulassen (XXXV).

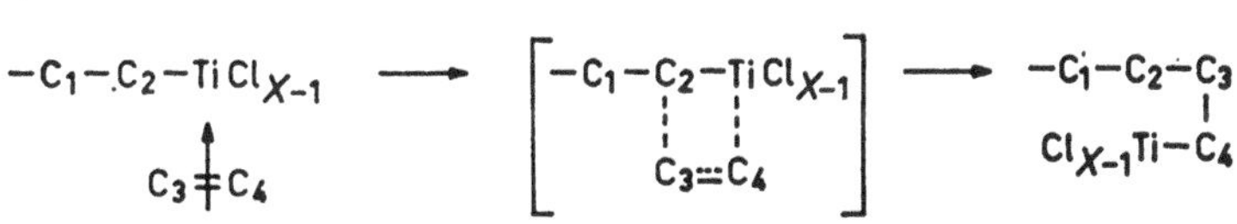

(XXXV)

Bei völligem Ausschluß von Nucleophilen (besonders *n*-Donatoren) kann die Vierzentrenwachstumsreaktion nach (XXXV) bis zum Verbrauch des Monomeren führen. Während demnach Abbruchreaktionen weniger ins Gewicht fallen, spielen Übertragungsmöglichkeiten eher eine Rolle. Auf Grund endständiger Doppelbindungen im Polymeren kann mit folgender Übertragungsreaktion gerechnet werden:

$$R\text{--}\mathrm{CH_2\text{--}CH_2\text{--}TiCl}_{X-1} \longrightarrow \mathrm{H\text{--}TiCl}_{X-1} + R\text{--}\mathrm{CH{=}CH_2} \qquad \text{(XXXVI)}$$

Es ist nicht beabsichtigt, in diesem Abschnitt eine detaillierte Diskussion des Mechanismus der koordinativen Polymerisation vorzunehmen, sondern lediglich wesentliche Unterschiede zu ionischen Mechanismen herauszuarbeiten. Trotzdem sei ergänzt, daß der Wachstumsschritt nach (XXXV) auch als „cis-Wanderung“

des Alkylrestes erklärt werden kann [88, 89], eine Möglichkeit, die vor allem bei heterogenen Systemen für die isotaktische Polymerisation von α-Olefinen diskutiert wird [73]. In diesem Zusammenhang muß auf die Doppelfunktion der Metallorganoverbindung hingewiesen werden, die einerseits die bereits erläuterte Alkylierung des Übergangsmetalls bewirkt und zum anderen durch Bildung von bimetallischen Brückenkomplexen z. B. zwischen Titan und Aluminium (siehe Bild 11) das Ligandenfeld am Titan „so abstimmt", daß folgende Voraussetzungen für eine optimale Wirkungsweise erfüllt sind [73].

a) Lockerung der Titanalkylbindung durch die Donatorwirkung des Monomeren am Titanatom unter gleichzeitiger „Regulierung" der Elektronendichte des Zentralatoms durch die Aluminiumbrücke bzw. exakter durch die daran beteiligten Liganden [73]. Mit zunehmender Elektronendichte am Titan wird die Spaltung der Titan-Kohlenstoff-Bindung erleichtert und umgekehrt.
b) Aktivierung der π-Elektronen des Monomeren durch partielle Besetzung leerer d-Orbitale im Übergangsmetall als eigentlicher Initiierung der koordinativen Polymerisation
c) Optimale stereoelektrische Anordnung der Reaktanden am Zentralatom zum Vollzug stereospezifischer Elementarprozesse

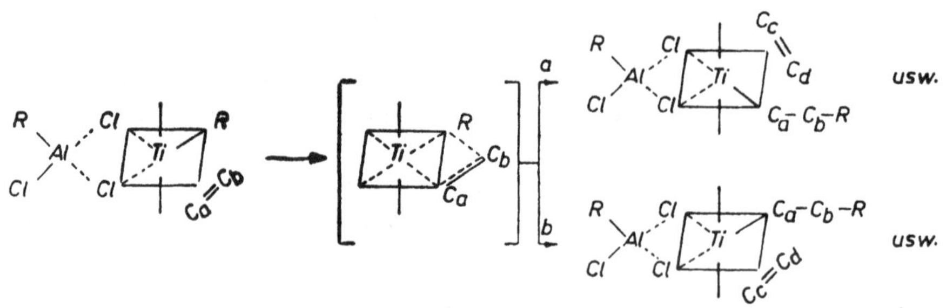

Bild 11. Wachstumsreaktion am Übergangsmetallatom
a) als „cis-Wanderung" des Alkylrestes;
b) als Einschubreaktion

Besonders der letztgenannte Punkt erklärt die bereits beschriebene Substratspezifität hinsichtlich der Monomere (Elektronendichte, räumliche Gestalt) ebenso wie die stereospezifische Polymerisation als Ausdruck einer hohen Selektivität der elektronischen Umgruppierung im Wachstumsschritt.

Die vorgenannten Punkte fassen zugleich die wesentlichen Unterschiede zu den ionischen Mechanismen zusammen. Während bei ionischen Polymerisationen die Funktion der aktiven Spezies im Initiierungsschritt an die dann „von selbst" wachsende Kette übertragen wird, erfolgt die Wachstumsreaktion bei der koordinativen Polymerisation am Katalysator. Die zeitlich gleiche Fixierung von Monomerem und wachsender Kette am Katalysator bietet Voraussetzungen für die Reproduzierbarkeit der Elementarprozesse, wie sie nur bei Synchronreaktionen möglich sind. Andererseits wurde bereits darauf hingewiesen, daß Katalysatorgemische aus Lewis-Säuren und Lewis-Basen auch ionische Polymerisationen einleiten können, die unter geeigneten Bedingungen ebenfalls stereospezifisch verlaufen. In derartigen Fällen muß die Natur des Zwischenzustandes (Dichte des Ionenpaares, sterische Orientierung bei der Konkurrenz zwischen Monomerem und Gegenion etc.) für die Stereoregulierung verantwortlich gemacht werden. Diese Folgerung gilt jedoch nicht unbedingt für heterogene ionische Polymerisationen mit sterisch einheitlich verlaufenden Wachstumsschritten an Phasengrenzflächen (vgl. Kap. 3.).

Wir haben hier versucht, den eindeutig ionischen und den ionisch-koordinativen Mechanismus zu charakterisieren, und sind uns dabei der Schwierigkeiten im „Überlagerungsbereich" bewußt geworden. Auf der Basis des Donator-Akzeptor-Prinzipes muß natürlich in jedem Falle primär die Wechselwirkung zweier Spezies mit Elektronenüberschuß und Elektronenmangel erfolgen. Aus diesem Grunde wird auch die zusätzliche Unterteilung in anionisch-koordinierte und kationisch-koordinierte Polymerisation [73, 79, 90, 91] verwendet. Im ersten Falle wird das Monomere am „kationischen Teil" der aktiven Spezies, also z. B. dem Übergangsmetallatom fixiert und somit quasi „als Anion" (oder an Stelle dessen) koordiniert. Diesem Typ würde die Ziegler-Natta-Polymerisation bei Gültigkeit des vorstehend beschriebenen Mechanismus zugehören. In Analogie dazu könnte man von einem kationisch koordinierten Reaktionstyp sprechen, wenn das Monomere am carbanionoiden Kettenende eine sterisch orientierende Koordinationswechselwirkung erfährt, bevor es in die Kette eingebaut wird. Abgesehen von der Schwierigkeit in der Begriffsbestimmung, wonach dann die anionisch-koordinierte Polymerisation praktisch „quasi-kationisch" verläuft und umgekehrt, erscheint uns die Frage, ob die ionische Funktion des Initiators an die Kette abgegeben wird oder aber die Wachstumsreaktion am Initiator selbst erfolgt, als geeigneteres Prinzip zur Abgrenzung ionischer und ionisch-koordinativer Mechanismen, wobei letztere nicht notwendigerweise unterteilt werden müssen, da ohnehin einleuchtet, daß bei gleichem Elektronenpotential zweier Spezies keine Reaktion stattfindet und bei wenig gravierenden Unterschieden die Entscheidung zwischen anionisch- bzw. kationisch-koordinierter Polymerisation schwierig sein dürfte. Die in diesem Buch zu behandelnden Mechanismen sollen sich vorrangig auf die „eindeutig ionischen Fälle" beziehen. Umfangreiche Beispiele „anionisch- und kationisch-koordinierter Polymerisationen" werden in [30] und [79] behandelt.

Besonders in Kap. 4. wird am Beispiel der mit lithiumorganischen Verbindungen initiierten Polymerisation im unpolaren Medium gezeigt, daß eine strenge Unterscheidung weder möglich noch sinnvoll ist, da als aktive Spezies stark polare Bindungen diskutiert werden, die zwar als partiell ionisiert, nicht aber als dissoziiert gelten können. Der „Einschub" des Monomeren in der Wachstumsreaktion erfolgt dann ebenso wie bei einer „koordinativen" Polymerisation. Fügt man dem unpolaren Medium einige *ml* THF zu, so kommt der Mechanismus bereits dem „eindeutig anionischen Typ" nahe, womit gezeigt werden soll, daß die oben beschriebene Abgrenzung mehr systematischer und weniger prinzipieller Natur ist.

2.3. Nichtchemische Initiierung ionischer Polymerisationen

In unserer bisherigen Darlegung wurde stets die Existenz einer chemischen Spezies vorausgesetzt, deren elektrophile bzw. nucleophile Potenz — im Extremfall Kation bzw. Anion — auf das Monomere übertragen wird und damit eine Polymerisation einleitet. Dieser chemischen Initiierung ionischer Polymerisationen gilt das mit Abstand größte Interesse, und wir werden in den spezielleren Kapiteln daher auch nur Beispiele dieser Form der Einleitung einer ionischen Kettenreaktion behandeln.

In diesem Abschnitt sollen einige Hinweise gegeben werden, die der Information über „nichtchemische" Methoden zur Einleitung ionischer Polymerisationen dienen. Die besondere Bedeutung derartiger Methoden für die Untersuchung der Mechanismen erwächst vor allem aus der Möglichkeit, unter geeigneten Bedingungen in Gasen wie auch in kondensierter Phase die Bildung freier Ionen zu bewirken. Auf diese Weise sind Vergleiche der Reaktivität ionischer Zwischenzustände mit denen chemisch initiierter Systeme möglich.

Grundsätzlich kann die Ionisierung der Monomeren auch durch Energieübertragung aus äußeren Feldern erfolgen. Als solche sind vor allem elektromagnetische Strahlung hoher Energie (z. B. Cobalt-60-γ-Strahlen) oder Elektrodenreaktionen in elektrischen Feldern zu nennen. Nach beiden Methoden können dem Monomeren Elektronen zu- bzw. abgeführt werden, so daß im einfachsten Falle zunächst Radikalionen (XXXVII) entstehen.

$$\overset{\ominus}{\bar{C}}-\dot{C} \xleftarrow{+e} C{=}C \xrightarrow{-e} \overset{\oplus}{C}-\dot{C} \qquad \text{(XXXVII)}$$

Für die Bereitschaft der Monomere, nach (XXXVII) Elektronen aufzunehmen bzw. abzugeben, gelten die gleichen Aspekte, wie wir sie in den Abschnitten 2.1.1. und 2.1.2. erläutert haben. Naheliegend erscheint auch, daß unter geeigneten Bedingungen (vgl. 2.3.1. und 2.3.2.) die Kettenreaktion wesentlich schneller erfolgt, als dies z. B. durch Gegenionwirkung bei chemischer Initiierung möglich ist. Andererseits ist ebenfalls leicht einzusehen, daß die hohe Reaktivität freier Ionen mit einer geringen Selektivität im Polyadditionsschritt verbunden sein wird, so daß auf den genannten Wegen, von Ausnahmen abgesehen, keine hohen Molekulargewichte entstehen. Das mag vielleicht ein Grund für das bisher geringe praktische Interesse an diesen Polymerisationsarten sein. Eine Ausnahme dürfte vielleicht in der elektrolytisch initiierten Polymerisation bestehen, mit deren Hilfe fest haftende Polymerschichten von regelbarer Schichtdicke auf das Elektrodenmaterial aufgebracht werden können.

Die folgenden Betrachtungen sollen mehr die prinzipiellen Möglichkeiten der beiden Methoden, sowie die Besonderheiten gegenüber der chemischen Initiierung herausstellen.

2.3.1. Strahlungsinitiierte ionische Polymerisation

Die Durchführung radikalischer Polymerisationen unter *UV*-Bestrahlung dürfte mit zu den ältesten Polymerisationsmethoden zählen. Es leuchtet ein, daß bei Anwendung höherer Energie (γ-Strahlen) nicht nur die homolytische Bindungsspaltung, sondern ebenfalls die energetisch aufwendigere Heterolyse zur Ionenbildung erfolgen kann. Die geringe Popularität der ionischen Strahlungspolymerisationen ist jedoch weniger auf die erschwerte Ionenbildung zurückzuführen, sondern auf ihre außerordentliche Empfindlichkeit gegenüber Verunreinigungen. D. J. Metz [92] schreibt in einer empfehlenswerten Übersichtsarbeit, daß „*die Entwicklung der Untersuchungen über strahlungsinitiierte ionische Polymerisationen flüssiger Vinylmonomerer die Geschichte des Kampfes gegen zufällige Verunreinigungen sei*". Aus diesem Grunde galt daher bislang der experimentellen Technik zum Erhalt reproduzierbarer Ergebnisse das vorrangige Interesse. An störenden Verunreinigungen ist neben Sauerstoff, basischen Stickstoff- oder Schwefelverbindungen vor allem Wasser zu nennen. Die Natur dieser Verunreinigungen deutet bereits darauf hin, daß vorzugsweise Carbeniumionen als Kettenträger fungieren. Im Falle des Nitroäthylens gelang auch die strahlungsinitiierte anionische Polymerisation, die ebenfalls gegen Wasser, das ja auch als Akzeptor wirken kann, sehr empfindlich ist [93]. So wird in verschiedenen Arbeiten gezeigt, daß der Restwassergehalt im Monomeren bzw. in der verwendeten Apparatur unter 10^{-7} Mol/l liegen muß, um überhaupt die Bedingungen für eine ionische Strahlungspolymerisation gewährleisten zu können [92, 94]. Zur Information über die experimentelle Realisierung derartiger Bedingungen muß auf die Literatur verwiesen werden [94, 95, 96].

Um Aussagen über den Mechanismus strahlungsinitiierter Polymerisationen machen zu können, muß zunächst die Natur der Kettenträger analysiert werden. Dazu eignen sich Abfangreaktionen, die Messung der elektrischen Leitfähigkeit sowie die Pulsradiolyse. Auf die starke Abfangwirkung von Wasser wurde bereits hingewiesen. Da jedoch die mit den üblichen Methoden nachweisbaren Wassermengen um 10^{-4} Mol/l limitiert sind, ist die Unterscheidung in feuchte bzw. trokkene Bedingungen zur Kennzeichnung einer radikalischen bzw. ionischen Strahlungspolymerisation unsicher. Üblicherweise verwendete Radikalfänger (O_2, Chinone) zur Unterdrückung von Radikalbeteiligung an der Polymerisation scheiden infolge Reaktionsfähigkeit mit den ionischen Kettenträgern ebenfalls aus.

Ausgehend von „trockenen Bedingungen" konnte durch den dosierten Zusatz von NH_3 oder verschiedenen Aminen ein „Ionenfänger" gefunden werden, der Carbeniumionen zu erkennen gestattet (XXXVIII).

$$\sim CH_2-\overset{\oplus}{C}H_2 + NH_3 \longrightarrow \sim CH=CH_2 + \overset{\oplus}{N}H_4$$

oder (XXXVIII)

$$\sim CH_2-\overset{\oplus}{C}H_2 + NH_3 \longrightarrow \sim CH_2-CH_2-\overset{\oplus}{N}H_3$$

In Tab. 9 wird am Beispiel der Polymerisation des Cyclopentadiens in einer Kobalt-60-Strahlenquelle [97] gezeigt, daß Umsatz ($G_{(C_5H_6)}$) und Molekulargewicht ($\overline{M}$) mit dem Konzentrationsverhältnis $[C_5H_6]/[NH_3]$ linear ansteigen. Aus der Bestimmung des mittleren Polymerisationsgrades $\left(\overline{DP}\right)$ kann nach (XXXIX) die Ausbeute an Initiatormolekülen ($G_{\text{Init.}}$) erhalten werden. Für den gesamten Wachstumsprozeß ergibt sich dann folgender Zusammenhang (XL), wobei ($G_{C_5H_6}$) nach strahlenchemischem Maßstab die Zahl der umgesetzten Monomereinheiten pro 100 eV Energieabsorption bedeutet.

$$G_{\text{Init.}} = \frac{G_{[C_5H_6]}}{\overline{DP}} \tag{XXXIX}$$

$$G_{[C_5H_6]} = G_{\text{Init.}} \frac{k_{p[C_5H_6]}}{k_v[NH_3]} \tag{XL}$$

k_p und k_v sind die Geschwindigkeitskonstanten für die Wachstumsreaktion und die Verzögerung (Abbruch oder Übertragung) durch NH_3.

Tabelle 9. Abhängigkeit der Cyclopentadienpolymerisation von der $[NH_3]$ und der aufgenommenen Strahlendosis (nach Daten aus [97])

$[NH_3] \cdot 10^4$ (in Mol/l)	Strahlungsdosis $\cdot 10^{-20}$ (in eV/gr.)	$G_{(C_5H_6)}$ (Molek./100eV)	$[\eta]$ (dl/g)	$\overline{M}$	$\overline{DP}$	$\frac{G_{(C_5H_6)}}{\overline{DP}}$
25,0	3,0	91	0,210	17800	289	0,34
17,9	2,4	106	0,315	30900	468	0,23
12,9	2,0	112	0,385	40400	611	0,18
7,5	1,9	164	0,430	47100	712	0,23
2,5	1,3	340	0,790	107000	1620	0,21
2,3	0,80	300	1,02	151000	2280	0,13
ohne	0,004	22800	2,76	581000	8800	

Auf Grund der geringen Stabilität des löslichen Polycyclopentadiens [98] sind die Molekulargewichtsbestimmungen und damit die daraus berechneten Folgedaten sicherlich nicht sehr genau, trotzdem kann der Trend erkannt werden, daß die Kettenlimitierung vorrangig durch NH_3 erfolgt und daher offenbar freie Carbeniumionen mit geringer Übertragungsneigung als Kettenträger wirken. Analoge Ergebnisse wurden auch für die kationische Strahlungspolymerisation von Isobutylvinyläther [99] und α-Methylstyrol [100] erhalten.

Im Falle des Nitroäthylens wurde aus Abfangreaktionen mit HBr sowie anderen Untersuchungen auf ein Carbanion als Kettenträger geschlossen [93].

Nachdem auf dem skizzierten Wege die prinzipielle Natur der Kettenträger erkannt werden kann, ist zur Beschreibung des Mechanismus die mittlere Lebensdauer (τ) der Kettenträger von Bedeutung. Zu ihrer Bestimmung dienen Messungen der elektrischen Leitfähigkeit [101].

Auf der Basis derartiger Experimentaldaten kann dann für den Mechanismus der strahlungsinitiierten Polymerisation eine Auswertung nach dem folgenden kinetischen Schema vorgenommen werden (die Formulierung erfolgt für kationische Kettenträger in Anlehnung an [92]):

$$
\begin{array}{ll}
\text{Initiierung:} & M \xrightarrow{h\nu} M\cdot^{+} + M\cdot^{-}\ (k_i) \\
\text{Wachstum:} & M_m^{+} + M \rightarrow M_{m+1}^{+}\ (k_p) \\
\text{Übertragung (Monomeres)} & M_m^{+} + M \rightarrow M_m + M_1^{+}\ (k_{ü1}) \\
\quad\text{(nucleoph. Verunreinigung)} & M_m^{+} + X \rightarrow M_m + X^{+}\ (k_{ü2}) \\
\text{Abbruch (Ladungsausgleich)} & M_m^{+} + Y^{-} \rightarrow M_m - Y\ (k_a)
\end{array}
\qquad \text{(XLI)}
$$

In (XLI) bedeutet $[Y^-]$ die Gesamtkonzentration negativer Ionen, über deren genaue Natur und Einfluß auf die Polymerisation gegenwärtig noch keine Angaben möglich sind.

Unter der Voraussetzung des Stationaritätsprinzipes und bei Vernachlässigung der Monomerübertragung gilt dann:

$$
v_p = \frac{v_i \cdot k_p[M]}{(k_a \cdot v_i)^{1/2} + k_{ü2}[X]} = v_i k_p[M] \cdot \tau \qquad \text{(XLII)}
$$

Die Lebensdauer τ in (XLII) muß als Durchschnittswert der mittleren Lebensdauer von Carbeniumionen, die mit X und mit Y^- reagieren, angesehen werden.

Zurückkommend auf das durch Tab. 9 veranschaulichte Beispiel mit $[NH_3] = [X]$ und $k_{ü2}[X] \gg (k_a v_i)^{1/2}$ gilt [92]:

$$
\frac{1}{\overline{DP}} = \frac{1}{\overline{DP_0}} + \frac{k_{ü2}[X]}{k_p[M]} \qquad \text{(XLIII)}
$$

$\overline{DP_0}$ ist der mittlere Polymerisationsgrad in Abwesenheit von $[X]$. Durch Auftragung von $1/\overline{DP}$ gegen $[X]/[M]$ erhalten wir $k_{ü2}/k_p$ (vgl. Analogie $k_{ü2} \sim k_v$ in XL).

Auf der Basis der SMOLUCHOWSKI-DEBYE-Theorie [102] kann durch Abschätzung der Wechselwirkung zwischen dem Carbeniumion und der Natur des X (z. B. NH_3-Dipol) ein Wert für die Übertragungskonstante erhalten werden ($k_{ü2}$ bzw. $k_v \sim 10^{10}$ Mol^{-1}sec^{-1}; vgl. [97], [94]).

Nach dem geschilderten Weg konnte mit Hilfe von Abfangreaktionen und Leitfähigkeitsmessungen die Wachstumsgeschwindigkeit der ionischen Strahlenpolymerisation ermittelt werden. Tab. 10 enthält die Geschwindigkeitskonstanten (k_p) für einige strahlungsinitiierte ionische Polymerisationen.

Vergleicht man die Geschwindigkeitskonstanten in Tab. 10 mit den bei der chemischen Initiierung über Ionenpaare erhaltenen Werten ($\sim 10^{-3}$ bis 10^{-2}), so liegt nahe, daß bei der strahlungsinitiierten ionischen Polymerisation vorwie-

Tabelle 10. Geschwindigkeitskonstanten für einige Monomere bei der strahlungsinitiierten ionischen Polymerisation

Monomeres	Kettenträger	Temp. [°C]	k_p [$Mol^{-1}sec^{-1}$]	Literatur
Cyclopentadien	$C^{\oplus}$	−78	$5{,}8 \cdot 10^8$	[97]
Isobutylen	$C^{\oplus}$	0	$1{,}5 \cdot 10^8$	[94]
Styrol	$C^{\oplus}$	15	$3{,}5 \cdot 10^6$	[103]
Isobutylvinyläther	$C^{\oplus}$	30	$3 \cdot 10^5$	[103]
α-Methylstyrol	$C^{\oplus}$	30	$3 \cdot 10^6$	[100]
Nitroäthylen	$C^{\ominus}$	10	$6 \cdot 10^7$	[93]

gend freie Ionen als Kettenträger fungieren [92] und damit auf dem genannten Wege die Wachstumsreaktion im wesentlichen ohne Gegenion-Effekt untersucht werden kann. Es darf allerdings nicht übersehen werden, daß die kinetische Behandlung eine Reihe von Vereinfachungen enthält (Monomerübertragung etc.), deren Zulässigkeit noch in Frage steht. Auch über die in (XLI) enthaltene Primärbildung von Ionenradikalen und deren Übergang in normale Ionen als Kettenträger fehlen noch genaue Kenntnisse. Ergänzungen zu diesem Aspekt finden sich in [104] durch Untersuchungen mit der *ESR*-Spektroskopie.

2.3.2. *Elektrisch-initiierte Polymerisation*

Nach den Pionierarbeiten von Breitenbach und Srna hat die elektrochemisch initiierte Polymerisation [105] in den letzten Jahren ein starkes Interesse beansprucht. Zur Information über die Möglichkeiten, aber auch die offenen Probleme der „Elektropolymerisation" können folgende Übersichtsarbeiten [106, 107] und Originalarbeiten [108, 109, 110] eingesehen werden.

Hinsichtlich des Studiums der Mechanismen sollten zunächst zwei Trends der Elektropolymerisation unterschieden werden. Einerseits die in diesem Abschnitt zu behandelnde elektro-initiierte Polymerisation und zum anderen die Beeinflussung eines chemisch initiierten Mechanismus durch elektrische Felder [106, 109]. Bei dem zuletzt genannten Trend konnte gezeigt werden, daß z. B. die mit Jod oder $BF_3 \cdot OEt_2$ initiierte kationische Polymerisation von Vinylmonomeren durch elektrische Feldbeeinflussung in ihrer Bruttogeschwindigkeit wesentlich erhöht werden kann. Gleichzeitig erhöht sich das Molekulargewicht des Polymeren. Dieser Effekt, der auch für anionisch initiierte Systeme nachgewiesen wurde [106], läßt ganz allgemein auf eine Erhöhung der Ladungstrennung im Zwischenzustand der Polymerisation schließen. Dadurch kommt es zu einer Erhöhung der Elektrophilie (bzw. Nucleophilie) der Kettenträger und einer somit begünstigten Konkurrenz zwischen dem Gegenion und dem ungeladenen Monomeren zugunsten des letzteren. Obwohl diese qualitative Interpretation sicherlich zutreffend ist, haben neuere Untersuchungen gezeigt [109], daß der Effekt nicht ausschließlich auf eine elektrostatische Beeinflussung durch Solvatationsänderung zurückgeführt werden kann, sondern sich offensichtlich im Kathoden- bzw. Anodenraum weitergehende Veränderungen vollziehen. Prinzipiell haben wir jedoch im vorliegenden Falle mit einer chemisch initiierten Polymerisation zu rechnen, die ebenso wie durch Lösungsmittelbeeinflussung (vgl. Kap. 3. und 4.) eine Modifizierung durch elektrische Feldbeeinflussung erfahren kann.

Die elektro-initiierte Polymerisation muß zunächst unterschieden werden in Prozesse, die mit der Elektronenaufnahme an der Kathode bzw. der Elektronenabgabe an der Anode verbunden sind.

Wenn wir uns dem erstgenannten Fall zuwenden, so muß zunächst noch einmal differenziert werden zwischen dem indirekten Elektronenübergang zum Monomeren (indirekte Initiierung) und dem direkten Elektronenübergang zum Monomeren (direkte Initiierung). Schließlich muß generell bemerkt werden, daß die Redoxvorgänge an den Elektroden neben Ionen bzw. Ionenradikalen auch zu freien Radikalen führen und daher unter geeigneten Bedingungen mit simultanem Ablauf ionischer und radikalischer Mechanismen gerechnet werden kann (vgl. [107], Hinweis auf System Acrylnitril/Styrol).

Interessant für die koordinative Polymerisation dürfte auch die elektrochemische Aktivierung von Metallkomplexen sein [107]. In (XLIV) seien nur die mit der ionischen Initiierung in Verbindung stehenden Prozesse schematisch dargestellt.

A) Bildung von Radikalanionen (Kathodenprozeß)

1. Indirekter Elektronenübertragung

$$Na^+ + e \rightarrow Na$$
$$Na + M \rightarrow Na^+ + M^{-}\!\!\cdot$$

2. Direkter Elektronenübertragung

$$M + e \rightarrow M^{-}\!\!\cdot$$

B) Bildung von Radikalkationen (Anodenprozeß) (XLIV)

1. Indirekte Elektronenentnahme

$$ClO_4^- + (-e) \rightarrow \cdot ClO_4$$
$$\cdot ClO_4 + M \rightarrow ClO_4^- + M^{+}\!\!\cdot$$

2. Direkte Elektronenentnahme

$$M + (-e) \rightarrow M^{+}\!\!\cdot$$

Die Kenntnisse über den Mechanismus der elektro-initiierten kationischen Polymerisation sind noch recht lückenhaft. So stellen die in (XLIV B) formulierten Anodenprozesse eigentlich mehr theoretische Möglichkeiten dar, deren genauer Ablauf noch zu beweisen ist. Nichtsdestoweniger dürfte die in polaren Lösungsmitteln (Acetonitril, Nitroäthan etc.) in Gegenwart von Elektrolyten wie Natriumnitrat, Natriumperchlorat, Tetrabutylammoniumperchlorat u. a. durchgeführte elektroinitiierte Polymerisation von Vinylcarbazol oder Vinyläthern [110] über elektrophile Kettenträger, d. h. also nach einem kationischen Mechanismus verlaufen. Von Sommer und Breitenbach werden durch Primäroxidation (Anode) entstehende Radikalkationen angenommen, die eine kationische Polymerisation vorhandener Doppelbindungen (Styrol, Isobutylvinyläther, N-Vinylcarbazol) einleiten [110a].

Eindeutiger gestaltete sich dagegen die Untersuchung der Kathodenprozesse, die zur anionischen Polymerisation nach (XLIVA) führen. So konnten z. B. auf Grund der bei völligem Ausschluß von Verunreinigungen geringen Übertragungsneigung (s. Kap. 4.) carbanionischer Kettenträger lebende Polymere durch Elektro-Initiierung dargestellt werden. Als gut untersuchtes Beispiel soll das α-Methylstyrol genannt werden, daß in Gegenwart von Naphthalin—Na in Tetrahydrofuran und bei Verwendung sogenannter ZIEGLER-Salze [107] als Elektrolyte ($Li[Al(C_2H_5)_4]$, $Na[B(C_6H_5)_4]$ u. a.) lebende Polymere bildet. Während des Stromdurchganges tritt nach einiger Zeit im Kathodenraum die charakteristische Farbe des wachsenden Anions auf, die bei Raumtemperatur infolge der Ceiling-Temperatur (vgl. Kap. 1.) des α-Methylstyrols zunächst nur zu Trimeren und Tetrameren führt. Beim Abkühlen der Elektrolysezelle verläuft die Polymerisation dann zu hohen Molekulargewichten. Als Nachweis für das Vorliegen lebender Polymerer, deren Molekulargewicht neben der Monomerkonzentration von der Menge des fließenden Stromes (I in FARADAY) abhängig sein sollte, gilt folgende Beziehung:

$$\overline{M}_n = \frac{[\text{Monomer}]\ (\text{in g})}{1/2I \quad (\text{in F})} \tag{XLV}$$

In Tab. 11 sind die nach (XLV) berechneten Molekulargewichte den experimentell ermittelten gegenübergestellt.

Tabelle 11. Elektro-initiierte anionische „Living-Polymerisation" von α-Methylstyrol (entnommen aus [107])

[Monomer] (mMol)	Stromdurchgang (I in FARADAY) · 10^{-4}	$\overline{M}_n \cdot 10^{-4}$	$M_{exp} \cdot 10^{-4}$
10	2,10	1,14	1,34
20	2,13	2,36	2,08
30	2,19	3,48	3,49
40	2,17	4,72	5,18
20	4,28	1,13	1,38
20	1,10	4,83	4,85
20	0,56	9,53	10,2

Die sehr gute Übereinstimmung zwischen den berechneten und experimentellen Daten in Tab. 11 läßt kaum Zweifel am Vorliegen einer „Living-Polymerisation" [107]. Die Untersuchung des Mechanismus ergab eine indirekte Initiierung, wonach entsprechend der allgemeinen Formulierung in (XLIV A. 1.) durch kathodische Reduktion des Na^+ zum Metall und dessen Reaktion mit dem Monomeren ein Radikalanion gebildet wird. Für die Wachstumsreaktion nimmt man in Analogie zu dem von M. SZWARC [111] formulierten Mechanismus eine schnelle Radikalkombination unter Dianionbildung an, von dessen negativen Ladungsträgern ausgehend dann eine normale anionische Polymerisation erfolgt (XLVI).

$$\begin{aligned} &2M\cdot^- \rightarrow {}^-M - M^- \\ &{}^-M - M^- + nM \rightarrow {}^-M(M)_nM^- \end{aligned} \qquad \text{(XLVI)}$$

Die indirekte Initiierung wurde auch bei einer Reihe anderer Monomerer wie z. B. Styrol, Butadien, Isopren etc. angewendet [107].

Eine besondere Form der indirekten Initiierung besteht in der elektrochemischen Radikalanionbildung von Nitroaromaten (z. B. Nitrobenzol), die dann durch Abspaltung eines Protons aus dem Monomeren ein zur Polymerisation befähigtes Anion bilden [112]. Diese indirekte Initiierung wurde am Beispiel der Acrylnitrilpolymerisation [112] sowie der Polymerisation von Methylvinylketon nachgewiesen [108].

$$\begin{aligned} &C_6H_5NO_2 + e \rightleftharpoons C_6H_5NO_2^{\cdot\ominus} \\ &C_6H_5NO_2^{\cdot\ominus} + CH_2{=}CH(CN) \longrightarrow C_6H_5\dot{N}O_2H + CH_2{=}C^{\ominus}(CN) \end{aligned} \qquad \text{(XLVII)}$$

Neben der häufiger untersuchten indirekten Initiierung sind jedoch auch direkte Elektronenübergänge zur Einleitung einer ionischen Polymerisation bekannt geworden. Diese Untersuchungen erfolgten in Kombination mit polarographischen Messungen [107]. Für Monomere, deren Halbstufenpotentiale weniger negativ liegen als die Reduktion des verwendeten Elektrolyten (z. B. $(C_4H_9)_4N^{\oplus}ClO_4^{\ominus}$) kann eine direkte Initiierung angenommen werden. So tritt bei der Elektrolyse des α-Methylstyrols unter Verwendung des Elektrolyten $(C_4H_9)_4N^{\oplus}ClO_4^{\ominus}$ im Kathodenraum kurzfristig die rote Farbe des Carbanions auf und Polymeres mit allerdings mäßigem Umsatz kann isoliert werden. Mit anderen Monomeren (Acrylnitril, Styrol u. a.) wurden analoge Ergebnisse erhalten. Die Wachstumsreaktion nach Bildung des Radikalanions kann dann entsprechend (XLVI) erfolgen. Allerdings entstehen bei der direkten Initiierung keine lebenden Polymere, da in Gegenwart des $(C_4H_9)_4N^+ClO_4^-$ folgende Abbruchmöglichkeiten bestehen [107]:

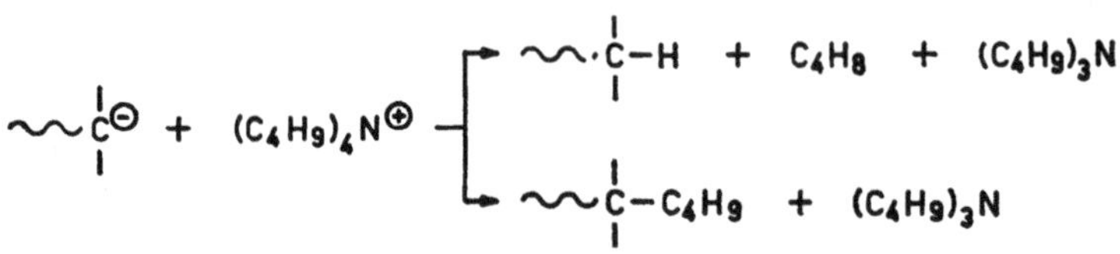

(XLVIII)

Zur weiteren Information über theoretische wie auch experimentelle Probleme der Elektropolymerisation muß auf die bereits zitierte Literatur verwiesen werden. Die Schwierigkeiten bei dieser Art der Polymerisationseinleitung und bei ihrem Verlauf liegen nicht in den Besonderheiten gegenüber chemisch initiierten Systemen, sondern vielmehr in der Natur der verwendeten Lösungsmittel, deren Lösevermögen für Polymere und Elektrolyte, der chemischen Inertheit der letzteren gegenüber der wachsenden Kette usw. Eine detaillierte Behandlung dieser ohne Zweifel wichtigen Fragen würde jedoch dem Anliegen dieses Buches nicht entsprechen.

3. Mechanismen der kationischen Polymerisation

Im Gegensatz zur radikalischen und anionischen Polymerisation ist die Verallgemeinerungsfähigkeit über den Ablauf der kationischen Polymerisation sehr gering. Die Variationsbreite möglicher Übergangszustände im System — Monomere-Katalysator-Cokatalysator-Medium-Temperatur — ist derartig groß, daß es aussichtslos erscheint, ein einfach handhabbares Prinzip mit entsprechender Universalität anzugeben. Leider verfügen wir auch nicht über die nötige Zahl kinetischer Daten, auf deren Basis ein allgemeingültiges kinetisches Schema mit nachfolgender nichtkinetischer Ergänzung aufgebaut werden könnte. Der größte Mangel besteht in dieser Hinsicht in den nichtstandardisierten kinetischen Daten, die bereits den Vergleich der Ergebnisse unterschiedlicher Arbeitskreise in Frage stellen. Hinzu kommen unzureichende Kenntnisse über die „effektive Katalysatorkonzentration" sowie über die genaue Natur der aktiven Spezies bzw. exakter über den Anteil aktiver Kettenträger unterschiedlicher Natur (Ionen, Ionenpaare; vgl. Kap. 2.).

Aus den genannten Gründen kann im folgenden wenig mehr als eine Situationsanalyse gegeben werden, die trotz Einschränkungen jedoch erste Verallgemeinerungen zuläßt, wenn man a priori darauf verzichtet, über die oben angegebene Breite der Variationsmöglichkeiten integrieren zu wollen.

Die jährlich erscheinende Literatur über Mechanismen der kationischen Polymerisation übersteigt den Umfang dieses Kapitels um Größenordnungen. Zur Demonstration uns wesentlich erscheinender Sachverhalte erfolgt zwangsläufig eine willkürliche Auswahl. Den Polymerchemiker vorrangig interessierende Fragen (Stereoregulierung, Molekulargewicht, Verknüpfungsprinzipien etc.) zusammenfassend, ist im Anschluß an die reaktionstheoretische Behandlung der Mechanismen ein gesonderter Abschnitt über den Relaischarakter des Zwischenzustandes enthalten (Abschnitt 3.8.).

In vielen Fällen wird an die im Kap. 1. und 2. dargelegten allgemeinen Grundlagen direkt angeknüpft. Um die speziellen Kapitel auch für sich allein „lesbar" zu gestalten, sind gelegentliche Wiederholungen (z. B. Monomerreaktivität u. ä.) nicht ganz vermeidbar. Im Kap. 3. nimmt die Polymerisation der Vinylmonomere und Diene einen breiteren Raum ein als die kationische Polymerisation über heteronucleare Mehrfachbindungen oder die Ringöffnungspolymerisation.

Zunächst soll Kap. 3. mit einigen Bemerkungen eingeleitet werden, die zeigen, weshalb der Terminus „Mechanismus" in der Kapitelüberschrift in die Mehrzahl gesetzt wurde. Die hierbei skizzierte „Entwicklung" der kationischen Polymerisation erhebt nicht den Anspruch auf historische Vollständigkeit [24].

In einer Arbeit von WHITMORE [113] wurde erstmals darauf hingewiesen, daß bei der säurekatalysierten Polymerisation von Olefinen Carbeniumionen als reaktive Zwischenstufen diskutiert werden könnten. Die gleiche Interpretation wurde später auf FRIEDEL-CRAFTS-Katalysatoren [114] erweitert und zählte lange Zeit zu den allgemein akzeptierten Reaktionsmechanismen [115].

(I)

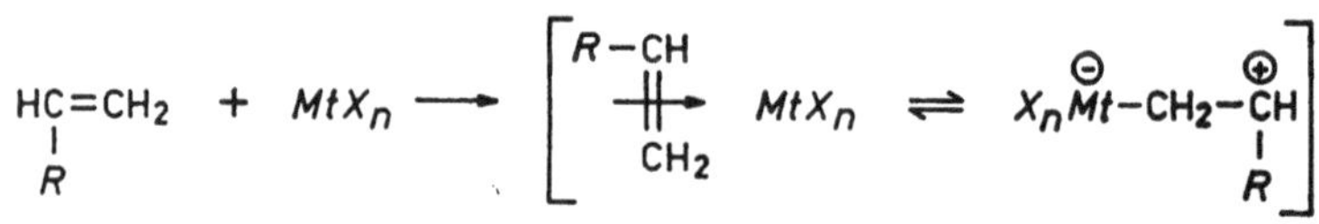
(II)

Nach II entsteht im Initiierungsschritt ein *EDA*-Komplex zwischen dem Monomeren und der LEWIS-Säure, der auf Grund seiner hohen Polarität ein Zwitterion bilden kann, von dessen positivem Ladungsträger ausgehend dann der Polyadditionsschritt zur wachsenden Polymerkette erfolgt [116].

Untersuchungen am Isobutylen [117, 118, 119] und Styrol [120] ergaben jedoch, daß bei völligem Ausschluß kationenbildender Substanzen (H_2O, HX, RX usw.) keine Polymerisation in Gang kommt, obwohl der Nachweis von *EDA*-Komplexen gesichert werden konnte [121].

Die notwendige Mitwirkung von Cokatalysatoren stellte damit eine „direkte Initiierung" in Frage, wenngleich diese Möglichkeit auch in neuerer Zeit, zumindest für stärker dissoziierende Medien, durchaus in Betracht gezogen wird [122]. Auf der Grundlage energetischer Betrachtungen werden von P. H. PLESCH allerdings Einwände gegen eine „direkte Initiierung" erhoben [123]. An späterer Stelle wird auf diese Problematik näher eingegangen.

Die Entdeckung der Cokatalysatoren für die kationische Polymerisation brachte zunächst eine gewisse Abrundung der Theorie des Initiierungsschrittes. Sowohl die Katalyse durch Protonsäuren als auch die Katalyse durch LEWIS-Säuren können nach einem Schema (III) interpretiert werden. Danach bilden Katalysator und Cokatalysator die eigentliche „aktive Spezies" (IIIa), deren Funktion in der Bildung des polymerisationsauslösenden Carbenium-Ions (IIIb) besteht.

Obwohl die Mehrzahl des experimentellen Materials auf der Basis des angegebenen Schemas (III) diskutiert werden kann, muß die Formulierung von Carbenium-Ionen als Zwischenstufe einer kritischeren Überprüfung unterzogen werden. Bekanntlich werden viele organische Reaktionen über Carbenium-Ionen verlaufend formuliert und nur in wenigen Fällen konnte dies durch direkten Nachweis wahr-

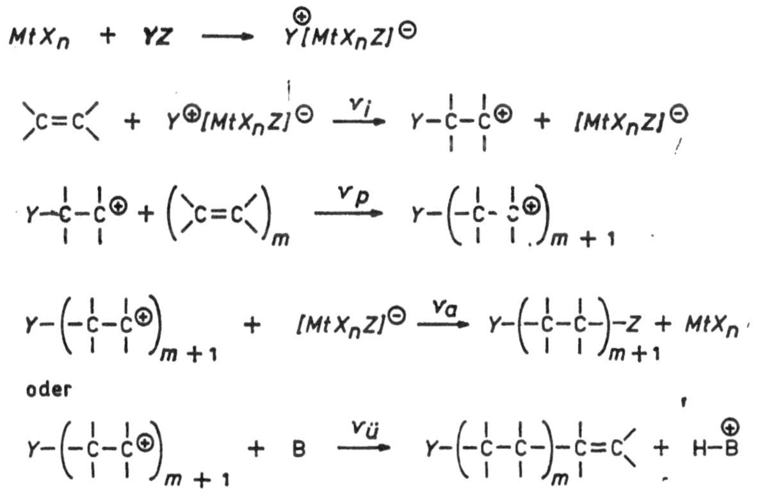

(III a)

(III b)

(III c)

(III d)

(III e)

Y = z. B.: H, CH_3, CH_3CO, $(Phenyl)_3C$ usw.

Z = z. B.: SO_3OH, $[AlCl_4]$, $[SbCl_6]$, $[BF_3OH]$ usw.

v_i = Initiierungsgeschwindigkeit

v_p = Polymerisations- bzw. Wachstumsgeschwindigkeit

v_a = Kettenabbruchsgeschwindigkeit

$v_ü$ = Geschwindigkeit der Kettenübertragung

scheinlich gemacht werden. So finden sich auch bis 1964 in der Literatur kaum Hinweise über die Gegenwart von Carbenium-Ionen während der kationischen Polymerisation [123]. Der spektroskopische Nachweis von Carbenium-Ionen an Systemen mit starker „innerer“ (Elektronenstruktur) bzw. „äußerer“ (Solvatation) Stabilisierung läßt nicht ohne weiteres die Schlußfolgerung zu, daß diese Ionen gleichzeitig Kettenträger der Polymerisation sind.

Leitfähigkeitsmessungen und ergänzende Untersuchungen sind notwendig, um aus der Vielfalt der Variationsbreite im System — Monomeres-Katalysator-Cokatalysator-Lösungsmittel-Temperatur — eindeutige Aussagen treffen zu können.

Besonders in wenig dissoziierend wirkenden organischen Lösungsmitteln wird deshalb in neuerer Zeit die Formulierung von Ionenpaaren vorgeschlagen [64, 124, 125]. Der Grad der Ladungstrennung im Ionenpaar und die sterischen Voraussetzungen am fortpflanzenden Ion ermöglichen Schlußfolgerungen über den Mechanismus der Polymerisation, den Polymerisationsgrad sowie über verschiedene Verknüpfungsarten der Monomere.

In den folgenden Abschnitten werden Beispiele für die Ionenpaarkonzeption gebracht. Bei der Beurteilung derartiger Mechanismen darf jedoch nicht übersehen werden, daß gegenwärtig noch keine ausreichenden experimentellen Belege zur Charakterisierung der wahren Natur der Ionenpaare vorliegen und deshalb weitere Untersuchungen notwendig sind, um den hypothetischen Charakter der gegenwärtigen Interpretationen zu überwinden (vgl. auch Abschnitt 2.1.3.).

GANDINI und PLESCH [126] konnten auf Grund spektroskopischer, konduktometrischer und kinetischer Untersuchungen nachweisen, daß bei einigen nach dem Mechanismus der klassischen kationischen Polymerisation beschriebenen Reaktionen keine Ionen am Initiierungsschritt beteiligt sind. Diese Feststellung führte zur Formulierung des „pseudokationischen" Mechanismus, mit der Annahme eines Esters als reaktive Spezies [127].

Bereits an dieser Stelle wird deutlich, daß die Formulierung „eines" Mechanismus der kationischen Polymerisation kaum in Erwägung gezogen werden kann. Im folgenden soll daher der Versuch unternommen werden, einige prinzipielle Leitlinien zu kennzeichnen und verallgemeinerungsfähige Schlußfolgerungen abzuleiten. Die Fülle des vorhandenen Materials, das in Monographien [24, 128] und Übersichtsreferaten [30, 123, 129, 25] dargelegt wurde, gestattet dabei, nur einige Aspekte der gesamten Problematik detaillierter zu beschreiben. Im Vordergrund sollen daher der Reaktionsmechanismus und die ihn kennzeichnenden Parameter stehen.

3.1. Kationische Monomerreaktivität

Die Behandlung der Monomerreaktivität bei kationischen Polymerisationen baut unmittelbar auf den Abschnitt 1.3.1. auf und befaßt sich mit den Monomeren, die durch eine hohe π-Elektronendonatorfähigkeit gegenüber elektrophilen Initiatoren (vgl. Y in Schema III) ausgezeichnet sind.

In Tab. 12 sind eine Reihe von Mono- und Diolefinen hinsichtlich ihrer Fähigkeit zur kationischen Polymerisation aufgeführt.

Die in Tab. 12 enthaltenen Vinylmonomere zeigen relativ zum Äthylen einen durch induktive bzw. Resonanzwechselwirkung erhöhten „π-Elektronendruck" in der Doppelbindung. Betrachtet man den Initiierungs- (III b) oder den Wachstumsschritt (III c) als Säure-Base-Reaktion, so liegt nahe, daß bei gleichbleibender Säurestärke des elektrophilen Reaktanden ($Y^{\oplus}$ bzw. $C^{\oplus}$) mit zunehmender Basizität (π-Elektronendonatorfähigkeit) des Monomeren eine Erhöhung der Initiierungs- bzw. Wachstumsgeschwindigkeit erwartet werden kann. Dieser Zusammenhang wird durch die Korrelation quantenchemischer Daten mit Reaktivitätsparametern zumindest qualitativ gut wiedergegeben. So können auf der Basis der *VB*-Methode oder der einfacher handhabbaren *LCAO-MO*-Methode geeignete Daten zur Kennzeichnung der Elektronenstruktur der Monomere erhalten werden [130, 131, 132]. Als Vergleichsdaten zur Abschätzung relativer Reaktivitäten wurden die Lokalisierungsenergien (L_{β}^{+} u. L_{β}^{-}), die Koeffizienten der Energie des höchsten besetzten π-Elektronenniveaus, die Superdelokalisierbarkeiten sowie die Gesamt-π-Elektronendichte herangezogen [133, 134, 135].

Tabelle 12. Kationische Polymerisationsfähigkeit von Mono- und Diolefinen

Monomeres	Polymerisationsfähigkeit	Bemerkungen
Äthylen	+	
Propylen	+	
Buten-1	+	
Isobutylen	++	ausschließlich kationisch
Buten-2		Oligomere, Isomere
3-Methylbuten-1	++	hochmolekular
Vinylcyclohexan	+	Isomere
4-Vinylcyclohexen-1	+	z. T. vernetzte Polymere
Alkylvinyläther	++	ausschließlich kationisch
Butadien	+	
Isopren	+	
Cyclohexen		Oligomere, Isomere
Cyclopentadien	+	
Styrol	++	
α-Methylstyrol	+	besondere Bedingungen
β-substit. Styrole		Oligomere, meist Di- u. Trimere
Acenaphthylen	+	
Inden	+	
Vinylcarbazol	++	

\+ polymerisiert ++ polymerisiert besonders gut

Dabei erweisen sich im allgemeinen die Parameter, welche die Doppelbindung „als Ganzes" repräsentieren (π-Elektronendichte, Koeffizient des höchsten besetzten π-Elektronenniveaus) geeigneter für die Wiedergabe der Monomerreaktivität. In diesem Zusammenhang erscheint naheliegend, daß auch experimentelle Parameter, die die Fähgkeit der Doppelbindung zur „Abgabe von Elektronen" ausdrücken, ähnliche Abhängigkeiten zeigen sollten.

Ein Versuch, die genannten Zusammenhänge quantitativ zu belegen, wurde von japanischen Autoren beschrieben [124]. Sie vergleichen die Monomerreaktivität mit dem Ionisierungspotential des Monomeren (I_p) bzw. mit dem Koeffizienten für die Energie des höchsten besetzten π-Elektronenniveaus (λ_{ho}). Obwohl ein direkter Vergleich von Geschwindigkeitsunterschieden auf der Grundlage statischer Parameter nicht erfolgen kann, wird generell die Tendenz bestätigt, daß die Reaktionsfähigkeit zur kationischen Polymerisation bei kleineren Werten von I_p und λ_{ho} zunimmt. In Tab. 13 sind diese Daten für einige Mono- und Diolefine zusammengestellt.

Nach Tab. 13 liefern die λ_{ho}-Werte eine bessere Übereinstimmung mit der praktischen Erfahrung als die I_p-Werte. So liegt z. B. das Ionisierungspotential des Methylvinyläthers höher als das des Propylens, während sich die Reaktionsfähigkeit umgekehrt verhält. Dies wird durch die λ_{ho}-Werte besser wiedergegeben. Die Monomerreaktivität konjugierter Diene wird ebenfalls durch Tab. 13 veranschaulicht. Die höhere Reaktionsbereitschaft des Isoprens gegenüber dem Butadien stehtim Einklang mit den λ_{ho}- und I_p-Werten und kennzeichnet analog zu den Monoolefinen den Einfluß der Methylgruppe im Isopren auf die Stabilität des Carbenium-Ions (vgl. Abschnitt 3.1.1.).

Tabelle 13. Ionisierungspotentiale und Energien des höchsten besetzen π-Niveaus von Monomeren

Monomeres	λ_{ho}	$-I_p$ in [eV]
Äthylen		10,51
Propylen	0,7632	9,70
Buten-1		9,61
Buten-2		9,25
Isobutylen	0,6082	9,35
Butadien	0,6180	9,07
Isopren	0,5460	8,86
Methylvinyläther	0,3542	9,97
Acrylnitril+	0,8547	10,75
Vinylchlorid+	0,9420	10,39
Vinylacetat+	0,8500	10,5

+ polymerisieren nicht kationisch

Im Abschnitt 1.3.1. wurde bereits darauf hingewiesen, daß auch die e-Werte aus dem Q—e-Schema, als Maß für die Polarität der C=C-Doppelbindung des Monomeren zur Charakterisierung der ionischen Monomerreaktivität geeignet sein können. In Tab. 14 werden für kationisch polymerisierbare Monomere die e-Werte sowie die anodischen Oxydationspotentiale nach Sommer und Breitenbach [110a] angegeben.

Der Tab. 14 ist zu entnehmen, daß offenbar nur Vinylmonomere mit einem beträchtlich negativen e-Wert anodisch oxidiert werden können und somit verallgemeinert zur kationischen Polymerisation befähigt sind. Das Vorliegen niedriger Oxydationspotentiale bei hohem negativen e-Wert kann der Tabelle nur andeutungsweise, z. B. beim Gang vom p-Methoxystyrol zum p-Chlorstyrol entnommen werden.

Obwohl Vinylacetat einen negativen e-Wert hat, erfolgt keine anodische Oxidation. Die mangelnde Tendenz dieses Monomeren zur kationischen Polymerisation kommt auch in den Werten der Tab. 13 zum Ausdruck. An dieser Stelle erscheint es angebracht, auf die Gefahr einer Fehldiagnose bei Reaktivitätsprognosen aus quantenchemischen Daten hinzuweisen, wenn für den Vergleich die einzelnen Elektronendichten der C-Atome an der Doppelbindung anstelle von Parametern

Tabelle 14. *e*-Werte und Potentiale der anodischen Oxydation von Vinylmonomeren in Acetonitril/0,1 mol $(But)_4\ N^{\oplus}ClO_4^{\ominus}$ (Die Daten sind aus [110a] entnommen).

Monomeres	Oxydationspotential (*v*)	*e*-Wert
N-Vinylcarbazol	1,16	−1,40
N-Vinylpyrrolidon	1,67	−1,14
Isobutylvinyläther	2,07−2,11	−1,77
Inden	1,73−1,76	−1,03
p-Methoxystyrol	1,60−1,80	−1,11
p-Methylstyrol	1,80−1,89	−0,98
Styrol	1,99−2,05	−0,80
p-Chlorstyrol	2,02−2,06	−0,33
α-Methylstyrol	2,00	−1,27
Vinylacetat+	—	−0,22
Acrylnitril+	—	+1,20

+ polymerisiert nicht kationisch

der gesamten π-Elektronendichte herangezogen werden. Im Bild 12 sind die quantenchemischen Moleküldiagramme für Methylvinyläther und Vinylacetat aufgezeichnet [128]. Man erkennt, daß die Unterschiede im Bereich der Doppelbindung unbeträchtlich sind, wenn man die den Grundzustand charakterisierenden Elektronendichten vergleicht. Bei einer chemischen Reaktion mit einem elektrophilen Agenz erfolgt jedoch die Primärwechselwirkung mit der Stelle der größten Elektronendichte. Für den Vinyläther bedeutet das den Angriff an der Doppelbindung, für das Vinylacetat hingegen am Sauerstoff der Carbonylgruppe. Im letztgenannten Falle verstärkt sich somit der Elektronenzug auf die Nachbar-

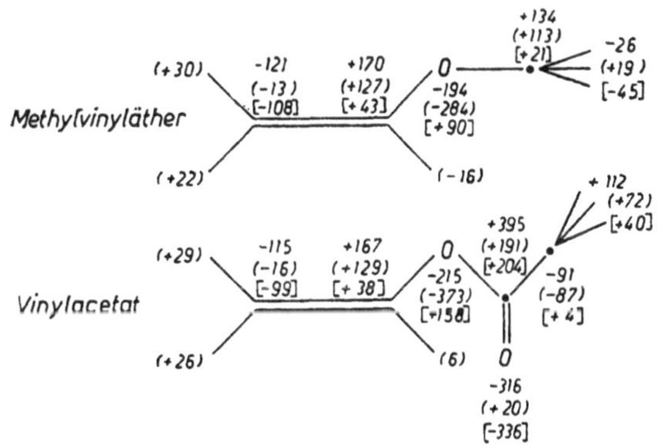

Bild 12. Moleküldiagramm der Elektronendichteverteilung in Methylvinyläther und Vinylacetat (nach [128])

bindungen, wodurch die Elektronendichte in der Doppelbindung gegenüber dem unbeeinflußten Monomeren stark herabgesetzt wird, so daß die elektronischen Voraussetzungen zur Bildung eines Übergangszustandes für die Einleitung einer kationischen Polymerisation nicht mehr gegeben sind.

Ein Vergleich zwischen dem Vinylacetat und z. B. dem *p*-Chlorstyrol in Tab. 14 zeigt auch, daß dieses Verhalten durch den auf der Basis radikalischer Reaktionsbedingungen ermittelten *e*-Wert nicht richtig wiedergegeben wird. Während *p*-Chlorstyrol durchaus kationisch polymerisiert, ist dies beim Vinylacetat nicht der Fall, obwohl sich beide *e*-Werte nicht stark unterscheiden, wenngleich sie in Relation zu den anderen Werten nur wenig negativ sind. Daraus kann der allgemeine Schluß gezogen werden, daß die Verwendung des *e*-Wertes zur Kennzeichnung der Monomerreaktivität bei kationischer Polymerisation nur zulässig ist, wenn die Doppelbindung das einzige „Basizitätszentrum" im Monomeren ist. Aus der festgestellten Parallelität zwischen radikalischer und anionischer Polymerisation (Abschnitt 1.3.1.) sollte für letztere ein besserer Vergleich mit den *e*-Werten erwartet werden (Kap. 4.).

Unabhängig davon, ob wir nun quantenchemische Daten oder experimentelle Parameter der π-Elektronendonatorfähigkeit (Ionisationspotentiale u. ä.) zur Kennzeichnung der kationischen Monomerreaktivität verwenden, werden die direkt meßbare Bruttogeschwindigkeit oder daraus berechenbare Teilgeschwindigkeiten (vgl. Kap. 1. und folgende Abschnitte in diesem Kapitel) bestenfalls qualitativ richtig wiedergegeben. Eine quantitative Behandlung der Monomerreaktivität wird außerordentlich erschwert durch die Komplexität der Einflüsse auf die Initiierungsgeschwindigkeit und die sich anschließende Wachstumsgeschwindigkeit des Polymeren. So ist die Fähigkeit zur Bildung eines Carbenium-Ions keineswegs gleichbedeutend mit einem raschen Fortschreiten der Polymerisation. Die Stabilität des Carbenium-Ions wird bestimmt durch elektronische und sterische Faktoren im Monomeren selbst („Innere Stabilisierung") sowie durch die Wechselwirkung mit dem konjugierten Anion und dem Lösungsmittel („Äußere Stabilisierung"). In die äußeren Faktoren müssen die Kombination des Katalysators mit dem Cokatalysator und die resultierende Wechselwirkung dieses Komplexes mit dem Lösungsmittel einbezogen werden. In [124] wird versucht, die Elektronenstruktur des Katalyators und die Natur des Lösungsmittels in ein Modell zur Quantifizierung der Monomerreaktivität mit einzubeziehen. Diese außerordentlich wichtigen Ansätze zur Lösung der geschilderten Problematik wollen wir im Kapitel 6. eingehender behandeln.

Schließlich sei noch vermerkt, daß die Monomerreaktivität natürlich auch durch die Verwendung empirischer Parameter (σ, σ^*) für den elektronischen Substituenteneinfluß auf ein Reaktionszentrum erfaßt werden kann [136, 137].

Im Bild 13 wird die Gültigkeit der *LFE*-Beziehung [39] am Beispiel der kationischen Polymerisation p-substituierter Styrole mit $SnCl_4$ als Katalysator in CH_2Cl_2 gezeigt [138, 139].

Die Abweichung der Werte mit dem Methoxy- und vor allem dem Dimethylaminosubstituenten ist auf deren *n*-Donatorcharakter zurückzuführen. Durch die

Wechselwirkung der freien Elektronenpaare im Monomeren mit der LEWIS-Säure (IV)

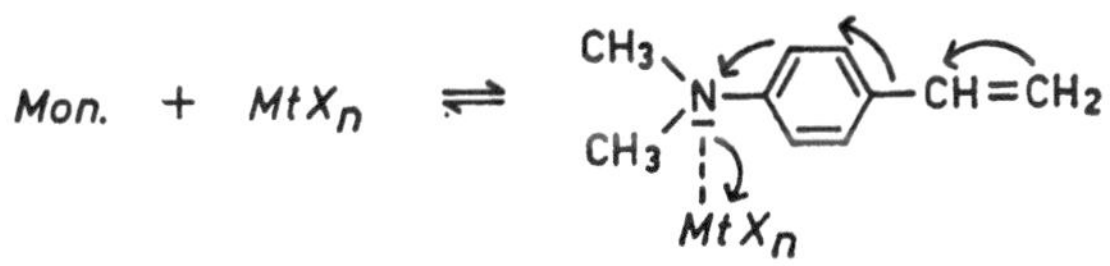

(IV)

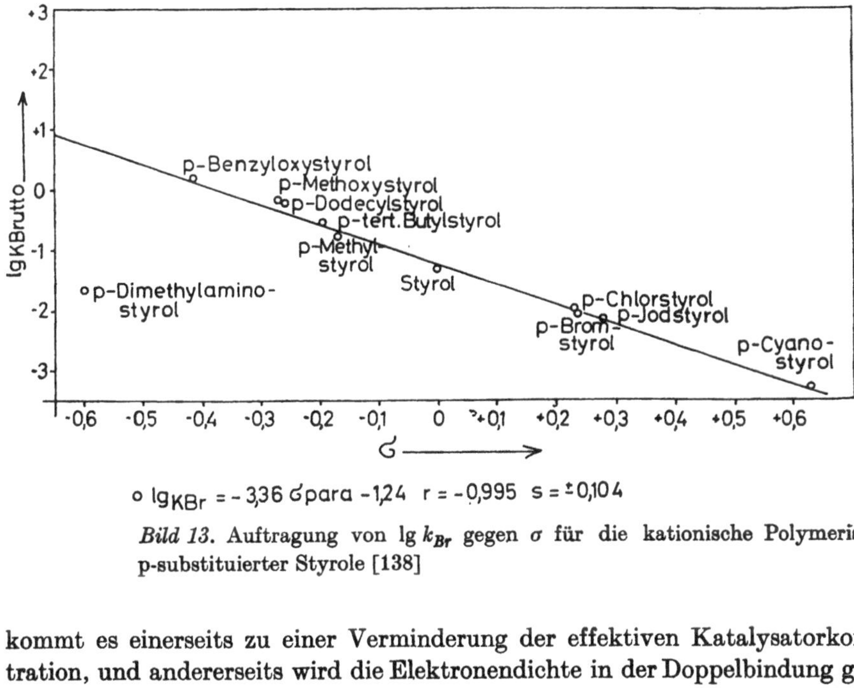

o $\lg_{KBr} = -3{,}36\,\sigma_{para} - 1{,}24 \quad r = -0{,}995 \quad s = \pm 0{,}104$

Bild 13. Auftragung von lg k_{Br} gegen σ für die kationische Polymerisation p-substituierter Styrole [138]

kommt es einerseits zu einer Verminderung der effektiven Katalysatorkonzentration, und andererseits wird die Elektronendichte in der Doppelbindung gegenüber dem „Normalwert" bei unbeeinflußter n-Donatorgruppe etwas reduziert. In beiden Fällen resultiert eine Verminderung der Geschwindigkeit der Reaktion gegenüber dem Sollwert (σ-Konstante aus dem Standard-Prozeß).

Mit diesem Beispiel wird gleichzeitig gezeigt, daß die Verwendung empirischer Parameter, die selbst aus Reaktivitätsdaten erhalten wurden, ebenfalls limitiert ist, wenn die Gültigkeit der *LFE*-Beziehung nicht mehr erfüllt wird [39].

Mit der bisherigen Diskussion haben wir jedoch nur den elektronischen Einfluß auf die Doppelbindung als Reaktionszentrum erfaßt. Als weitere Einflüsse müßten mindestens noch die sterischen Verhältnisse berücksichtigt werden. Wenn man nun auf dieser Basis eine relative Reaktivitätsreihe aufstellen würde, wie sie z. B. aus Copolymerisationsuntersuchungen (vgl. Kap. 5.) erhalten werden kann, so ist festzustellen, daß über die Variationsbreite der äußeren Bedingungen häufig ein „Platzwechsel" der Monomerreaktivität gegenüber einem beliebigen Standardprozeß erfolgt. Die bestehenden Schwierigkeiten seien an folgendem Beispiel verdeutlicht. So kann die Frage, ob Isobutylen reaktiver ist als Styrol, nicht generell beantwortet werden. Beim Wechsel des Katalysators, der Cokatalysatorkonzentration oder auch der Temperatur und des Lösungsmittels ergeben sich mehrfach umkehrbare Verhältnisse. Aus diesen Gründen sind die nachfolgenden Betrachtungen über die Monomerreaktivität rein qualitativer Natur und nur auf der Basis der elektronischen und sterischen Verhältnisse im Monomeren abgeleitet. Direkte Vergleiche, z. B. zwischen aliphatischen und aromatischen Monomeren, unterliegen zu starken Einschränkungen, um zulässige Verallgemeinerungen zu ermöglichen.

3.1.1. *Aliphatische Mono- und Diolefine*

Ausgehend von Tab. 12 kann auf Grund der elektronischen Einflüsse unschwer erkannt werden, daß in Relation zum Äthylen Substituenten, die einen Elektronendruck auf die Doppelbindung des Monomeren ausüben, die kationische Polymerisation begünstigen, während *-I-* und *-M*-Substituenten das Gegenteil bewirken. Diese Regel erklärt die zunehmende kationische Reaktionstendenz in der Reihe: Äthylen $<$ Δ_1-alkylsubstituierte Olefine $<$ 1,1-dialkylsubstituierte Olefine $<$ Vinyläther.

Die zunehmende Stabilität des Carbenium-Ions begünstigt nicht nur dessen Bildungstendenz, sondern kann gleichzeitig auch die Wachstumsreaktion gegenüber intramolekularen Konkurrenzreaktionen fördern. In diesem Fall würde der Polyadditionsschritt (IIIc) gegenüber anderen Reaktionsmöglichkeiten (Isomerisierung, Kettenverzweigung, Protonübertragung usw.) energetisch bevorzugt. Erst die Erfüllung dieser Voraussetzung grenzt die kationische Polymerisation der Olefine im strengen Sinne von der Fähigkeit zur Bildung eines Carbenium-Ions und den damit verbundenen Möglichkeiten zur Oligomerisierung, Cyclisierung usw. ab.

Die besondere Stabilität des tertiären Carbenium-Ions bei der Polymerisation des Isobutylens begründet somit dessen ausschließlich kationische Polymerisationsfähigkeit (Tab. 12) und erklärt gleichzeitig die unter geeigneten Bedingungen zu erreichenden hohen Molekulargewichte im Gegensatz zu anderen Δ_1-Olefinen, die als Zwischenstufe primäre bzw. sekundäre Carbenium-Ionen geringerer Stabilität bilden.

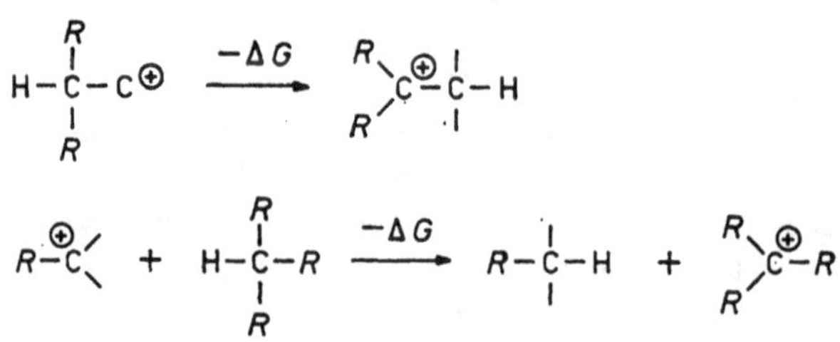

(V)

(VI)

Derartige Carbenium-Ionen können leicht unter Energiegewinn durch intramolekulare Hydridverschiebung (V) oder intermolekulare Hydridverschiebung (VI) in tertiäre Carbenium-Ionen umgelagert werden [30], wobei dann verzweigte Polymere bzw. Ketten mit relativ geringem Polymerisationsgrad entstehen.

Wie wir in den folgenden Abschnitten (z. B. Abschnitt 3.4.) noch genauer ausführen werden, zählen die Reaktionen (V) und (VI) mit zu den hauptsächlichsten Konkurrenzreaktionen zum Kettenwachstum (IIIc) und stellen damit eine Ursache für die meist niedrigen Molekulargewichte bei der Polymerisation aliphatischer Monomerer dar. Hier stoßen wir bereits auf die außerordentlich schwierige Problematik, daß generell eigentlich zwei Monomerreaktivitäten zu behandeln sind.

a) Die Reaktivität des Monomeren bei der Initiierung
b) Die Reaktivität des Monomeren beim Kettenwachstum

Über die gesamte Variationsbreite aller inneren und äußeren Faktoren, die das Reaktionsgeschehen bestimmen, ist jedoch keine generelle Aussage hinsichtlich des Verhältnisses „beider Monomerreaktivitäten" möglich. Nur mit Hilfe kinetischer Untersuchungen (s. Abschnitt 3.7.) können aus der Kenntnis von Gesamt- und Partialgeschwindigkeiten derartige Schlußfolgerungen für den konkreten Fall gezogen werden.

Von dem geschilderten Verhalten abweichend muß schließlich die besondere Monomerreaktivität der Vinyläther hervorgehoben werden (vgl. Tab. 12—14). Die π-Elektronendonatorfähigkeit der Alkylvinyläther ist so stark, daß diese sogar in n-Donatorlösungsmitteln wie Äther kationisch polymerisieren. Bei anderen aliphatischen Mono- und Diolefinen ist dies nicht möglich, da das elektrophil initiierende Agenz ($H^{\oplus}$, $R^{\oplus}$) den basischeren Sauerstoff im Lösungsmittel unter Bildung der thermodynamisch stabileren Oxonium-Ionen angreifen würde (VII).

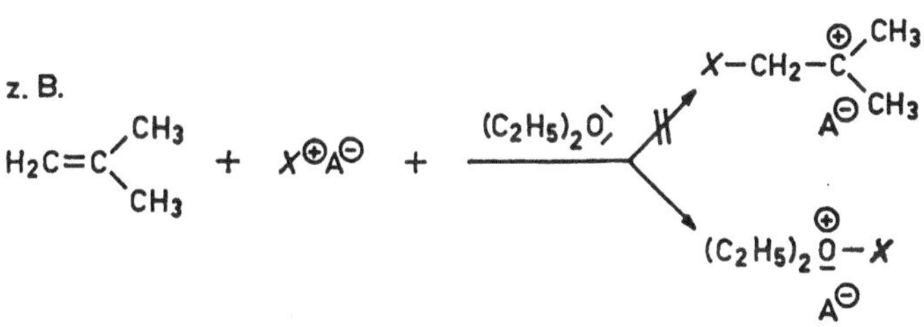

(VII)

Nach (VII) ist also beim Versuch der Isobutylenpolymerisation in Äther die Oxonium-Ionenbildung selbst gegenüber dem tertiären Carbenium-Ion begünstigt.

Im Gegensatz dazu ist offensichtlich bereits im Grundzustand der Reaktanden, die mit dem Nachbarsauerstoffatom in Resonanzwechselwirkung befindliche Vinylgruppe (VIII) stärker basisch als der Sauerstoff des gesättigten Äthers, so daß der Angriff des $X^{\oplus}$ an der Vinylgruppe erfolgt. Der dabei entstehende Zwischenzustand ist durch $+I$-Wirkung der Alkylgruppe auf den Sauerstoff und +M-Wirkung des Sauerstoffs auf das Carbenium-Ion in starkem Maße resonanzstabilisiert (IX).

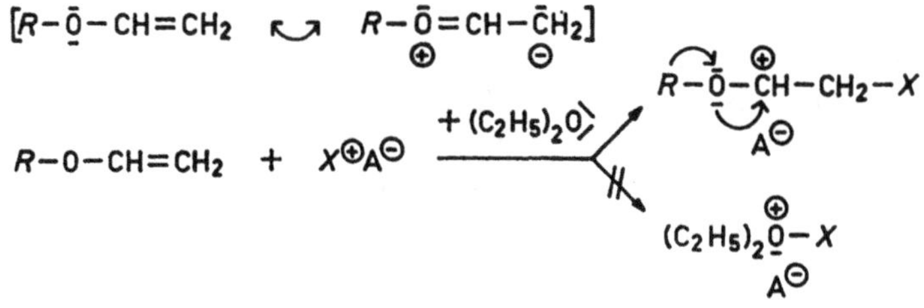

(VIII)

(IX)

Verständlicherweise ist die kationische Monomerreaktivität von Arylvinyläthern erheblich reduziert, da der Arylrest eine gegenläufige elektronische Beeinflussung des Reaktioszentrums bewirkt (X).

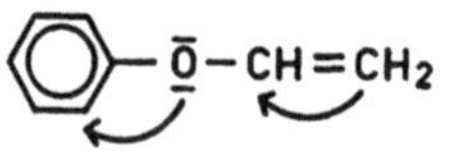

(X)

So erfolgt im Gegensatz zu Alkylvinyläthern mit Arylvinyläthern keine kationische Polymerisation durch Schwefelsäure. Andererseits nimmt die Reaktionsbereitschaft zur radikalischen und anionischen Polymerisation bei Arylvinyläthern zu, während die Alkylverbindungen ausschließlich kationisch polymerisieren [24].

Veränderungen der Monomerreaktivität erfolgen jedoch nicht nur auf der Grundlage elektronischer Effekte, sondern haben oftmals ihre Ursache in den sterischen Verhältnissen. Hierbei haben wir zwei Punkte zu berücksichtigen.

Einerseits die sterischen Wechselwirkungen der im reagierenden Molekül befindlichen Gruppen mit dem Reaktionszentrum und zum anderen die im Elementarakt zwischen dem elektrophilen Kettenträger und den nucleophil angreifenden Konkurrenten (Gegenion, Monomeres, Lösungsmittel) herrschenden sterischen Verhältnisse.

Die sterische Hinderung im Molekül beeinflußt in der Regel die Initiierung nur wenig, zumal sehr häufig das initiierende Agenz ein Proton ist. Dagegen ist die Wachstumsreaktion entscheidend von der sterischen Hinderung abhängig. Vergleicht man in Tab. 13 die Ionisierungspotentiale von Buten-1 und Buten-2, so würde sich für Buten-2 eine größere Reaktionsfähigkeit auf Grund des niedrigeren I_p-Wertes ergeben. Diese Schlußfolgerung stimmt jedoch nicht mit der praktischen Erfahrung überein (s. Tab. 12).

Im Gegensatz zu den Δ_1-Mono- und Diolefinen können daher Monomere mit „innenständigen" Doppelbindungen (sog. Δ_n-Olefine) nicht in die bisherige Interpretation einbezogen werden. Bereits bei 1,1-disubstituierten Olefinen kommt es bei Substituenten mit größerer Raumerfüllung als die der Methylgruppe zu einer erheblichen sterischen Hinderung im Elementarakt (vgl. Abschnitt 1.3.1.). Dies wirkt sich verlangsamend auf die Wachstumsreaktion aus, zugunsten einer intramolekularen Stabilisierung des Carbenium-Ions durch Isomerisierung, Kettenübertragung oder Cyclisierung. Bei den Δ_n-Olefinen trägt nun jedes C-Atom der Polymerkette einen Substituenten (XI b) und verstärkt damit die sterische Gruppenhäufung durch verdeckte Konformationen in bekannter Weise [140]. Im Falle der 1,1-disubstituierten Olefine, soweit es sich um möglichst kleine Substituenten ($R = CH_3$, n-Alkyl) handelt, wird dagegen R stets von zwei benachbarten H-Atomen (XI a) umgeben. Es ist auch darauf hinzuweisen, daß beim Wachstumsschritt bereits eine stärkere sterische Hinderung auftritt, wenn beide C-Atome substituiert sind (im Monomeren und im Carbenium-Ion) als bei der Kopf-Schwanz-Addition von 1- bzw. 1,1-substituierten Olefinen, die sich von der Seite der unsubstituierten Methylengruppe her annähern können. Die genannten sterischen Verhältnisse lassen daher verständlich werden, weshalb Δ_n-Olefine im Gegensatz zu Δ_1-Olefinen, obwohl erstere bei kleinerer Ionisierungsenergie eine höhere Donatorfähigkeit haben, im allgemeinen nicht zu hochmolekularen Produkten führen.

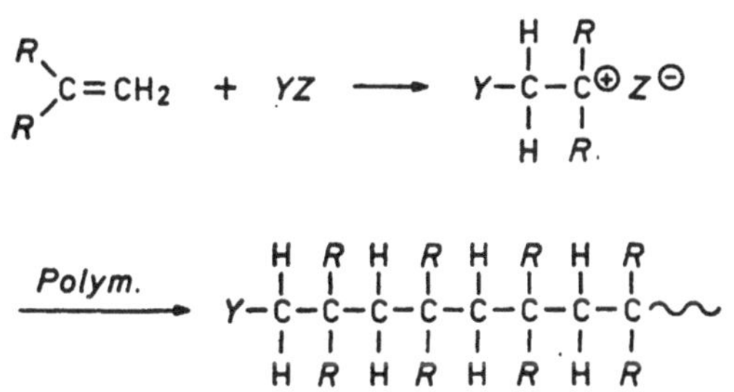

(XI) a

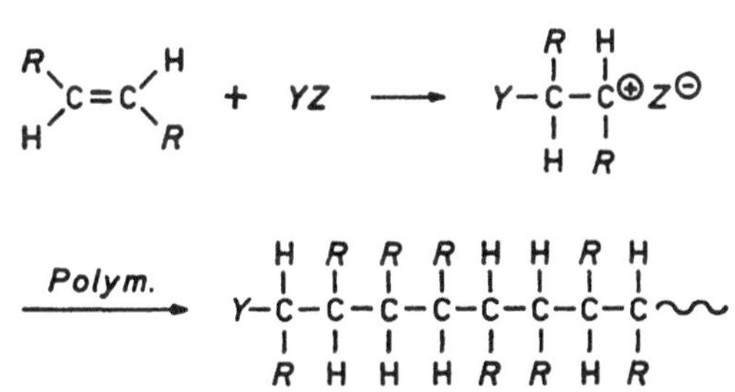

(XI b)

Sterisch begründete Unterschiede in der Monomerreaktivität konnten auch bei cis-trans-isomeren Olefinen gefunden werden [141]. So erhält man bei der Copolymerisation von cis- bzw. trans-Propenylisobutyläther mit Isobutylvinyläther unter homogenen Bedingungen ($BF_3 \cdot OEt_2$ in CH_2Cl_2) im Falle der cis-Verbindung eine geringe Beschleunigung der Reaktivität in Relation zum Isobutylvinyläther, während die trans-Verbindung eine Verzögerung bewirkt. Die Möglichkeit des bevorzugten Angriffes von der Seite „ohne sterische Gruppenwirkung" in der cis-Verbindung erklärt dieses Verhalten (XII).

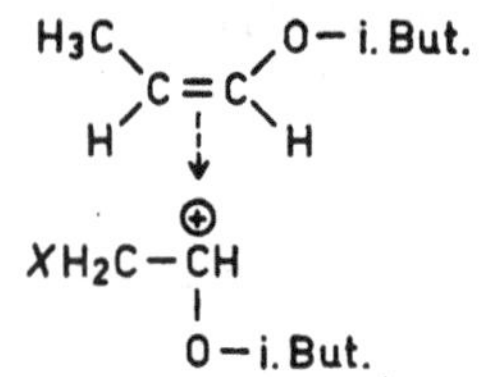

(XII)

Interessanterweise ist nun bei heterogener Reaktionsführung ($Al_2(SO_4)_3/H_2SO_4$) die Reaktivität gegenüber Isobutylvinyläther sowohl von der cis- als auch der trans-Form erheblich geringer. Hierfür wird die sterische Hinderung der Monomere bei der Adsorption an der Katalysatoroberfläche verantwortlich gemacht [141], die im Gegensatz zu dem Δ_1-Olefin Isobutylvinyläther im Falle der beiden α,β-substituierten Äther erhöht sein dürfte und damit erschwerend auf die Adsorption wirkt. Auf einen weiteren sterischen Aspekt am Kettenträger, der „von außen gesteuert" wird, soll hier zunächst nur hingewiesen werden. So besteht die Annahme, daß in bestimmten Fällen [142, 143] die elektropositiven Kettenträger mehr den Charakter eines tetragonalen sp^3-Hybridorbitals haben als die gewöhnlich für Carbenium-Ionen angenommene trigonale sp^2-Struktur. Auf die sich daraus ergebenden Konsequenzen wird an späterer Stelle eingegangen (s. Abschnitt 3.8.).

3.1.2. Cyclische Mono- und Diolefine

Die Beurteilung der kationischen Reaktionstendenz cyclischer Mono- und Diolefine schließt sich eng an die bisherige Diskussion an. Bei den cyclischen Monoolefinen sind je ein Wasserstoffatom der beiden Kohlenstoffatome der Doppelbindung in Analogie zu den Δ_n-Olefinen durch Methylengruppen substituiert, so daß auf Grund der sterischen Hinderung der Doppelbindung die Neigung zur Homopolymerisation gering ist.

Weiterhin besitzt die endocyclische Doppelbindung unsubstituierter Cycloolefine einen unpolaren Charakter, der eine Polarisierung und damit einen ionischen Angriff auf die π-Bindung erschwert. Wie Untersuchungen am Cyclohexen [144, 145] zeigen, können mit Lewis-Säuren oder Brönsted-Säuren durchaus Carbenium-Ionen gebildet werden, die jedoch nur zu Dimeren oder nach vorausgegangener Isomerisierung zu niedrigmolekularen Produkten führen. Cyclobuten und Cyclopenten ergeben ebenfalls mit klassischen kationischen, anionischen und radikalischen Katalysatoren keine Polymerisation, wohl aber mit komplexkoordinativen Katalysatoren. Hierbei erfolgt in starker Abhängigkeit von den

Reaktionsbedingungen eine stereospezifische cis-1,2-Polyaddition oder eine Ringöffnungspolymerisation [78] (vgl. 2. XXXII).

Für die ringöffnende Polymerisation der cyclischen Monoolefine, die unter Erhalt der Doppelbindung verläuft, wird angenommen, daß es sich eigentlich um eine Ringerweiterungsreaktion unter Bildung von makrocyclischen Ringen handelt. Wahrscheinlich erfolgt durch Komplexildung zweier Doppelbindungen am Nebengruppenmetall des Ziegler-Natta-Katalysators (z. B. Mo, W) eine Bindungsumgruppierung in folgender Weise (Metathesereaktion):

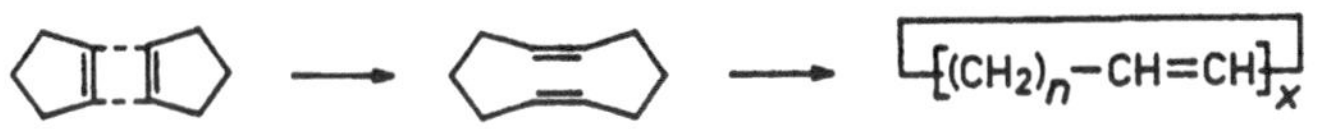

Alkylsubstituierte Cycloolefine sind bereits eher in der Lage nach einem kationischen Mechanismus zu polymerisieren, obwohl aus sterischen Gründen im allgemeinen keine hochmolekularen Produkte erhalten werden [146]. Letzteres trifft vor allem auf die 1,2-Polymerisation der cyclischen Monoolefine zu. Dagegen kann bei alkylsubstituierten cyclischen Monoolefinen in Analogie zu (V) eine Isomerisierung zum stabileren tertiären Carbeniumion erfolgen. Wie am Beispiel des 3-Methylcyclopentens dargestellt ist, erhält man hierbei bevorzugt 1,3-verknüpfte Polymere (XIII) [146].

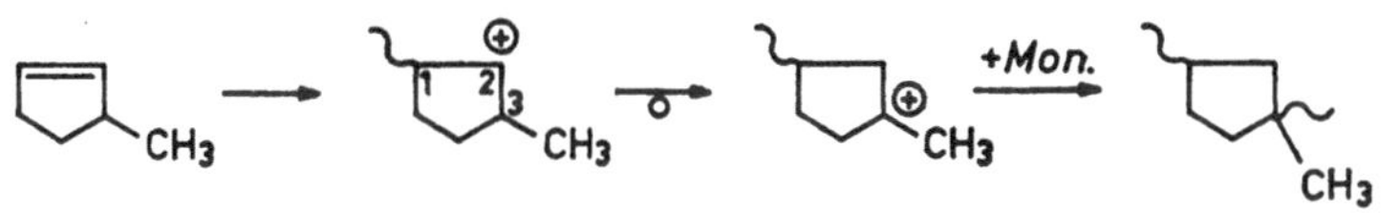

(XIII)

Während für die spontane Polymerisation des Cyclopropens ein Radikalkettenmechanismus beschrieben wird [147], ist das Cyclopropan als gesättigter Dreiring in der Lage, mit kationisch initiierenden Katalysatoren eine Ringöffnungspolymerisation [148, 149] einzugehen, für die im Initiierungsschritt die Bildung eines nichtklassischen Cyclopropylkations formuliert wird [150].

Von dem Verhalten „innenständiger" Doppelbindungen im Fünfring stark abweichend ist die kationische Polymerisationsneigung bicyclischer Monomere [151, 152], die am Beispiel des Bicyclo-[2,2,1]-heptensystems kurz erläutert werden soll.

Mit anionischen oder anionisch-koordinierten Katalysatoren (vgl. Abschnitt 2.2.) verläuft die Polymerisation des Norbornens bevorzugt unter Ringöffnung (XIV), wobei wieder nach dem erwähnten Metathesemechanismus makrocyclische Ringe gebildet werden können.

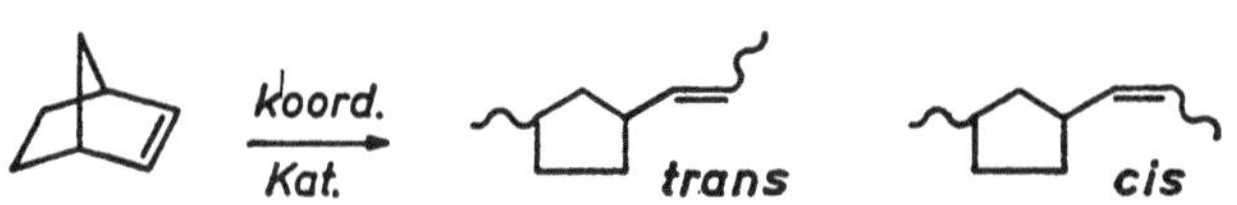

(XIV)

Im Gegensatz dazu verläuft die kationische Polymerisation des Norbornens praktisch ausschließlich als 1,2-Polymerisation durch Öffnen der „endo"-Doppelbindung (XV). Die zu erreichenden Molekulargewichte liegen zwischen 1000 und 2000, unter geeigneten Bedingungen [153] auch um 3000.

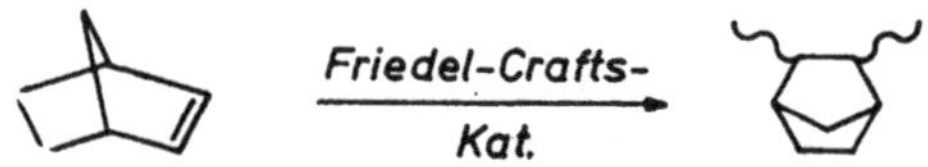

(XV)

Erstaunlicherweise liefert auch das 2-Vinyl-norbornen-5 bei tiefen Temperaturen (−78 °C) eine bevorzugt über die endo-Doppelbindung verlaufende Polymerisation, wenn Lewis-Säuren als Katalysatoren verwendet werden (XVI).

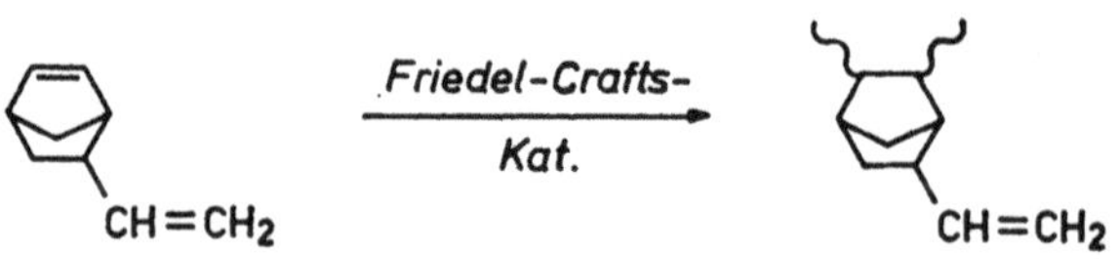

(XVI)

Der Unterschied der Monomerreaktivität zwischen endocyclischer und exocyclischer Doppelbindung kann noch verdeutlicht werden, wenn die Reaktivität der exocyclischen Doppelbindung z. B. durch Einführung einer Methylgruppe erhöht wird. So beteiligen sich bei der kationischen Polymerisation des 2-Isopropenyl-norbornen-5 beide Doppelbindungen an der Reaktion, unter Bildung vernetzter Produkte, die quasi durch „Auto-Copolymerisation“ entstehen [151].

Da die sterische Hinderung an der Doppelbindung des Norbornens keinesfalls geringer sein dürfte als beim Cyclopenten, wird der Reaktivitätsunterschied vorrangig auf die höhere Energie der Doppelbindung im bicyclischen System zurückgeführt. Ein Vergleich der Hydrierungswärmen [154] von 33,1 kcal/Mol beim Norbornen und nur 25,7 kcal/Mol beim Cyclopenten würde diese Annahme stützen und die erhöhte „Donatorfähigkeit“ der innenständigen Doppelbindung des bicyclischen Systems erklären.

In gleicher Weise wie aliphatische konjugierte Diene polymerisieren die analogen Cyclodiene ebenfalls nach einem kationischen Mechanismus [155, 156]. Dabei nimmt die Reaktionsfähigkeit im Falle des Cyclopentadiens beim Übergang von monoalkylsubstituierten [157] zu dialkylsubstituierten Monomeren erwartungsgemäß zu, da sich die Donatorfähigkeit des konjugierten Diens erhöht und zum anderen das im Initiierungsschritt entstehende Allylkation [125] eine zunehmende Resonanzstabilisierung erfährt.

Als besondere Komplikation bei der kationischen Dienpolymerisation muß allerdings auf die starke strukturelle Uneinheitlichkeit der Polymere hingewiesen werden. Die Ursachen dafür sind vielschichtig und haben ihre Wurzel im zeitlichen Verhältnis zwischen der Initiierungs- und der Wachstumsgeschwindigkeit (vgl. Kap. 1.). Da wir die kinetischen Aspekte der kationischen Polymerisation sowie die damit verbundenen Fragen stationärer bzw. nichtstationärer Bedingungen in den weiteren Abschnitten geschlossen behandeln wollen, sei hier nur auf die von der Monomerstruktur ableitbaren Tendenzen hingewiesen.

Im Zwischenzustand (s. Bild 1) der Polymerisation konjugierter Diene bilden sich Allylkationen mit erhöhter Resonanzstabilisierung, die bei relativ langsamer Wachstumsreaktion (etwa im Vergleich zu aliphat. Δ_1-Olefinen) genügend Zeit zur Isomerisierung unter Hydridwanderung finden, bevor ein weiteres Monomeres addiert wird. Der Wachstumsschritt ist dann gekennzeichnet durch einen „Intra-Intermolekularen Mechanismus", der zu verzweigten, vernetzten sowie in geeigneten Fällen cyclisierten Produkten führt.

So treten z. B. bei der Polymerisation des Cyclopentadiens neben der „Basisstruktur" der 1,4- (XVII a) bzw. 1,2-Verknüpfung (XVII b), die analog dem Butadien zusätzlich cis-trans-Isomere enthalten, noch weitere Struktureinheiten (XVII c bis e) auf. Als sehr geeignete Methode zur Diagnose derartiger Strukturen zrwies sich die *NMR*-Spektroskopie [155—158], soweit die Polymere nicht durch eusätzliche Vernetzung unlöslich sind.

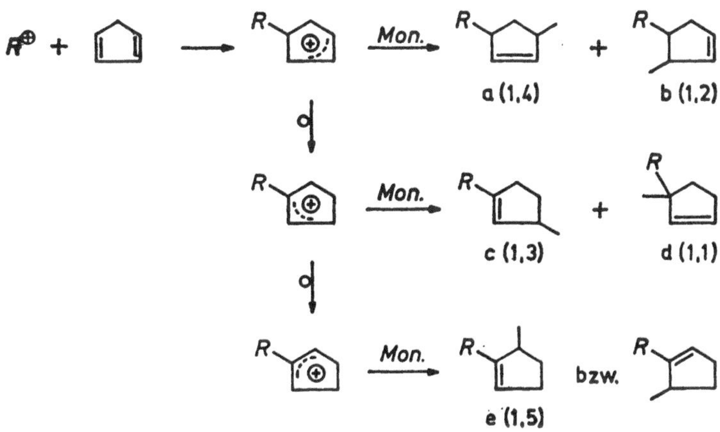

(XVII)

Die Neigung zur Isomerisierung nach (XVII) hängt beim Vergleich verschiedener 1,3-Cyclodiene [159—161] sowohl von den Bedingungen der Reaktion (Katalys., Lösungsm., Temp.) als auch von den verschiedenen relativen Stabilitäten der Cycloalkenylkationen ab. Als Beispiel sei folgende Reihenfolge abnehmender Monomerreaktivität genannt [160]:

Cyclopentadien > 1,3-Cyclohexadien > 1,3-Cyclooctadien

Im Zwischenzustand nichtkonjugierter Diene [162] und α-Diolefine [163] befindet sich der Wachstumsschritt in Konkurrenz mit einer intramolekularen Cyclisierungsreaktion, wobei Polymere mit cyclischen Sequenzen entstehen.

Diese „Cyclopolymerisation" [164], die ebenfalls als „Intra-Intermolekularer Mechanismus" abläuft, führt in Abhängigkeit von der Monomerstruktur zu monocyclischen (XVIII) oder bicyclischen Struktureinheiten (XIX). Letzteres tritt bevorzugt bei Anwesenheit einer exo- und einer endo-cyclischen Doppelbindung im Monomeren auf (XX). Das Beispiel (XVIII) bezieht sich ganz allgemein auf 1,5-Hexadiene [165], da nichtkonjugierte Cyclodiene mit zwei innenständigen Doppelbindungen aus bereits dargelegten sterischen Gründen keine ausgeprägte Polymerisationsneigung haben. Dagegen ergeben sich für das 1,2-Divinylcyclohexan, als einem „exocyclischen 1,5-Hexadien" analoge Verhältnisse, wie sie in (XVIII) dargestellt sind [166].

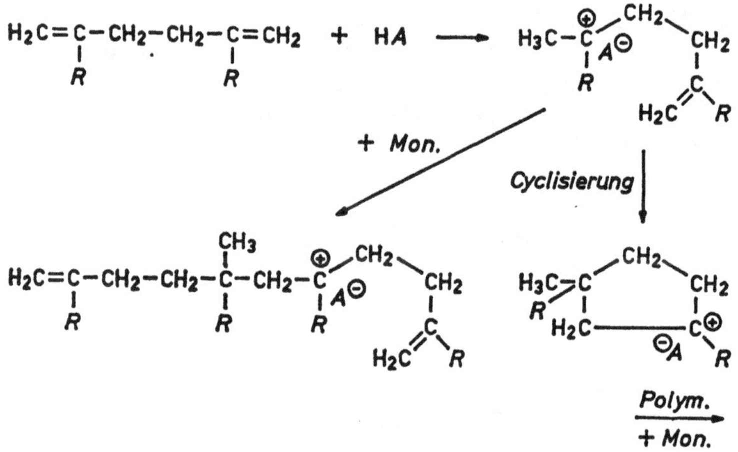

(XVIII)

Während das Bis-Methylencyclohexan-1,4 in (XIX) sicherlich einen Fall spezieller Strukturgegebenheiten [30] darstellt, ist die intra-intermolekulare Cyclopolymerisation des 4-Vinylcyclohexen-1 (XX) durchaus als ein typisches Beispiel für das Reaktionsverhalten derartiger Monomere aufzufassen [164]. Auch hierbei handelt es sich wieder um ein 1,5-Dien, mit offensichtlich günstiger Voraussetzung zur Cyclisierung.

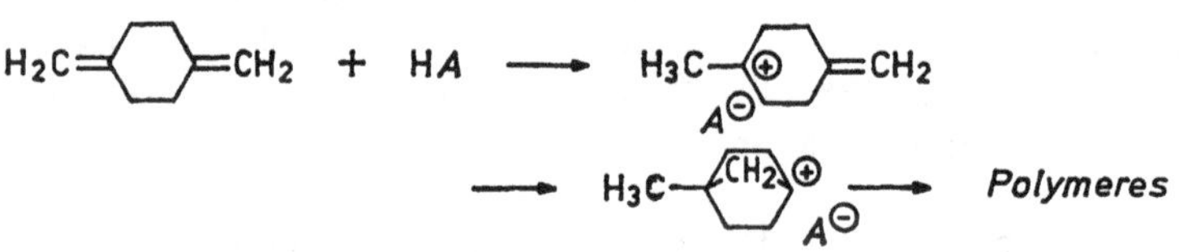

(XIX)

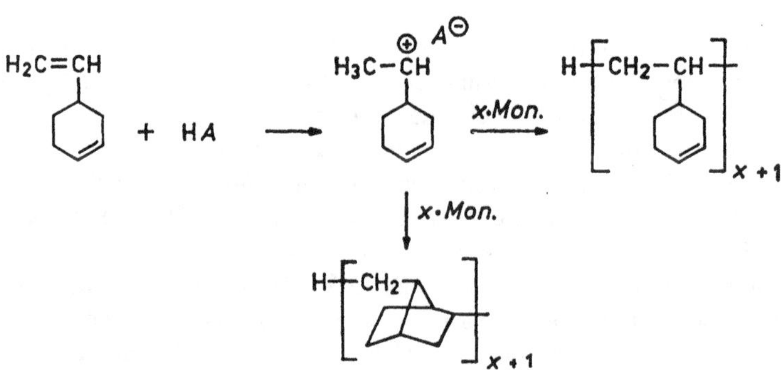

(XX)

Auch bei der Cyclopolymerisation nach (XX) ist der Gehalt an 1,2-Anteilen und bicyclischen Anteilen im Polymeren sowie ein durch Vernetzung entstehender unlöslicher Teil stark von der Natur des Zwischenzustandes und dessen Beeinflußbarkeit durch äußere Faktoren abhängig (vgl. Abschnitt 3.8.).

Als besonders eindrucksvolles Beispiel der Cyclopolymerisation von 1,5-Dienstrukturen kann auch die Darstellung sogenannter „Leiterpolymere" z. B. aus Poly-1,2-butadien oder Poly-3,4-isopren aufgefaßt werden. Der dabei diskutierte „Reißverschlußmechanismus" wird bei kationischer Initiierung folgendermaßen zu formulieren sein [166a]:

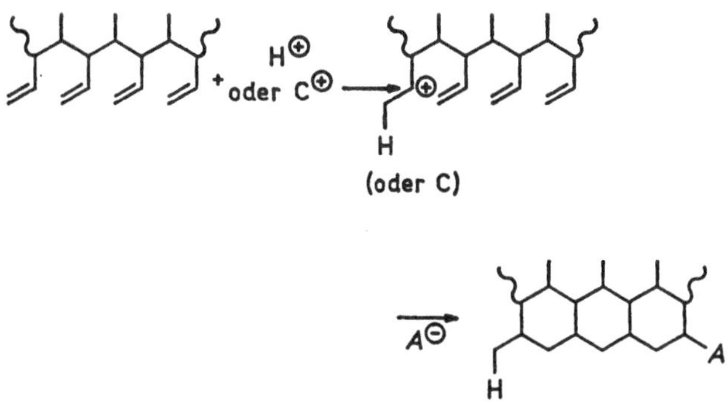

(XXI)

3.1.3. *Aromatische Olefine*

Das am besten untersuchte aromatische Δ_1-Olefin, Styrol, kann sehr gut kationisch polymerisiert werden [24, 123]. Naheliegend erscheint auch, daß Kernsubstituenten mit Elektronendruck auf die Vinyldoppelbindung in Relation zum Styrol die Reaktionsfähigkeit erhöhen, während elektronenanziehende Substituenten das Gegenteil bewirken [138]. Neben der elektronischen Beeinflussung der Reaktionsfähigkeit ist diese auch bei aromatischen Olefinen (s. Abschnitt 3.1.1.) entscheidend von sterischen Substituenteneinflüssen abhängig. Während sich die Raumerfüllung eines o-Substituenten nur wenig bemerkbar macht, tritt bei o,o'-disubstituierten Styrolen bereits eine erhebliche Reaktivitätsminderung ein [167]. Noch stärker wirkt die Raumerfüllung bei α-substituierten Styrolen reaktionshemmend. So liefert α-Methylstyrol unter besonderen Bedingungen [168] hochmolekulare Produkte, 1.1-Diphenyläthylen ist dagegen nur noch zur Dimerisation befähigt. Hier dürfte neben der starken sterischen Hinderung der beiden Phenylgruppen noch eine Verminderung der Energie des resonanzstabilisierten Zwischenzustandes bei der Aufhebung der Coplanarität im Polyadditionsschritt erschwerend für eine Polymerisation wirken.

Für die Reaktionsfähigkeit 1.2-disubstituierter aromatischer Olefine gelten die gleichen Betrachtungen, wie sie in Abschnitt 3.1.1. dargelegt wurden. Propenylbenzol liefert mit Friedel-Crafts-Katalysatoren niedrigmolekulare Produkte mit Molekulargewichten zwischen 1000 bis 2000. Ist der β-Substituent eine Äthyl- oder Isopropylgruppe, so werden bestenfalls noch Oligomere (Di- bis Tetramere) erhalten. Für das β-Cyclohexylstyrol konnte mit LEWIS-Säuren unterschiedlicher Aktivität ausschließlich eine Dimerisierung zum 1-Hexahydrobenzyl-2-cyclohexyl-3-phenylindan nachgewiesen werden [169] (XXII).

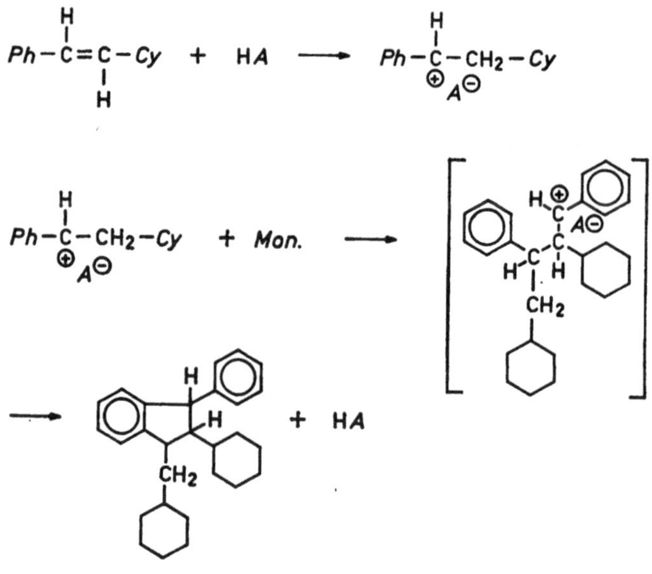

(XXII)

Wie in (XXII), so treten bei aromatischen Olefinen ganz allgemein zusätzliche Komplikationen durch FRIEDEL-CRAFTS-Reaktionen auf. Wird z. B. die Reaktion nach (XXII) in Toluol durchgeführt, so reagiert das β-Cyclohexylstyrol praktisch ausschließlich mit den „sterisch leichter zugänglichen Lösungsmittelmolekülen" unter Bildung des 1-Phenyl-1-p-tolyl-2-cyclohexyläthans und die Dimerisierung unterbleibt [169]. Für die kationische Polymerisation von 1,2-Diaryläthylenen konnte gezeigt werden [170], daß nur Di- bis Tetramere entstehen, die in den meisten Fällen ein substituiertes Indangrundgerüst enthalten. Mit starken LEWIS-Säuren ($SbCl_5$) bilden verschiedene trans-Stilbene feste tieffarbige Pentamere, die wahrscheinlich ebenfalls nach intramolekularer FRIEDEL-CRAFTS-Reaktion entstandene Ringe darstellen [171].

Ist dagegen die 1.2-Substitution der Doppelbindung durch aromatische Gruppen cyclischer Natur wie beim Inden oder dem Acenaphthylen, das formal durch Verknüpfung zweier Ringe im cis-Stilben entstehen kann, so ist die sterische Hinderung für den Polyadditionsschritt offensichtlich verringert. Im Falle des Acenaphthylens wurden mit den üblichen LEWIS-Katalysatoren Molekulargewichte bis zu 150000 erhalten [172].

3.2. Katalytische Aktivität und Initiierungsmechanismen

Auf Grund der in Abschnitt 3.1. bereits erwähnten Komplexität der kationischen Polymerisation und der Variabilität ihres Mechanismus wird eine verallgemeinerungsfähige Darlegung der katalytischen Aktivität a priori problematisch. Dies könnte bestenfalls für ein Monomeres in einem Lösungsmittel bei stets gleichem Cokatalysator unter Standardbedingungen erfolgen. Eine derartige „Datenbank" ist gegenwärtig nicht vorhanden. Ihre Erarbeitung wird, von anderen Schwierigkeiten abgesehen, allein schon durch die mangelnde Kenntnis einer „effektiven Cokatalysatorkonzentration" erschwert. Darauf wird im Abschnitt 3.2.2. näher eingegangen.

Zur Klassifizierung kationischer Katalysatoren kann eine Dreiteilung vorgenommen werden, in

1. Protonsäuren,
2. Lewis-Säuren (in Verbindung mit einem Cokatalysator),
3. Kationenbildende Substanzen (z. B. J_2, $AgClO_4$, $(Ph)_3CCl$).

Auf die Möglichkeit der nichtchemisch initiierten kationischen Polymerisation wurde in Abschnitt 2.3. bereits hingewiesen.

Die drei vorgenannten Punkte umfassen die typischen kationischen Initiierungssysteme. Als weniger typischen, aber durchaus möglichen Fall muß noch auf die Elektronenübertragungsinitiierung eingegangen werden, wonach durch Einelektronenübergang vom Monomeren zum Initiator (Elektronenakzeptor, vgl. Abschnitt 3.2.4.) Radikalkationen entstehen.

3.2.1. Protonsäuren

Die Komplexbildung zwischen Protonsäuren (oder allgemein Brönsted-Säuren) und Olefinen ist seit langem bekannt [173].

Dabei handelt es sich im allgemeinen um 1:1-Komplexe, die zumindest bei tiefen Temperaturen die für den spektroskopischen Nachweis erforderliche Beständigkeit haben. Ein solcher π-Komplex lagert sich bekanntlich in den sogenannten σ-Komplex um, der den Zwischenzustand für eine mögliche Polymerisation darstellt (XXIII).

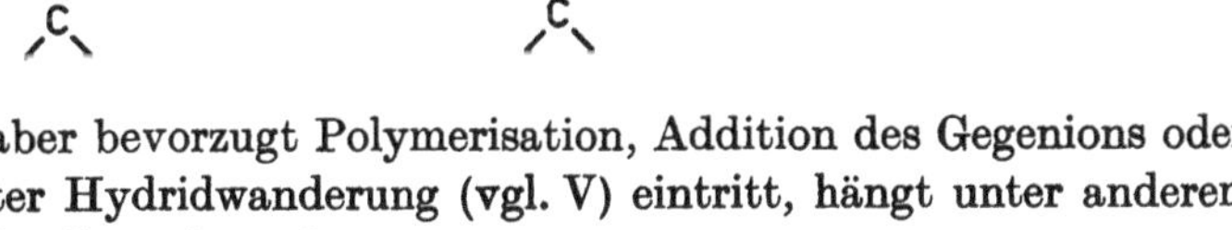

(XXIII)

Ob nun aber bevorzugt Polymerisation, Addition des Gegenions oder Isomerisierung unter Hydridwanderung (vgl. V) eintritt, hängt unter anderem von der Stabilität des Gegenions ab.

Es ist somit zu unterscheiden zwischen der Fähigkeit einer Säure, das Monomere zu protonieren, und dem Vermögen des Gegenions, eine gewisse Stabilität zu erlangen, die eine Wachstumsreaktion zuläßt (entsprechend Schema III). Daraus folgt, daß die Säurestärke bzw. die Dissoziationsfähigkeit der Säure den wesentlichen Aspekt für die Protonierungsgeschwindigkeit des Monomeren darstellt. Die katalytische Aktivität der Protonsäuren (Halogenwasserstoffsäuren, konventionelle Mineralsäuren, organische Säuren) ist daher abhängig von deren Konzentration, der Temperatur und dem Lösungsmittel. Zum Beispiel konnte gezeigt werden, daß HCl oder HBr die Polymerisation von Styrol oder α-Methylstyrol zu initiieren vermögen, wenn Lösungsmittel hoher Dielektrizitätskonstante Verwendung finden [129, 175]. Die gleiche Wirkung erhöhter Dissoziation und damit zunehmender Stärke der Säure kann auch bei Temperaturänderung erreicht werden.

Einer Erläuterung bedarf sicherlich die Konzentrationsabhängigkeit der Säure, die nicht den Vorstellungen der klassischen Elektrolytlehre entspricht. Bei kinetischen Untersuchungen findet man für die Protonsäure oft eine höhere Ordnung (2 bis 3) im Geschwindigkeitsgesetz, die darauf schließen läßt, daß in den organischen Medien die Protonierung des Olefins nicht durch „Eigendissoziation" der Säure erfolgt. Letztere stellt quasi den „Protonenlieferant" dar, während die „Freisetzung" der Protonen für die Initiierung einem cokatalytischen Effekt überlassen bleibt. Dieser kann einmal in einer Komplexbildung des Anions mit weiteren Säuremolekeln (XXIV) bestehen [174], zum anderen aber auch durch Selbstionisation (XXV) zweier Säuremolekeln erfolgen. In diesen Fällen können die zusätzlich erforderlichen Säuremoleküle quasi als Cokatalysator angesprochen werden. In stärker dissoziierend wirkenden Medien kann dagegen die cokatalytische Funktion vom Lösungsmittel übernommen werden (XXVI).

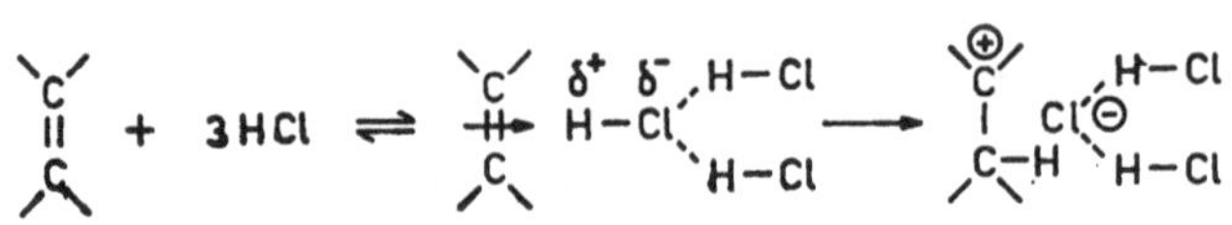

(XXIV)

Für die Ionisation nach (XXIV) konnte in Pentan als Lösungsmittel die dritte Ordnung bezüglich HCl ermittelt werden, während in stark polaren Lösungsmitteln die erste Ordnung gefunden wird [174].

$$2\,H_2SO_4 \rightleftharpoons H_3SO_4^{\oplus}\,HSO_4^{\ominus} \qquad \text{(XXV)}$$

$$HCl + S \rightleftharpoons H^{\oplus}[Cl\cdots S]^{\ominus} \qquad \text{(XXVI)}$$

In diese Betrachtungsweise könnte prinzipiell auch die im nächsten Abschnitt zu behandelnde Lewis-Säurekatalyse einbezogen werden, wenn unter dem Protonenlieferanten H*X* z. B. auch Wasser verstanden wird, dessen Acidität (Freisetzung der Protonen) durch Komplexbildung mit Lewis-Säuren erhöht wird (XXVII). Dabei würde die Lewis-Säure die Funktion des Cokatalysators übernehmen. Aus der historischen Situation, der späteren Entdeckung der Rolle protonenaktiver Verbindungen im Initiierungsschritt, wurde diesen bekanntlich die Funktion des Cokatalysators zugeschrieben.

Wenn in diesem wie auch den folgenden Abschnitten zur formalen Kennzeichnung des Initiierungsschrittes „freie Protonen" als initiierendes Agenz formuliert werden, so kann sich das nur um eine Vereinfachung handeln. Neben der Umwandlung eines π-Komplexes in einen σ-Komplex (z. B. XXIV) muß z. B. die Übertragungsfunktion des selbst in unpolaren Lösungsmitteln als Cokatalysator wirkenden Wassers berücksichtigt werden. Letzteres dürfte in Abhängigkeit von seiner Konzentration und der Natur des Lösungsmittels als Assoziat (z. B. $[H_2O]_n$) vorliegen [60a]. Infolge der unterschiedlichen Solvatationsfähigkeit von Protonen ($H^{\oplus} + H_2O \rightarrow H_3O^{\oplus} \sim 169$ kcal/Mol) und Carbenium-Ionen ($R^{\oplus} + H_2O \rightarrow RH_2O^{+} \sim 70$ kcal/Mol) kann geschlossen werden, daß die „Freisetzung des Protons" durch das Monomere als Base nur aus „Onium-Ionen" entsprechender Stabilität als exotherme Reaktion erfolgen kann [193].

$$\text{H-OH} + \text{Mt}X_n \rightleftharpoons \text{H}^{\oplus}[\text{Mt}X_n\text{OH}]^{\ominus} \qquad \text{(XXVII)}$$

Den Formeln (XXIV) bis (XXVII) gemeinsam ist die Erhöhung der Säurestärke protonenaktiver Verbindungen (Brönstedt-Säuren). Mit zunehmender Säurestärke erhöht sich die Initiierungsgeschwindigkeit und damit auch die Bruttogeschwindigkeit der Polymerisation bzw. der Umsatzgrad des Monomeren, sowie in vielen Fällen auch das Molekulargewicht [129, 176]. Letzteres hängt allerdings in starkem Maße von der Natur des konjugierten Anions (nucleophile Kraft, sterische Verhältnisse, Solvatation etc.; vgl. Abschnitt 2.1.4.) ab. Generell muß bemerkt werden, daß mit einfachen Protonsäuren nur bei aromatischen Olefinen [129, 177] höhermolekulare Produkte entstehen $\left(\overline{DP} \sim 50\right)$, während andere Monomere oft nur zu Oligomeren oder Polymeren mit niedrigen Molekulargewichten führen [178]. So kann Isobutylen, als ein Prototyp der zur kationischen Polymerisation befähigten Monomeren nicht mit konventionellen Säuren wie H_2SO_4, $HClO_4$ oder Halogenwasserstoffsäuren polymerisiert werden. Die gleichen Säuren polymerisieren dagegen Styrol oder α-Methylstyrol.

Über die Ursachen dieses Unterschiedes können gegenwärtig nur Vermutungen geäußert werden. So ist einmal zu bedenken, daß aliphatische Carbeniumionen (selbst tertiäre) eine meist geringere innere Stabilisierung (vgl. Abschnitt 2.1.1.) erfahren als die resonanzstabilisierten Carbeniumionen mit Phenylsubstituenten. Andererseits bilden z. B. HCl usw. in organischen Medien keine stabilen Anionen. Aus diesem Grunde besteht im aliphatischen System, bei nachweisbarer Protonierung des Monomeren, keine Tendenz zur Polymerisation, da die Konkurrenzreaktionen, wie Ladungsausgleich mit dem Anion (Addition), β-Eliminierung eines Protons unter Rückbildung des Monomeren oder die gleichen Reaktionen nach vorausgegangener Isomerisierung (vgl. 3.1.1.), den Vorrang haben. Hinzu kommt noch, daß aromatische Monomere (besonders bei Substanzpolymerisation) auf Grund ihrer Fähigkeit, nicht nur als Elektronendonator, sondern bei entsprechender Stärke der „Gegenbase“ auch als Elektronenakzeptor zu wirken, durchaus in der Lage sein sollten, eine äußere Stabilisierung der Anionen zu erreichen. Diese Möglichkeit ist bei aliphatischen Monomeren auszuschließen.

Insgesamt könnte danach das Carbeniumion im aliphatischen System als härtere Säure (vgl. Abschn. 2.1.4. und [66]) gelten und das entsprechende Anion als härtere Base, als im aromatischen System. Als logische Konsequenz sollte die Wechselwirkung der weicheren Säure mit der weicheren Base eher der Konkurrenz mit dem Monomeren unterliegen, als die Wechselwirkung der härteren Säure mit der härteren Base. Auf diesen Sachverhalt soll im Zusammenhang mit dem pseudokationischen Mechanismus noch näher eingegangen werden.

Daß der Unterschied im Verhalten aliphatischer und aromatischer Olefine gegenüber Protonsäuren nicht vorrangig auf die Säurestärke im Initiierungsschritt, sondern im Sinne der vorstehenden Hypothese auf die unterschiedliche Anionstabilisierung zurückzuführen ist, soll durch ein abschließendes Beispiel verdeutlicht werden.

Durch HCl erfolgt zwar eine leichte Initiierung der Polymerisation von Vinyläthern, jedoch nur unter Bildung niedrigmolekularer Produkte. Am Beispiel des Isobutylvinyläthers konnte gezeigt werden, daß die Polymerisation in Gegenwart von reduziertem Nickel oder anderen Metallen sowie Metalloxiden hochmolekularen Polyisobutylvinyläther ergibt, da wahrscheinlich das Chlordion von der Oberfläche des Metalls (bzw. eines Oxides) adsorptiv gebunden wird [179]. Offenbar ist hierbei die Akzeptorfunktion des Metalls (Fe $<$ Co $<$ Cu $<$ Ni) bzw. Metalloxides ($Fe_2O_3 < PbO_2 < SiO_2 < V_2O_5 < NiO < Al_2O_3$ [aktiviert] $< Ni_2O_3$) am Zwischenzustand mitbeteiligt (XXVIII).

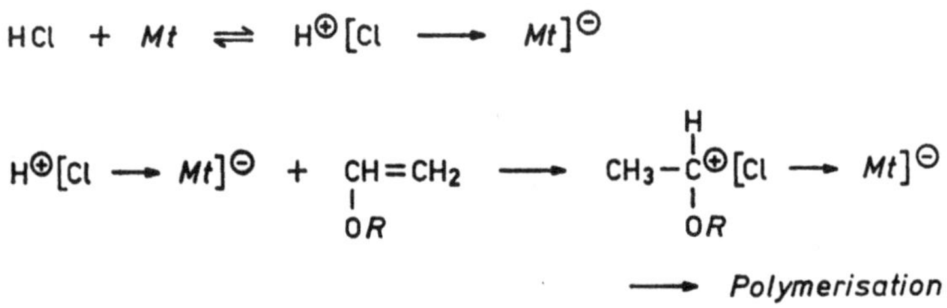

(XXVIII)

Im Falle der Metalloxide steigt die Grenzviskosität (η) beim Übergang von Fe_2O_3 (0,03) zum Ni_2O_3 (0,61) um den Faktor 20.

Der Zwischenzustand in (XXVIII) mit dem stärker intramolekular stabilisierten Carbeniumion des Vinyläthers (Abschnitt 3.1.1.) und dem „akzeptorstabilisierten“ Anion kommt den oben beschriebenen Verhältnissen bei aromatischen Systemen näher und könnte durchaus die Analogie beim Kettenwachstum erklären. Es darf jedoch nicht übersehen werden, daß es sich hier um heterogene Reaktionsbedingungen handelt (Abschnitt 3.2.5.) und sicherlich weitere Argumente für oder gegen diese Hypothese der unterschiedlichen katalytischen Funktion von Protonsäuren bei aromatischen und aliphatischen Monomeren gefunden werden müssen (vgl. auch Abschnitt 3.8.).

3.2.2. Lewis-Säuren und die Problematik der Cokatalyse

In der Einleitung zu diesem Kapitel wurde bereits darauf hingewiesen, daß eine einfache Initiierung der kationischen Polymerisation nach dem HUNTER-YOHÉ-Mechanismus [116], wie er in (II) formuliert wurde, nicht zutreffend ist. Genauere Angaben über den Initiierungsmechanismus unter dem Einfluß der Natur und Konzentration des Cokatalysators sollen im Zusammenhang mit kinetischen Daten behandelt werden. Die nachfolgenden Betrachtungen umfassen daher nur phänomenologische Vergleiche von Katalysatoraktivitäten, soweit sie experimentellen Daten zu entnehmen sind. Für die katalytische Aktivität der LEWIS-Säuren ist eine Rangfolge nur bezüglich des stets gleichen Cokatalysators (z. B. H_2O) sinnvoll. In Tab. 15 sind berschiedene Daten für Styrol [180] und Isobutylen [181] zusammengestellt. Man erkennt, daß auch in Abhängigkeit vom Monomeren Änderungen in der Reihenfolge auftreten.

Tabelle 15. Katalytische Aktivität verschiedener LEWIS-Säuren bei der kationischen Polymerisation

Monomeres	Reihe der katalytischen Aktivität
Styrol [180]	$SbCl_5 \gg TiCl_4 > AlBr_3 > SnCl_4 > FeCl_3 > ZnCl_2 > HgCl_2$
Isobutylen [181]	$BF_3 > AlBr_3 > TiCl_4 > TiBr_4 > SnCl_4 > BCl_3 > BBr_3$

In Tab. 16 wird schließlich am Beispiel der Dimerisierung des 1-Phenyl-2-cyclohexyläthylens mit LEWIS-Säuren gezeigt, daß unter Konstanthaltung der Monomer- und Katalysatorkonzentrationen beim Wechsel des Lösungsmittels und der Temperatur ebenfalls Veränderungen in der Reihenfolge der katalytischen Aktivität auftreten [169].

Tabelle 16. Katalytische Aktivität von LEWIS-Säuren bei der Dimerisierung des 1-Phenyl-2-cyclohexyläthylens [169]

Lösungsmittel	Reihe der katalytischen Aktivität
SO_2 (flüssig)	$SbCl_5 \sim TiCl_4 \gg SnCl_4 > AlCl_3 \sim AlBr_3 > BF_3 \cdot OEt_2$
1,2/Dichloräthan bei 30 °C	$SbCl_5 \sim TiCl_4 \gg AlCl_3 \sim AlBr_3 > SnCl_4 > BF_3 \cdot OEt_2$

Auffallend in Tab. 16 ist die erhöhte Aktivität von $AlCl_3$ bzw. $AlBr_3$ in dem halogenhaltigen Lösungsmittel Dichloräthan. Die vermutete Mitwirkung des Lösungsmittels an der Carbeniumionenreaktion ließ sich tatsächlich zeigen durch die Zunahme des Halogengehaltes im Dimeren bei fortschreitender Reaktionszeit. Offenbar bilden sich in diesem Falle neben der komplexen Säure $H^{\oplus}[MtX_nOH]^{\ominus}$, deren Konzentration vom Restwassergehalt des Systems abhängt, noch zusätzlich polare Komplexe der Form $[Cl-CH_2-CH_2]^{\oplus}[MtX_nCl]^{\ominus}$. Ähnliche Schlußfolgerungen ergeben sich auch für die cokatalytische Aktivität kationenbildender Substanzen. So kann die Bildung von $R{-}X + MtX_n \rightarrow R^{\oplus}[MtX_{n+1}]^{\ominus}$ (XXIX) R = z. B.: Äthyl, Isopropyl, tert.-Butyl, Triphenylmethyl um so leichter erfolgen, je geringer die Dissoziationsenergie von $R{-}X$ ist (bei gleichbleibender Stärke der Lewis-Säure).

Dieser von Pepper postulierte cokatalytische Effekt bei der Initiierung mit Lewis-Säuren [182] konnte inzwischen auch an anderen Beispielen bestätigt werden [120].

Mit dem möglichen Auftreten „mehrerer Cokatalysatoren" in einem System, deren effektiv wirksame Konzentration nicht genau bekannt ist, wird natürlich eine Diskussion der katalytischen Wirksamkeit von Lewis-Säuren noch problematischer.

Von verschiedenen Autoren wurde daher der Versuch unternommen, die Aktivität der Lewis-Säuren auf deren Fähigkeit zur Komplexbildung mit Donatoren zu beziehen, die keine Polymerisationsreaktion eingehen. Zur Charakterisierung diente die Lösungswärme zwischen Lewis-Säuren und Carbonsäureestern [180] sowie *IR*-spektroskopische Untersuchungen dieser Komplexbildung [183]. Tabelle 17 enthält die umfassendste Skala, die auf der Basis der Verschiebung der Carbonylfrequenz im Infrarotspektrum von Lewis-Säure-Xanthon-Komplexen [35] aufgestellt wurde.

Tabelle 17. Verschiebung der Carbonylfrequenzen im *IR*-Spektrum von MeX_n-Xanthon-Komplexen in CCl_4 [35].

Lewis-Säure	$\nu_{C=0}$ in [cm^{-1}]	Lewis-Säure	$\nu_{C=0}$ in [cm^{-1}]
$CdCl_2$	1629	$AlBr_3$	1500
$HgCl_2$	1611	$ZrCl_4$	1496
$HgBr_2$	1609	$TiCl_4$	1488
$ZnCl_2$	1606	$TiBr_4$	1482
$SnCl_4$	1530	BCl_3	1434
$SnBr_4$	1527	SbF_5	1420
BF_3	1525	$SbCl_5$	1411
$FeCl_3$	1522	BBr_3	1410
$AlCl_3$	—	BJ_3	1400

Mit zunehmender Verschiebung von $\nu_{C=0}$ wird eine erhöhte Acidität der Lewis-Säuren und damit eine Erhöhung ihrer katalytischen Aktivität angenommen [184]. Mit Ausnahme der Borhalogenide lassen sich die Beispiele aus den Tab. 15 und 16 bei allerdings sehr roher Näherung in Tab. 17 einordnen. Die in der Praxis der kationischen Polymerisation oft zu beobachtende hohe katalytische Aktivität des BF_3 (s. Tab. 15) ist wahrscheinlich auf die geringe Größe des Boratoms und vor allem auf die hohe Elektronegativität der Fluoratome zurückzuführen [177].

Unter Berücksichtigung des stets notwendigen Cokatalysators dürfte z. B. wegen der geringeren Elektronegativität des Chloratoms die Bildung von $[BCl_3X]^{\ominus}$ (X = OH, F, Cl usw.) nur wenig oder überhaupt nicht exotherm sein. In Analogie zur Donatorfähigkeit des Monomeren (z. B. Tab. 13 in Abschnitt 3.1.) kann nach Tab. 17 somit auch eine Akzeptorfähigkeit der LEWIS-Säuren definiert werden, die jedoch keine strenge Korrelation zur experimentell ermittelten katalytischen Aktivität ergibt. Die Ursachen für Abweichungen von der Reihenfolge der Akzeptorstärke sind vielschichtig und, wie die Beispiele in den Tab. 15 und 16 andeuten, nicht ausschließlich auf die Funktion des Cokatalysators zurückzuführen, obwohl hier ohne Zweifel die Hauptursache liegen dürfte.

Die bereits angedeutete Rolle des Cokatalysators und der Hinweis auf die Stabilität des konjugierten Anions legen nahe, daß die „wirkliche Aktivität" der LEWIS-Säure im Verlauf der kationischen Polymerisation auch von der Acidität des Cokatalysators mitbestimmt wird. Mit steigender Acidität des Cokatalysators sollte daher eine steigende kationische Aktivität der LEWIS-Säure konform gehen. Die prinzipielle Richtigkeit dieser Schlußfolgerung kann am Beispiel der Polymerisation des Isobutylens mit $SnCl_4$ unter Zusatz verschiedener Cokatalysatoren bestätigt werden [185]. Danach fällt die cokatalytische Aktivität mit steigendem *pKa*-Wert ab, und zwar in der Reihenfolge:

$$\underset{(pKa = 0{,}64)}{CCl_3COOH} > \underset{(2{,}87)}{CH_2ClCOOH} > \underset{(4{,}76)}{CH_3COOH} > \underset{(9)}{CH_3CH_2NO_2}$$

$$> \underset{(11)}{CH_3NO_2} > \underset{(10)}{C_6H_5OH} > \underset{(15)}{H_2O}$$

Es muß allerdings noch ergänzt werden, daß offenbar die „effektive Acidität" der aktiven Spezies (Acidhydrat, komplexe Säure) allein nicht ausreicht, um deren Aktivität zu kenzeichnen. So konnte im Falle der Isobutylenpolymerisation mit $TiCl_4$ als Katalysator für Wasser eine bessere cokatalytische Wirkung nachgewiesen werden als für Eisessig oder Chloressigsäure [186]. Ein analoger Sachverhalt ergibt sich auch bezüglich der Wirkung von Alkylhalogeniden als Cokatalysatoren (vgl. XXIX). Während Styrol in völliger Abwesenheit von Wasser durch $TiCl_4/RCl$ oberhalb 0 °C nicht polymerisiert [119] wird, erfolgt durch $SnCl_4/RCl$ eine Polymerisation [120].

Die unterschiedlichen Reaktivitätstendenzen lassen darauf schließen, daß neben der Freisetzung des Protons (oder $R^{\oplus}$ im Falle von Alkylhalogeniden) aus einer BRÖNSTED-Säure, durch die Wirkung der LEWIS-Säure und der Aufnahme des Protons durch das Monomere (entsprechend dessen Donatorfähigkeit), besonders die Stabilität des komplexen Anions von Bedeutung ist [187] (XXX). Darauf wurde bereis in Abschnitt 2.1.4. eingegangen.

Leider sind kaum Daten über die thermodynamische Stabilität der komplexen

Anionen in organischen Medien vorhanden. Ihre Bestimmung stößt besonders auf die Schwierigkeit, daß der für die Reaktionsbeschleunigung verantwortliche Konzentrationsbereich des Cokatalysators nur in wenigen Fällen bekannt ist.

Mit dem häufig als Cokatalysator wirkenden Wasser konnte z. B. gezeigt werden, daß mit LEWIS-Säuren in Abhängigkeit von der Cokatalysatorkonzentration im allgemeinen mehrere Acidhydrate unterschiedlicher katalytischer Aktivität gebildet werden.

$$\mathrm{M} + \mathrm{H{-}OH} + \mathrm{Mt}X_n \longrightarrow \mathrm{H{-}M^{\oplus}Mt}X_n\mathrm{OH^{\ominus}}$$

$$\text{bzw. } \mathrm{M} + R{-}X + \mathrm{Mt}X_n \longrightarrow R{-}\mathrm{M^{\oplus}Mt}X_{n+1}^{\ominus} \qquad \text{(XXX)}$$

Für die im Anschluß an Tab. 17 bereits erwähnte Katalyse mit BF_3 wird die katalytische Wirkung auf die Bildung des Monohydrates zurückgeführt (XXXI), während ein mögliches Dihydrat weniger aktiv ist.

$$\mathrm{BF_3} + \mathrm{H_2O} \rightleftharpoons \mathrm{BF_3 \cdot H_2O} \rightleftharpoons \mathrm{H^{\oplus}[BF_3OH]^{\ominus}} \qquad \text{(XXXI)}$$

Umfangreiche Untersuchungen der $SnCl_4$-Katalyse mit Wasser als Cokatalysator ergaben, daß das $SnCl_4 \cdot 3H_2O$ sowie höhere Hydrate katalytisch inaktiv sind und wahrscheinlich dem $SnCl_4 \cdot 2H_2O$ oder einem partiell hydrolysierten Acidhydrat (XXXII) die katalytische Funktion zukommt [188, 138].

$$\mathrm{SnCl_4 \cdot 2\,H_2O} \rightleftharpoons \mathrm{SnCl_3OH \cdot H_2O} + \mathrm{HCl} \qquad \text{(XXXII)}$$

Mit (XXXII) wird zugleich auf den von der Wasserkonzentration abhängigen weiteren Zerfall der Acidhydrate hingewiesen (XXXIII), der bei geringer thermodynamischer Stabilität des Anions der primär entstandenen BRÖNSTED-Säure bevorzugt zur Hydrolyse führen kann.

$$\begin{array}{ccccc} \mathrm{SnCl_3OH \cdot H_2O} & \rightleftharpoons & \mathrm{SnCl_2(OH)_2} & + & \mathrm{HCl} \\ & & \uparrow\downarrow \ \mathrm{H_2O} & & \\ \mathrm{Sn(OH)_4} + \mathrm{HCl} & \overset{\mathrm{H_2O}}{\rightleftharpoons} & \mathrm{SnCl(OH)_3} & + & \mathrm{HCl} \end{array} \qquad \text{(XXXIII)}$$

Für die häufig verwendeten LEWIS-Säuren $SnCl_4$, $TiCl_4$, $AlCl_3$ etc. fehlen detaillierte Untersuchungen zur Bestätigung einer vorrangigen Analogie nach (XXXI) oder (XXXIII).

In Bild 14 befindet sich eine schematische Darstellung zur Kennzeichnung der katalytischen Aktivität in Abhängigkeit von der Wasserkonzentration, wie sie bei LEWIS-Säuren beobachtet werden kann [189, 138].

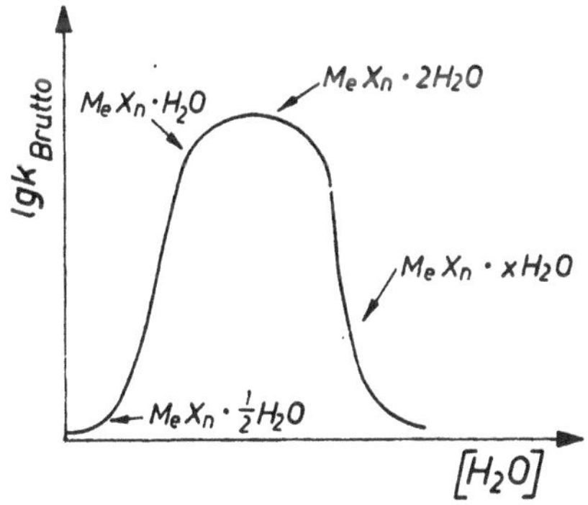

Bild 14. Schematische Darstellung der katalytischen Aktivität von MeX_n in Abhängigkeit von der Wasserkonzentration

Der nach Erreichen des Maximums in Bild 14 erfolgende starke Abfall der Geschwindigkeit ist sicherlich auf die kettenabbrechende Wirkung „freien Wassers" (XXXIV) oder einer entsprechenden Reaktion der höheren Hydrate zurückzuführen.

(XXXIV)

Zusammenfassend kann man feststellen, daß die Wahrscheinlichkeit zur Bildung eines stabilen Aquokomplexes (bzw. komplexen Anions) mit zunehmender Stärke der *Mt-X*-Bindung in der LEWIS-Säure größer wird (Abschnitt 2.1.4.). Daneben spielen jedoch auch äußere Faktoren eine Rolle, wie z. B. Temperaturabhängigkeit oder Lösungsmitteleinfluß. So verläuft der hydrolytische Zerfall der LEWIS-Säure nach (XXXIII) bei den häufig bei sehr tiefen Temperaturen durchgeführten Polymerisationen ohne Zweifel weniger schnell und die Bildung eines dem stabilen $[BF_3OH]^{\ominus}$ entsprechenden Anions wird wahrscheinlicher als etwa bei Raumtemperatur. Desgleichen sollte in wenig polaren hydrophoben Lösungsmitteln die Hydrolyseneigung geringer sein. Im Zusammenhang mit Untersuchungen über die kettenabbrechende Aktivität von Gegenionen [189] konnte wahrscheinlich gemacht werden, daß bei der Isobutylenpolymerisation mit $AlCl_3$/C_2H_5OH die folgenden drei Komplexe mit unterschiedlicher Intensität wirksam sind (XXXV).

$$Al_2Cl_6 \cdot C_2H_5OH \gg AlCl_3 \cdot 2\,C_2H_5OH > AlCl_3 \cdot C_2H_5OH \qquad \text{(XXXV)}$$

Nach den obigen Ausführungen ist anzunehmen, daß für andere *n*-Donatoren (wie z.B. H_2O) ähnliche Verhältnisse bestehen und somit während einer Polymerisation mit mehreren Gegenionen unterschiedlicher Nucleophilie gerechnet werden muß. Auf einen derartigen Sachverhalt weisen auch neuere Untersuchungen der Styrol- [190] und Cyclopentadienpolymerisation [98] mit $BF_3 \cdot OR_2$ als Katalysator hin.

Bei Verwendung von C^{14}-markiertem $BF_3 \cdot O(C_2{}^*H_5)_2$ zur Initiierung, konnten in wasserfreiem Medium bei sehr langsamer Bildungsgeschwindigkeit, im Polymeren markierte Äthylgruppen nachgewiesen werden [191], die zeigen, daß prinzipiell eine Initiierung nach (XXXVI) möglich ist.

$$BF_3 \cdot O(\overset{*}{C}_2H_5)_2 + M \longrightarrow \overset{*}{C}_2H_5{-}M^{\oplus}[BF_3O\overset{*}{C}_2H_5]^{\ominus} \qquad \text{(XXXVI)}$$

Mit der Zugabe geringer Wassermengen steigt die Geschwindigkeit sehr rasch an und der $C_2{}^*H_5$-Anteil im Polymeren nimmt stark ab. Offensichtlich erfolgt eine gleichgewichtsmäßige Verdrängung des Äthers durch Wasser unter Bildung katalytisch aktiverer Acidhydrate, wie in (XXXVII) in verallgemeinerter Form dargelegt ist [98].

$$\begin{aligned} BF_3 \cdot OR_2 + H_2O &\rightleftharpoons BF_3 \cdot H_2O + R_2O \\ BF_3 \cdot H_2O + BF_3 \cdot OR_2 &\rightleftharpoons (BF_3)_2 \cdot H_2O + R_2O \qquad \text{(XXXVII)} \\ BF_3 \cdot H_2O + H_2O &\rightleftharpoons BF_3 \cdot (H_2O)_2 \end{aligned}$$

Die mit den Beispielen (XXXV) und (XXXVII) verdeutlichte Situation des Zusammenwirkens von Katalysator und Cokatalysator läßt keinen Zweifel an der geringen Verallgemeinerungsfähigkeit dieser Problematik und legt nahe, daß es praktisch kaum gelingt, „die“ katalytisch aktive Spezies zu benennen und „deren“ reale Konzentration anzugeben. Auf die Temperatur- und Lösungsmittelabhängigkeit der Gleichgewichtsverteilung verschiedener aktiver Spezies wurde bereits hingewiesen. Hinzu kommt noch die bisher unberücksichtigte Abhängigkeit von der Natur des Monomeren. So konnte aus *NMR*-Untersuchungen wahrscheinlich gemacht werden, daß bei der Polymerisation von Benzylvinyläther (*BVE*) mit $BF_3 \cdot OEt_2$ sowohl die Äthylübertragung nach (XXXVI) als auch die Austauschreaktion mit Wasser nach (XXXVII) initiierend wirken. Daneben kommt es jedoch zu einem Gleichgewicht (XXXVIII), das vorrangig auf der Seite des Bortrifluoridbenzylvinylätherates liegen soll und das mit einem weiteren Molekül des *BVE* möglicherweise durch Benzylübertragung die Polymerisation initiiert [192].

$$\begin{aligned} BF_3 \cdot OEt_2 + BVE &\rightleftharpoons BF_3 \cdot BVE + OEt_2 \\ BF_3 \cdot BVE + BVE &\longrightarrow [Ph{-}CH_2{-}CH_2{-}\underset{\substack{|\\ OCH_2Ph}}{CH}]^{\oplus} \qquad \text{(XXXVIII)} \\ & [BF_3 \cdot OCH{=}CH_2]^{\ominus} \end{aligned}$$

Das letztgenannte Beispiel braucht nicht notwendigerweise auf den *BVE* beschränkt zu bleiben, sondern kann generell bei „höheren Monomerordnungen" im Geschwindigkeitsgesetz (s. Abschnitt 3.7.) eine Rolle spielen.

Während der positive Nachweis eines Cokatalysators die Interpretation der Initiierung nach dem Schema (III) prinzipiell zuläßt, bestehen für die Polymerisation bei sicherem Ausschluß eines Cokatalysators gegenwärtig nur hypothetische Annahmen bezüglich des Mechanismus [123, 193]. Zum Beispiel findet im System Isobutylen/$AlCl_3$ in Dichlormethan als Lösungsmittel auch in Abwesenheit von Wasserspuren eine Polymerisation statt, die durch Zugabe geringer Wassermengen nicht beschleunigt wird [194]. Analoge Verhältnisse wurden für das System Styrol/$TiCl_4$ in Dichlormethan beschrieben [195].

Die Möglichkeit einer Selbstionisation des Katalysators (XXXIX) wäre im Falle des $TiCl_4$ diskutabel. Auf Grund einer energetischen Abschätzung bestehen jedoch Bedenken gegen die Bildung von $TiCl_3{-}CH_2{-}\overset{\oplus}{C}HPh$, da die Reaktion des $TiCl_3^{\oplus}$ mit dem Styrol wahrscheinlich endotherm ist [123].

$$2\,TiCl_4 \rightleftharpoons Ti^{\oplus}Cl_3 + TiCl_5^{\ominus} \qquad \text{(XXXIX)}$$

Die „Gemeinsamkeit" der beiden Reaktionsbeispiele besteht im verwendeten Lösungsmittel, und in der Tat konnte gezeigt werden, daß viele kationische Polymerisationen, die durch Wasser nicht oder reaktionshemmend beeinflußt werden, in Halogenkohlenwasserstoffen ablaufen (vgl. auch die Ausführungen zu Formel XXIX). Von PLESCH wird darauf hingewiesen, daß eine Salzbildung, wie wir sie in (XXIX) formuliert haben, bei Halogenkohlenwasserstoffen geringer Dissoziationsenergie (z. B. Triphenylchlormethan) leicht erfolgt, mit den üblicherweise verwendeten halogenhaltigen Lösungsmitteln jedoch eine stark endotherme Reaktion darstellt [123]. Da jedoch die experimentellen Fakten (Endgruppennachweis, Halogeneinbau etc.) eine Lösungsmittelcokatalyse beweisen, wird für die gesamte Initiierungsreaktion nach (XL) eine negative Bildungsenthalpie postuliert, ohne das es gegenwärtig möglich ist, den Reaktionsweg genau anzugeben. Wenn man eine intermolekulare Reaktion zwischen dem Monomeren, dem Katalysator und dem Lösungsmittel ausschließt, bestehen zwei Möglichkeiten (XL) für die Bildung reversibler Gleichgewichte, die dem geschwindigkeitsbestimmenden Schritt vorgelagert sind:

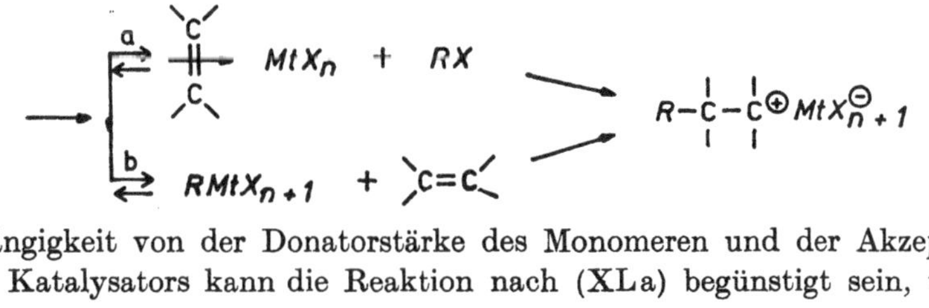

(XL)

In Abhängigkeit von der Donatorstärke des Monomeren und der Akzeptorstärke des Katalysators kann die Reaktion nach (XLa) begünstigt sein, während (XLb) mit zunehmender Dissoziationsfähigkeit von $R-X$ oder in stark polaren Lösungsmittelgemischen (z. B. $R-X$/Nitrobenzol) wahrscheinlicher wird.

Obwohl im Einzelfalle nicht immer exprimentell gesichert, kann somit für einen weiteren Teil kationischer Polymerisationen eine Dreikomponentenreaktion angenommen werden, wobei dem Lösungsmittel die Funktion des Cokatalysators zukommt. In (XXXVIII) hatten wir bereits einen Fall kennengelernt, wo das Monomere praktisch die Rolle des Cokatalysators in der Dreikomponentenreaktion übernimmt. Im System Isobutylen/$AlBr_3$ in Heptan als Lösungsmittel konnte jedoch bei sorgfältigem Ausschluß von Wasser ebenfalls eine Polymerisation erreicht werden [196]. Von den Autoren wurde eine Initiierung durch Selbstdissoziation des $AlBr_3$ für möglich erachtet. In diesem Zusammenhang erscheint die Feststellung interessant, daß die Geschwindigkeit der Isobutylenpolymerisation durch $AlBr_3$ (oder auch AlJ_3) beträchtlich erhöht werden kann, wenn dem System Friedel-Crafts-Halogenide zugesetzt werden, die selbst ohne Cokatalysatoren keine Polymerisation bewirken ($TiCl_4$, $SnCl_4$, BCl_3 etc.) [197, 198]. Die genaue Natur der Initiierung durch „Zweikomponenten-Katalysatorsysteme" ist noch nicht bekannt. Es konnte bewiesen werden, daß bei der Mehrzahl der untersuchten Kombinationen mit $AlBr_3$ bzw. AlJ_3 als aktiver Komponente und $TiCl_4$, $SnCl_4$, VCl_4, $GaCl_3$, $AlCl_3$ etc. als passiver Komponente Austauschreaktionen unter Bildung von Aluminiummischhalogeniden erfolgen. Letztere vermögen die Isobutylenpolymerisation gegenüber der reinen aktiven Komponente um ein Vielfaches zu erhöhen [199, 200]. Da jedoch auch für Systeme ohne Mischhalogenidbildung (z. B. $AlBr_3/TiBr_4$) eine erhöhte katalytische Aktivität festgestellt wurde, schließt man auf eine zusätzliche Komplexbildung zwischen beiden Komponenten. Auf eine derartige Wechselwirkung deutet bereits das Löslichkeitsverhalten hin, wonach z. B. $AlCl_3$ allein in Heptan unlöslich ist, während es sich in einer Lösung von $AlBr_3$ bzw. AlJ_3 in Heptan glatt auflöst. Insgesamt wird eine sehr komplizierte Startreaktion vermutet, an welcher gleichzeitig verschiedene Aluminiummischhalogenide und katalytisch aktive Komplexe mit Ionisationsneigung (möglicherweise z. B. $TiCl_3^{\oplus}AlBr_3Cl^{\ominus}$) beteiligt sein können [200]. Von P. H. Plesch wurde kürzlich (Hauptvortrag zum JUPAC-Symposium über Makromoleküle, Helsinki — 1972) eine neue Theorie der Initiierung durch Aluminiumhalogenide vorgeschlagen, welcher die Annahme der Selbstionisation (z. B. $2AlCl_3 \rightleftharpoons AlCl_2^{\oplus} + AlCl_4^{\ominus}$) zugrunde liegt. Obwohl diese Theorie einige Besonderheiten der Isobutylenpolymerisation mit Aluminiumhalogeniden (z. B. unvollständiger Umsatz, geringe Katalysatoreffektivität) zu erklären vermag, kann noch nicht mit Sicherheit geklärt werden, ob nicht auch andere Initiierungsmöglichkeiten wie etwa eine Hydridübertragung vom Monomeren zum Katalysator

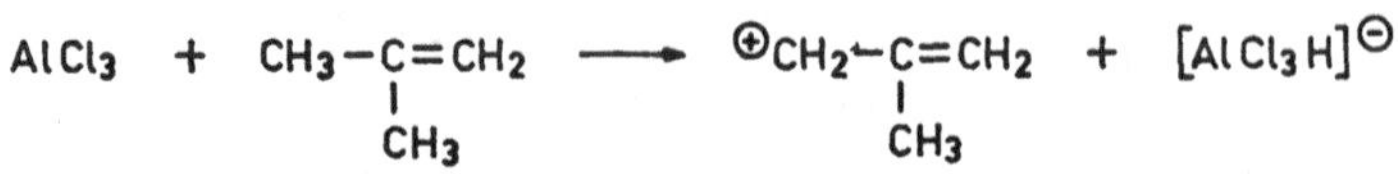

in Betracht gezogen werden müssen [200a].

Vorzugsweise für die Katalyse mit leicht reduzierbaren Metallhalogeniden [127] wurde bei sicherem Ausschluß eines Cokatalysators oder von Lösungsmittelbeteiligung auch eine „Elektronenübertragungs-Initiierung" unter Radikalkationenbildung vorgeschlagen:

$$2\,TiCl_4 + RCH{=}CH_2 \longrightarrow TiCl_3 + TiCl_5^{\ominus} + R\overset{\oplus}{C}H{-}\dot{C}H_2 \quad (XLI)$$

Die Bildung der leicht nachweisbaren Halogenide niederer Wertigkeitsstufen könnte zum Nachweis dieses Reaktionstyps dienen. Nach (XLI) wird ein Elektronenübergang vom Monomeren zum Katalysator angenommen, wobei die Zwischenbildung eines Charge-Transfer-Komplexes möglich erscheint. Da bislang kein direkter Nachweis der Radialfunktion erbracht werden konnte, wird eine schnelle Desaktivierung des Radikals vermutet. Das verbleibende Kation leitet dann eine normale kationische Polymerisation ein [123]. Letztere könnte z. B. nach Radikalkombination über ein Dikation erfolgen (Abschnitt 3.2.4.). Mit Ausnahme einer möglichen Radikalkationenbildung würde die katalytische Aktivität aller anderen hier diskutierten Fälle auf Dreikomponentenreaktionen zurückgeführt werden. Neben dem Monomeren und dem Katalysator bleibt dabei für die dritte Komponente eine ziemliche Variationsbreite, die über zufällige Verunreinigungen (z. B. H_2O, HX etc.), Lösungsmittelbeteiligung (XXIX bzw. XL), Monomerbeteiligung (XXXVIII) und Katalysatorbeteiligung als Selbstionisation reichen kann. In geeigneten Fällen ist die parallele Aktion mehrerer derartiger „Freiheitsgrade" nicht auszuschließen.

3.2.3. Kationenbildende Substanzen

Eine Form der katalytischen Aktivität durch kationenbildende Substanzen wurde bereits in Abschnitt 3.2.2. behandelt. Nach (XXIX) bzw. (XL) liefern eine Reihe von Aryl-, Acyl- und in einigen Fällen auch Alkylhalogenide mit LEWIS-Säuren stabile Carbeniumionensalze, die zur Initiierung der kationischen Polymerisation geeignet sind [201]. Mit einer derartigen Stabilisierung des Carbeniumions (vgl. Abschnitt 2.1.1.) ist immer dann zu rechnen, wenn sich dieses in Konjugation zu Arylgruppen oder Heteroatomen mit ungepaarten Elektronenpaaren befindet. Schließlich ist zur Kompensation der elektropositiven Ladung ein möglichst stabiles Anion erforderlich (vgl. Abschnitt 2.1.4.).

Als sehr geeignet zur Initiierung kationischer Polymerisationen erwies sich das Triphenylmethylkation, vor allem in der Kombination mit stabilen Gegenionen, wie z. B. $SbCl_6^{\ominus}$, $SbF_6^{\ominus}$, $PF_6^{\ominus}$, $BF_4^{\ominus}$ [201].

Besonders zur Polymerisation von Vinylmonomeren mit hoher Elektronendichte, wie Vinyläther, N-Vinylcarbazol oder auch Alkoxystyrolen, sind die Salze des Cycloheptatrienylkations geeignet. Unter vergleichbaren Bedingungen (Temperatur, Lösungsmittel) verläuft die Polymerisation bei der Initiierung durch Tropyliumsalze ($C_7H_7^{\oplus}MtX_{n+1}^{\ominus}$) meist langsamer als mit Tritylsalzen ($Ph_3C^{\oplus}MtX_{n+1}^{\ominus}$).

Als generelle Ursache für die unterschiedliche Wirksamkeit stabiler Salze zur Initiierung der Polymerisation von Vinylmonomeren ebenso wie zur Ringöffnungspolymerisation muß die Dissoziationsfähigkeit der Salze betrachtet werden. In Tab. 18 sind die Dissoziationskonstanten (K_D) einiger Oniumionensalze in Methylenchlorid angegeben [201].

Tabelle 18. Ionenpaar-Dissoziationskonstanten stabiler Oniumsalze in Methylenchlorid bei 0 °C (nach Daten aus [201]).

Salz	K_D (.10⁴)[Mol/l]
$Ph_3C^{\oplus}SbCl_6^{\ominus}$	3,1
$C_7H_7^{\oplus}SbCl_6^{\ominus}$	0,3
$[Ph-N(CH_3)_2-CH_2-Ph]^{\oplus}SbCl_6^{\ominus}$	0,6
$(C_2H_5)_4N^{\oplus}SbCl_6^{\ominus}$	0,7
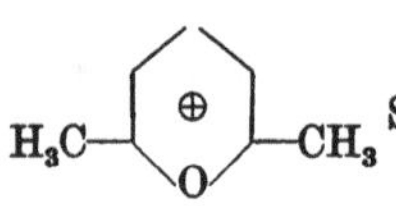 $SbCl_6^{\ominus}$	0,6
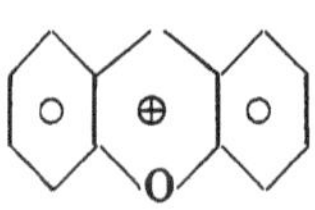 $SbCl_6^{\ominus}$	0,2

Die gegenüber dem Tropyliumsalz praktisch um eine Größenordnung erhöhte Dissoziationskonstante des Tritylhexachloroantimonates zeigt, daß offenbar auf Grund der höheren Konzentration an freien Carbeniumionen die Reaktionsgeschwindigkeit erhöht ist. Daraus darf allerdings nicht der Schluß gezogen werden, daß nur die im Gleichgewicht befindlichen freien Ionen eine Initiierung bewirken, sondern ebenso lösungsmittelgetrennte Ionenpaare und Kontaktionenpaare (Abschnitt 2.1.3.). So wurde am Beispiel der Styrolpolymerisation in $(CH_2)_2Cl_2$ beschrieben, daß das nach (XLII) in situ erzeugte Salz $Ph_3C^{\oplus}HgCl_3^{\ominus}$ nicht in freie Ionen dissoziiert, sondern als Ionenpaar vorliegen soll [202].

$$Ph_3C-Cl + HgCl_2 \rightleftharpoons Ph_3C^{\oplus}HgCl_3^{\ominus} \qquad \text{(XLII)}$$

Wie in den weiteren Abschnitten näher zu erläutern ist, bieten die stabilen Salze gegenüber den herkömmlichen Katalysatoren wesentliche Vorteile zur Untersuchung kationischer Polymerisationen. Diese bestehen neben der leichteren experimentellen Handhabung vor allem in der Möglichkeit, das katalytische System genau zu charakterisieren und quasi ein gewünschtes Gleichgewicht zwischen Ionen und Ionenpaaren einzustellen. Mit stabilen Salzen konnte schließlich eine mit anderen Katalysatoren nicht zu erreichende Reproduzierbarkeit der Ergebnisse erhalten werden. Von kinetischen Unterschieden abgesehen bestehen für viele Systeme gleiche Verhältnisse bezüglich Umsatz oder Molekulargewicht, wenn von den kristallinen Salzen ausgegangen wird oder der Katalysator in situ erzeugt wird [203]. An bemerkenswerten Resultaten bei der Initiierung durch stabile Salze sei der späteren Besprechung besonders die Möglichkeit zur Bestimmung unterschiedlicher Reaktivitäten von Ionen und Ionenpaaren [123, 204] sowie die ohne Abbruchreaktionen verlaufenden Polymerisationen von Vinyläthern (vgl. [201] u. dort zit. Literatur) und cyclischen Äthern (vgl. [6] u. dort zit. Literatur) vorweggenommen.

Zu den kationenbildenden Substanzen muß schließlich auch die wohl am längsten bekannte Initiierung durch Jod [205] oder Interhalogenverbindungen gezählt werden [206]. Als Initiator wird hierbei das $J^{\oplus}$-Kation angesehen, welches nach (XLIII) durch Selbstionisation in einem der Reaktion vorgelagerten Gleichgewicht entstehen soll [30, 206] (zur Selbstionisation des $(J_2)_n$ vgl. aber [592]).

$$2\,J_2 \rightleftharpoons J^{\oplus} + J_3^{\ominus} \qquad \text{(XLIII)}$$

Für die katalytische Funktion von Interhalogenen wird ein analoger Mechanismus angenommen, wobei allerdings die katalytische Aktivität wie in (XLIV) am Beispiel der Polymerisation des n-Butylvinyläthers in Diäthyläther bei 25 °C gezeigt wurde, wesentlich geringer ist als mit Jod. Desgleichen ist der *DP* verringert, womit auf die frühere Diskussion der Gegenionwirkung hingewiesen wird (vgl. Abschnitt 2.1.4. und auch 3.2.1.).

$$k_{J_2} = 1800 \gg k_{JCl} = 8{,}3 > k_{JBr} \sim 7 > k_{Br_2} \ \text{(Daten aus [206])} \qquad \text{(XLIV)}$$

Abschließend sei vermerkt, daß auch $AgClO_4$ [207] und $LiClO_4$ [208] mit zu den kationenbildenden Substanzen gezählt werden [30]. In beiden Fällen dürfte allerdings kein „neues katalytisches Prinzip“ vorliegen, sondern vielmehr eine durch $R-X$ oder protonenaktive Verbindungen (z. B. H_2O) cokatalytisch beeinflußte Initiierung (XLV). Diese Funktion kann durch halogenhaltige Lösungsmittel oder Restwasser übernommen werden. So ist z. B. die Initiierungsgeschwindigkeit von Vinyläthern mit $AgClO_4$ gegenüber anderen Katalysatoren um Größenordnungen geringer, kann jedoch durch Wasserzugabe beträchtlich erhöht werden. Der *DP* ist gegenüber LEWIS-Säuren wesentlich verringert. Diese Faktoren weisen darauf hin, daß der eigentliche Katalysator $HClO_4$ sein dürfte (XLV).

$$\overset{\oplus}{R}ClO_4^{\ominus} + AgX \xleftarrow{RX} AgClO_4 \xrightarrow{xH_2O} AgO \cdot H_2O + HClO_4 \qquad \text{(XLV)}$$

Für die mit $AgClO_4$ initiierte Styrolpolymerisation wurde jedoch auch die Beteiligung eines $AgClO_4$/Monomer-Komplexes vermutet, an welchen ein zweites

Monomermolekül angelagert wird zu einem Übergangskomplex, dessen Bildung eine Wasserstoffübertragung begünstigt und damit die Wachstumsreaktion ermöglicht [207a]. Der postulierte Mechanismus ist in Bild 15 veranschaulicht.

3.2.4. Elektronenübertragungs-Initiierung

Während in den vorangegangenen Abschnitten bereits manche Formulierung als Möglichkeit postuliert wurde, sollte dieser Abschnitt eigentlich ganz im Konjunktiv zu schreiben sein, da das katalytische Prinzip der Elektronenübertragungs-Initiierung in den meisten Fällen noch experimentell zu sichern ist. Zur ausführlicheren Information sei auf eine Übersichtsarbeit von N. G. GAYLORD [209] und die dort reichlich zitierte Literatur verwiesen.

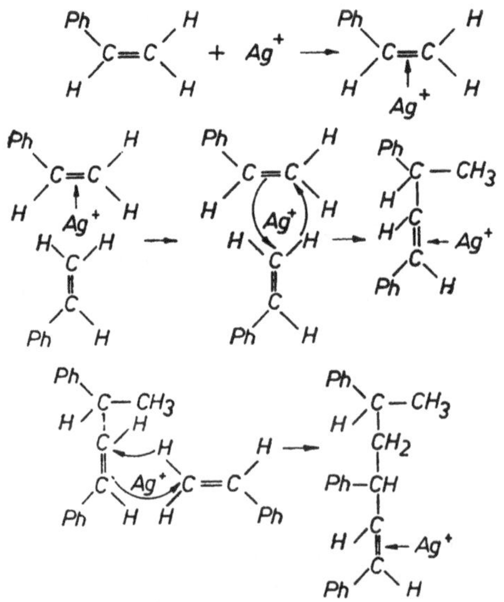

Bild 15. Initiierung der Styrolpolymerisation durch $AgClO_4$ (nach [207a])

Generell wird mit diesem Initiierungstyp die primäre Bildung eines Charge-Transfer-Komplexes verbunden, in welchem durch Einelektronenübertragung vom Monomeren als dem Donator zur jeweiligen Akzeptorkomponente ein Radikalkation gebildet wird (XLVI) [209a].

$$M + A \rightleftharpoons M\text{----}A \longrightarrow M^{\oplus}_{\bullet} + A^{\ominus}_{\bullet} \qquad \text{(XLVI)}$$

Im Gegensatz zur üblichen kationischen Polymerisation, wo der im Initiierungsschritt entstandene Kettenträger durch weitere Polyaddition des Monomeren eine ständige Reproduktion erfährt, dürfte bei der Elektronenübertragungs-Polymerisation (auch *CT*-Polymerisation oder Ionen-Radikal-Polymerisation genannt [209]) zunächst eine Desaktivierung der Radikalfunktion erfolgen. Die dazu gebotenen Möglichkeiten sind sicher vielfältig und in Abhängigkeit von den Komponenten unterschiedlich, wobei besonders mit metallhaltigen Akzeptoren komplizierte Redoxprozesse erfolgen können. Im Falle der Dimerisierung des 1,1-Diphenyläthylens durch $SbCl_5$ wurde ein *CT*-Komplex mit nachfolgender Radikalkationbildung und schließlich Dimerisierung zum Dikation beschrieben (XLVII) und eine derartige Reaktionsfolge auch für andere Vinylmonomere bzw. Vinylidenmonomere erwogen [210].

$$D + SbCl_5 \rightleftharpoons D\text{---}SbCl_5 \rightleftharpoons D^{\oplus}_{\bullet}\,.\overset{\ominus}{Sb}Cl_5$$

$$2\,(D^{\oplus}_{\bullet}.\overset{\ominus}{Sb}Cl_5) \longrightarrow Cl_5Sb^{\ominus}_{\bullet}\;\overset{\oplus}{D}-\overset{\oplus}{D}\,.\overset{\ominus}{Sb}Cl_5$$

(XLVII)

Bei polymerisationsfähigen Monomeren sollte dann in Analogie zur anionischen Polymerisation eine Wachstumsreaktion über das Dikation erfolgen. In [210] wird auf Grund eines durch „Abfangreaktion" erhaltenen antimonhaltigen Produktes, daneben auch eine direkte kationische Initiierung infolge Katalysatordisproportionierung für möglich gehalten. Es muß allerdings bemerkt werden, daß in [210] ein Verhältnis 1,1-Diphenyläthylen:$SbCl_5$ $= 1:5$ angewendet wird und somit keine für die Initiierung mit Lewis-Säuren typischen Bedingungen herrschen. Im üblichen Konzentrationsbereich von 10^{-2} bis 10^{-3} Mol/l und bei der Mitwirkung von Wasser als Cokatalysator kann durch *UV*-Spektren und Hochfrequenzleitfähigkeitsmessungen ein normaler kationischer Mechanismus bewiesen werden [211]. Die Palette der Elektronenakzeptoren, die prinzipiell für derartige Elektronenübertragungsreaktionen in Frage kommen, ist außerordentlich breit und umfaßt die bekannten organischen Akzeptoren (Tetracyanäthylen, Chloranil, Nitroaromaten, Maleinsäureanhydrid etc.), Metallsalze höherer Valenzzustände, aber auch Carbeniumionen, Radikale und Kationradikale selbst. Bei den diesem Reaktionstyp zugänglichen Monomeren handelt es sich verständlicherweise um Verbindungen mit hoher Donatorfähigkeit (Vinyläther, aromatische Vinylmonomere, Vinylcarbazol etc.). Besonders zahlreich sind die Untersuchungen mit N-Vinylcarbazol (*NVC*) und dessen Initiierung durch Elektronenakzeptoren [201, 209, 212, 213]. Ebenso vielfältig sind jedoch auch die in der Literatur diskutierten Mechanismen [209].

Mit organischen Akzeptoren wie Tetracyanäthylen (*TCÄ*) oder Tetranitromethan (*TNM*) wurde zunächst ein Elektronenübergang analog (XLVI) angenommen. Die Radikalfunktion des Kationenradikals sollte durch Reaktion mit überschüssigem Akzeptor, der verständlicherweise als Radikalfänger wirken kann, desaktiviert werden, und das verbleibende Kation wird der Kettenträger einer normalen kationischen Polymerisation (XLVIII).

Aus *ESR*-Spektren von *CT*-Komplexen des *NVC* mit gasförmigen Akzeptoren (z. B. Halogene, SO_2) wurde auch geschlossen, daß eine „innere Stabilisierung" der Radikalfunktion durch Delokalisierung über den Carbazolring erfolgen könne und damit die kationische Wachstumsreaktion zu erklären sei.

Andererseits konnte für die Initiierung von Olefinen durch *TNM* auch eine Carbeniumionenbildung durch „dissoziative Elektronenübertragung" wahrschein-

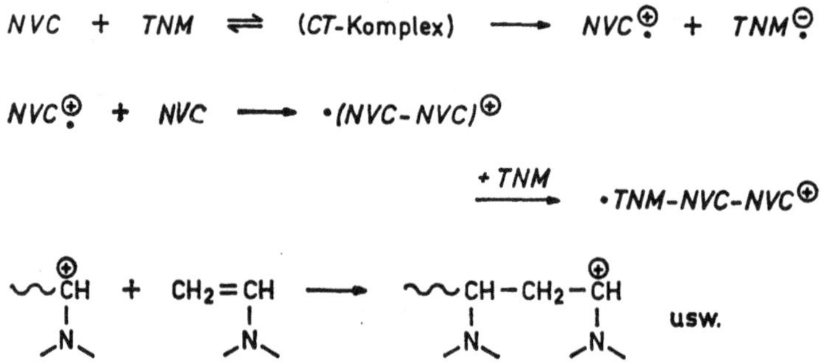

(XLVIII)

lich gemacht werden [214]. Für die Reaktion mit 1,1-Diphenyläthylen wird folgende Formulierung angegeben (L).

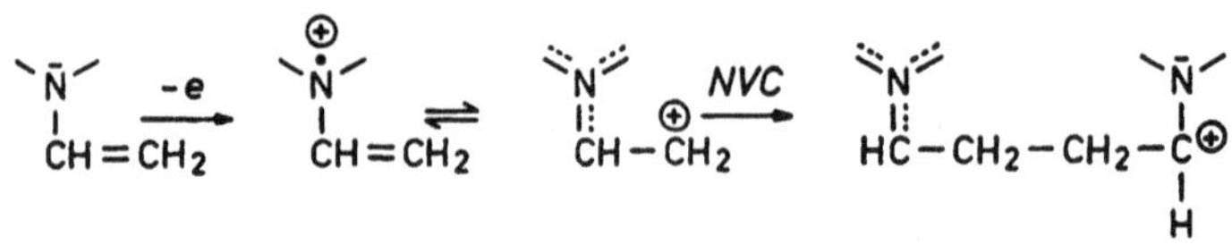

(XLIX)

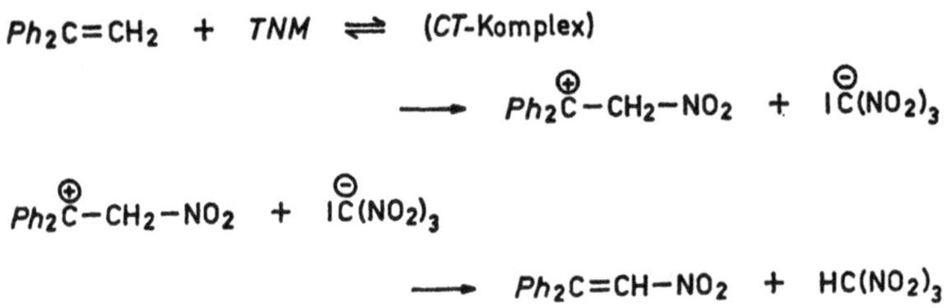

(L)

Die zwischenzeitliche Bildung von Carbeniumionen konnte u. a. durch Initiierung einer Ringöffnungspolymerisation cyclischer Äther nachgewiesen werden, die in Abwesenheit des Olefins ausblieb [214]. Für die Polymerisation des *NVC* mit *TCÄ* wird auf der Grundlage chemischer, spektroskopischer und kinetischer Argumente in gewisser Weise ebenfalls eine dissoziative Elektronenübertragung formuliert, wobei als Zwischenstufe ein mit vier Cyanogruppen und einem Carbazolylrest substituierter Cyclobutanring auftritt, der im Initiierungsschritt das Monomere protoniert unter Bildung eines Carbeniumions und eines durch Cyanidgruppen stabilisierten Carbeniations, das als Gegenion wirkt [213].

In diesem Zusammenhang sei schließlich erwähnt, daß auch Halogene [209] oder der sich oftmals „wie Chlor verhaltende" Tetrachlorkohlenstoff [215] als Akzeptor-Komponenten bei Elektronenübertragungsinitiierungen beschrieben werden. Für den Mechanismus ist jedoch wenig Zuverlässiges bekannt. Neben der Radikalkationenbildung wird ebenfalls eine dissoziative Elektronenübertragung erwogen, was besonders im Falle der Halogene durch die Parallelität zur elektrophilen Halogenaddition plausibel wäre.

Die große Bereitschaft des *NVC* zur Einelektronenübertragung führte zunächst auch zu der Annahme, daß die Initiierung mit stabilen Salzen, wie dem

Tropyliumkation (vgl. Abschnitt 3.2.3.) über Radialkationen verläuft [216]. Obwohl derartige Redoxprozesse als Nebenreaktionen nicht ausgeschlossen werden, dürfte neueren Anschauungen zufolge hier eine einfache Addition des Tropyliumions an die Monomerdoppelbindung initiierend wirken, wie wir dies in Abschnitt 3.2.3. prinzipiell erläutert haben [201]. Auf die Elektronenübertragungsinitiierung mittels Metallsalzen wurde im vorhergehenden Abschnitt in Formel (XLI) bereits hingewiesen. Neben dem erwähnten $TiCl_4$ werden auch mit Eisen- bzw. Kupfersalzen analoge Reaktionen beschrieben, deren allgemeine Formulierung am Beispiel des *NVC* in (LI) enthalten ist [209].

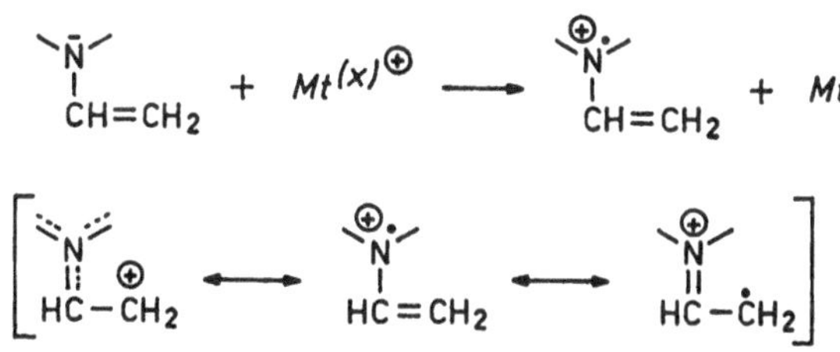

(LI)

Die angegebenen Wachstumsreaktionen sind wie in allen hier genannten Fällen mutmaßliche Mechanismen, die einer weiteren Klärung bedürfen und hier nicht weiter behandelt werden sollen.

Zur Beurteilung der möglichen Initiierungsmechanismen ist schließlich zu bedenken, daß auch hier auf sorgfältigen Wasserausschluß zu achten ist, da eine Reihe organischer Akzeptoren durch Hydrolysereaktionen in starke Säuren übergeführt werden können.

3.2.5. *Heterogene Katalysatoren*

Umfangreiche Untersuchungen der Polymerisation mit heterogenen Katalysatoren wurden auf dem Gebiet der komplex-koordinativen Polymerisation durchgeführt (Abschnitt 2.2.). Im Abschnitt 2.2. sind bereits die grundsätzlichen Schwierigkeiten bei der Diagnose des Mechanismus heterogener Reaktionen genannt worden. Neben der dort zitierten Literatur sei noch auf die in [30] gemachten Ausführungen bezüglich der koordinativen anionischen bzw. koordinativen kationischen Polymerisation hingewiesen, die sich zum Teil auf heterogene Reaktionssysteme beziehen.

Kationische Polymerisationen unter heterogenen Bedingungen sind weit weniger beschrieben, und gesicherte Kenntnisse zum Mechanismus derartiger Reaktionen existieren praktisch nicht. Aus diesem Grunde sollen heterogene kationische Polymerisationen außerhalb unserer weiteren Betrachtungen bleiben. In diesem Abschnitt werden lediglich einige Schwerpunktarbeiten genannt, die zur kurzen Information dienen können.

Der Grund für das geringe Interesse an heterogener Reaktionsführung bei kationischen Polymerisationen besteht sicherlich darin, daß die Produkteigenschaften (z. B. Molekulargewicht, Stereoregulierung) gegenüber der homogenen Katalyse keine Vorteile besitzen. So sind die zu erreichenden Molekulargewichte mit „sauren Oberflächenkatalysatoren" im allgemeinen niedriger als bei homogener Katalyse.

Eine Ausnahme stellen die WICHTERLE-Katalysatoren [217, 218] dar. Bei der Reaktion von Aluminiumalkoholaten mit BF_3 in Hexanlösung entsteht ein Niederschlag, der selbst bereits zur Polymerisation von Isobutylen befähigt ist. Die katalytische Aktivität kann jedoch um Größenordnungen gesteigert werden, wenn auf der Oberfläche des festen Katalysators bestimmte Mengen $TiCl_4$ adsorbiert werden. Während mit BF_3 oder $TiCl_4$ in homogener Reaktion die Molekulargewichte des Polyisobutylens um 100000 liegen, werden mit dem Dreikomponentenkatalysator Molekulargewichte um 600000 erreicht. Interessanterweise erhält man die hohen Molekulargewichte, wenn sekundäre Alkoholate zur Präparation des Katalysators verwendet werden, mit primären Alkoholaten dagegen niedrigere Molekulargewichte.

Die Besonderheit im Mechanismus dieser heterogen katalysierten Polymerisation besteht offensichtlich in der gegenüber homogenen Systemen verringerten Auswirkung kettenlimitierender Faktoren (Abschnitt 3.5.). Auf die „Mitwirkungshandlung" des Gegenions bei der Desaktivierung der wachsenden Kette wurde bereits mehrfach hingewiesen (Abschnitt 2.1.4., desgl. Abschnitt 3.2.1., Formeln XXIII und XXVIII). In (XXVIII) hatten wir bereits ein Beispiel der Molekulargewichtserhöhung durch die Anwesenheit von Metall- oder Oxidoberflächen und die dadurch veranlaßte „Fixierung" des Gegenions kennengelernt. Auch für die Strahlungspolymerisation des Isobutylens werden höhere Molekulargewichte gefunden, wenn Festkörperoberflächen zugegen sind, die, möglicherweise selbst durch die Strahlung aktiviert, vorhandene nucleophile Verunreinigungen (z. B. H_2O, s. Abschnitt 2.3.1.) durch Chemisorption binden [219, 220].

In ähnlicher Weise könnte für den vorstehend geschilderten Fall der WICHTERLE-Katalysatoren die Mobilität des Gegenions durch Fixierung an der Katalysatoroberfläche reduziert sein. Die Höhe des Molekulargewichtes wird dann von der Diffusionsgeschwindigkeit des Monomeren zum Reaktionszentrum am Katalysator abhängig.

Heterogene Bedingungen lagen auch bei einigen stereoregulierten Polymerisationen vor, wobei hauptsächlich Vinyläther als Monomere Verwendung fanden und damit ein kationischer Mechanismus naheliegt. Unter diesem Aspekt ist z. B. das klassische Experiment von SCHILDKNECHT und Mitarbeitern [221] zu sehen, die kristallinen, isotaktischen Polyisobutylvinyläther erhielten, wenn eine Mischung von Isobutylvinyläther in flüssigem Propan und fein zerstoßenem Trockeneis bei —60 bis —80 °C mit einigen Tropfen Bortrifluoridätherat versetzt wurde. Die Reaktionszeit ist mit 0,5 bis 2 Stunden im Vergleich zur homogen katalysierten Reaktion ungewöhnlich lang. Es wird daher auf eine langsame Wachstumsreaktion an mikrodispersen Katalysatortröpfchen geschlossen, wobei sich das wachsende Polymere als getrennte Phase im Monomer/Propan-Gemisch suspendiert befindet. Auf Grund dieser Anschauung wird hier auch die Bezeichnung

„Polyphasenreaktion" verwendet [222]. Die Bildung isotaktischer Polymerer würde als Folge der relativ geringen Reaktivität und einer am wachsenden Festkörper aus sterischen Gründen bewirkten Selektivität anzusehen sein. Es kann jedoch heute als gesichert gelten, daß die geschilderte Phasenheterogenität keine Voraussetzung für den Erhalt isotaktischer Polyvinyläther ist [222]. Darauf wird an anderer Stelle näher eingegangen.

Isotaktischer Polyisobutylvinyläther konnte jedoch auch bei Raumtemperatur unter heterogenen Bedingungen erhalten werden, wenn Metallsulfat-Schwefelsäure-Katalysatoren eingesetzt wurden [223]. $Al_2(SO_4)_3$, $MgSO_4$ oder $Cr_2(SO_4)_3$ mit bestimmten Mengen an H_2SO_4 versetzt, werden in Hexan aufgeschlämmt und ergeben nach längerer Reaktionszeit als bei homogener Reaktionsführung kristallinen isotaktischen Polyisobutylvinyläther. Molekulargewichte und Taktizität hängen in nicht übersichtlicher Weise von der Natur des Katalysators (möglicherweise infolge der Hygroskopizität), den Rührbedingungen und der Temperatur ab. Mit anderen Katalysatoren, wie z. B. $VOSO_4/H_2SO_4$ in Hexan, konnte bei Raumtemperatur, aber auch bei tiefen Temperaturen keine Stereoregulierung erreicht werden [224]. Über den Mechanismus der Reaktion besteht keine Klarheit. Nahe liegt eine Initiierung durch Protonen und somit eine kationische Polymerisation, deren Ursache für die festgestellte Stereoregulierung möglicherweise ähnlich zu deuten ist, wie weiter oben als „modifizierte Gegenionwirkung" beschrieben wurde.

Bei der heterogenen Isobutylvinylätherpolymerisation durch Polystyrolsulfonsäuren konnten Polymere mit zwar relativ niedrigem Molekulargewicht erhalten werden, die jedoch ebenfalls in starkem Maße isotaktische Sequenzen aufwiesen. Die Kinetik der Reaktion ist der homogenen Styrolpolymerisation mit H_2SO_4 analog [225]. Dies könnte auf eine normale säurekatalysierte Polymerisation hindeuten, wobei die Selektivität im Wachstumsschritt eventuell mit einem Matrixeffekt des festen Katalysators zusammenhängt.

3.3. Die Wachstumsreaktion und die Natur des Zwischenzustandes

In den voranstehenden Abschnitten wurden die „Reaktionsteilnehmer" kationischer Polymerisationen besprochen. Desgleichen erfolgten im Kap. 2. Hinweise auf die Natur von Ionen, Ionenpaaren oder die Rolle von Gegenionen etc. Zur reaktionstheoretischen Betrachtung einfacher organischer Reaktionen sollte dieses Material bereits ausreichen, um nach Auswahl geeigneter Konzentrationsmessungen die Kinetik der Reaktion zu überprüfen und auf diesem Wege, durch eine Reihe nichtkinetischer Argumente gestützt, einen Mechanismus zu entwickeln. Auf Grund des außerordentlich komplexen Reaktionsverlaufes kationischer Polymerisationen ist jedoch im allgemeinen nur die „Bruttogeschwindigkeit" direkt zugänglich (vgl. Kap. 1., Abschn. 1.2. XXVI), während Aussagen über die Kinetik der Teilschritte an eine Reihe von Bedingungen und Postulate (Stationaritätsprinzip etc., vgl. Abschn. 1.2.) geknüpft sind, deren strenge Gültigkeit nur auf Einzelfälle zutrifft. Hinzu kommt die Schwierigkeit, daß mit den herkömmlichen Methoden der Kinetik besonders die erste Phase der Reaktion (unmittelbar nach der Initiierung) selten genau erfaßt werden konnte und somit stationäre Bedingungen nur vorgetäuscht werden. Dies führte in vielen Fällen zu einer retrospektiven kinetischen Bestätigung gedachter Mechanismen, die die Ursache häufiger Controversen bei der Untersuchung des gleichen Systems sind.

Um daher im Abschnitt 3.7. in geschlossener Abhandlung einige Fälle stationärer und nichtstationärer Kinetik sowie den leichten Wechsel bei Variation der Bedingungen darlegen zu können, erscheint es notwendig, zunächst weitere experimentelle Fakten über den „Chemismus" der kationischen Polymerisation zu ergänzen. Dabei wird sichtbar, daß umfangreiche Kenntnisse über Mikroprozesse der Teilreaktionen und Parallelreaktionen (vgl. Schema III) erforderlich sind, um kinetische Daten hinsichtlich des Gesamtablaufs der Reaktion richtig einzuordnen. Gleichzeitig sollte im folgenden herausgestellt werden, daß es in absehbarer Zukunft, über die gesamte Breite der kationischen Polymerisation, nicht möglich sein wird, alle offenen Fragen zu klären, und daher die Auswahl geeigneter Systeme in den Vordergrund rückt.

Bei der Charakterisierung der aktiven Spezies im Polyadditionsschritt bietet sich eine ähnliche Situation wie bei der Diskussion von S_N1- und S_N2-Mechanismen. Beide Typen stellen Grenzfälle dar, während sich das reale Verhalten dazwischenliegend in Abhängigkeit von den Reaktionsbedingungen und der Struktur der Reaktanden mehr dem einen oder dem anderen Grenzfall annähert.

Für die kationische Polymerisation könnte der Grad der Ladungstrennung im Zwischenzustand als Kriterium gelten. Danach würden als Grenzfälle die Bildung eines freien Carbenium-Ions (LIIa) bzw. eines polaren Esters (LIIc) in Frage kommen, während die Ionenpaarbildung (LIIb) eine Zwischenstellung einnimmt.

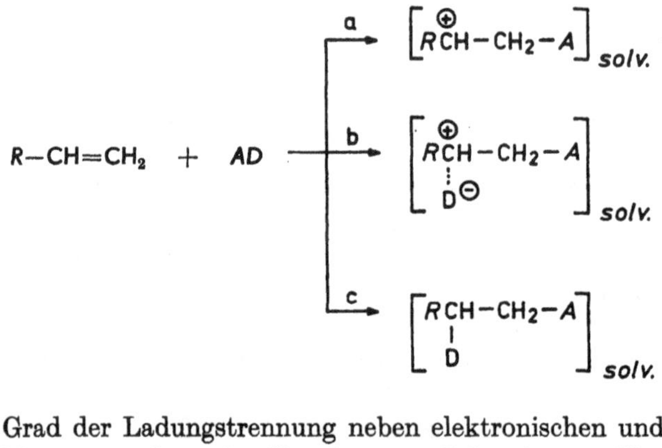

(LII)

Da der Grad der Ladungstrennung neben elektronischen und sterischen Faktoren im Monomeren bzw. im Katalysator- Cokatalysator-Komplex (*AD*) von der Temperatur und der Solvatationskraft des Lösungsmittels abhängt, erscheint es nicht sinnvoll, die in (LII) gezeigten Möglichkeiten nach dem „Ausschließlichkeitsprinzip" zu diskutieren. Es ist wesentlich wahrscheinlicher, daß nebeneinander Kettenträger unterschiedlicher Natur wirksam sind. Für diese Multiplizität der Kettenträger werden von P. H. PLESCH [123] die Ausdrücke „monoeidic“ und „dieidic“ bzw. „enieidic“ (vom griechischen *enioi* = *verschiedene* und *eidos* = *Form*) vorgeschlagen. Danach würde z. B. die simultane Wachstumsreaktion über getrennt dissoziierte Ionen und über Ionenpaare unterschiedlicher Aggregation dem letztgenannten Typ zugehören. Mit einem derartigen Verhalten muß wohl bei vielen kationischen Polymerisationen gerechnet werden, zumal in den weniger polaren Lösungsmitteln das reversible Gleichgewicht zwischen getrennten Ionen und Ionenpaaren stark auf der Seite der Ionenpaare liegen dürfte. Schließlich werden in unpolaren, inerten Lösungsmitteln (z. B. Hexan) kaum getrennte Ionen vorliegen. Für Isobutylen wird die Energie zur Ladungstrennung in derartigen Lösungsmitteln auf etwa 80 kcal geschätzt [226]. Bei anderen aliphatischen Monoolefinen sollte sie aus Gründen geringerer innerer Stabilisierung noch etwas höher liegen.

Im Abschnitt 2.3.1. wurde im Anschluß an Tab. 10 bereits auf den außerordentlichen Geschwindigkeitsunterschied bei der Wachstumsreaktion zwischen freien Ionen und Ionenpaaren hingewiesen, und in Abschnitt 2.1.3. wurde mit Formel (XXVI) ein prinzipieller Ansatz entwickelt, wonach z. B. die Geschwindigkeitskonstanten aus Reaktionen mit simultaner Wachstumsreaktion separiert werden könnten. Da wir jedoch im allgemeinen weder den Dissoziationsgrad der Ionenpaare noch die Konzentration an Kettenträgern unterschiedlicher Natur kennen, ist eine derartige Separierung für die kationische Polymerisation von Vinylmonomeren äußerst schwierig. Im Abschnitt 3.7. wird im Zusammenhang mit der Kinetik nochmals auf diesen Sachverhalt eingegangen. Generell sei jedoch vorweggenommen, daß die praktische Möglichkeit zur Bestimmung der spezifischen Geschwindigkeiten am ehesten beim Einsatz stabiler Carbeniumionensalze erfüllt werden kann. Dies trifft besonders dann zu, wenn z. B. durch parallele Leitfähigkeitsmessungen festgestellt wird, daß der Katalysator ($Ph_3C^{\oplus}$ $SbCl_6^{\ominus}$ u. a.) vollständig in Ionen dissoziiert ist [201], oder andererseits vollständig als Ionenpaar fungiert ($Ph_3C^{\oplus}HgCl_3^{\ominus}$ in 1,2-Dichloräthan) [202]. Schließlich bieten stabilere „Oniumionen“ (vgl. Abschnitt 3.6.) in Kombination mit stabilen Gegenionen (Abschnitt 2.1.4.) ebenfalls bessere Voraussetzungen, da hier meist eindeutige Verhältnisse bezüglich des Reaktionsablaufes herrschen. Somit ergibt sich die wenig erfreuliche Situation, daß die am meisten praktisches Interesse beanspruchenden Polymerisationen der Vinylmonomere mit den „einfachsten“ Katalysatoren (Protonsäuren, LEWIS-Säuren), kaum geeignet sind, um die Wachstumsreaktion exakt zu erfassen. Die Übertragbarkeit von Daten aus „angepaßten“ Bedingungen auf die gesamte Breite der kationischen Polymerisation dürfte dagegen kaum diskutabel sein.

So kann gegenwärtig nur eine qualitative Diskussion auf Grund von kinetischen, spektroskopischen und konduktometrischen Messungen sowie von Rückschlüssen aus Struktur und Eigenschaften der Polymeren über eine graduelle Bevorzugung eines Weges nach (LII) erfolgen. Der Nennung einiger Beispiele vorweggestellt, soll zunächst gezeigt werden, wie in Abhängigkeit von den Bedingungen die Natur des Zwischenzustandes außerordentlich wechselhaft gestaltet werden kann.

Als eine geeignete Methode zur Diagnose des Zwischenzustandes erwies sich die Kombination von *UV*-Spektroskopie bei tiefen Temperaturen mit relativen Leitfähigkeitsmessungen auf der Grundlage der Hochfrequenzkonduktometrie (Arbeitsweise mit Außenelektroden bei nahezu trägheitsloser Registrierung; vgl. [211]).

Die kationische Dimerisation des 1,1-Diphenyläthylens führt in Abhängigkeit von den Reaktionsbedingungen (Acidität des Mediums, Reaktionsdauer) entweder bevorzugt zum 1,1,3,3-Tetraphenylbuten-1 oder zum 3-Methyl-1,1,3-triphenylindan [227]. Im Bild 16 ist das zeitabhängig registrierte Absorptionsspektrum der Dimerisierung mit $SnCl_4$ in 1,2-Dichloräthan dargestellt. Man erkennt neben der bei 431 nm sofort erscheinenden Bande des Monomerkations [227—232], mit zunehmender Reaktionsdauer eine zusätzliche Absorption bei 412 nm, die aus Vergleichsmessungen mit 1,1,3,3-Tetraphenylbuten-1 dem dimeren Kation zugeordnet werden konnte [211].

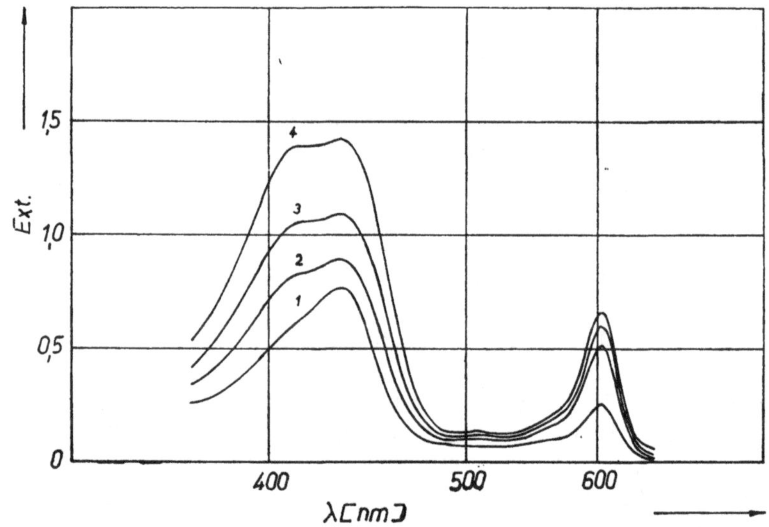

Bild 16. Absorptionsspektrum des 1,1-Diphenyläthylens in 1,2-Dichloräthan mit $SnCl_4$ als Katalysator [211]

1 — Registrierung nach Vermischung der Komponenten; *2* — nach 10 Minuten; *3* — nach 40 Minuten; *4* — nach 75 Minuten

Gleichzeitig kann während der Reaktion eine hohe elektrische Leitfähigkeit beobachtet werden, so daß insgesamt eine Dimerisation angenommen wird, die bevorzugt über freie solvatisierte Ionen verläuft [211].

In (LIII) dürften die starke innere Stabilisierung des Zwischenzustandes für die Bildung und die auf Grund sterischer Hinderung fehlende Polymerisationsneigung für die Nachweismöglichkeit freier Ionen verantwortlich sein. In [231] befindet sich eine detaillierte Diskussion spektroskopischer Untersuchungen von arbeni umionen aus aromatischen Olefinen. Dort wird auch auf frühere Fehlinterpretationen hingewiesen, deren Ursache auf mangelnde Reinheit der Systeme zurückzuführen ist.

Bei Kettenträgern geringerer Resonanzstabilisierung sind die Verhältnisse jedoch wesentlich komplizierter [211].

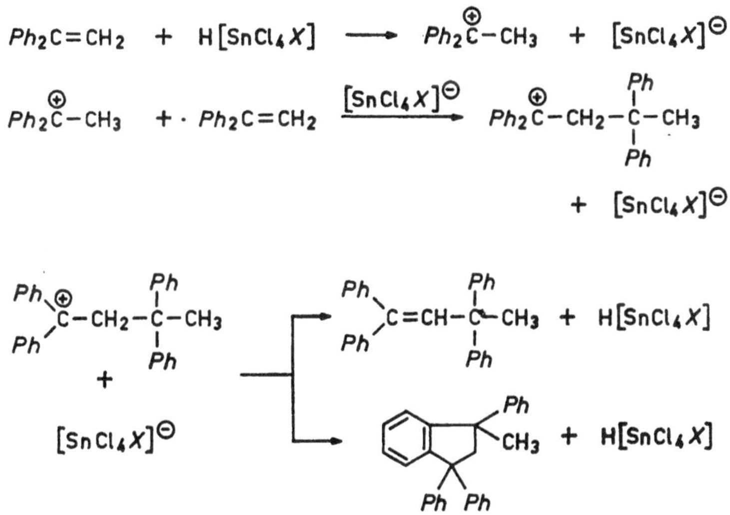

(LIII)

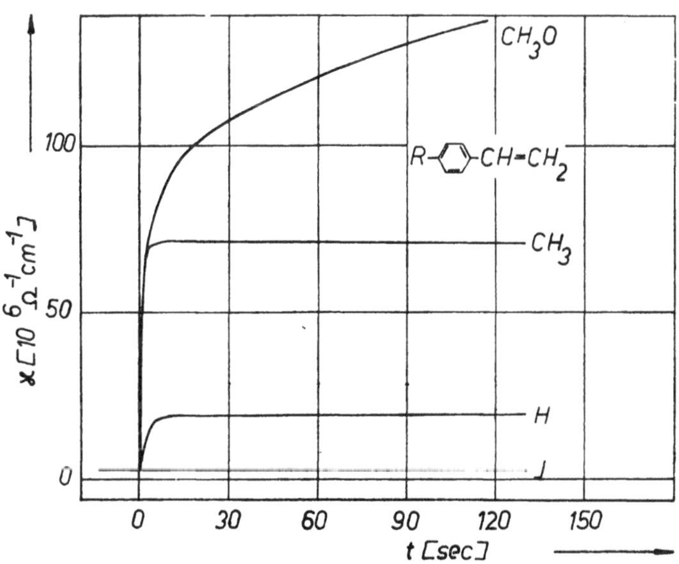

Bild 17. Verlauf der Leitfähigkeit bei der Polymerisation p-substituierter Styrole in CH_2Cl_2 mit $SbCl_5$ als Katalysator [233]
$[M]_0 = 7{,}1 \cdot 10^{-2}$ Mol/l; $[SbCl_5] = 6{,}5 \cdot 10^{-3}$ Mol/l

So konnte z. B. in den Spektren p-substituierter Styrole, die in Dichloräthan mit $SnCl_4$ polymerisiert wurden, nur im Falle des p-Methoxystyrols eine für das entsprechende Kation charakteristische Bande (380 nm) beobachtet werden. Unter gleichen Bedingungen durchgeführte Leitfähigkeitsmessungen ergaben ebenfalls einen Anstieg der Leitfähigkeit während der Polymerisation des p-Methoxystyrols, dagegen nicht für p-Methylstyrol oder das Styrol selbst. Wenn jedoch zur Initiierung sehr starke Lewis-Säuren (z. B. $SbCl_5$) verwendet werden, so ergeben sich starke Leitfähigkeitserhöhungen während der Polymerisation, die bei p-substituierten Styrolen mit zunehmender innerer Stabilisierung des Zwischenzustandes ansteigen (LIV).

$$\text{p-Jodstyrol} < \text{Styrol} < \text{p-Methylstyrol} < \text{p-Methoxystyrol} \qquad \text{(LIV)}$$

Für die Polymerisation der p-sustituierten Styrole (LIV) mit $SbCl_5$ in Methylenchlorid sind die Ergebnisse der Hochfrequenzkonduktometrie im Bild 17 wiedergegeben.

Mit den gleichen p-substituierten Styrolen konnte dagegen im System Toluol/$AlBr_3$ bei der Zugabe des Monomeren ein starker Leitfähigkeitsabfall nachgewiesen werden [211]. Die Lösung von $AlBr_3$ und Toluol in CH_2Cl_2 zeigt eine intensiv gelbe Farbe mit einem Absorptionsmaximum bei 445 nm und eine hohe Leitfähigkeit. Bei Zugabe des Monomeren erfolgt Polymerisation unter Entfärbung der Lösung und deutlicher Abnahme der Leitfähigkeit (Tab. 19).

Tabelle 19. Verlauf der Leitfähigkeit bei der Polymerisation p-substituierter Styrole im System $AlBr_3$/Toluol/CH_2Cl_2 bei Raumtemperatur ($[M]_0 = 7{,}1 \cdot 10^{-2}$ Mol/l; $[AlBr_3] = 7{,}1 \cdot 10^{-3}$ Mol/l; [Toluol] $= 7{,}9 \cdot 10^{-2}$ Mol/l; nach [233])

Grundleitfähigkeit	$\varkappa$ $[10^6\ \Omega^{-1}\text{cm}^{-1}]$
$AlBr_3$/Toluol/CH_2Cl_2	470
p-Jodstyrol	440
Styrol	380
p-Chlorstyrol	350
p-Methylstyrol	285
p-Methoxystyrol	50

Die Bildung derartiger „Friedel-Crafts-Komplexe“, für die bereits im Grundzustand Gleichgewichte mit Radikalionen nachgewiesen wurden [234, 235], erklärt eventuell manche Beobachtungen, die der oft zitierten „Sonderrolle“ aromatischer Lösungsmittel bei kationischen Polymerisationen zugeschrieben werden.

Insgesamt verdeutlichen die hier kurz erwähnten Meßergebnisse, daß offensichtlich kein Monomeres für einen bestimmten Typ der im Zwischenzustand vorliegenden aktiven Spezies prädestiniert ist. Bei starker Resonanzstabilisierung der Kettenträger, stabilem Gegenion und stark polarem Medium sollten bevorzugt Ionen, andernfalls Ionenpaare als Kettenträger wirken.

Ohne auf Einzelheiten bezüglich der Nachweismethoden einzugehen, seien im folgenden einige Beispiele genannt, für die einer der in (LII) angegebenen Grenzfallmechanismen vorrangig diskutiert wird. Über den relativen Charakter derartiger Aussagen dürfte angesichts der vorstehend erwähnten Meßergebnisse kein Zweifel bestehen.

Umfangreiche Untersuchungen am Isobutylen haben ergeben, daß mit Katalysatoren wie $AlCl_3$ und $SnCl_4$ in Gegenwart von Wasser als Cokatalysator und Äthylchlorid als Lösungsmittel sehr wahrscheinlich Carbenium-Ionen als Kettenträger fungieren, wenn die Polymerisation bei —78 °C durchgeführt wird [123].

Für $TiCl_4/H_2O$ in Methylenchlorid können die experimentellen Ergebnisse im Falle des Isobutylens am eindeutigsten erklärt werden, wenn als Kettenträger sowohl Carbenium-Ionen als auch Ionenpaare angenommen werden, wobei die anteilmäßige Beteiligung in Abhängigkeit von der Temperatur wechselt [236].

Wie bereits im Abschnitt 3.1.1. erwähnt (vgl. Formel V), wird die Polymerisation aliphatischer Olefine mit Lewis-Säuren oft von Isomerisierungsreaktionen unter Hydridwanderung begleitet, die zu Kettenverzweigungen führen [30]. Obwohl direkte experimentelle Beweise noch ausstehen, wird angenommen, daß derartige Hydridwanderungen nur unter Mitwirkung der starken elektrophilen Kraft von Carbenium-Ionen verständlich sind. So bildet 3-Methylbuten-1 oberhalb —80 °C Linearpolymerisate der Struktur (LV). Bei —120 °C werden Polymere der Struktur (LVI) erhalten.

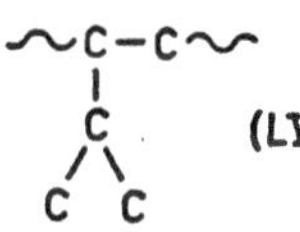
(LV)

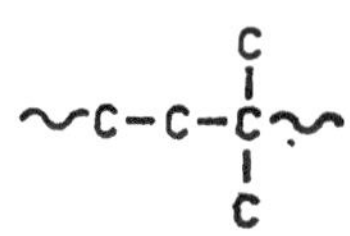
(LVI)

P. H. Plesch bezeichnet derartige Polymere als „phantom polymers", da für sie kein entsprechendes Monomeres existiert. Offensichtlich wird bei der sehr tiefen Temperatur die Wachstumsgeschwindigkeit (v_p) der Linearpolymerisation stark vermindert, so daß die intramolekulare Stabilisierung des Carbenium-Ions schneller erfolgt und das durch Isomerisierung gebildete tertiäre Carbenium-Ion als Kettenträger fungiert.

$$\sim\!\sim CH_2-\overset{\oplus}{C}H-CH(CH_3)_2 \longrightarrow \sim\!\sim CH_2-CH_2-\overset{\oplus}{C}(CH_3)_2 \qquad \text{(LVII)}$$

Mit der Reaktion nach (LVII) soll ein Energiegewinn von 11 kcal/Mol verbunden sein [30]. Ein derartiger Mechanismus wurde ebenfalls bei der kationischen Polymerisation von Vinylcyclohexan nachgewiesen [237, 238]. Gerade an diesem Monomeren konnte jedoch gezeigt werden, daß das Verhältnis von 1,2- zu 1,3-Polymerem nicht nur die erwähnte Temperaturabhängigkeit zeigt, sondern ebenfalls vom Katalysator, dem Lösungsmittel oder von Akzeptorzusätzen (Tetracyanäthylen) abhängt [239]. Diese Befunde deuten mehr auf die Beeinflussung eines Gleichgewichts von Ionen und Ionenpaaren im Zwischenzustand hin.

Zu den Ausführungen im Abschnitt 3.1.2. sei ergänzt, daß für die Polymerisation des Cyclopentadiens und seine methylsubstituierten Derivate ein Ionenpaar-

Mechanismus angenommen wird [125], wobei unter geeigneten Bedingungen die Beteiligung getrennt solvatisierter Ionen sehr wahrscheinlich ist [240]. Aus dem Anteil der 1,2- bzw. 1,4-Struktur im Polymeren (LVIII) kann hier auf den Grad der Ladungstrennung im Polyadditionsschritt geschlossen werden.

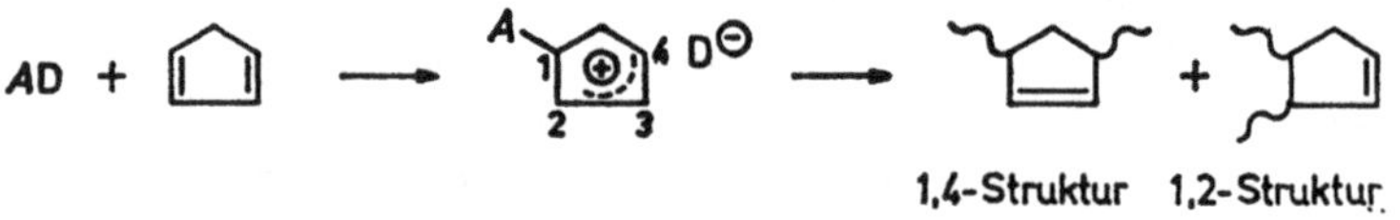

(LVIII)

In Abhängigkeit von der Katalysatoraktivität ($TiCl_4 > AlBr_3 > SnCl_4 > BF_3 \cdot OEt_2$) und der Polarität des Lösungsmittels erhält man bei einem getrennten Ionenpaar mit symmetrischer Ladungsverteilung im Carbenium-Ion annähernd gleiche Anteile der 1,4- und 1,2-Struktur. Bei der über freie Kationen formulierten Polymerisation des Cyclopentadiens durch γ-Strahlen wird ebenfalls eine ungefähre Gleichverteilung beider Strukturen erhalten [97]. Im Gegensatz dazu erfolgt in einem inneren Ionenpaar (z. B. $BF_3 \cdot OEt_2$, unpolares Lösungsmittel) aus sterischen Gründen [125] eine Bevorzugung der 1,4-Struktur. Wird die Polymerisation des Cyclopentadiens in Akzeptorlösungsmitteln (CS_2, SO_2) durchgeführt, so tritt sowohl mit $BF_3 \cdot OEt_2$ als auch mit $AlBr_3$ eine Kettenvernetzung auf, die zu einem in Benzol unlöslichen Produkt führt [241]. Die unter Ausschluß von Sauerstoff erfolgende Vernetzung ist von der Konzentration des Polymeren in der Reaktionslösung abhängig. Es liegt nahe, daß durch die spezifische Anionsolvatation der Akzeptorlösungsmittel eine starke Ladungstrennung erfolgt und in diesem Fall Carbenium-Ionen als Kettenträger wirken, deren erhöhte Reaktivität durch eine verminderte Selektivität im Polyadditionsschritt zum Ausdruck kommt [241]. Die Abhängigkeit der Vernetzungstendenz von der Polymerkonzentration könnte auf eine Reaktion mit dem „toten Polymeren" hinweisen, wie sie verallgemeinert in (V) als intermolekulare Hydridübertragung formuliert wurde [161, 242]. Die Vernetzung der verzweigten Ketten erfolgt dann durch Reaktion mit einigen wenigen Doppelbindungen im Polymeren.

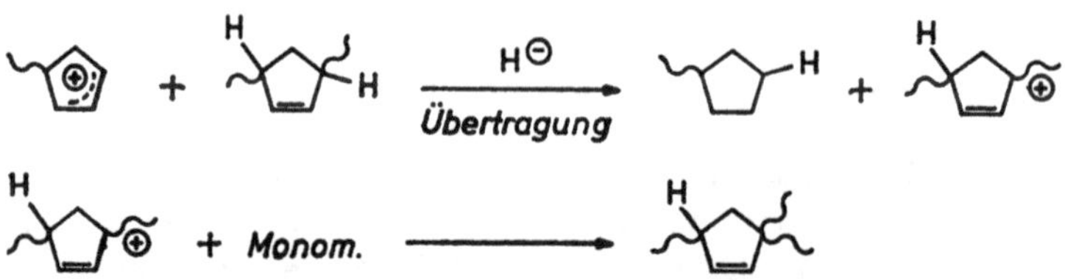

(LIX)

Als besonders problematisch muß die Frage nach dem Verhältnis von Ionen und Ionenpaaren bei aromatischen Vinylmonomeren und Vinyläthern betrachtet werden. Ohne Zweifel ist die Bildungstendenz des Zwischenzustandes infolge Resonanzstabilisierung gegenüber aliphatischen Olefinen begünstigt. Das konnte im Zusammenhang mit der Überprüfung der *LFE*-Beziehung in Bild 13 eindeutig gezeigt werden (vgl. S. 79). Wir haben dort bereits darauf hingewiesen, daß mit der steigenden inneren Stabilisierung der potentiellen Kettenträger zwar die zunehmende Monomerreaktivität erklärt wird, nicht dagegen, ob sich die Geschwindigkeitserhöhung vorrangig auf den Initiierungsschritt oder den Wachstumsschritt bezieht. Im Bild 18 ist der dekadische Logarithmus des Durchschnittspolymerisationsgrades von p-substituierten Polystyrolen gegen die HAMMETT-Konstante (σ) aufgetragen, um daraus einen Rückschluß auf die Reaktionsfähigkeit der Kettenträger im Zwischenzustand der Polymerisation zu erhalten [568].

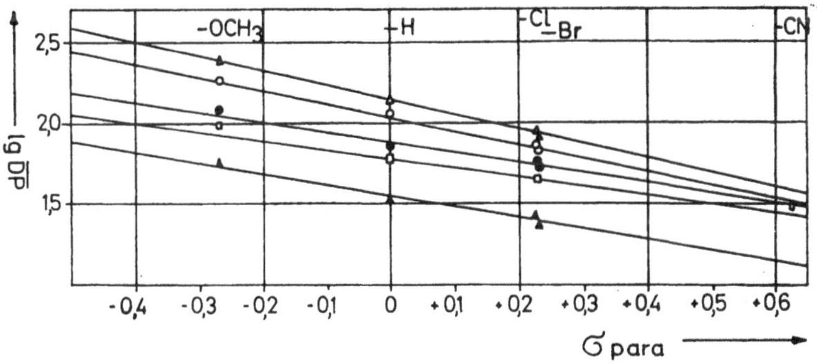

Bild 18. Auftragung von log $\overline{DP}$ gegen die σ-Werte von Hammett für p-substituierte Styrole [568].

Standardbedingungen: Monomerkonzentration 1,5 Mol/l; Katalysatorkonzentration 0,016 Mol/l; Cokatalysator (H_2O) 0,008 Mol/l; Temperatur 0 °C; Lösungsmittel CH_2Cl_2. ▲ $SbCl_5$, □ $TiCl_4$, ● $FeCl_3$, ○ $SnCl_4$, △ $BF_3 \cdot OR_2$

Mit zunehmender innerer Stabilisierung der Kettenträger durch elektronenliefernde Substituenten könnte ein Rückgang der „Ionenreaktivität“ vermutet werden, da die Kettenträger dann weniger elektrophil sein sollten. Andererseits ist bei stabilerem Zwischenzustand in geringerem Maße mit Konkurrenzreaktionen zuungunsten der Wachstumsreaktion zu rechnen (z. B. Isomerisierung, Cyclisierung). Weiterhin muß erwähnt werden, daß natürlich auch die Stärke der Wechselwirkung mit dem Gegenion und damit der Grad der Ladungstrennung infolge äußerer Stabilisierung durch Solvatation von Bedeutung ist. Dies soll mit den beiden Formulierungen in (LX) angedeutet werden, wonach im stärker stabilisierten Zwischenzustand die Wahrscheinlichkeit der Protonenübertragung geringer ist als bei stärkerer Beteiligung freier Ionen als Kettenträger.

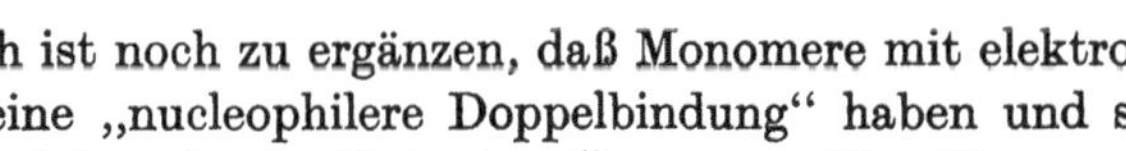

(LX)

Schließlich ist noch zu ergänzen, daß Monomere mit elektronenliefernden Substituenten eine „nucleophilere Doppelbindung“ haben und somit beim Angriff an die Kettenträger begünstigt sein sollten, gegenüber Monomeren mit elektronenanziehenden Substituenten.

Die sich z. T. gegenläufig beeinflussenden Effekte auf „Monomer- und Ionenreaktivität“ lassen eine Voraussage der Bedingungen für das Überwiegen eines Einflusses kaum zu.

In Bild 18 nimmt lg $\overline{DP}$ zu, wenn sich elektonenliefernde Substituenten in der p-Stellung der Monomeren befinden. Beim Wechsel des Katalysators (Bild 18), aber auch in verschiedenen Lösungsmitteln [568] werden lineare Abhängigkeiten gefunden. Danach würde in den allgemein wenig dissoziierend wirkenden organischen Lösungsmitteln vorrangig mit Ionenpaaren zu rechnen sein und die Wachstumsgeschwindigkeit durch die zunehmende Stabilität des Zwischenzustandes und die erhöhte Nucleophilie des angreifenden Monomeren bestimmt.

Andererseits schloß man in [139] für die Polymerisation p-substituierter Styrole aus der Auftragung der Reaktivität der wachsenden Ionen (R_I), die aus der Übertragungskonstante der Styrolkettenträger auf das Lösungsmittel Toluol bestimmt wurde, gegen die Substituentenkonstanten σ^+ (vgl. auch Bild 4 und Tab. 2 in [68]), auf ein entgegengesetztes Verhalten von Monomerreaktivität und der Reaktivität der wachsenden Ionen. Das experimentelle Material reicht gegenwärtig nicht aus, um zwischen der Reaktionsbereitschaft der Monomeren bzw. der Kettenträger zu unterscheiden. Die angegebenen Beispiele sprechen dafür, daß bei Variation des Polymerisationssystems leicht umkehrbare Verhältnisse auftreten dürften und somit keine allgemeingültige Antwort auf die oben aufgeworfene Frage gegeben werden kann.

Wenn z. B. durch spektroskopische Untersuchungen oder Leitfähigkeitsmessungen der Nachweis von Ionen im Reaktionssystem erbracht wird, so muß damit nicht notwendigerweise deren Funktion als Kettenträger gesichert sein. Wie im vorher diskutierten Falle sollten stets weitere Untersuchungen zu Hinweisen über die Natur der Kettenträger im Polyadditionsschritt von aromatischen Vinylmonomeren herangezogen werden [243].

Die Kenntnis der Partialgeschwindigkeiten würde ohne Zweifel bei weniger Worten mehr Sicherheit in die Argumentation bringen, aber die Polymerisation von Vinylaromaten mit Lewis-Säuren scheint nicht zu den am Anfang dieses Abschnittes angedeuteten „Vorzugssystemen" für deren Bestimmung zu gehören.

In diesem Zusammenhang soll nochmals auf die Diskussion des pseudokationischen Mechanismus eingegangen werden [126, 127, 244, 245, 246, 247, 248, 249, 250] (vgl. Abschnitt 3.).

Vorwiegend bei der Polymerisation des Styrols mit Protonsäuren (H_2SO_4, $HClO_4$) in polaren Lösungsmitteln konnte meist im Bereich bestimmter Konzentrationen der Reaktanden ein anormaler Leitfähigkeitsverlauf festgestellt werden.

So beobachtet man z. B. bei der Zugabe von $HClO_4$ zu einer Lösung von Styrol in CH_2Cl_2 zunächst eine äußerst schnelle Reaktion, die unter kurzzeitiger Orangefärbung und vorübergehender hoher elektrischer Leitfähigkeit erfolgt [248]. An diese sehr kurze Reaktionsphase, die wahrscheinlich mit der Bildung des Styrylkations (*UV*-Absorption ~ 306 nm) verbunden ist [250], schließt sich die eigentliche Polymerisation an, wobei die anfängliche Farbe verschwindet und die Leitfähigkeit stark abnimmt. Schließlich kommt es in einer dritten Reaktionsphase nach weitgehendem Verbrauch des Monomeren zu einer plötzlichen Gelbfärbung der Lösung, die wiederum von einem Anstieg der Leitfähigkeit begleitet ist. In diesem Reaktionsstadium wird dann das restliche Monomere sehr schnell verbraucht. Es wird angenommen, daß für das der eigentlichen Polymerisation nachgelagerte Verhalten das 3-Arylalkyl-1-phenylindanylkation (LXI) verantwortlich ist [248].

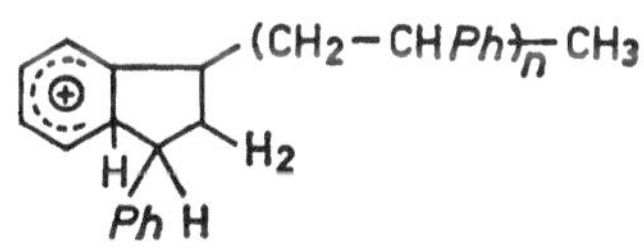

(LXI)

Vorrangig auf Grund des im Polyadditionsschritt („zweite Phase") erfolgenden Abfalls der Leitfähigkeit wurde von GANDINI und PLESCH postuliert, daß die Kettenträger der Polymerisation nicht ionischer Natur sein können und dem Perchlorsäureester des Styrols diese Funktion zukommt. Die sich ursprünglich aus Konzentrationsabhängigkeiten zwischen Styrol und $HClO_4$ ergebende Formulierung eines durch vier Styrolmoleküle „stabilisierten Perchlorsäureesters" als aktive Spezies wurde später durch eine „Einschubreaktion" des Styrols in den Arylalkylperchlorsäureester [251] mit cyclischem Übergangszustand (LXII) ersetzt.

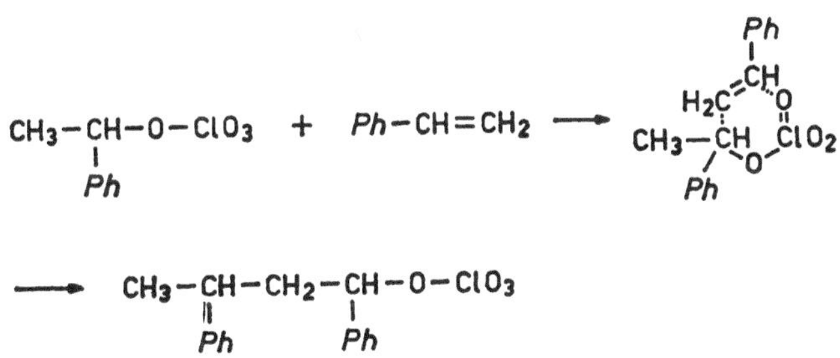

(LXII)

Es hat sich jedoch herausgesellt, daß ein derartiger Oligostyrylperchlorsäureester (LXII) relativ wenig reaktiv ist und eine Kettenträgerfunktion dieses Esters zu Ungunsten der im ersten Reaktionsstadium entstehenden Styrylcarbeniumionen kaum erklärbar sein dürfte. Anhand neuerer Untersuchungen der Leitfähigkeit des Systems in Gegenwart von Elektrolyten ($[n\text{-But}]_4N^{\oplus}ClO_4^{\ominus}$ bzw. $Li^{\oplus}ClO_4^{\ominus}$) sowie kinetischer Argumente, wird daher auf einen „Zweiwegmechanismus" geschlossen, der zum Teil über Perchlorsäureester und zum Teil über freie Ionen verlaufen soll, während die Beteiligung von Ionenpaaren durch Plausibilitätsbetrachtungen ausgeschlossen wird [248].

Die Schwierigkeit, eindeutige Schlußfolgerungen auf die bevorzugte Natur der Kettenträger zu ziehen, ist offensichtlich, zumal mit Sicherheit simultan reagierende aktive Spezies vorliegen, deren Konzentrationsänderung während der Reaktion zu unterschiedlichen „makroskopischen Meßeffekten" führt.

Im Bild 19 ist der Verlauf der Leitfähigkeit bei der Polymerisation p-substituierter Styrole im System $HClO_4/CH_2Cl_2/CH_3NO_2$ bei $-20\,°C$ wiedergegeben. Die Verwendung des Lösungsmittelgemisches ($CH_2Cl_2/CH_3NO_2 \sim 2:1$) ist zur besseren Löslichkeit der 72%igen $HClO_4$ erforderlich [233].

Man erkennt bei Zugabe des Monomeren im Falle des Styrols einen raschen Abfall der Leitfähigkeit (bei $t = 0$ ist $\varkappa \sim 65 \cdot 10^6\ \Omega^{-1}\ cm^{-1}$), dem mit zunehmendem Monomerverbrauch ein allmählicher Anstieg folgt. Bei weiterer Monomerzugabe fällt die Leitfähigkeit erneut ab, um im Verlauf der Polymerisation wieder anzusteigen. Dagegen zeigen die zur stärkeren inneren Stabilisierung befähigten p-Methyl- und vor allem p-Methoxystyrol unter den gleichen Bedingungen sofort einen Anstieg der Leitfähigkeit. Analoge Verhaltensweisen ergeben sich auch bei Leitfähigkeitsmessungen der gleichen p-substit. Styrole im System $CH_2Cl_2/SnCl_4$ (H_2O-Spuren als Cokat.) bei —40°C, das zudem noch einen Vergleich der unter gleichen Bedingungen erhaltenen *UV*-Spektren zuläßt [211]. Letztere enthalten

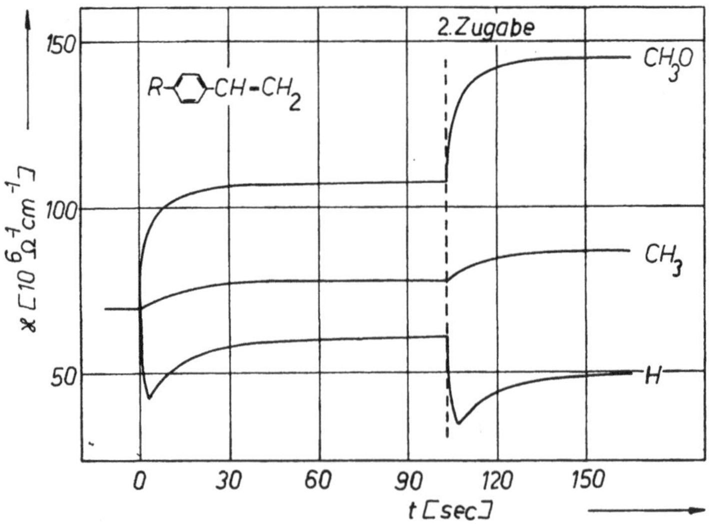

Bild 19. Verlauf der Leitfähigkeit bei der Polymerisation p-substituierter Styrole im System $HClO_4/CH_2Cl_2/CN_3HO_2$ bei —20°C

$[M]_0 = 7{,}1 \cdot 10^{-2}$ Mol/*l*; $(HClO_4) = 8{,}2 \cdot 10^{-3}$ Mol/*l*. Die verwendete $HClO_4$ enthielt 28% H_2O [233].

nur im Falle des p-Methoxystyrols eine Absorption zwischen 370—380 nm, die durch Spektrenvergleich in anderen aciden Medien Carbeniumionen zuzuordnen ist. Im Einklang damit steht die Erhöhung der Leitfähigkeit während der Polymerisation, die beim p-Methylstyrol minimal ist und beim Styrol nicht auftritt. Auf die Erhöhung des Anteils ionischer Kettenträger bei Verwendung starker Lewis-Säuren wurde bereits im Bild 17 hingewiesen. Es ist somit nachdrücklich zu unterstreichen, daß auf Grund spektroskopischer und konduktometrischer Messungen (vgl. S. 115) ein leichter Wechsel zwischen ionischen und nichtionischen Spezies im Zwischenzustand festgestellt werden kann. Die Messungen beweisen weiterhin Carbenium-Ionen bei der Initiierung und am Ende der Reaktion. Außer Zweifel steht auch die Wechselwirkung des Monomeren bei der mit dem

Gegenion konkurrierenden „assoziativen" Stabilisierung der Carbenium-Ionen (vgl. Abschnitt 2.1.1.), die ja eine Voraussetzung für die Wachstumsreaktion darstellt. Dabei könnte durch partiellen Ladungsausgleich unter Rückdrängung des ionaren Gleichgewichtsanteils ein „koordinierter Ionenpaar-Komplex" entstehen, über den sich die Wachstumsreaktion als synchroner Mehrzentrenprozeß vollzieht. In (LXIII) ist für die Styrolpolymerisation mit $SnCl_4$ und einen protonenaktiven Cokatalysator *HX* ein cyclischer Übergangszustand formuliert worden, der als Prinzipschema aufzufassen ist. Insgesamt sollte ein derartiger „Komplex" die Wachstumsreaktion neben freien Ionen, vor allem aber den leichteren Übergang zwischen Spezies verschiedener Aktivität, leichter erklären als ein erwiesenermaßen wenig reaktiver Ester, der als Grenzfall des Ladungsausgleiches nach Schema (LII) sogar in (LXIII) eingeschlossen sein könnte. Für die als pseudokationische Polymerisation diskutierte Reaktion von Vinyläthern mit Jod als Katalysator [252] wird in [253] ebenfalls eine Formulierung in Analogie zu (LXIII) vorgeschlagen.

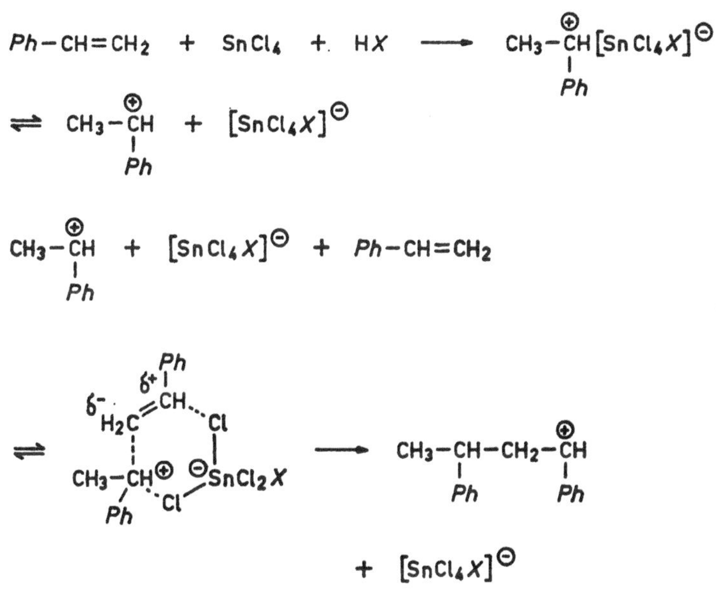

(LXIII)

Auf den Ausgangspunkt dieses Abschnittes zurückführend ist zu ergänzen, daß die Unterscheidung in „ionische" und „nichtionische" Kettenträger offenbar das reale Verhalten des Zwischenzustandes nicht richtig erfaßt. Wie an mehreren Beispielen gezeigt werden konnte, ist die anteilmäßige Beteiligung unterschiedlicher Spezies von der inneren und äußeren Stabilisierung des Zwischenzustandes abhängig und äußerst variabel. Die Bedingungen für eine bevorzugte Beteiligung von freien Ionen bzw. Spezies mit „geringerem Grad" der Ladungstrennung sollen hier nicht wiederholt werden. Schließlich sei daran erinnert, daß das in Abschnitt 2.1.3. diskutierte Ionisations-Dissoziations-Schema (vgl. Bild 8) eigentlich nur einen Modellfall mit diskreten Ladungsseparationen darstellt. Unter der Annahme weiterer, dicht beieinander liegender Energiezustände würde die Frage nach der Natur des Zwischenzustandes nur durch einen „quasi-kontinuierlichen“ Grad der Ladungstrennung zu beantworten sein und die vorherige Diskussion erschiene gegenstandslos.

Es muß schließlich bemerkt werden, daß in den vorgenannten Systemen nicht unter Wasserausschluß gearbeitet wurde (z. B. 72%ige $HClO_4$ oder $SnCl_4/H_2O$ als Katalysatoren). Ein wesentliches Argument der Autoren des pseudo-kationischen Mechanismus besteht jedoch gerade in der Nichtbeeinflußbarkeit der Reaktion durch Wasser, was mit einem ionischen Mechanismus im üblichen Sinne nicht vereinbar ist. Möglicherweise ist tatsächlich bei absolutem Wasserausschluß der kovalente Anteil am Zwischenzustand beträchtlich und damit die Verallgemeinerungsfähigkeit der erwähnten Reaktionsbeispiele eingeschränkt.

Allein der Wechsel des betrachteten Monomeren kann durch die Veränderung der elektronischen Stabilisierung des Zwischenzustandes zu diesbezüglichen Änderungen im Mechanismus der Wachstumsreaktion führen.

3.4. Kettenlimitierende Reaktionen

Eine umfassende Kennzeichnung der kettenlimitierenden Reaktionen mit verallgemeinerter Gültigkeit für alle kationisch polymerisierenden Systeme ist aus früher bereits angedeuteten Gründen nicht möglich. Es handelt sich dabei um die Nennung der Ursachen für die Begrenzung der Lebensdauer des Zwischenzustandes oder besser seiner Reproduktion (vgl. Bild 1B). Für ein bestimmtes Monomeres kann sich beim Wechsel des Katalysators, Cokatalysators, Lösungsmittels, der Temperatur sowie zufällig anwesender Verunreinigungen das Verhältnis der Polymerisationsgeschwindigkeit zu den kettenlimitierenden Faktoren stark ändern. Andererseits ist das Gewicht der einzelnen Einflüsse auf die Wachstumsreaktion bei verschiedenen Monomeren äußerst unterschiedlich. So spielen z. B. die kettenlimitierenden Faktoren bei der Polymerisation von Vinylmonomeren eine ungleich größere Rolle als etwa bei der Ringöffnungspolymerisation (Abschnitt 3.6.). Schließlich muß bemerkt werden, daß die Charakterisierung der kettenlimitierenden Faktoren nicht exakter sein kann als unsere Kenntnis über die Natur des Zwischenzustandes und z. B. solvatisierte Ionen anderer Argumente bedürfen als Ionenpaare. Über die Unsicherheit auf diesem Gebiet informierte der vorstehende Abschnitt.

In diesem Abschnitt soll versucht werden, zunächst etwas über den „Chemismus“ der Kettenlimitierung an Beispielen der Vinylpolymerisation darzulegen. Einige kinetische Aspekte, deren allgemeine Grundlagen bereits im Kap. 1. enthalten sind, werden in Abschnitt 3.7. ergänzt. Auf das Wechselverhältnis der Einzelfaktoren im Hinblick auf Polymerisationsgrad, Übertragungsneigung etc. wird in Abschnitt 3.8. genauer eingegangen.

Im allgemeinen Reaktionsschema (III) ist mit den Reaktionen (III d) und (III e) bereits eine Einteilung gegeben worden. Einzelheiten über die Vielzahl unterschiedlicher Abbruch- und Übertragungsreaktionen [24, 177, 129] sowie deren kinetische Behandlung [123, 189] müssen ausführlicheren Darlegungen entnommen werden.

Generell sei vermerkt, daß bei der kationischen Polymerisation wirkliche Abbruchreaktionen relativ selten sind und sich im wesentlichen auf drei Möglichkeiten beschränken:

a) Ladungsausgleich mit dem Gegenion oder einem Fragment des Gegenions:

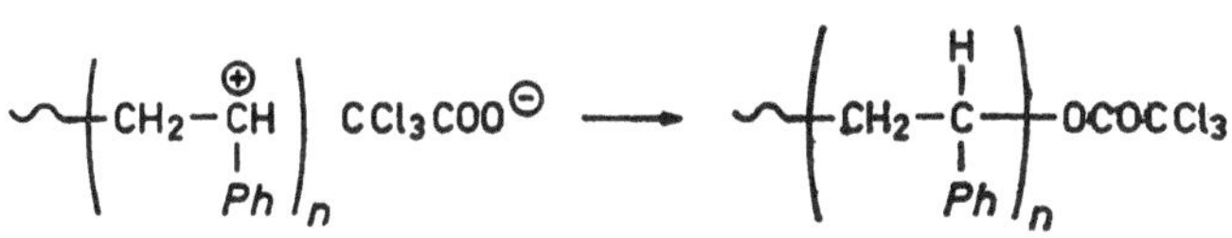
(LXIV)

(LXV)

b) Bildung eines hochstabilen Kations, das die Wachstumsreaktion nicht mehr fortsetzt und ein Äquivalent des Katalysatoranions bindet:

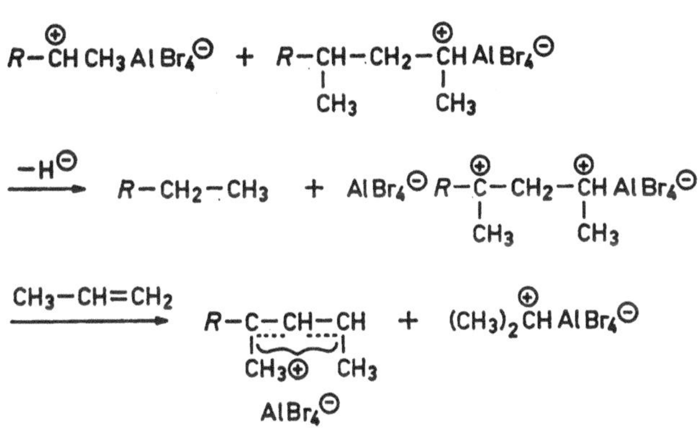
(LXVI)

Als vereinfachte Form nach (LXVI) kann der von KENNEDY und SQUIRES [254] eingehend untersuchte „Allyl-Abbruch" der Isobutylenpolymerisation in Gegenwart von Alkenen bzw. konjugierten Dienen aufgefaßt werden (LXVIa). Obwohl die Wachstumsreaktion durch die Bildung des nicht mehr als Kettenträger wirkenden stabilen Allylkations limitiert wird, geht dieser Stabilisierung eine Hydridübertragung (vgl. VI) voraus, so daß es sich weniger um eine „echte" Abbruchreaktion handelt, sondern vielmehr von einer mit Abbruch gekoppelten Übertragung gesprochen werden kann.

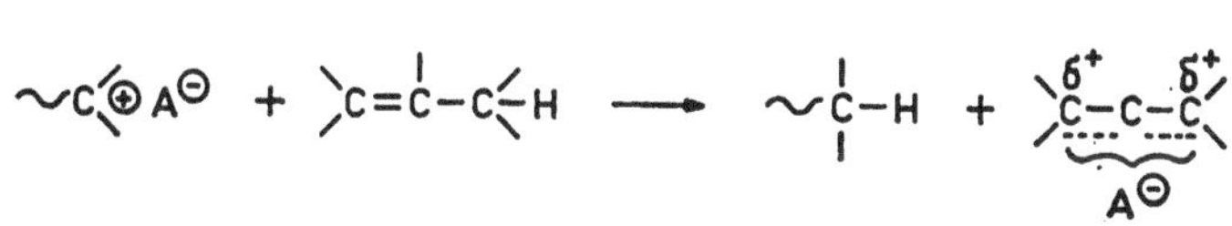
(LXVIa)

c) Bildung stabiler Onium-Ionen mit sauerstoff-stickstoff- oder schwefelhaltigen Verbindungen (Verunreinigungen oder Abbruchreagens)

$$R^{\oplus} + (R')_3N \longrightarrow R(R')_3N^{\oplus}$$

oder

$$R^{\oplus} + R'{-}OH \longrightarrow R{-}\underset{\substack{|\\ H}}{\overset{\oplus}{O}}{-}R' \overset{B}{\rightleftharpoons} R{-}O{-}R' + H{-}B^{\oplus} \qquad \text{(LXVII)}$$

Bei den Reaktionen (LXIV) und (LXVI) wird der Katalysator und bei (LXV) der Cokatalysator teilweise oder völlig verbraucht. Da aber bei den wenigsten kationischen Polymerisationen der Katalysator oder der Cokatalysator verbraucht werden und als Endgruppe im Polymeren verbleiben, sondern diese fast immer eine ungesättigte Endgruppe oder bei aromatischen Olefinen einen Indanylrest aufweisen, muß angenommen werden, daß die wesentlichere kettenlimitierende Funktion durch Übertragungsreaktionen bewirkt wird.

Die Abbruchreaktionen (LXIV) und (LXV) beziehen sich auf spezielle Fälle mit geringer Verallgemeinerungsfähigkeit. Da für die Erzielung möglichst hoher Molekulargewichte nur Katalysatoren mit Anionen geringer Nucleophilie geeignet sind (Abschnitt 2.1.4.), ist ein direkter Kettenabbruch durch Neutralisation mit dem Gegenion ohnehin wenig wahrscheinlich. Schließlich ist auch der eindeutige Nachweis von Abbruchreaktionen neben den fast in allen Fällen dominierenden Übertragungsreaktionen nur schwer zu erbringen. Wenn die Polymerisation beendet wird bevor das Monomere vollständig verbraucht ist, so könnte dieses Verhalten auf eine Abbruchreaktion schließen lassen, bei welcher z. B. der Katalysator oder der oft nur in Spuren vorhandene Cokatalysator (z. B. H_2O) verbraucht wird. In [123] sind einige Systeme dieser Art genannt. Es scheint allerdings nicht in jedem Falle bedacht zu sein, daß z. B. der Verbrauch des Cokatalysators (H_2O) auch durch den Katalysator irreversibel erfolgen kann. Im Abschnitt 3.2.2. wurde z. B. in Formel (XXXIII) auf eine derartige Möglichkeit hingewiesen. Bei einer echten Abbruchreaktion müßte somit neben der Bestimmung des Grenzumsatzes (Zeit-Umsatz-Kurve der gesamten Reaktion) noch der Nachweis vorliegen, daß sich das Katalysatoranion oder dessen Fragmente als Endgruppen im Polymeren befinden. Im Falle hoher Polymerisationsgrade reicht die analytische Genauigkeit der üblichen Methoden kaum aus, um einen solchen Nachweis zu führen. Dagegen konnte bei relativ niedrigen Molekulargewichten ($\sim$ 10000) für die Polymerisation des Isobutylens mit $SnCl_4$ und verschiedenen Phenolen als Cokatalysatoren deren konzentrationsabhängige Abbruchneigung (entsprechend LXVII) durch Endgruppenanalyse mit Hilfe der *UV*- und *NMR*-Spektroskopie nachgewiesen werden [255].

Die am häufigsten auftretende Übertragungsreaktion (IIIe) ist die Protonenübertragung an eine Base. Als solche kommt in erster Linie das Monomere selbst in Frage, weiterhin das Lösungsmittel (n-Donatoren, π-Donatoren) und das Gegenanion. Dieser Reaktionsschritt kann kinetisch nach erster oder zweiter Ordnung verlaufen. Es sind gegenwärtig keine Daten vorhanden, die eine der beiden Möglichkeiten mit Sicherheit ausschließen. Wahrscheinlich bietet sich hier eine ähnliche Situation wie bei der E_1- bzw. E_2-Eliminierung [41], die wiederum nur als Grenzfälle gelten können mit mehr oder weniger starker Überlagerung in Abhängigkeit von den stereoelektronischen Verhältnissen am Reaktionszentrum. Danach könnte man bei freien solvatisierten Carbeniumionen mit geringer innerer Stabilisierung (aliphat. Monomere) einen bevorzugt nach erster Ordnung ablaufenden Reaktionstyp (LXVIII) vermuten, während bei Kettenträgern mit starker innerer Stabilisierung (aromat. Monomere, Vinyläther) oder äußerer Stabilisierung (Ionenpaare mit Gegenion- bzw. Lösungsmittelwechselwirkung) ein Mechanismus nach der zweiten Ordnung bevorzugt sein sollte (LXIX).

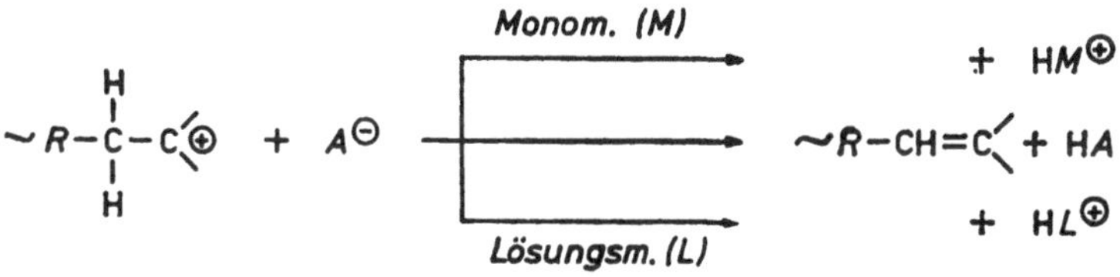

(LXVIII)

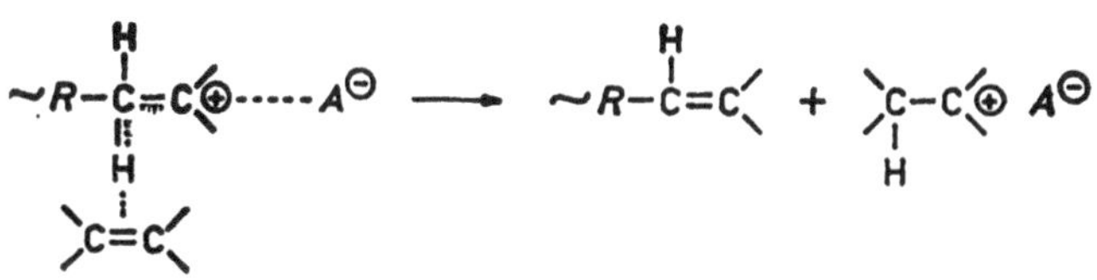

(LXIX)

Bei der praktischen Durchführung kationischer Polymerisationen versucht man den zur Erzielung hoher Molekulargewichte unerwünschten Übertragungsreaktionen durch Anwendung tiefer Temperaturen (höhere Aktivierungsenergie, vgl. Kap. 1.) zu begegnen. In einigen Fällen wurde auch eine Abnahme des Molekulargewichtes bei hohen Monomerkonzentrationen festgestellt. Auch bei Auftragung der Katalysatorkonzentration gegen das Molekulargewicht werden derartige Abhängigkeiten erhalten. Die Beispiele einer Abhängigkeit der Protonenübertragung von der Basenkonzentration (Monomeres, Gegenion etc.) deuten auf die Beteiligung bimolekularer Reaktionsschritte hin. Es muß allerdings bemerkt werden, daß diese Abhängigkeiten in bestimmten Konzentrationsbereichen Diskontinuitäten (Maxima bzw. Minima) aufweisen [189], die z. B. bei Variation der Temperatur ihre relative Lage verändern, sich verstärken oder verschwinden. Damit wird eindeutig auf die Beeinflussung eines Gleichgewichtes hingewiesen und die graduelle Beteiligung beider Möglichkeiten nach (LXVIII) bzw. (LXIX) bleibt für konkrete Fälle offen.

In aromatischen Lösungsmitteln wird folgende Art der Protonenübertragung beschrieben [123]:

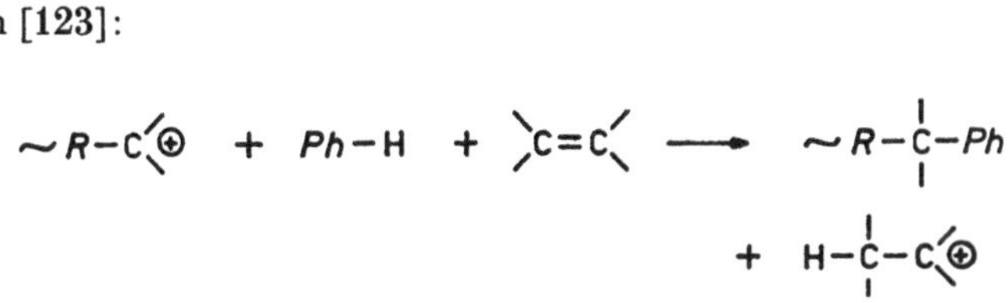

(LXX)

Es handelt sich hierbei um die FRIEDEL-CRAFTS-Alkylierung des Aromaten, wobei das im Zwischenzustand dieser „elektrophilen Substitutionsreaktion" abgespaltene Proton auf das Monomere übertragen wird.

Die vorzugsweise am Styrol untersuchte Übertragungsreaktion wurde für die Isobutylenpolymerisation in Gegenwart aromatischer „Überträger" ebenfalls nachgewiesen, jedoch ist das Verhältnis zwischen Übertragungs- und Wachstumsreaktion deutlich geringer [123].

Allerdings erscheint nicht in jedem Falle gesichert, ob die Übertragungsneigung aromatischer Lösungsmittel ausschließlich oder vorrangig nach (LXX) erfolgt. Berechnungen von Zwischenstufen und Übergangszuständen der elektrophilen aromatischen Substitution nach der *LCAO-MO-SCF*-Methode [256] ergeben z. B. für das Kation $[C_6H_{7-}]^+$, das als „protoniertes Benzol" aufgefaßt werden kann, eine Energiebarriere von 20 kcal/Mol (Raumtemperatur) zwischen einem π-Komplex und einem σ-Komplex (LXXI).

(LXXI)

Bei den häufig sehr tiefen Temperaturen kationischer Polymerisationen und im Falle schwächerer LEWIS-Säuren sollte eine derartige Energiebarriere für die gleiche Reaktion mit Carbeniumionen wesentlich höher sein. Eine FRIEDEL-CRAFTS-Alkylierung nah (LXX) erscheint dann weniger begünstigt als die Bildung eines π-Komplexes, durch bimolekulare Reaktion zwischen Proton und π-Donator (analog LXIX). Von diesem π-Komplex könnte das Proton dann auf das stärker basische aber nur in geringer Konzentration vorhandene Monomere (vergleichsweise zum Lösungsmittel) übertragen werden (LXXII).

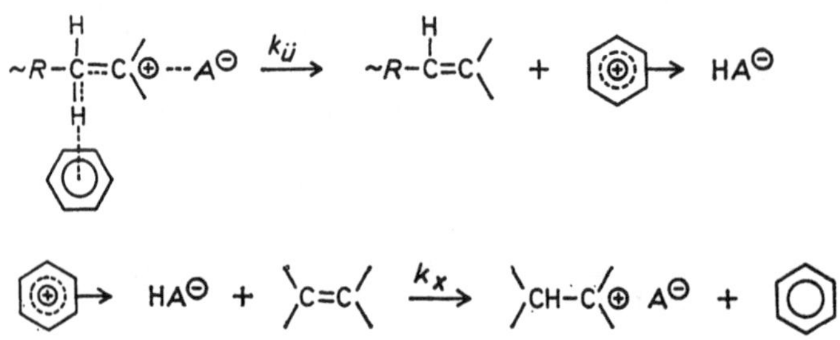

(LXXII)

In (LXXII) wurde mit $k_ü$ die Konstante des geschwindigkeitsbestimmenden Schrittes der Übertragung und mit k_x die Geschwindigkeitskonstante der sicher schnell ablaufenden Monomerprotonierung bezeichnet.

Bei der Verwendung von Alkylhalogeniden als Lösungsmittel konnte in geeigneten Fällen [257, 258, 259] eine Übertragungsreaktion beobachtet werden, die als „Lösungsmittel-Übertragung“ bezeichnet wurde [123].

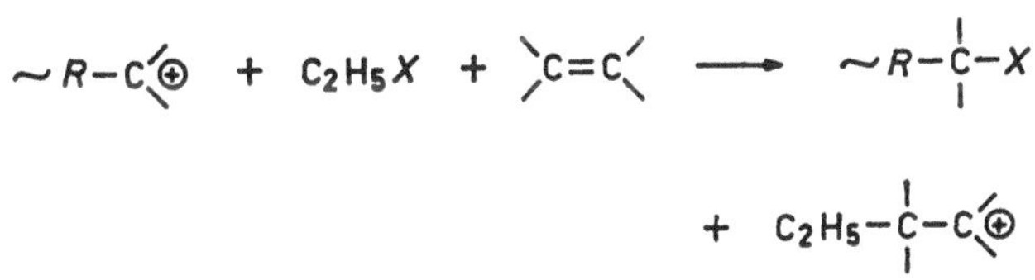

(LXXIII)

Auf Grund der geringen Wahrscheinlichkeit einer termolekularen Reaktion in (LXXIII) wird ein Solvatkomplex der elektrophilen Kettenträger mit den freien Elektronenpaaren der Halogenatome des Lösungsmittels angenommen, der in einem bimolekularen Reaktionsschritt mit dem Monomeren die wachsende Kette durch Aufnahme des Halogenanions abbricht und unter Alkylübertragung auf das Monomere eine neue Kette startet (LXXIV).

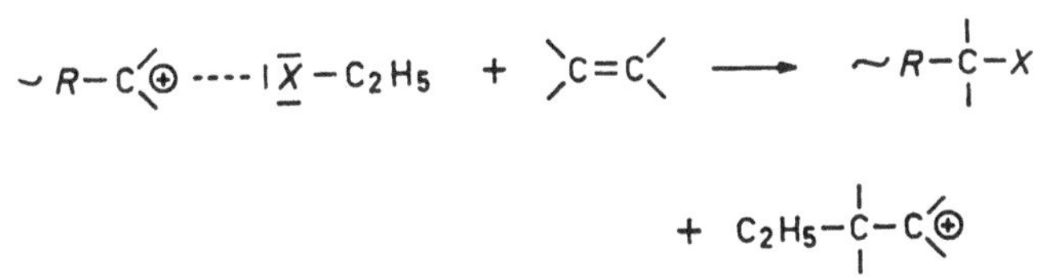

(LXXIV)

Der Reaktionsverlauf in (LXXIV) muß selbstverständlich als unbewiesen gelten, trotzdem erscheint auch in Analogie zur Lösungsmittelcokatalyse (Abschnitt 3.2.2.) eine derartige Übertragung durch Heterolyse des Lösungsmittels möglich.

Auf die Möglichkeit der Übertragung eines tertiären Hydridions von Lösungsmitteln mit entsprechender Verzweigung oder von einem „toten Polymeren“ an ein sekundäres Carbeniumion wurde in Formel (VI) und an einem Beispiel in (LIX) bereits hingewiesen [161, 242]. Diese intermolekulare Hydridübertragung spielt eine wesentliche Rolle zur Erklärung von Verzweigungen und Vernetzungen bei der kationischen Polymerisation von Cyclodienen und cyclischen Vinylmonomeren.

Zu den kettenlimitierenden Reaktionen im erweiterten Sinne können auch einige Beispiele bei „intra-intermolekularen“ Polymerisationen gezählt werden (vgl. z. B. Formel XX bzw. LVII). In diesen Fällen konkurriert der bimolekulare Polyadditionsschritt des primär gebildeten Carbeniumions mit einer meist schneller verlaufenden intramolekularen Reaktion (Cyclisierung in XX; intramolekulare Hydridverschiebung in LVII). Die thermodynamische Begünstigung dieser Reaktion führt zu einem stabileren Zwischenzustand, der auf Grund geringerer Elektrophilie oder in einigen Fällen auch auf Grund erschwerter sterischer Bedingungen am Kettenträger weniger reaktiv ist. Durch die vorher diskutierten Übertragungsreaktionen kann dann die Wachstumsreaktion bereits bei relativ niedrigen Molekulargewichten beendet werden. Zur Illustration dieses Sachverhaltes soll die kationische Polymerisation des Vinylcyclohexans dienen [237, 238, 239]. Hierbei werden in den üblichen Lösungsmitteln mit Lewis-Säuren als Katalysatoren Polymere mit 1,2- und 1,3-Struktur (LXXV) erhalten, wobei infolge der intramolekularen Hydridverschiebung die 1,3-Struktur überwiegt (vgl. S. 85). Das Molekulargewicht liegt zwischen 1000 bis maximal 3000.

Die höhere innere Stabilität des tertiären Carbeniumions sowie die erschwerte sterische Zugänglichkeit des Reaktionszentrums begünstigen die bei Cyclohexylcarbeniumionen bekannten leichten Protoneneleminierungen [260] zu Ungunsten der Wachstumsreaktion. Wird dagegen die Polymerisation nach einem koordinativen Mechanismus durchgeführt, so erhält man hochmolekulare isotaktische Polymere mit ausschließlicher 1,2-Struktur. Daraus folgt, daß die Kettenlimitierung als Folge des intramolekularen Reaktionsschrittes und der dadurch veranlaßten höheren Übertragungsneigung der Kettenträger aufzufassen ist.

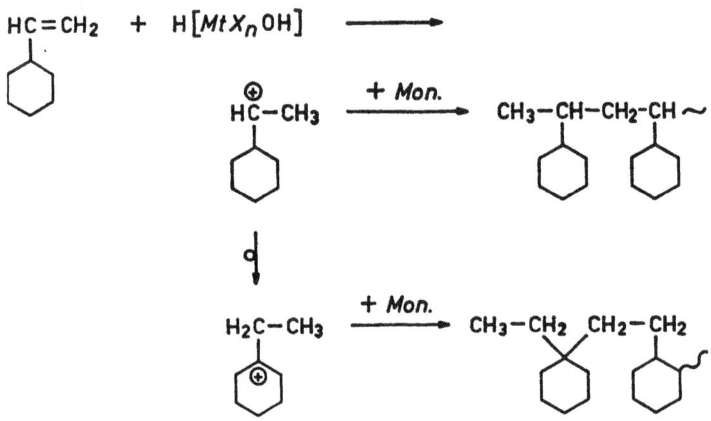

(LXXV)

Über die praktisch äußerst wichtigen Konsequenzen, zur Erzielung eines hohen Polymerisationsgrades, die kettenlimitierenden Reaktionen durch äußere Faktoren (Temperatur, Lösungsmittel, Katalysator, Cokatalysator) zu beeinflussen, informiert Abschnitt 3.8.

3.5. Zur kationischen Polymerisation von heteronuklearen Mehrfachbindungen

Die in diesem wie auch dem folgenden Abschnitt (vgl. Abschnitt 3.6.) zu behandelnden Mechanismen der kationischen Polymerisation, könnten vom Umfang her beurteilt wiederum einen eigenen Gegenstand bilden. Die notwendige Einschränkung gebietet daher, weder die bislang kationisch polymerisierten Substanzklassen noch die in der Diskussion befindlichen Mechanismen vollständig zu referieren, sondern lediglich einige Aspekte des Vergleiches von „Gegensatz und Analogie“ bezüglich der Vinylpolymerisation zu erörtern.

Bei formaler Übertragung des Prinzipes der kationischen Polymerisation von C=C-Bindungen auf C=*X*- bzw. C≡*X*-Bindungen kommt man zu folgender

Formulierung:

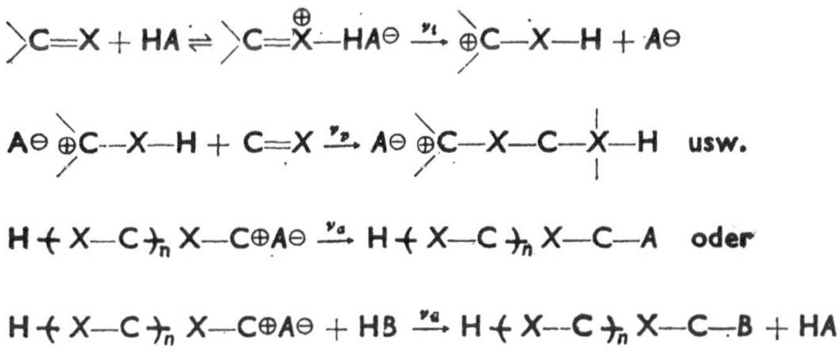

(LXXVI)

In (LXXVI) stellt H*A* den elektrophilen Katalysator dar, selbstverständlich kommen auch hier neben dem Proton weitere elektrophile Agenzien in Frage, wie sie prinzipiell im Abschnitt 3.2. behandelt wurden. Für $C{\equiv}X$-Dreifachbindungen würden bei analoger Formulierung konjugierte Polymere entstehen (vgl. S. 141).

Als Heteroatome (X) sind im wesentlichen nur Sauerstoff und Stickstoff sowie in spezielleren Fällen einige Elemente der vierten bis sechsten Hauptgruppe zu nennen. Ergänzend sei erwähnt, daß natürlich auch heteronukleare Mehrfachbindungen vom Typ $-X{=}Y-$ zur ionischen Polymerisation befähigt sein können. So zeigen die mit den entsprechenden Olefinen isosteren Borazene [261] eine ausgeprägte Additions- und Polymerisationstendenz [262], die z. B. beim Angriff von Halogenen als potentielle Lewis-Säuren sicherlich einem elektrophilen Mechanismus folgt.

In diesem Abschnitt sollen ausschließlich Mehrfachbindungen des Kohlenstoffs mit Sauerstoff bzw. Stickstoff als Heteroatome behandelt werden. Die $C{=}O$-Gruppe kann auf Grund der bivalenten Natur des Sauerstoffs nur als exocyclische Doppelbindung in Ringen auftreten (z. B. Lactone), während der trivalente Stickstoff selbst als Ringglied in Frage kommt (z. B. cyclische Schiffsche Basen).

Wie im Abschnitt 3.1. am Beispiel der Vinylmonomere bereits umfangreich erläutert wurde, ist die kationische Monomeraktivität als Funktion der Donatorfähigkeit (oder Basizität) des Reaktionszentrums aufzufassen. Da die Donatorfähigkeit gegenüber elektrophilen Agenzien (vgl. Abschnitt 3.2.) in der Reihenfolge

$$C{=}C \quad < \quad C{=}O \quad < \quad C{=}N- \qquad \text{(LXXVII)}$$

zunimmt, sollte auch die Monomeraktivität in dieser Richtung zunehmen. Während diese Folgerung auf den Initiierungsschritt (erste Zeile in LXXVI) durchaus zutrifft, gilt dies jedoch nicht für die Wachstumsgeschwindigkeit, da die Stabilisierung des Zwischenzustandes durch die Resonanzbeteiligung der freien Elektronenpaare an den Heteroatomen wesentlich stärker ist, als im Falle der Carbeniumionen einer $C{-}C$-Bindung (LXXVIII).

Da die Lage der Gleichgewichte in (LXXVIII) stark auf der Seite der Oxonium- bzw. Ammoniumionen liegt, ist die Aktivierungsenergie für die Wachstumsreaktion höher als im Falle der Vinylpolymerisation. Unter vergleichbaren Bedingungen (Katalysator, Lösungsmittel, Temperatur) kann daher die Zeit bis

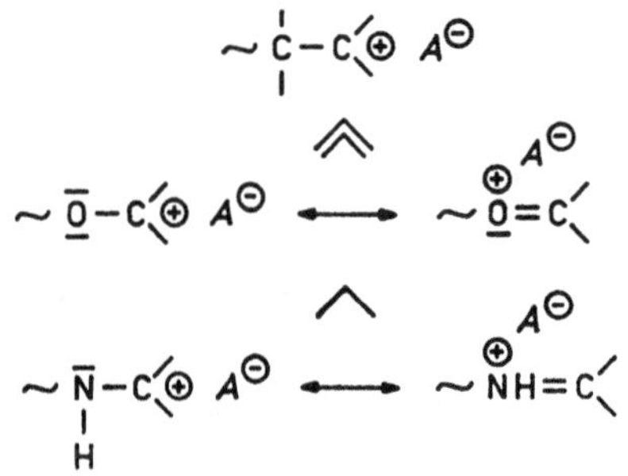

(LXXVIII)

zum Erreichen des Grenzumsatzes um den Faktor 10^2 größer sein als bei Vinylpolymerisationen. Das gegenläufige Verhalten von Bildungstendenz und „Verbrauch" des Zwischenzustandes ist somit bei den heteronuklearen Mehrfachbindungen besonders ausgeprägt und gleichzeitig die Ursache für einige nachfolgend zu behandelnde Besonderheiten.

Zuvor sei noch auf einen weiteren Aspekt der Monomerreaktivität, den sterischen Verhältnissen, hingewiesen. Ihre Beurteilung stellt bereits eine Ableitung der besonderen Stabilität des Zwischenzustandes dar. Bereits bei der schneller verlaufenden Vinylpolymerisation wurde gezeigt, daß beim Übergang von Δ_1- zu $\Delta_{1,1}$-Olefinen die Polymerisationstendenz infolge sterischer Hinderung erheblich abnimmt. Durch diesen sterischen Einfluß dürfte die Reaktionstendenz heteronuklearer Doppelbindungen zusätzlich vermindert werden. Während z. B. Formaldehyd in Gegenwart saurer Katalysatoren ein hochmolekulares Polyoxymethylen liefert, zeigt Acetaldehyd nur noch geringe Polymerisationstendenz (Tetramere) und Aceton bildet ein cyclisches Trimeres (Mesitylen), allerdings nach einer Kondensationsreaktion, deren Mechanismus mit der hier zur Diskussion stehenden Wachstumsreaktion nicht vergleichbar ist. Analoge Verhältnisse gelten für Stickstoff als Heteroatom. So kommt es bei Säureeinwirkung auf Azomethine zur Bildung mehr oder minder stabiler Ammoniumsalze, die unter geeigneten Bedingungen leicht durch nucleophile Reaktionen gespalten werden können, im allgemeinen jedoch keine Polymerisation ergeben. Handelt es sich um exocyclische oder endocyclische C=N-Bindungen, so kann eine thermodynamische Begünstigung der an sich geringen Polymerisationsneigung durch Aufhebung von Ringspannungen zur Einleitung einer Ringöffnungspolymerisation führen.

Damit bleibt die kationische Polymerisation heteronuklearer Mehrfachbindungen aus stereoelektronischen Gründen auf bestimmte Monomere beschränkt. Über den Verlauf, sowie die verschiedenen Einflüsse auf den Mechanismus dieser Polymerisation, soll eine exemplarische Behandlung für den monomeren Formaldehyd erfolgen, der sich einige spezielle Fälle anderer heteronuklearer Mehrfachbindungen anschließen werden.

Die kationische Polymerisation des monomeren Formaldehydes kann in Lösung sowie auch in der Gasphase [263] durchgeführt werden. Zur Darlegung des Reaktionsmechanismus soll ausschließlich die Lösungspolymerisation betrachtet werden [264, 265, 266].

Die Initiierung der kationischen Formaldehydpolymerisation kann durch Protonsäuren oder LEWIS-Säuren in Gegenwart von Cokatalysatoren (z. B. H_2O) entsprechend der allgemeinen Formulierung in (LXXVI) erfolgen. Bei sicherem Ausschluß von Cokatalysatoren ergeben sich analoge Probleme wie sie bereits im Abschnitt 3.2.2. erläutert wurden. Auf Grund der gegenüber Bor-Kohlenstoff-begünstigten Bor-Sauerstoff-Bindungen werden die Bildung von Makro-Zwitterionen (LXXIX) sowie deren weitere Stabilisierung durch Fluoridübertragung unter Bildung des stabilen Tetrafluoborat-Anions als mögliche Mechanismen beschrieben [264] (LXXX).

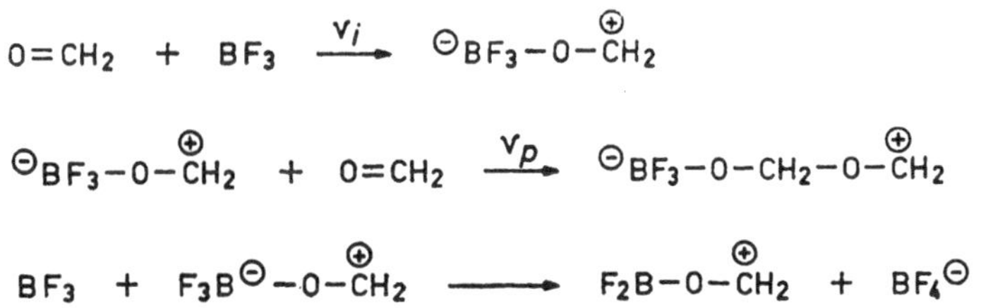

(LXXIX)

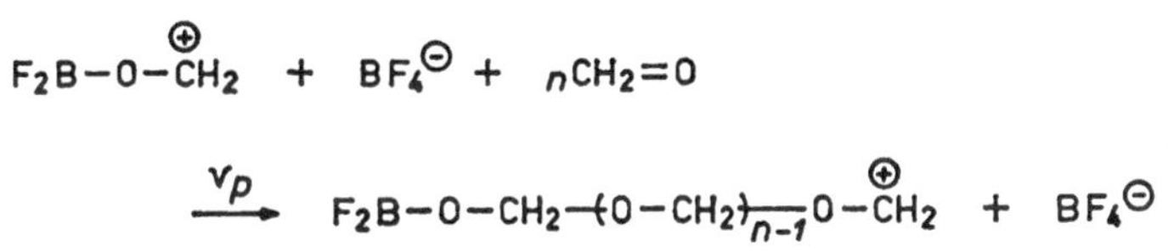

(LXXX)

Für die Wirksamkeit der verschiedenen Initiatoren wurde in Toluol bei $-78\,°C$ folgende Reihenfolge abnehmender Aktivität gefunden [264]:

$$SnCl_4 > CH_3COClO_4 > HClO_4 > AlBr_3 > BF_3 \cdot O(C_2H_5)_2 > TiCl_4 > FeCl_3$$
$$> SbCl_5 > H_2SO_4 > Cl_3CCOOH > HCOOH > J_2$$

Beim Vergleich mit den Aktivitätsreihen in Tab. 15 und 16 fällt auf, daß die starken LEWIS-Säuren hier nicht die Aktivitätsreihe anführen, da offensichtlich die hohe Basizität des Monomeren durch Bildung weniger aktiver Komplexe mit den LEWIS-Säuren die effektiv wirksame Initiatorkonzentration vermindert.

Die durch den Umsatzgrad charakterisierte Katalysatoraktivität ist verständlicherweise stark von den Reaktionsbedingungen, insbesondere dem Lösungsmittel und der Temperatur abhängig. In Tab. 20 befinden sich entsprechende Daten für $SnCl_4$.

Die in Tab. 20 aufgenommenen k_p-Werte gelten unter der Voraussetzung, daß ein System mit schneller Initiierung und ohne Abbruchreaktion vorliegt und weiterhin pro Initiatormolekül eine Kette gestartet wird (vgl. Abschnitt 3.7.). Zur Berechnung nach dem in Tab. 20 angegebenen Geschwindigkeitsgesetz wurde das Zeit-Umsatz-Verhältnis mit einer Laufzeit von höchstens 15 Min. berücksichtigt. Da es sich hier um Systeme mit relativ hoher Lebensdauer der aktiven Zentren

(Polyoxymethylen-Kationen $\sim POM^{\oplus}$) handelt, konnte deren Konzentration sehr elegant durch „Abstoppen" mit Amylalkohol und analytischer Erfassung der Pentoxylendgruppen erhalten werden [267, 264, 265]. Bei Gültigkeit der genannten Voraussetzungen kann k_p aus der Bruttopolymerisationsgeschwindigkeit berechnet werden. Da jedoch nicht in allen Lösungsmitteln ideales Verhalten gefunden wurde und die Auswertung weiterhin bei zunehmender Reaktionsdauer durch „Einschluß" aktiver Zentren in das ausfallende Polymere beeinträchtigt wird, liegen die k_p-Werte z. T. unter der Erwartung und erhielten deshalb die Bezeichnung „Minimalwerte". Der bereits angedeutete relativ leichte Übergang zu heterogenen Bedingungen und die dadurch veranlaßte Verlangsamung der Reaktion infolge mangelhafter Diffusion des Monomeren zu den aktiven Zentren bildet zugleich den Hauptmangel beim Vergleich dieses Mechanismus mit der Vinylpolymerisation. Ein weiterer Mangel besteht in der leichten Depolymerisation des Polyformaldehyds, die besonders durch im Polymeren befindliche Katalysatorspuren bewirkt wird. Bei Betrachtung von Tab. 20 erkennt man zunächst den mit der Vinylpolymerisation vergleichbaren Sachverhalt zunehmender Reaktionsgeschwindigkeit (v_{Br} bzw. hier auch k_p) bei steigender Lösungsmittelpolarität. Das ist bei Kenntnis des Aktivierungsverhaltens ionischer Reaktionen (vgl. Kap. 1.) zu erwarten. Bemerkenswert erscheint jedoch die gegenüber Toluol schnellere Polymerisation in den basischen Lösungsmitteln Diäthyläther und Aceton. In [264] wird mitgeteilt, daß CH_2O selbst in Dimethylformamid kationisch polymerisiert werden kann, während z. B. die Ringöffnungspolymerisation des Trioxans (vgl. Abschnitt 3.6.) in derartigen Lösungsmitteln inhibiert wird. Die

Tabelle 20. Formaldehydpolymerisation mit $SnCl_4$ (0,36 mMol/l) als Initiator in verschiedenen Lösungsmitteln. Monomerkonzentration ≈ 4,5 Mol/l (nach Daten aus [264]).

	Toluol	Diäthyläther	THF	Methylenchlorid	Aceton	Nitroäthan
Umsatz (%) nach 15 Min. bei −78 °C	2	5	13	∼60	∼80	31
Bruttoaktivierungsenergie (zw. −78 u. −30 °C) in Kcal/Mol	5,1	3,3	–	1,8	∼0	2,6
Durchschn. Molekulargewicht (bei 20% Umsatz)						
bei −78 °C	1000	900	150	250	70	600
bei −30 °C	5000	3500	–	2000	150	3000
Minimalwerte für k_p*) (in $l \cdot Mol^{-1} \cdot min^{-1}$)						
bei −78 °C	10	11	50	130	∼300	80
bei −30 °C	140	150	–	320	∼300	∼150

*) Berechnet nach $v_{Br} = \frac{-d[CH_2O]}{dt} = k_p\,[CH_2O]\cdot[\text{Polyoxymethylen}^{\oplus}]$

hohe Monomerreaktivität des Formaldehydes in *n*-Donatorlösungsmitteln ist Ausdruck der hohen Donatorfähigkeit des stark polaren Reaktionszentrums.

Wie Tab. 20 weiterhin zeigt, werden jedoch bestenfalls nur mittlere Molekulargewichte erreicht. Da keine Abbruchreaktion festgestellt wurde, kann die Kettenlimitierung wie bei anderen kationischen Polymerisationen nur durch Übertragung erfolgt sein. Nach Tab. 20 ist die Übertragungsreaktion besonders in *THF* und Aceton augenfällig. Wie in vielen Fällen der Vinylpolymerisation (vgl. Abschnitt 3.4.) ist der Übertragungsmechanismus noch unklar. Eine Anlogie zur Vinylpolymerisation bietet auch der Zusatz geringer Mengen an polaren Stoffen wie H_2O, CH_3OH u. ä. Ähnlich wie in Bild 14 geht sowohl der Umsatz wie auch der Polymerisationsgrad der in Toluol mit $SnCl_4$ initiierten Formaldehydpolymerisation in Gegenwart von H_2O bzw. CH_3OH durch ein Maximum [264]. Die Maxima liegen ungefähr bei äquimolarem Verhältnis von $SnCl_4/H_2O$ bzw. $SnCl_4/CH_3OH$. Da es experimentell sehr schwierig ist Formaldehyd völlig wasserfrei zu erhalten, kann jedoch gegenwärtig nicht mit Sicherheit festgestellt werden, ob bei Ausschluß von Wasser keine Polymerisation erfolgt oder ob eine direkte Initiierung in Analogie zu (LXXIX) stattfindet.

Der Abfall von Umsatz und Polymerisationsgrad bei höheren Konzentrationen an nucleophilen Zusätzen kann bei Bildung stabiler Oniumionen als Abbruch- und bei Regenerierung des Katalysators als Übertragungsreaktion betrachtet werden. Im Gegensatz zu den meisten Vinylpolymerisationen bestehen Hinweise für den raschen Verbrauch des Cokatalysators (z. B. H_2O), wobei allerdings nicht gesichert erscheint, ob der Cokatalysator im Polymeren verbleibt oder z. B. durch Solvolyse des Katalysators verbraucht wird. Eine Aussage über die Natur der kettenlimitierenden Reaktionen wird schließlich weiterhin erschwert durch die mögliche Komplexbildung von Lewis-Säuen mit dem Acetal-Sauerstoff im Polymeren (LXXXI).

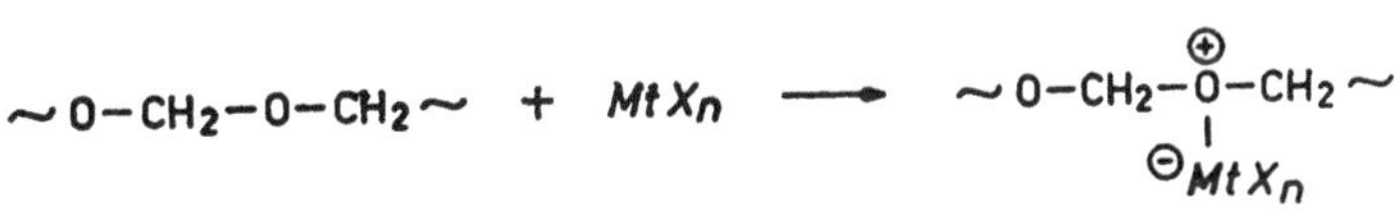

(LXXXI)

Für die Polymerisation mit BF_3 in Äther konnte durch Zugabe geringer Wassermengen eine „Wiederaufnahme“ der Wachstumsreaktion nachgewiesen werden, nachdem die Reaktion vorher bereits zum völligen Stillstand gekommen war. Offenbar erfolgt hier eine Reaktivierung des Initiators. In diesem Falle würde die Reaktion der Kettenträger mit einem Fragment des Gegenions (LXXXII) zwar den Katalysator freisetzen, aber dessen Bindung nach (LXXXI) trotzdem einen kinetischen Abbruch bedeuten, da es nicht zur Bildung einer neuen Kette kommt.

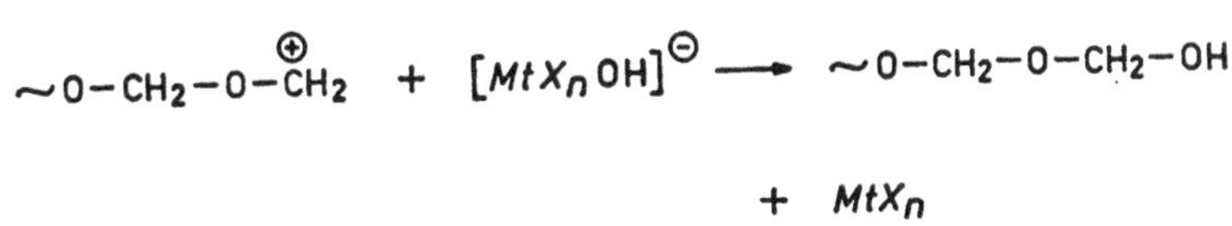

(LXXXII)

Man kann annehmen, daß die Reaktion (LXXXI) nur in Abwesenheit von Cokatalysatoren ins Gewicht fällt, da z. B. die Bildung des $BF_3 \cdot H_2O$ thermodynamisch begünstigt ist, gegenüber der Reaktion des BF_3 mit dem Acetal-Sauerstoff im Polymeren (vgl. Formel XXXVII).

Ebenfalls in Analogie zur Vinylpolymerisation kann die Beeinflussung des Zwischenzustandes der Formaldehydpolymerisation durch Akzeptoren gezeigt werden. Dies geht bereits andeutungsweise aus Tab. 20 hervor, wo in Nitroäthan trotz höherer Polarität als in Methylenchlorid ein höherer Polymerisationsgrad gefunden wird, der eventuell auf den Akzeptorcharakter des Lösungsmittels rückführbar ist. Wird nämlich die Polymerisation in dem ausgesprochenen Akzeptorlösungsmittel SO_2 oder in Gemischen von SO_2/Hexan durchgeführt, so erfolgt bei der Initiierung durch verschiedene Brönstedt-Säuren oder Lewis-Säuren eine außerordentliche Erhöhung des Molekulargewichtes gegenüber den Werten in Tab. 20. Als Erklärung dieses Befundes kann die bevorzugte Solvatation des Gegenions durch den Akzeptor angenommen werden. Die oben erwähnten Abbruch- bzw. Übertragungsreaktionen durch das Gegenion (bzw. auch andere nucleophile Agenzien) würden in diesem Falle die Wachstumsreaktion weniger beeinflussen [266].

Auf den wesentlichen Einfluß der Temperatur bezüglich der Wachstumsreaktion bei kationischen Polymerisationen wurde bereits mehrfach hingewiesen. Während in Tab. 20 bei Temperaturerhöhung von −78 °C bis −30 °C die Zunahme des Polymerisationsgrades überrascht, wird ausgehend von sehr hohen Molekulargewichten in Gegenwart von Akzeptoren [266] eine Verringerung des Polymerisationsgrades beim gleichen Temperaturgang festgestellt. Letzteres würde der „Konvention" des Temperatureinflusses bei kationischen Polymerisationen entsprechen. Die in [264] festgestellte Oklusion der aktiven Zentren in das ausfallende Polymere und die somit diffusionskontrollierte Reaktion des Monomertransportes im Wachstumsschritt würde dagegen die Umkehrung des Temperatureffektes durchaus erklären, gleichzeitig aber auch die Vergleichbarkeit von Formaldehydpolymerisationen längerer Laufzeit mit streng homogenen Reaktionen in Frage stellen.

Insgesamt können einige prinzipielle Analogien zur Vinylpolymerisation festgestellt und das in (LXXVI) formulierte allgemeine Schema im wesentlichen als zutreffend erachtet werden. Als bemerkenswerter Gegensatz sei die in einigen Systemen ohne echten Kettenabbruch und mit relativ geringer Übertragungsneigung erfolgende Wachstumsreaktion noch einmal hervorgehoben. Auf die starke Resonanzstabilisierung des Zwischenzustandes (vgl. LXXVIII) als Ursache dieser Besonderheit wurde ebenfalls hingewiesen.

Während substituierte Carbonylverbindungen aus bereits erwähnten sterischen Gründen keine Polymerisationstendenz haben, kann das Verhältnis zwischen der hohen Stabilität der im Zwischenzustand gebildeten Carboxonium-Ionen und ihrer Reaktivität im Wachstumsschritt sehr einleuchtend an cyclischen Monomeren demonstriert werden.

Lactone sind bekanntlich in der Lage, mit sauren Agenzien (Brönstedt- bzw.

Lewis-Säuren) zu reagieren. Als gesichert gilt der Angriff des elektrophilen Agenz am Sauerstoff der Carbonylgruppe, wobei ein resonanzstabilisiertes Carboxonium-Ion ensteht. Im Falle des γ-Butyrolactons werden mit $HClO_4$ (LXXXIII) bzw. Triäthyloxoniumtetrafluorborat (LXXXIV) folgende Spezies gebildet [268]:

(LXXXIII)

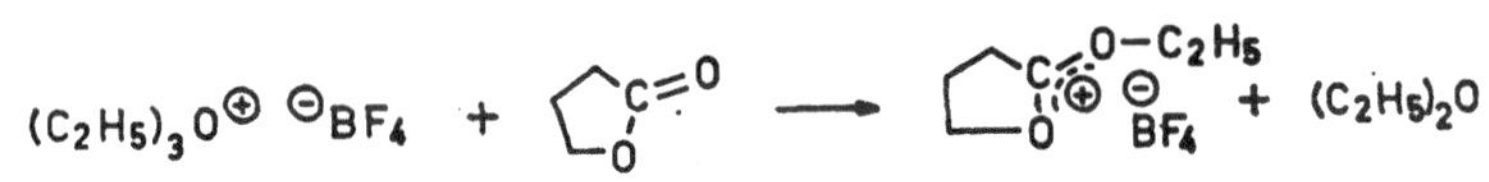

(LXXXIV)

Auf Grund der thermodynamischen Begünstigung des fünfgliedrigen Ringsystems der γ-Lactone erfolgt jedoch keine Homopolymerisation unter Ringöffnung. Die prinzipielle Fähigkeit dieses Lactons mit reaktiveren Comonomeren an einer Polymerisation teilzunehmen ist jedoch durch Copolymerisationsuntersuchungen erwiesen (vgl. Kap. 5.). Im Gegensatz dazu gibt β-Propiolacton sehr leicht mit sauren Initiatioren (z. B. H_2SO_4, Lewis-Säuren) eine Ringöffnungspolymerisation unter Bildung einer Polyestersäure.

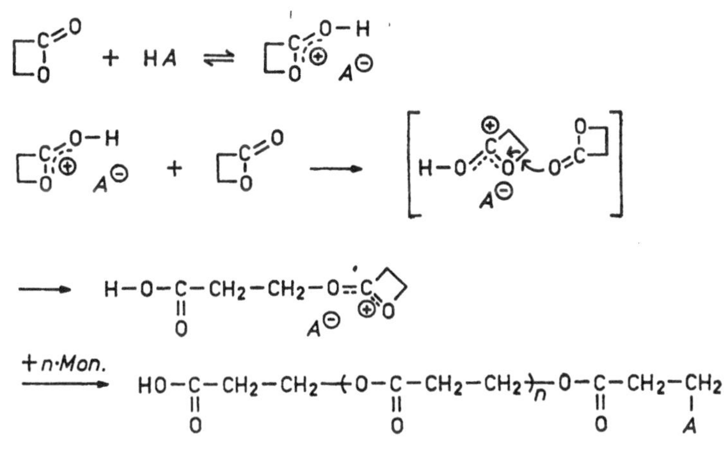

(LXXXV)

Ohne detaillierte Behandlung des Ringöffnungsmechanismus (Abschnitt 3.6.) in (LXXXV) sei vermerkt, daß hierbei entgegen früheren Annahmen einer O-Acylspaltung, die durch den Angriff des Ringsauerstoffatoms zu bewirken wäre, eine O-Alkylspaltung durch die basischere Carbonylgruppe des angreifenden Monomeren bevorzugt wird [268]. Zur besseren Illustration werden beide Möglichkeiten im folgenden gegenübergestellt.

Der Kettenabbruch mit dem Gegenion in (LXXXV) stellt selbstverständlich eine Vereinfachung dar. Durch den Nachweis von Vinylendgruppen in der Polyestersäure [269] wird auf eine mögliche Kettenübertragung hingewiesen und gleichzeitig der Mechanismus der O-Alkylspaltung (LXXXVII) gestützt, da hierbei primär ein Carbenium-Ion mit benachbarter Methylengruppe entsteht.

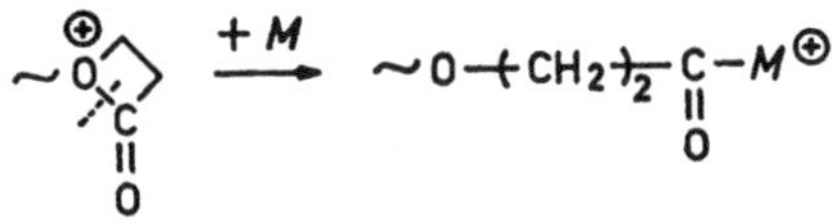

(LXXXVI)

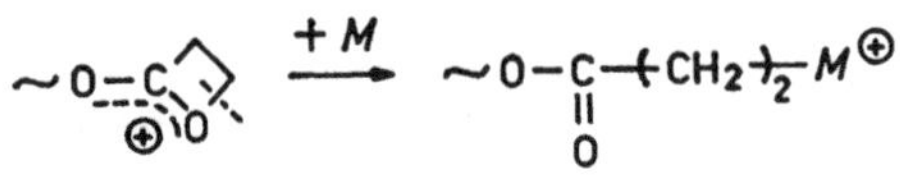

(LXXXVII)

Für unseren Ausgangspunkt der Lactonpolymerisation wesentlich ist die Feststellung, daß offensichtlich bei der gleichen „elektronischen Stabilität" des Zwischenzustandes der β- und γ-Lactone auf Grund der Ringspannung des viergliedrigen Ringes eine Polymerisation „sterisch begünstigt" wird, während beim stabileren Fünfring eine stärkere Base zur Ringöffnung erforderlich ist. Auch die an sich geringe kationische Polymerisationsfähigkeit von C=N-Bindungen kann durch sterische Beeinflussung des Reaktionszentrums modifiziert werden. Einfache aliphatische Azomethine sind bekanntlich nicht stabil oder sie liefern beim Versuch ihrer Darstellung nichtpolymerisationsfähige cyclische Verbindungen. Aromatische SCHIFFsche Basen bilden mit BRÖNSTEDT-Säuren meist wenig stabile Salze, die in Gegenwart von Wasserspuren unter Rückspaltung in Amin- und Carbonylkomponente zerfallen. Mit LEWIS-Säuren erfolgt die Bildung von z. T. recht stabilen *EDA*-Komplexen, die wiederum in Gegenwart protonenaktiver Verbindungen gespalten werden. Dagegen konnte gezeigt werden, daß cyclische SCHIFFsche Basen mit LEWIS-Säuren ($TiCl_4$, $AlCl_3$, $BF_3 \cdot O(C_2H_5)_2$) bei sehr langer Reaktionsdauer (~ 100 Stunden) zur Polymerisation gebracht werden können. Die erreichten Molekulargewichte sind mit 600 bis 1000 relativ gering [270]. Während unsubstituierte cyclische SCHIFFsche Basen wie Δ_1-Pyrrolin und Δ_1-Piperidein als Monomere nicht stabil sind (Trimerisierung), gibt das 5,5-Dimethylpyrrolin-Δ_1 eine Ringöffnungspolymerisation. Dagegen ergaben methylsubstituierte (in 2- bzw. 2,6-Stellung) Δ_1-Piperideine keine Polymerisation. Für den Initiierungs- bzw. Wachstumsschritt der Polymerisation des 5,5-Dimethylpyrrolin-Δ_1 besteht folgende Annahme:

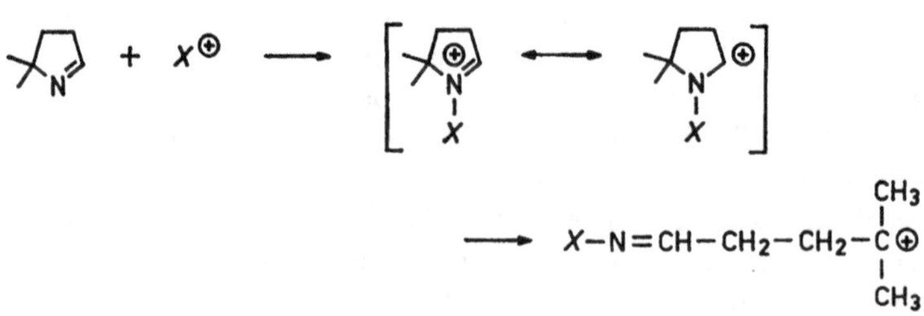

(LXXXVIII)

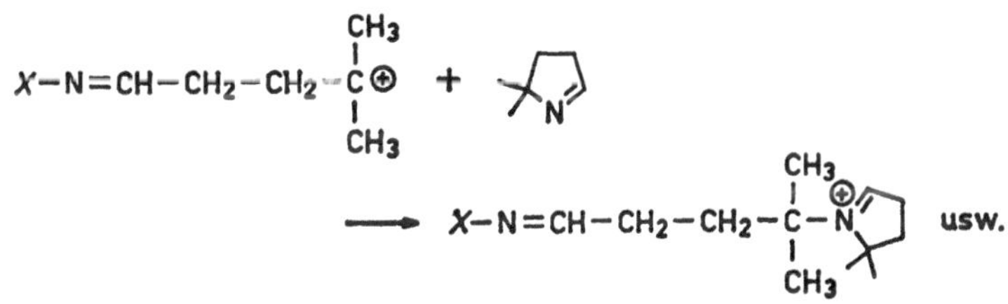

(LXXXIX)

Ob die Ringöffnung tatsächlich „pseudomonomolekular“ nach (LXXXVIII) oder als nucleophile Öffnung durch ein Monomeres erfolgt, ist unbewiesen. Ebenso besteht noch keine Klarheit über die kettenlimitierenden Reaktionen. Trotzdem erscheint in Ergänzung der sterischen Aspekte bei der Lactonpolymerisation interessant, daß in diesem Falle der durch eine Doppelbindung weniger flexible Fünfring (im Vergleich zum γ-Lactonring) durch Ringöffnung „entspannt“ werden kann, der sterisch stabilere Sechsring (z. B. 2-Methyl-piperidein-Δ_1) dagegen nicht.

Die Wirkung sterischer Faktoren bei der Polymerisation von fünf- und sechsgliedrigen Ringen mit endocyclischen C=N-Bindungen konnte auch im Falle der Oxazoline [271] und Oxazine [272] gezeigt werden (XC). Die Reaktion wird vornehmlich durch starke Protonsäuren ($HClO_4$, Toluolsulfonsäure, H_2SO_4) initiiert und besonders zur Polymerisation des sechsgliedrigen Ringes bei höheren Temperaturen (~ 130 °C) durchgeführt.

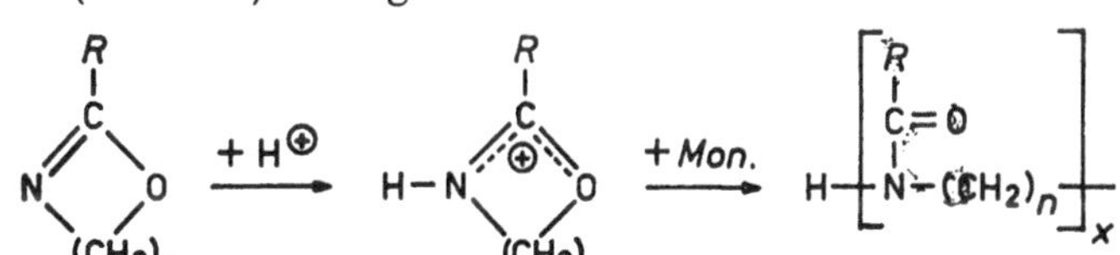

(XC)

Während nun z. B. die leichter polymerisierbaren Oxazoline (in *XC* mit $n = 2$) bei ausschließlicher Substitution in der 2-Stellung (R = aromat. bzw. aliphat. Rest) zu hochmolekularen Polymeren führen, wird die Reaktionstendenz durch einen bzw. zwei Substituenten (R' in *XCI*) in 4- bzw. 5-Stellung stark reduziert oder völlig verhindert [273].

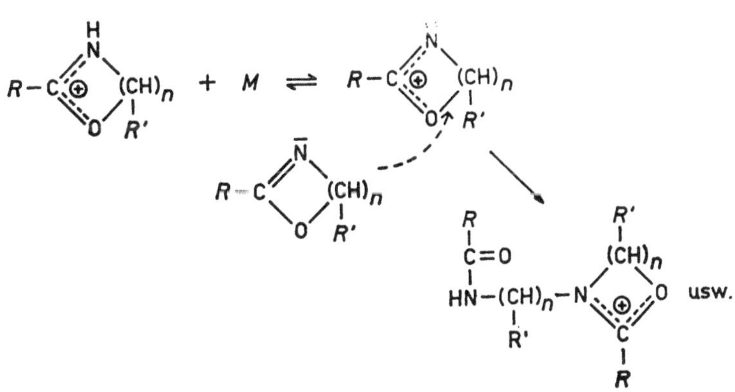

(XCI)

Die unterschiedliche Reaktivität der nur in der 2-Stellung substituierten Iminoäther ist sicherlich in Analogie zu den vorher diskutierten cyclischen SCHIFFschen Basen zu sehen und somit eine Folge der größeren Ringspannung des ungesättigten Fünfrings. Auf Grund der höheren Aktivierungsenergie für den ungesättigten Sechsring wird dessen nucleophile Öffnung im Wachstumsschritt (vgl. XCI) jedoch durch Temperaturerhöhung ebenfalls ermöglicht. Die Verhinderung der Polymerisation durch Substituenten in 4- und 5-Stellung des Oxazolins deutet mit einiger Wahrscheinlichkeit darauf hin, daß der resonanzstabilisierte Zwischenzustand nicht monomolekular unter Bildung eines Carbenium-Ions an der Methylengruppe (in 4- oder 5-Stellung) mit nachfolgender Alkylierung des basischen Ringstickstoffs in einem zweiten Monomeren erfolgt, sondern durch bimolekulare Reaktion entsprechend (XCI). Diese Wachstumsreaktion wird jedoch erschwert oder gar verhindert, wenn der Substituent *R'* das Reaktionszentrum sterisch abschirmt. Die Richtigkeit der Folgerung von der Notwendigkeit eines nukleophilen Angriffs auf den relativ stabilen Zwischenzustand der Oxazolinpolymerisation wird durch das Reaktionsverhalten in Lösungsmitteln unterschiedlicher Basizität unterstrichen. Tabelle 21 enthält Daten der kationischen Polymerisation des 2-(n-Pentyl)-oxazolins in verschiedenen Lösungsmitteln [274].

Tabelle 21. Lösungsmitteleinfluß auf das Molekulargewicht der Polymerisation des 2-(n-Pentyl)-oxazolins. Initator: 2-Phenyl-oxaziniumperchlorat; $0{,}71 \cdot 10^{-5}$ Mol/*l* (nach Daten aus [274])

Lösungsmittel	Viskosität $[\eta_{spez.}/C]$	Umsatz [%]
Diäthoxymethan	0,75	71
Di-(n-Butyl)-äther	0,69	41
Anisol	0,66	99
N,N-Diäthylacetamid	0,67	100
Acetophenon	0,55	93
Cyclopentanon	0,32	94
Dimethylsulfoxid	0,17	92
m-Kresol	0,07	55

Der Tabelle ist deutlich zu entnehmen, daß in Lösungsmitteln mit ausgeprägter nucleophiler Reaktionstendenz eine drastische Reduzierung des Molekulargewichtes erfolgt, die auf erhöhte Übertragungsneigung der im Wachstumsschritt mit dem Monomeren konkurrierenden Lösungsmittel zurückzuführen ist.

Über die kationische Polymerisation von C≡N-Dreifachbindungen ist wenig bekannt. Im wasserfreien Medium bilden Nitrile mit LEWIS-Säuren Elektronen-Donator-Akzeptor-Komplexe, die selbst nicht zur Polymerisation neigen, wohl aber am C-Atom der C≡N-Bindung befindliche Doppelbindungen (z. B. Acrylnitril) zu aktivieren vermögen. Im Falle des Acrylnitrils muß dieser in Gegenwart von $ZnCl_2$ oder $AlCl_3$ ablaufende Mechanismus unter dem Aspekt der Elektronen-Übertragungsinitiierung (vgl. Abschnitt 3.2.4.) betrachtet werden [209]. In Gegenwart von Protonsäuren erfolgt durchaus eine Protonierung des basischen Stickstoffatoms, deren Weiterreaktion jedoch in bekannter Weise zur Spaltung der Nitrilgruppe oder wiederum zur Trimerisierung unter Bildung stabiler cyclischer Verbindungen führt. Ein sicher sehr spezieller Fall einer Cyclopolymerisation über C≡N-Bindungen ist die Darstellung von „Leiterpolymeren" (Abschnitt 3.1.2.) aus Polyacrylnitril (XCII). Dieser Mechanismus kann durch elektrophile Katalysatoren initiiert werden [166a].

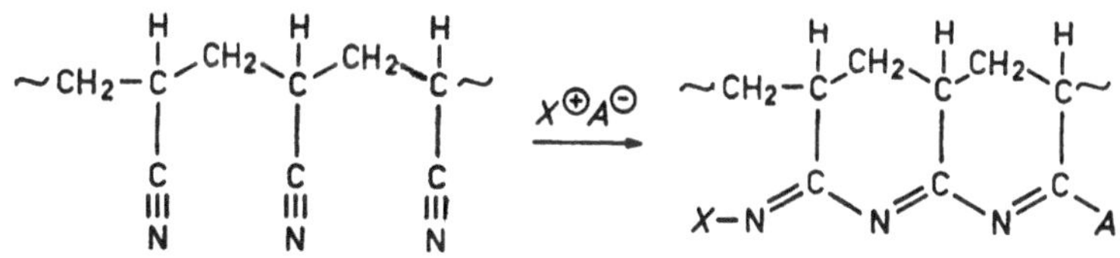

(XCII)

Da diese Cyclopolymerisation u. a. auch thermisch bewirkt werden kann, ist die Beteiligung von Radikalen bzw. Radikalionen in (XCII) nicht ausgeschlossen. Diese Möglichkeit muß aber auch bei anderen kationisch formulierten Nitrilpolymerisationen (z. B. Benzonitril) in Betracht gezogen werden, wo die zunächst nicht polymerisationsaktiven Komplexe mit BF_3 oder $ZnCl_2$ bei Zusatz von HPO_3 oder H_3PO_4 und Temperaturen zwischen 250–300 °C polymerisieren [274a].

3.6. Zur kationischen Ringöffnungspolymerisation

Die Behandlung dieser Thematik bietet viele Berührungspunkte mit dem vorangegangenen Abschnitt, wo nach Initiierung über eine heteronucleare Mehrfachbindung eine Ringöffnungspolymerisation erfolgt.

In diesem Abschnitt soll ausschließlich die Polymerisation gesättigter Heterocyclen betrachtet werden, die durch Initiierung über das Heteroatom und nachfolgender Öffnung einer C–*X*-Einfachbindung verläuft.

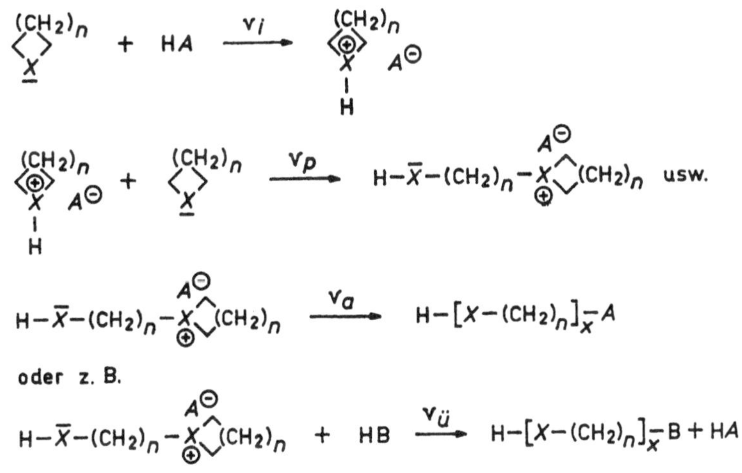

(XCIII)

Das allgemeine Schema (XCIII) bezeichnet mit $-X-$ ein Ringatom mit ein bzw. zwei freien Elektronenpaaren, die als Donator für eine elektrophile Initiierung geeignet sind. Als wesentliche Fälle kommen hierfür Sauerstoff, Stickstoff und Schwefel in Frage. Der Index x soll den Polymerisationsgrad veranschaulichen und n die Zahl der Methylengruppen, die in den allgemein interessierenden Fällen zwischen 2 bis 5 liegt.

Bevor am Beispiel der gut untersuchten Polymerisation des Tetrahydrofurans auf einige systematische Aspekte des Reaktionsmechanismus eingegangen werden soll, folgen zunächst verallgemeinerungsfähige Hinweise über diesen Reaktionstyp.

Wie auch bei den über Doppelbindungen verlaufenden kationischen Polymerisationen ist die Initiierungsgeschwindigkeit als Funktion der Basizität des Monomeren aufzufassen. Die hohe Bildungstendenz von Oxonium-, Sulfonium- bzw. Ammonium-Ionen ist jedoch Ausdruck ihrer gegenüber Carbenium-Ionen wesentlich höheren Stabilität, so daß z. T. beständige Salze ohne Polymerisationsneigung entstehen. Unter Beachtung der folgenden Reihe abnehmender Basizität,

$$\mathrm{N} > \mathrm{O} > \mathrm{S} \qquad \text{(XCIV)}$$

sollte daher bei Stickstoffheterocyclen trotz hoher „Monomerreaktivität" gegenüber elektrophilen Agenzien ($H^{\oplus}$, $R^{\oplus}$, $RCO^{\oplus}$ etc.), die geringste Tendenz zur Ringöffnungspolymerisation vorliegen. Übereinstimmend damit bilden z. B. die Methylenimine [275], Pyrrolidin bzw. Piperidin stabile Salze mit Mineralsäuren, die keine weiterführende Polymerisation erleiden.

Während nun die kationische Polymerisationsfähigkeit von Tetrahydrofuran, 1,3-Dioxolan oder Trioxan die verringerte Stabilität der Oxonium-Ionen verbunden mit einer erleichterten Ringöffnung zu bestätigen scheinen, wird mit den Schwefelanaloga Tetrahydrothiopen bzw. 1,3-Dithiolan keine Polymerisation erhalten. Dagegen gibt der gemischte Heterocyclus 1,3-Oxothiolan mit elektrophilen Agenzien eine Ringöffnungspolymerisation [276]. Zur Klärung dieser experimentellen Fakten ist zunächst auf den wesentlichen Unterschied in der Natur der Kettenträger zwischen Vinylpolymerisation und Ringöffnungspolymerisation hinzuweisen. Bei der Vinylpolymerisation ist das Auftreten freier Carbenium-Ionen in organischen Medien bereits wenig wahrscheinlich und nur bei besonderen Voraussetzungen gegeben (Abschnitt 2.1.3. und 3.3.). In Gegenwart von O-, S- oder N-Atomen kann daher erst recht nicht mit Carbenium-Ionen gerechnet werden, da derartige Atomgruppierungen zu Abbruch- bzw. Übertragungsreaktionen führen (z. B. entspr. LXVII). Entgegen früheren Auffassungen einer monomolekularen Ringöffnung nach erfolgter Initiierung unter Bildung eines Carbenium-Ions (XCV), wird heute die bimolekulare Ringöffnung durch nucleophilen Angriff des Monomeren auf die $C-X^{\oplus}$-Bindung des primär gebildeten Onium-Ions allgemein akzeptiert [6] (XCVI).

Obwohl durch den starken -I-Effekt der Onium-Ionen in jedem Falle die α-C-Atome für den nucleophilen Angriff präformiert sind, liegt nahe, daß die Basizität des Monomeren für den Wachstumsschritt von entscheidender Bedeutung ist.

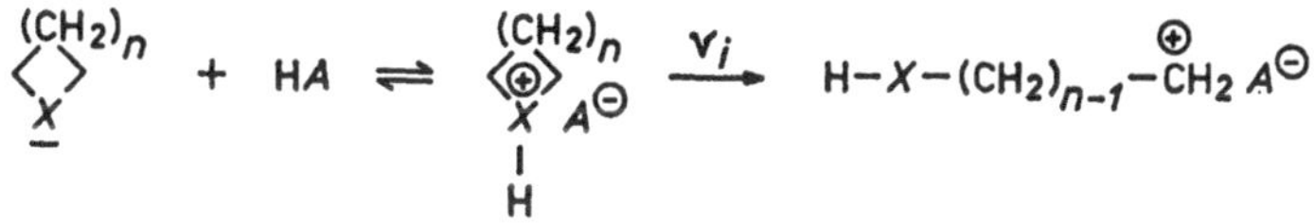

(XCV)

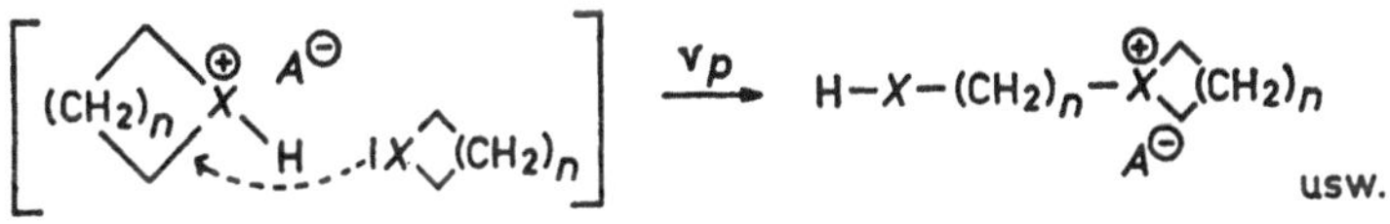

(XCVI)

Bekanntlich nimmt nun vom Sauerstoff zum Schwefel der n-Donator-Charakter erheblich ab. Das Schwefelatom ist auf Grund der möglichen Wechselwirkung mit seinen d-Orbitalen sogar in der Lage als Akzeptor zu fungieren. Somit wird verständlich, daß beim Schwefel die Fähigkeit zur nucleophilen Öffnung nach (XCVI) gering ist, obwohl mit elektrophilen Agenzien durchaus Sulfonium-Ionen gebildet werden können. Auf die oben erwähnten experimentellen Sachverhalte zurückkommend leuchtet ein, daß z. B. beim Tetrahydrothiophen oder Dithiolan die Basizität des Schwefels zur Ringöffnungspolymerisation nicht ausreicht, während im Falle des 1,3-Oxothiolans Oxonium-Ionen (bzw. entspr. Ionenpaare) als Kettenträger wirken und die nucleophile Ringöffnung im Wachstumsschritt durch das basischere Sauerstoffatom im Monomeren erfolgt (XCVII).

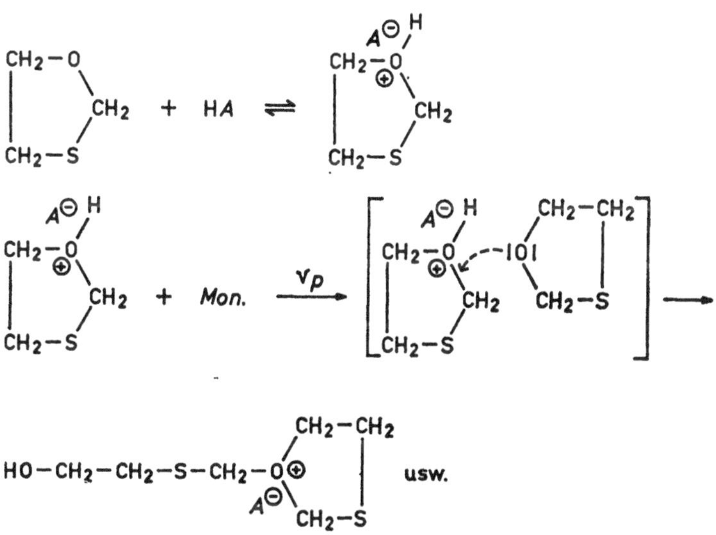

(XCVII)

Bei der Betrachtung der Monomerreaktivität von Heterocyclen ohne ausgesprochene Ringspannung sind auf Grund der in (XCIV) angeführten Basizitätsreihe zwei gegenläufige Effekte zu berücksichtigen:

1. Abnehmende Stabilität der Onium-Ionen und damit leichtere $C-X^{\oplus}$-Spaltung
2. Abnehmende Fähigkeit des Heteroatoms zur nucleophilen Ringöffnung (gemäß XCVI)

Im Falle des Sauerstoffs scheinen optimale Kriterien für den geschwindigkeitsbestimmenden Schritt beim Kettenwachstum vorzuliegen, so daß folgende Tendenz bei Ringöffnungspolymerisationen resultiert:

$$N < O > S \qquad \text{(XCVIII)}$$

Gelte es die bisherige Diskussion hinsichtlich des Wachstumsschrittes in die übliche Klassifizierung organischer Reaktionsmechanismen einzuordnen, so fällt eine bemerkenswerte Analogie zu den S_{N_2}- bzw. S_{N_1}-Reaktionen auf, wobei die hier bevorzugte nucleophile Ringöffnung (XCVI) dem S_{N_2}-Typ entspricht. Die Reaktion (XCV) mit Carbenium-Ionen als Kettenträger entspräche dann dem S_{N_1}-Typ. Obwohl die experimentellen Fakten die Bevorzugung der Ringöffnungspolymerisation nach dem S_{N_2}-Typ nahelegen (vgl. u. a. [6, 193, 275]), ist z. B. in stark polarem Medium oder bei Temperaturerhöhung der Übergang zum S_{N_1}-Typ nicht auszuschließen. Diese Möglichkeit ist insofern nicht abwegig, als zur Durchführung von kationischen Ringöffnungspolymerisationen besonders bei stickstoff- und schwefelhaltigen Ringen (vgl. XCVIII) teilweise Reaktionstemperaturen zwischen 100 bis 200 °C erforderlich sind.

Auf der Basis des vorrangigen S_{N_2}-Charakters der sauren Ringöffnungspolymerisation wird auch verständlich, weshalb z. B. Tetrahydrofuran oder 1,3-Dioxolan hochmolekulare Produkte ergeben, während die entsprechenden alkylsubstituierten Derivate nur schwer oder gar nicht polymerisieren [277]. Wie bereits in Formel (XCI) anhand der Ringöffnungspolymerisation von substituierten Oxazolinen verdeutlicht wurde, wird auch im vorliegenden Beispiel der nucleophile Reaktionsschritt durch sterische Hinderung am Reaktionszentrum erschwert oder völlig verhindert. Würde dagegen ein „S_{N_1}"-Mechanismus bevorzugt sein, so sollte dieser durch $+I$-Substituenten eher noch begünstigt werden. Für die Bildung des Poly-(4-phenyl-1,3-dioxolan) in CH_2Cl_2 oder auch in Substanz, katalysiert durch wasserfreie Perchlorsäure [587], wird ein „Ringerweiterungsmechanismus" erwogen, wie er in (CXVIb) prinzipiell formuliert ist (vgl. S. 155).

Die bisher beschriebenen Aspekte müssen um „besondere Verhältnisse" bei der Ringöffnungspolymerisation von drei- und viergliedrigen Heterocyclen ergänzt werden.

Während höhergliedrige Ringe, soweit sie überhaupt polymerisieren, meist höhere Reaktionstemperaturen erfordern und für vertretbare Umsätze Stunden bis Tage beanspruchen, verläuft die kationische Polymerisation von Äthylenoxid, Äthylensulfid, Äthylenimin oder deren Substitutionsprodukten auch unterhalb Raumtemperatur noch sehr schnell. Substanzpolymerisationen der genannten Monomere mit Säuren können explosionsartig verlaufen.

Die hohe Polymerisationsneigung ist zweifellos eine Folge der starken Ringspannung in den Monomeren [278, 279]. Hinzu kommt eine erhebliche Basizitätsverminderung z. B. des Äthylenimins (auch der anderen dreigliedrigen Heterocyclen) gegenüber den analogen fünf- und sechsgliedrigen Verbindungen, die zu einer weiteren „Destabilisierung" des primär mit elektrophilen Agenzien entstehenden Onium-Ions führt. Tabelle 22 enthält die Polymerisationsenthalpie für unsubstituierte cyclische Äther mit gleichzeitigem Hinweis auf die Polymerisationsfähigkeit substituierter Derivate [6].

Die Polymerisationsenthalpie des 3,3-Dimethyloxocyclobutans wird mit 16,1 kcal/Mol angegeben und ist damit nur wenig vom unsubstituierten Produkt verschieden [277]. Dagegen dürfte die Reaktion z. B. des 2-Methyltetrahydro-

Tabelle 22. Polymerisationsenthalpie von cyclischen Äthern (nach [61])

Verbindung	ΔH_p [kcal/Mol]	Polymerisationsfähigkeit substituierter Derivate
Äthylenoxid	−22,6	+
Oxocyclobutan	−19,3	+
Tetrahydrofuran	− 3,5	−
Tetrahydropyran	+ 1,3	−

furans bereits endotherm sein. Für die viergliedrigen Stickstoff- und Schwefelanaloga [280] werden mit den Oxocyclobutanen vergleichbare Reaktivitätsverhältnisse gefunden und damit die besondere Funktion der Ringspannung im Gegensatz zu den Verhältnissen bei höhergliedrigen Ringen unterstrichen.

Die besondere kationische Monomerreaktivität drei- und viergliedriger Heterocyclen fordert zu einem Vergleich des Mechanismus der Wachstumsreaktion mit den höhergliedrigen Ringen auf. Leider gibt es nur sehr wenig Arbeiten, die anhand kinetischer Daten auf den Mechanismus schließen lassen. Soweit eine Verallgemeinerung zulässig ist, scheint auch bei den Drei- und Vierringen der Wachstumsschritt nach dem S_{N2}-Typ zu verlaufen.

Dafür spricht u. a. der Erhalt der optischen Aktivität bei der Polymerisation optisch aktiver Epoxide und Äthylenimine [281]. In Tab. 23 befinden sich Daten

Tabelle 23. Polymerisation von *D*- bzw. *L*-2-Methyläthylenimin (nach [281])

Antipode	Katalysator	Erweichungstemperatur [°C]	$[\alpha]_D^{22}$ [in Grad]
D	HCl	67	− 93,6
D	BF_3	65	− 99,32
D	$BF_3 \cdot OEt_2$	73	−101,46
L	HCl	73	+ 81,5
L	BF_3	60	+102,78
L	$BF_3 \cdot OEt_2$	83	+109,27
DL	HCl	15	0
DL	BF_3	11	0
DL	$BF_3 \cdot OEt_2$	17	0
monom. *D*-Form	–	–	+ 12,4
monom. *L*-Form	–	–	− 12,8

für die Polymerisation der optischen Isomeren des 2-Methyläthylenimins mit BF_3, $BF_3 \cdot OEt_2$ und HCl als Katalysatoren.

Die bedeutend höheren Drehwerte im Polymeren und die Umkehrung des Vorzeichens gegenüber dem jeweiligen monomeren Antipoden sind nur mit einer Wachstumsreaktion analog zu unserer allgemeinen Formulierung in (XCVI) zu erklären. Bei überwiegendem S_{N1}-Charakter (XCV) sollte Racemisierung erfolgen.

Die Bestimmung der Aktivierungsparameter bei der Öffnung von Epoxiden [282] und substituierten Epoxiden mit sauren Katalysatoren [283], führt zu Werten, die mit denen bekannter S_{N2}-Reaktionen vergleichbar sind. So liegt die Aktivierungsentropie um —20 cal./Mol · grad, während für S_{N1}-Reaktionen meist Werte um Null gefunden werden.

Auch für die kationische Polymerisation cyclischer Sulfide können derartige Schlußfolgerungen aus kinetischen Daten gezogen werden. Bei der Initiierung des 3,3-Dimethylthietans mit Triäthyloxoniumtetrafluorborat wurden in Methylenchlorid zwischen 0° und 30°C die Aktivierungsparameter bestimmt und folgende Werte für den Wachstumsschritt erhalten [280]:

$$\Delta H_p^{\ddagger} = 12{,}5 \text{ kcal/Mol}; \qquad \Delta S_p^{\ddagger} = -26 \text{ cal/Mol} \cdot \text{grad}$$

Die bemerkenswerte Analogie zu den Daten bei bekannten S_{N2}-Reaktionen berechtigt ebenfalls zur Annahme einer Wachstumsreaktion nach (XCVI) mit cyclischen Sulfonium-Ionen als Kettenträgern und deren nucleophiler Öffnung durch das Monomere.

Somit kann auch für heterocyclische Drei- und Vierringe ein prinzipiell ähnlicher Verlauf der Initiierungs- und Wachstumsreaktion angenommen werden wie bei größeren Ringen, wobei die erhöhte Monomerreaktivität bei reduzierter Basizität des Heteroatoms im Drei bzw. Vierring durch deren sehr hohe Ringspannung und die damit erleichterte $C-\overset{\oplus}{X}$-Spaltung zu erklären ist. Auf die kettenlimitierenden Reaktionen wird im Zusammenhang mit der *THF*-Polymerisation eingegangen.

Bezüglich der Natur der Katalysatoren ergeben sich im Vergleich zur Vinylpolymerisation keine wesentlich neuen Aspekte. Interessant ist vielleicht, daß auf Grund der hohen Reaktivität insbesondere der Dreiringe, bereits schwächere Elektrophile zur Initiierung einer Polymerisation führen. Zum Beispiel wird im Falle des Äthylenimins außer den üblichen Lewis- und Brönstedt-Säuren bereits durch alkylierende Agenzien (*R*-Halogen) oder auch durch CO_2 eine Polymerisation ausgelöst. Schließlich konnte auch für Ringöffnungspolymerisationen die cokatalytische Funktion von Wasser nachgewiesen werden. Auf spezielle Aspekte der Gegenionwirkung kommen wir im folgenden zurück.

Die Untersuchung der ausschließlich kationisch ablaufenden Polymerisation des *THF* führte zu einer Reihe prinzipieller Erkenntnisse über ionische Mechanismen. Hier soll zunächst der Chemismus im Vordergrund stehen.

Zur Initiierung der *THF*-Polymerisation eignen sich alle bereits bei der Vinylpolymerisation (Abschnitt 3.2.) beschriebenen Katalysatoren. Unter absolut trockenen Bedingungen erfolgt z. B. mit BF_3 keine Polymerisation, wenn nicht hohe Konzentrationen an BF_3 (über 5 Molprozent) verwendet werden [284]. Auf Grund der relativ hohen Basizität des *THF* besitzt der primär gebildete *n,σ-EDA*-Komplex eine beträchtliche Stabilität (lokalisierte *EDA*-Komplexe), so daß die Gleichgewichtskonstante in (IC) außerordentlich klein ist.

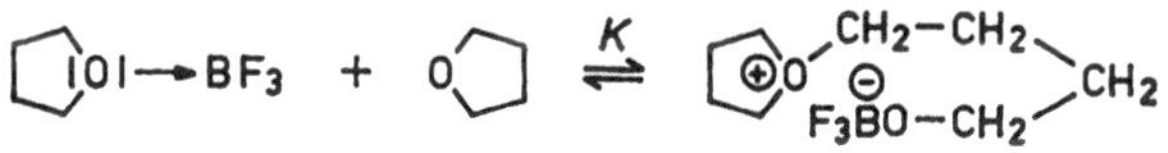
(IC)

Auch mit anderen starken Lewis-Säuren wird in Abwesenheit protonenaktiver Substanzen (wie z. B. H_2O) eine mögliche „Cokatalysatorfunktion" durch das Monomere selbst angenommen [285, 286,6]. Für PF_5 und $SbCl_5$ werden folgende Bruttoformulierungen beschrieben (allgem. MtX_5):

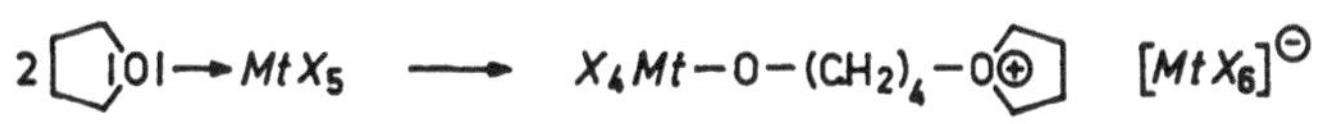
(C)

Unter den genannten Bedingungen verläuft die Initiierung jedoch sehr langsam und der Umsatzgrad ist meist gering. Durch Zusatz geringer Mengen protonenaktiver Substanzen (z. B. H_2O) kommt die Polymerisation „normal" in Gang, womit die bei Lewis-Säuren übliche Cokatalysatorwirkung angezeigt wird.

Für die Untersuchung der Kinetik der *THF*-Polymerisation als besonders geeignet erwiesen sich stabile Oniumsalze wie z. B. $Ph_3C^{\oplus}PF_6^{\ominus}$, $(C_2H_5)_3O^{\oplus}BF_4^{\ominus}$ und andere. Diese werden vorteilhaft direkt eingesetzt, können aber auch in situ erzeugt werden (CI). Die Umwandlung des reaktionsträgen *EDA*-Komplexes (vgl. IC) erfolgt mit Hilfe eines sogenannten „Promotors" [6]. Als solcher wird Äthylenoxid, Epichlorhydrin oder ein anderes Epoxid verwendet.

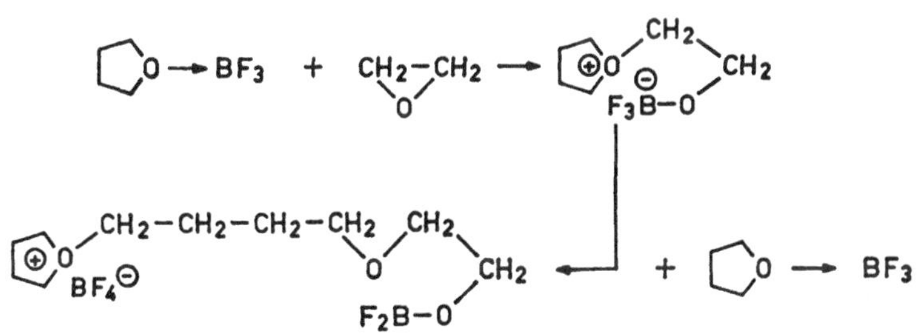
(CI)

Für die Initiierung mit $(C_2H_5)_3O^{\oplus}BF_4^{\ominus}$, das ^{14}C-markierte Äthylgruppen enthielt, konnten Vofsi und Tobolsky [287] durch Endgruppenanalyse eine Äthylübertragung auf das Monomere nachweisen (CII).

(CII)

Durch Messung der Reaktionsgeschwindigkeit als Funktion der Katalysator-

und der Monomerkonzentration wurde nach (CIII) die Geschwindigkeit des Katalysatorverbrauchs erhalten und dabei festgesellt, daß bereits nach etwa 15%igem Monomerverbrauch über 90% des Katalysators reagiert hat.

$$-\frac{d\,[Kat.]}{dt} = k_i\ [Kat.]\ ([M]_0 - [M]_t) \qquad \text{(CIII)}$$

In der Zwischenzeit konnte durch eine Reihe weiterer Experimente gesichert werden [6, 288], daß die Initiierung der *THF*-Polymerisation mit stabilen Oxoniumsalzen sehr schnell und praktisch vollständig (bezüglich $[Kat.]_0$) verläuft, während die Wachstumsreaktion durch nucleophile Öffnung des relativ stabilen Kettenträgers langsamer erfolgt.*) Unter derartigen Bedingungen kann die Umsatz/Zeit-Bestimmung des Monomeren zur direkten Ermittlung der Wachstumsgeschwindigkeit herangezogen werden, vorausgesetzt, daß die „kinetische Eindeutigkeit" der Wachstumsreaktion nicht durch Übertragungs- und Abbruchreaktionen beeinträchtigt wird. Dies konnte bei Temperaturen um 0 °C zumindest für den Anfangszeitraum (je nach Gegenion und Konzentrationsverhältnissen bis zu einigen Stunden) der *THF*-Polymerisation gesichert werden. Die Wachstumsgeschwindigkeit ergibt sich dann aus (CIV). Zwischen 0—40 °C beträgt k_p etwa $1{,}5 \cdot 10^{-2}\ l \cdot Mol^{-1} \cdot sec^{-1}$ und die Aktivierungsenergie 12—13 kcal/Mol.

$$-\frac{d\,[M]}{dt} = k_p\ [Kat.]_0\ ([M] - [M]_t) \qquad \text{(CIV)}$$

Werden zur Initiierung der *THF*-Polymerisation Trialkyloxoniumsalze mit $PF_6^{\ominus}$ oder $SbF_6^{\ominus}$ als Gegenionen verwendet, so ist die Lebensdauer der aktiven Spezies wesentlich größer als mit den einfacher zugänglichen Katalysatoren $(C_2H_5)_3O^{\oplus}BF_4^{\ominus}$ oder $(C_2H_5)_3O^{\oplus}SbCl_6^{\ominus}$, da letztere besonders bei Raumtemperatur Abbruch- und Übertragungsreaktionen fördern [288].

Der Erhalt von „lebenden Polymeren" bei der *THF*-Polymerisation kann zugleich als wesentlicher Hinweis dafür gelten, daß hier keine Carbenium-Ionen als Kettenträger wirken (z. B. entsprechend XCV), da nichtresonanzstabilisierte primäre Carbenium-Ionen äußerst reaktiv sind und wie von der Vinylpolymerisation her bekannt ist, unter β-Eliminierung eines Protons oder durch Hydridübertragung den „Tod der Kette" herbeiführen würden (vgl. Abschnitt 3.4.).

*) Mit stabilen Carbeniumionensalzen ($Ph_3C^{\oplus}SbCl_6^{\ominus}$ oder $C_7H_7^{\oplus}SbCl_6^{\ominus}$) laufen auf Grund der stärkeren Elektrophilie auch andere Initiierungsmechanismen ab, die zunächst eine Hydridübertragung vom Monomeren zum Katalysator unter Triphenylmethanbildung und Bildung einer Protonsäure einschließen [6, 201, 289]. Zur eindeutigen Interpretation kinetischer Resultate muß auch auf sorgfältigen Wasserausschluß geachtet werden, da nach neueren Untersuchungen das folgende Gleichgewicht stark auf der Seite des Oxoniumions liegt, womit eine Initiierung durch Protonenübertragung als Konkurrenzreaktion auftritt [290]:

$$Ph_3C^{\oplus} + O\!\begin{smallmatrix}H\\H\end{smallmatrix} \rightleftharpoons Ph_3C-\overset{\oplus}{O}\!\begin{smallmatrix}H\\H\end{smallmatrix} \rightleftharpoons Ph_3C-OH + H^{\oplus}\,(solv.)$$

Schließlich wird bei der *THF*-Polymerisation auch keine Kettenverzweigung festgestellt, die auf eine Isomerisierung zu einem stabileren sekundären bzw. tertiären Carbenium-Ion schließen ließe. Es besteht somit kaum Zweifel, daß die Wachstumsreaktion ebenfalls analog der allgemeinen Formulierung in (XCVI) durch nucleophile Öffnung des cyclischen Oxoniumions erfolgt.

Für die besonders hohe Lebensdauer des Zwischenzustandes der *THF*-Polymerisation ist nun neben der Stabilität der oben genannten Gegenionen und der cyclischen Oxoniumionen noch folgender Sachverhalt wichtig. Wenn unter geeigneten Bedingungen [6] die *THF*-Polymerisation nicht durch Übertragungs- und Abbruchreaktionen limitiert wird, so kann der Polymerisationsgrad unter der Voraussetzung, daß jedes Initiatormolekül (I_0) eine Kette startet, nach (CV) berechnet werden [288].

$$DP = [M]_0 - [M]_t/[I]_0 \qquad \text{(CV)}$$

$[M]_0$ ist die Ausgangsmonomerkonzentration, $[M]_t$ die Monomerkonzentration nach der Zeit t.

Nun konnte gezeigt werden, daß z. B. in Äther als Lösungsmittel der Polymerisationsgrad unter dem zu erwartenden Wert (nach CV) liegt, ohne das eine Änderung des Gesamtumsatzes erfolgt. Offensichtlich bewirkt Äther eine Übertragungsreaktion folgender Art [291].

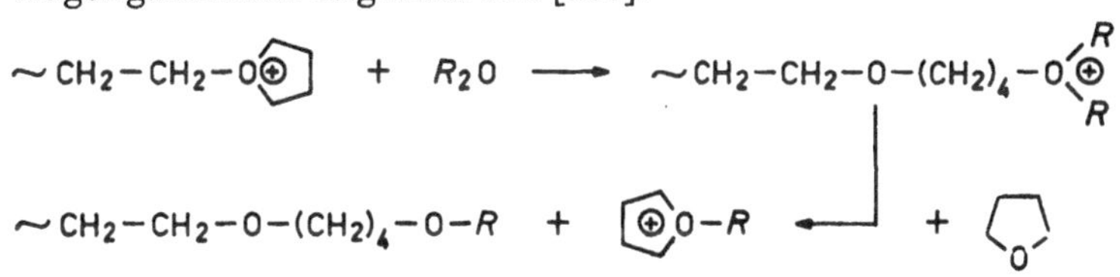

(CV)

Im Kap. 1., Tab. 2 wurde bereits auf die relativ niedrige „ceiling-Temperatur" von 85 °C bei der *THF*-Polymerisation hingewiesen. Die Reversibilität zwischen Polymerisation und Depolymerisation führt damit notwendigerweise zu einem temperaturabhängigen Gleichgewichtsumsatz der Monomerkonzentration wie aus Bild 20 ersichtlich ist.

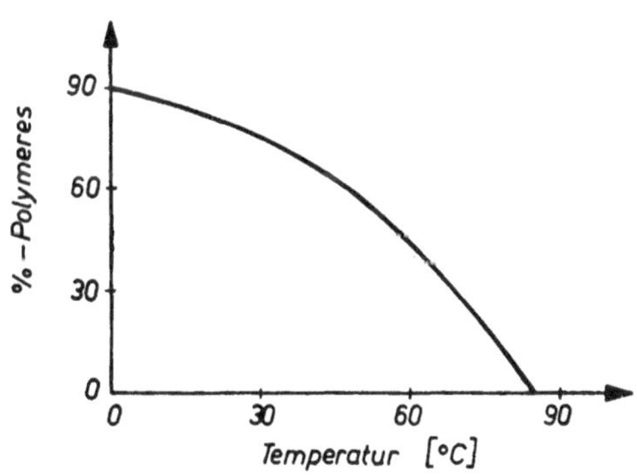

Bild 20. „Ceiling-Temperatur" der *THF*-Polymerisation (nach [6])

Ermittelt man nun die Molekulargewichtsverteilung z. B. durch Gelpermeations-Chromatographie [288] vor dem Erreichen des Gleichgewichtsumsatzes (0,5 bis 8 Stunden) so wird eine schnell zunehmende Verbreitung beobachtet (s. Bild 21).

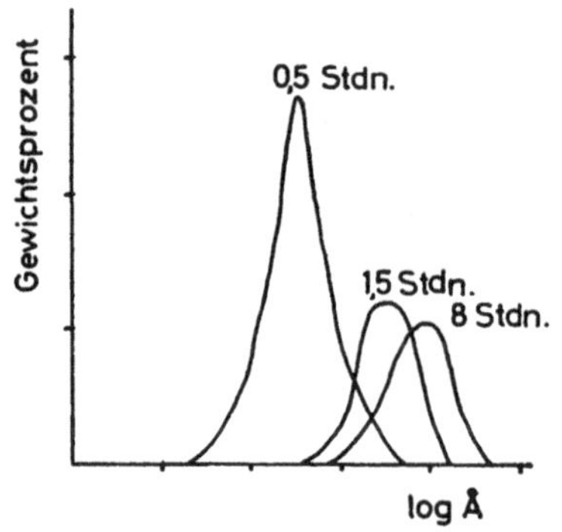

Bild 21. Verteilungskurven des Molekulargewichtes der *THF*-Polymerisation bei $PF_6^{\ominus}$-Gegenionen zu unterschiedlichen Zeiten (aus [288])

Interessanterweise tritt nach Erreichen des Gleichgewichtsumsatzes, bei längerem Stehen der Reaktionslösung wieder eine Verengung der Molekulargewichtsverteilung ein. Diese Resultate zeigen, daß im Falle stabiler Gegenionen ($PF_6^{\ominus} \simeq SbF_6^{\ominus} > BF_4^{\ominus} \geqq SbCl_6^{\ominus}$) das System nicht nur insofern „lebt“, als bei Störung des Gleichgewichtes zwischen Polymerisation und Depolymerisation (z. B. durch weitere Zugabe von Monomerem) die Reaktion mit ihrer ursprünglichen Geschwindigkeit „wiederaufgenommen“ wird, sondern auch insofern, als eine ständige Übertragungsreaktion mit Sauerstoffatomen im Polymeren stattfindet, solange noch aktive Zentren vorhanden sind (vgl. Analogie zu CV). Die verschiedenen Möglichkeiten der Polymerisation-Depolymerisation (CVI) und der „statistischen Umverteilung“ des Molekulargewichtes (CVII) sind im folgenden veranschaulicht.

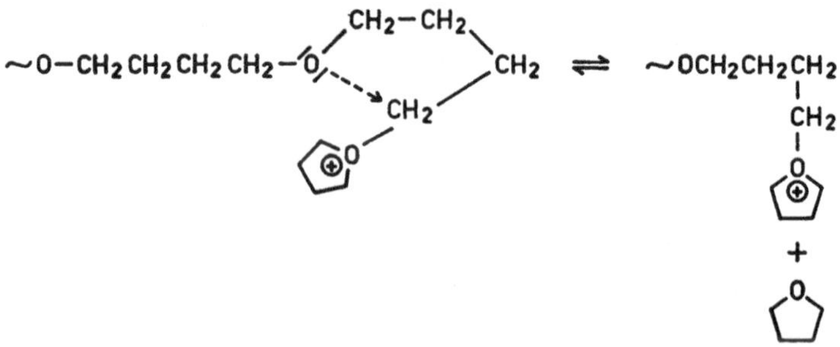

(CVI)

In [288] wird aus theoretischen Berechnungen gefolgert, daß die in Bild 21 beobachtete Veränderung der Molekulargewichtsverteilung über das Polymerisations-Depolymerisationsgleichgewicht in (CVI) eine Zeit von etwa 20 Tagen in Anspruch nehmen würde und somit nur über die Reaktionen mit dem Sauerstoff im Polymeren (CVII) zu erklären ist.

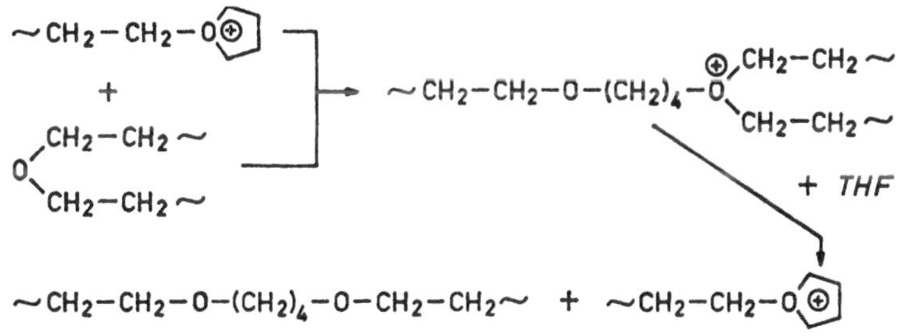

(CVII)

Da sowohl in (CVI) als auch in (CVII) die aktiven Zentren erhalten bleiben, ist die besondere thermodynamische Stabilität dieses Zwischenzustandes (im Bild 1 mehr dem Fall A entsprechend) als Folge der starken inneren Stabilisierung von Gegenion und Kettenträger verständlich. Mit dieser Stabilität des Zwischenzustandes verbinden sich eine Reihe von Vorteilen für kinetische Untersuchungen, die im Vergleich zu Vinylpolymerisationen gegenwärtig noch ohne Beispiel sind [112] (siehe Abschnitt 3.7.). Aber auch für die Synthese von Polymeren bietet die Reaktion (CVII) wesentliche Vorteile. Zum Beispiel konnte die alkylierende Wirkung von Oxonium-Ionen des „lebenden *PTHF*“ zur Initiierung von anderen Schwefel- bzw. Stickstoffheterocyclen Verwendung finden [292]. Von Enikolopyan [193] wurden umfangreiche Untersuchungen dieses Reaktionstyps (in [193] als „Kettenübertragung mit Abbruch“ bezeichnet) besonders am Beispiel der Trioxanpolymerisation beschrieben und darauf hingewiesen, daß auf diesem Wege eine Modifizierung von Polyoxyalkylenketten mit Schwefel, Phosphor oder Silicium enthaltenden Gruppen möglich sein sollte.

Im folgenden soll noch kurz auf die kettenlimitierenden Reaktionen der *THF*-Polymerisation eingegangen werden, soweit diese gegenüber der Vinylpolymerisation zusätzliche Gesichtspunkte bieten.

Mit den Reaktionen (CV) und (CVII) wurden bereits zwei wesentliche Übertragungsreaktionen genannt. Eine sehr hohe Übertragungsneigung konnte auch im Falle des Trimethylorthoameisensäureesters (bereits 1% Zusatz) beobachtet werden. Wenn dieses Agenz nach Erreichen des Gleichgewichtsumsatzes (Bild 20) über mehrere Tage auf das „lebende“ *PTHF* einwirkt, so wird das Polymere bis zu Oligomeren ($n = 1-5$) mit Methoxyendgruppen abgebaut und Methylformiat entsteht als Nebenprodukt [6]. Der normalerweise als Abbruchreaktion deklarierte Umsatz der Kettenträger mit Wasser oder Alkoholen kann bedingt als Übertragung angesehen werden, wenn dabei durch Regenerierung des Katalysators eine neue Kette gestartet wird (CVIII).

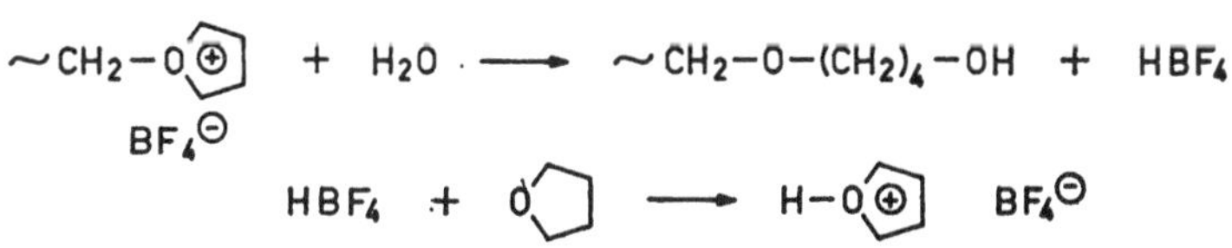

(CVIII)

Aus den zeitlichen Unterschieden im Viskositätsverhalten des *PTHF*, die sich bei verschiedenen Gegenionen unter sonst gleichen Reaktionsbedingungen ergeben, wird auch auf Reaktionen mit dem Gegenion geschlossen [288]. Die Formulierung in (CIX) wird als Kombination von Abbruch und Übertragung bezeichnet, da $SbCl_5$ in der Lage ist wieder eine neue Kette zu starten (entsprechend C). Im Falle des $BF_4^{\ominus}$ wird eine Abbruchreaktion angenommen, da BF_3 in katalytischen Mengen die Polymerisation nicht initiiert [284].

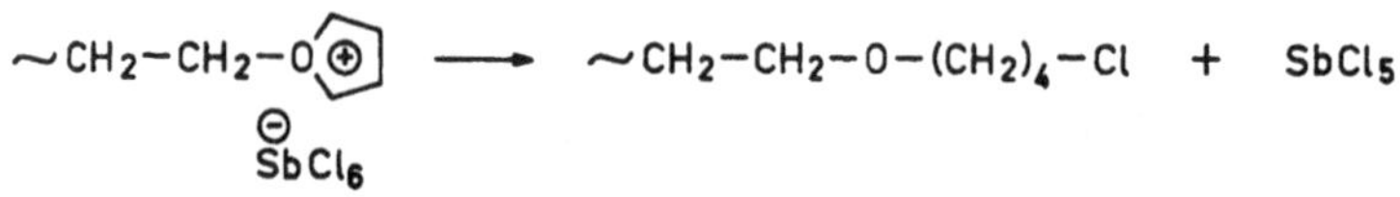

(CIX)

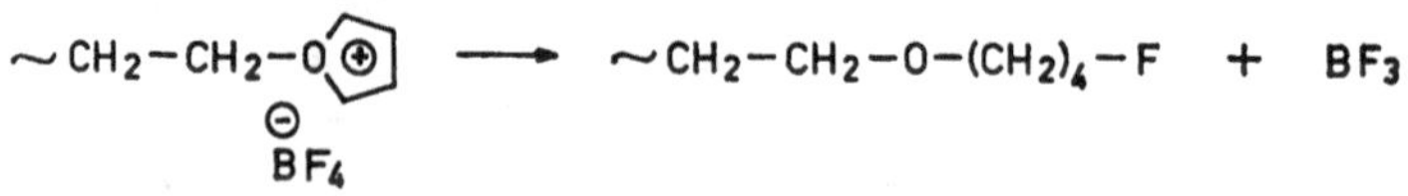

(CX)

Mit $PF_6^{\ominus}$ und $SbF_6^{\ominus}$ treten derartige Reaktionen nicht in nennenswertem Maße ein, wenn bei Raumtemperatur und darunter gearbeitet wird. Insgesamt ist nicht zu übersehen, daß die genaue Kenntnis der kettenlimitierenden Reaktionen der *THF*-Polymerisation noch eine Reihe offener Fragen enthält, die besonders auf mangelnde Kenntnisse über Natur und Stabilität von Gegenionen zurückzuführen sind.

Von dem für die *THF*-Polymerisation beschriebenen Reaktionsablauf abweichend, werden Mechanismen der Ringöffnungspolymerisation von Monomeren mit mehreren Heteroatomen diskutiert [193, 201, 128].

Zahlreiche Untersuchungen der kationischen Trioxanpolymerisation deuten daraufhin, daß hier die aktiven Zentren in Abhängigkeit von den Bedingungen (Katalysator, Lösungsmittel, Temperatur), entweder mehr Carbeniumionencharakter oder Oxoniumionencharakter haben. Zum Beispiel polymerisiert Trioxan mit Oxoniumsalzen als Katalysator unter absolut trockenen Bedingungen ohne Induktionsperiode und ohne Abspaltung von Formaldehyd. Bei Wasserzusätzen wird eine Induktionsperiode und eine Anreicherung von Formaldehyd festgestellt. Für den erstgenannten Fall schließt man auf einen S_{N2}-Mechanismus (CXI) mit nucleophiler Öffnung des cyclischen Oxoniumions.

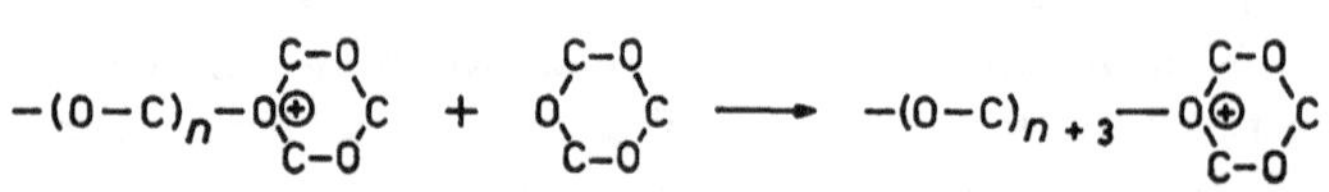

(CXI)

Im zweiten Fall wird ein S_{N1}-Mechanismus (CXII) für möglich gehalten [193].

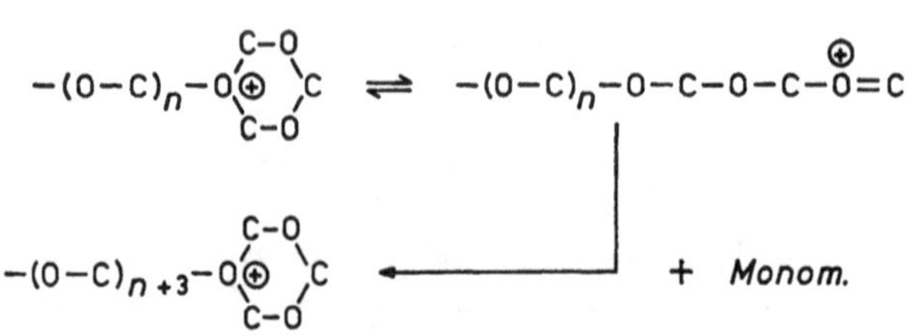

(CXII)

Die Bildung eines Carboxoniumions kann jedoch auch durch Hydridübertragung erfolgen (CXIII), wenn Carbeniumionensalze zur Initiierung dienen (besonders bei höheren Reaktionstemperaturen) [293].

(CXIII)

Während die Möglichkeit der Hydridübertragung z. B. im Falle des *THF* wahrscheinlich auf die Wirkung des elektrophilen Initiators ($Ph_3C^{\oplus}$) zurückgeht, da die Triphenylmethanbildung selbst bei −40 °C ohne nennenswerte Polymerisation des *THF* erfolgt [201], ist diese Übertragungsreaktion bei Bildung eines Caroxoniumions stärker in Betracht zu ziehen (CXIV).

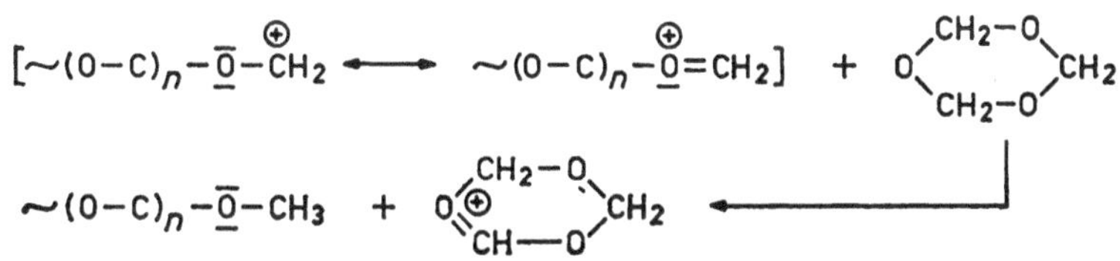

(CXIV)

Durch Reaktion der Carboxoniumionen mit weiterem Monomeren oder dem Sauerstoffatom eines Polymermoleküls können sich Kettenverzweigungen ergeben, die bei der Trioxanpolymerisation auch tatsächlich beobachtet werden und die z. B. für die gegenüber linearem Polyoxymethylen erhöhte Thermostabilität verantwortlich gemacht werden [294, 295].

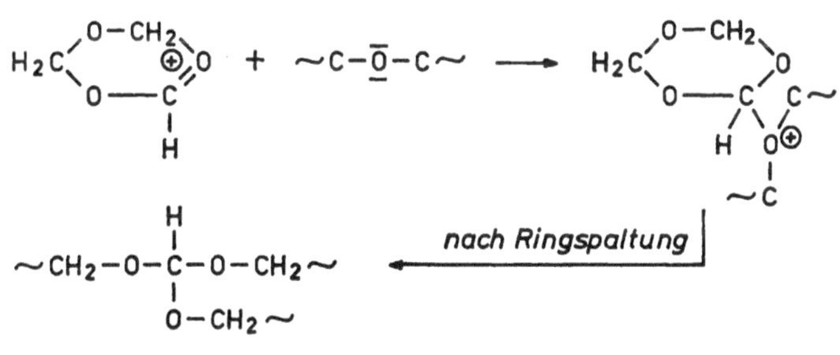

(CXV)

Die Formulierung (CXV) ist nur als schematisches Bild einer Reihe im Einzelnen noch nicht genau bekannter Reaktionswege aufzufassen. Aus dem Zwischenzustand des Oxoniumions in (CXV) können auch zwei lineare Ketten nach der am Beispiel des *THF* in Formel (CVII) beschriebenen Reaktion entstehen [294, 295]. Mit der Bildung von tertiären Wasserstoffatomen nach (CXV) entstehen schließlich weitere leicht reaktive Stellen, die zu Verzweigungen oder zur Bildung makrocyclischer Ringe führen können.

Die Besonderheiten im Reaktionsverhalten von Ringen mit mehreren Heteroatomen scheinen nicht allein auf das Trioxan beschränkt zu sein, obwohl hier auf Grund der alternierenden Anordnung von Kohlenstoff und Sauerstoff bezüglich der Carboxoniumionenbildung ideale Verhältnisse vorliegen, gleichgültig ob sich diese am Kettenende oder im Ring befinden (z. B. CXIV). Quantenchemische Berechnungen für folgende Modellstruktur

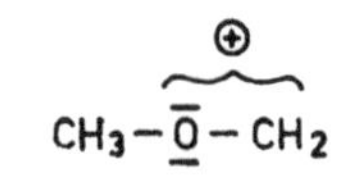
(CXVI)

ergeben eine etwaige Gleichverteilung der Ladungsdichte der positiven Ladung zwischen beiden Atomen, mit einem Wert von 0,45 am Sauerstoffatom [296]. Es muß allerdings bedacht werden, daß bei der Polymerisation derartiger Heterocyclen polare Medien (hohe Gruppendipole) vorliegen, zumal im Gegensatz zur Vinylpolymerisation im allgemeinen mit hohen Monomerkonzentrationen gearbeitet wird. In diesem Falle könnte ein durch Hydridübertragung entstehendes cyclisches Carbeniumion (CXVIa) oder ein durch Ringöffnung gebildetes Carbeniumion (entsprechend XCV) eine beträchtliche Solvatstabilisierung erfahren. Der Energiegewinn dieser äußeren Stabilisierung kann der intramolekularen Resonanzstabilisierung eines Carboxoniumions durchaus überlegen sein und damit die Existenz des Letzteren in Frage stellen [296a].

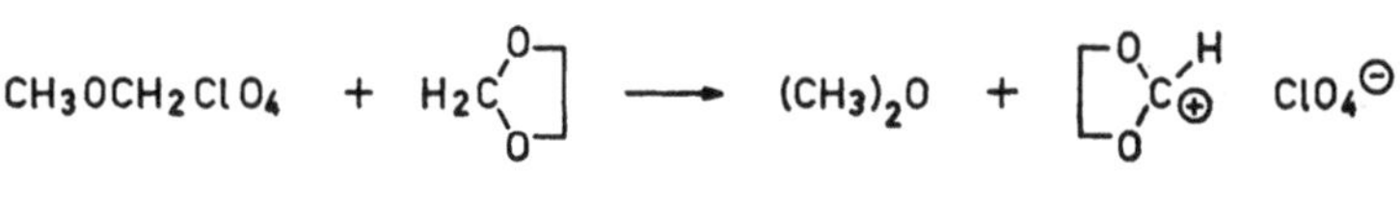
(CXVIa)

So gibt es für den Mechanismus der 1,3-Dioxolanpolymerisation Hinweise, daß neben eindeutigem S_{N2}-Mechanismus unter geeigneten Bedingungen (höhere Temperatur, Lösungsmitteleinfluß) der S_{N1}-Charakter vorherrschen kann. Zum Beispiel bildet 1,3-Dioxolan mit Styrol oder Isobutylen statistische Copolymere, während Tetrahydrofuran mit derartigen Vinylmonomeren keine Copolymerisation eingeht [297]. Im Falle des 1,3-Dioxolans könnte somit auf eine den Vinylmonomeren ähnliche Natur der Kettenträger geschlossen werden. Hierbei muß allerdings berücksichtigt werden, daß die Hydridübertragung vom Dioxolan unter Carbeniumionenbildung, durch die primär entstehenden Carbeniumionen der Comonomere (ähnlich CXIII) bewirkt werden kann. Ähnliche Aspekte könnten auch eine Rolle spielen bei der kationischen Polymerisation von 2-Vinyl-1,3-dioxolanen [298, 299], die je nach den Reaktionsbedingungen bevorzugt über die Vinyldoppelbindung oder unter Ringöffnung polymerisieren und zu linearen löslichen sowie unlöslichen vernetzten Produkten führen. Die Ringöffnungspolymerisation verläuft zum Teil ebenfalls unter Hydridübertragung. So konnten in den Polymerisaten auch Doppelbindungen und Estergruppen [298, 299] nachgewiesen werden. Schließlich sei erwähnt, daß von Plesch und Westermann (vgl. [296a] und die dort zit. Lit.) für die Dioxolanpolymerisation ein „Ringerweiterungs-Mechanismus" vorgeschlagen wurde, mit der Annahme eines Vierzentrenübergangszustandes (CXVIb). Hierbei kommt im Prinzip dem solvatisierten Oxoniumion die Rolle des Kettenträgers zu, das durch das polare Monomere nucleophil „geöffnet“ wird.

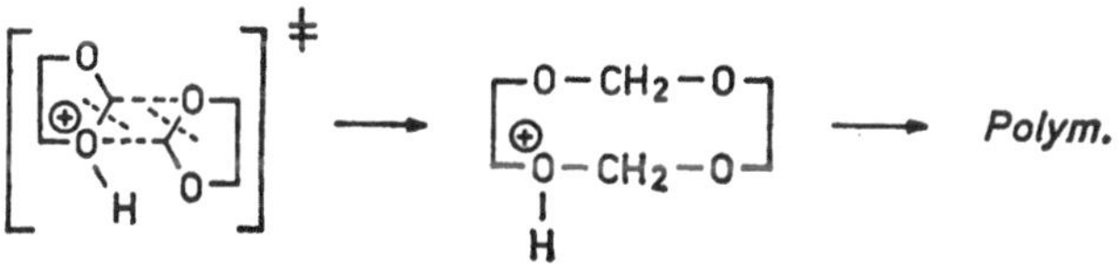

(CXVIb)

Es erscheint gegenwärtig noch verfrüht, weitergehende Verallgemeinerungen aus den angegebenen Beispielen zu formulieren. Das mit der Basizität der Monomere in Einklang zu bringende Stabilitätsverhalten von Carboxoniumionen wird beim Trioxan sicherlich konstitutionell zusätzlich begünstigt. Andererseits kommen ohne Zweifel sterische Aspekte der Ringstabilität hinzu. So liefert z. B. 1,4-Dioxan keine Homopolymerisation, dagegen Copolymerisation mit *THF*. Wie im einzelnen nicht näher ausgeführt werden soll, ergeben sich bei der Copolymerisation z. B. von Trioxan und 1,3-Dioxolan [300] oder von 1,3-Dioxolan mit *THF* [297] relative Reaktivitäten, die gegenüber den Verhältnissen der Homopolymerisation „Anomalien“ aufweisen. Hier bestehen Hinweise, daß ein Wechsel des Mechanismus (nicht allein S_{N1}/S_{N2} im Wachstumsschritt, sondern auch Verhältnisse der anderen Elementarschritte zueinander) auf Grund unterschiedlicher Solvatationsfähigkeit der Ladungsträger, durch die sich mit dem Gesamtumsatz verändernden Monomerkonzentrationen während des Ablaufes der Reaktion, erfolgt [193, 297]. In derartigen Fällen dürfte der Versuch makroskopische Meßdaten der Statistik der Elementarprozesse anzupassen prinzipiell begrenzt sein. Ebenso schwierig sollte daher im Einzelfall zu entscheiden sein, ob nur Oxonium-Ionen oder z. T. auch solvatisierte Carbenium-Ionen im Wachstumsschritt beteiligt sind und ob die Bildung von Carboxonium-Ionen nur auf Trioxan zu beschränken oder völlig auszuschließen ist.

Trotzdem ergaben sich für die Ringöffnungspolymerisation einige „Leitlinien“, die einen großen Teil des bekannten Materials einzuordnen gestatten. Diese Möglichkeit besteht nicht nur für die eingehender behandelten Sauerstoffheterocyclen. So sei z. B. auf die praktisches Interesse beanspruchende kationische Polymerisation von Lactamen hingewiesen, die mit Brönstedt-Säuren und Lewis-Säuren nach einem gleichartigen Mechanismus verläuft [301, 302, 303]. Die Initiierung erfolgt unter Bildung eines Lactam-Kations im allgemeinen durch Protonierung. Lewis-Säuren bedürfen dabei eines Cokatalysators (z. B. H_2O), ohne den nur Adduktbildung eintritt. Entsprechend (CXVII) erfolgt die Wachstumsreaktion nach Protonenaustausch mit dem Lactam, durch Acylierung der freien Aminogruppe oder umgekehrt ausgedrückt durch nucleophile Öffnung des schwächer basischen Lactam-Kations durch die basischere Aminogruppe. Ohne die „destabilisierende“ Wirkung der Carbonylgruppe auf das Ringstickstoffatom würde bei fünf-, sechs- und höhergliedrigen Lactamringen nur Ammoniumsalzbildung aber keine exotherme Ringöffnung zu erwarten sein. Der Polymerisationsgrad ist, wie einleitend zu diesem Abschnitt an verschiedenen Beispielen erläutert wurde, ebenfalls eine Funktion der Ringgröße und der Substituenten am Ring.

Auf die z. T. speziellen kettenlimitierenden Faktoren soll hier nicht eingegangen werden [302, 303]. Im Reaktionsschema (XCVII) kann die initiierende BRÖNSTEDT-Säure ein Ammoniumsalz (z. B. Butylaminhydrochlorid) sein. Das Gegenion wurde zur Vereinfachung weggelassen.

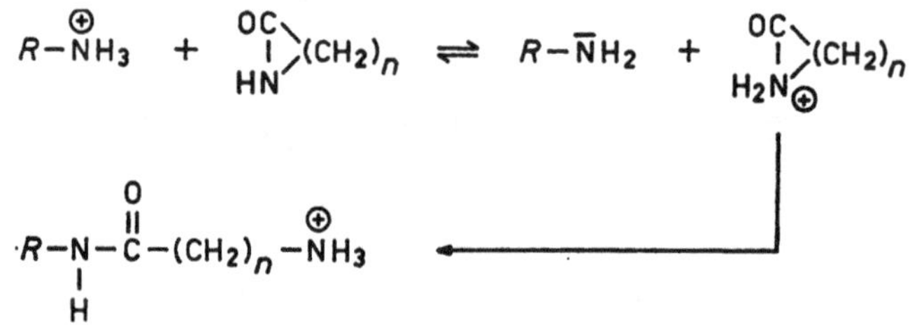

(CXVII)

Das endständige Ammonium-Ion setzt als aktives Zentrum die Wachstumsreaktion in analoger Weise fort.

Interessante thermodynamische und kinetische Aspekte der Lactampolymerisation wurden am Beispiel des Laurinlactams beschrieben [588].

3.7. Kinetik kationischer Polymerisationen

Die Vielgestaltigkeit der Mechanismen kationischer Polymerisationen, wie wir sie in den vorangegangenen Abschnitten zu skizzieren bemüht waren, muß notwendigerweise auch das Bild der Kinetik prägen. Damit ist die Vergleichsbasis kinetischer Daten über die Breite der vorher behandelten Monomeren apriori eingeschränkt. Selbst bei formal gleichem Geschwindigkeitsgesetz bezüglich der Reaktionsordnungen der verschiedenen Reaktanden muß man sich der z. T. doch erheblich unterschiedlichen Elementarprozesse bewußt sein. Während z. B. die Vinylpolymerisation im Wachstumsschritt als „Polyadditionsmechanismus“ mit teilweise verschwindend geringer Aktivierungsenergie erfolgt, verläuft die Ringöffnungspolymerisation nach einem „Substitutionsmechanismus“ über einen Zwischenzustand, dessen thermodynamische Stabilität in einigen Fällen höher ist als die der polymeren Endprodukte. Ein Vergleich von Geschwindigkeitskonstanten für die Wachstumsreaktion von Vinylpolymerisationen (etwa 10 bis 10^8 Mol^{-1} $sec.^{-1}$) und von Ringöffnungspolymerisationen (O- und S-Heterocyclen etwa 10^{-4} bis 10 $Mol^{-1} \cdot sec^{-1}$) kann daher nur als Beweis für tatsächlich unterschiedliche Mechanismen gewertet werden, bietet jedoch keine Vergleichsmöglichkeit für die Elementarreaktionen [248].

Es muß schließlich erwähnt werden, daß die Zahl zuverlässiger kinetischer Daten, die auf der Basis heute akzeptierter Mechanismen gewonnen wurden, äußerst rar ist [248]. Aus diesem Grunde sollen hier nur in beschränktem Maße kinetische Aussagen innerhalb eines „wahrscheinlich vergleichbaren“ Mechanismus diskutiert werden, sondern es geht vielmehr um die Nennung prinzipieller Sachverhalte und Schwierigkeiten sowie möglicher Wege zu deren Lösung.

Im Kap. 1. (Abschnitt 1.2.) wurden Grundgleichungen der Polymerisationskinetik dargelegt, wie sie bei Gültigkeit der dort genannten Bedingungen durchaus auch auf kationische Polymerisationen zutreffen können. Bei der Ableitung dieser Gleichungen wurden jedoch eine Reihe von Annahmen gemacht, deren strenge Gültigkeit nur für Einzelfälle akzeptabel ist. Für eine genauere Kinetik ist anknüpfend an Abschnitt 1.2. unter anderem folgendes zu berücksichtigen:

1. In Abschnitt 1.2. wurden die Kettenübertragungsreaktionen zur Vereinfachung des kinetischen Schemas aus der Betrachtung genommen, eine Annahme, die besonders bei kationischen Vinylpolymerisationen meist nicht zutrifft (Abschnitt 3.4.).
2. Für die Konzentration der aktiven Spezies wird im allgemeinen mit „einer Sorte" von Kettenträgern gerechnet; es wirken jedoch oft mehrere parallel mit unterschiedlicher Geschwindigkeit (Ionen, Ionenpaare, Mehrzentrenprozeß). Vergleiche dazu Abschnitt 2.1.3. und [123].
3. Für den Wachstumsschritt wurde ausschließlich eine Reaktion zweiter Ordnung angenommen. Dieser Fall trifft bei niedrigem Umsatz (10—15%) meistens zu. Es sind jedoch auch Ausnahmen mit der ersten Ordnung beschrieben [123]. Vornehmlich bei Ringöffnungspolymerisationen sind auch höhere Ordnungen (2 bis 6) gefunden worden, die z. B. durch Solvatation der Kettenträger durch das Monomere, quasi als „Teilnahmeordnung" am Elementarakt ohne elektronische Umgruppierung, gedeutet werden müssen [193].
4. Als wesentliches Postulat galt ein quasistationärer Reaktionsverlauf, wonach sich die Konzentration der aktiven Spezies mit der Reaktionszeit nicht ändert und weiterhin der Verbrauch an Monomeren durch das Kettenwachstum wesentlich größer ist, als der Verbrauch für Initiierung und Übertragung.

Gerade der letztgenannte Punkt ist äußerst problematisch, weil häufig unzutreffend. Bei einer ganzen Reihe kinetischer Untersuchungen kationischer Polymerisationen (z. B. durch dilatometrische Bestimmung) wird aus methodischen Gründen die Anfangsphase der Reaktion nicht exakt erfaßt und damit die relative Größe des Verhältnisses von Initiierungsgeschwindigkeit zu Wachstumsgeschwindigkeit„ zu irgendeiner Zeitspanne" erhalten. Wir kommen noch auf diesen Sachverhalt zurück.

Für die vorgenannten Punkte wurden nun kinetische Gleichungen abgeleitet, die in Ergänzung der bereits behandelten (Abschnitt 1.2.), die direkt zugängliche Bruttogeschwindigkeit (1. XXIV) oder den Polymerisationsgrad (1. XXII) mit den Geschwindigkeiten der Teilreaktionen verknüpfen. In besonders günstig gelagerten Fällen können v_i, v_p und v_a bzw. $v_ü$ auch direkt gemessen werden (vgl. S. 166), während sie im allgemeinen nur als Verhältnis zu v_p erhalten werden. Es ist hier nicht der Platz, die Ableitungen der mehr oder weniger brauchbaren kinetischen Gleichungen zu referieren, zumal diese Ableitungen elementare mathematische Operationen darstellen. Zum Teil handelt es sich auch um theoretische Modelle, die zu Gleichungen mit mehreren Unbekannten führen, deren Überprüfung vom Rechenaufwand abgesehen mangels genauer Eingangsparameter noch aussteht. Einige „Endgleichungen", die wesentliche Sachverhalte erfassen, seien im folgenden mit aufgenommen. Zur genaueren Information sind die nachfolgenden Literaturstellen geeignet: [123, 129, 193, 248, 254, 265, 280, 304, 305, 306, 307, 308, 309].

Eine wesentliche Erweiterung erfahren kinetische Aussagen (z. B. über die vorgen. Punkte 1. und 3. durch die Bestimmung des Zahlenmittels des Polymerisationsgrades (1. XXI) bzw. durch die darüber zugänglichen „Mayo-Auftragungen" [9], die ursprünglich für radikalische Polymerisationen abgeleitet, auch im vorliegenden Falle zur Ermittlung der kettenlimitierenden Faktoren geeignet sind. So kann z. B. die Auftragung von

$$\frac{1}{P_n} \text{ gegen } [M_1] \quad \text{oder} \quad \frac{1}{P_n} \text{ gegen } \frac{1}{[M_1]} \qquad \text{(CXVIII)}$$

in einfacher Weise zeigen, ob die Wachstumsreaktion bezüglich des Monomeren erster oder zweiter Ordnung ist, je nach dem in welchem Falle eine Gerade erhalten wird. Der P_n vermittelt eine bessere Einsicht, inwieweit der Monomerverbrauch nur zu Lasten der Wachstumsreaktion geht, oder ob z. B. ein nichtvernachlässigbarer Teil von $[M_1]$ durch die Initiierungsreaktion verbraucht wird. Bei der häufig geringen Monomerkonzentration von Vinylpolymerisationen (zur Vermeidung von Übertragungsreaktionen), kann dies durchaus von Bedeutung sein. Als weiterer Monomerverbrauch außerhalb der Wachstumsreaktion könnte z. B. die Bildung stabiler Kationen mit dem Monomeren genannt werden, die selbst nicht mehr (Allylabbruch [254]) oder nur stark verzögert zum Wachstum befähigt sind (vgl. auch Abschnitt 3.6.). Diese Beispiele zeigen, daß nach (CXVIII) weitergehende Hinweise möglich sind als bei ausschließlicher Messung der Bruttogeschwindigkeit.

Für die Geschwindigkeit des Monomerverbrauchs kann folgende allgemeine Gleichung geschrieben werden:

$$\frac{-d[M]}{dt} = (k_p + k_l + k_m + \cdots)\,[M][P^\oplus] \qquad \text{(CXIX)}$$

Neben der Geschwindigkeitskonstante für die Wachstumsreaktion (k_p) könnten k_l und k_m z. B. die entsprechenden Konstanten der Initiierungs- oder Monomerabbruchreaktion sein. Bei dem früher behandelten „intra-intermolekularen Mechanismus" (S. 87) befindet sich der Wachstumsschritt in teilweiser Konkurrenz mit Isomerisierungs- oder Cyclisierungsreaktionen, deren Geschwindigkeitskonstanten k_n bzw. k_0 in (CXIX) zusätzlich oder an Stelle der genannten zu denken sind.

Um nun Gleichung (CXIX) lösen zu können, muß bekannt sein, welche Änderung $[P^\oplus]$ mit der Zeit erfährt. In den vorangegangenen Abschnitten konnte mehrfach aus nichtkinetischen Experimenten gefolgert werden, daß $[P^\oplus]$ nicht konstant ist und weiterhin, der Verbrauch der aktiven Spezies außer durch die Wachstumsreaktion durch eine ganze Reihe weiterer sogenannter kettenlimitierender Reaktionen (Abschnitt 3.4.) bestimmt wird. Auch hier bietet bekanntlich die Kenntnis des P_n als das Verhältnis von Wachstums- zu Konkurrenzreaktionen eine Möglichkeit, um z. B. die in Abschnitt 1.2. vernachlässigten Übertragungsreaktionen zu kennzeichnen. Ist $[X]$ die Konzentration eines beliebigen Übertragungsreagenzes (z. B. Lösungsmittel, nucleophile Verunreinigungen oder das

Monomere selbst), so besteht zwischen den beiden konkurrierenden Geschwindigkeiten

$$\nu_p = k_p[M][P^{\oplus}] \quad \text{und} \quad \nu_{ü} = k_{ü}[X][P^{\oplus}]$$

und P_n der folgende Zusammenhang

$$\frac{1}{P_n} = \frac{1}{P_0} + \frac{k_{ü}[X]}{k_p[M]} = \frac{1}{P_0} + C\,\frac{[X]}{[M]} \tag{CXX}$$

P_0 bedeutet den Polymerisationsgrad in Abwesenheit des Übertragungsreagenzes. Aus der graphischen Lösung der linearen Gleichung (CXX) erhält man das Verhältnis der beiden Geschwindigkeitskonstanten als sogenannte „Übertragungskonstante C“, und falls k_p aus Geschwindigkeitsmessungen erhalten werden kann, auch die Geschwindigkeitskonstante der Übertragung $k_{ü}$.

Einschränkend muß allerdings bemerkt werden, daß die Auftragungen von $1/P_n$ gegen die verschiedenen „Reaktionsteilnehmer“ oder gegen die Änderung der Bedingungen nicht immer durch die einfachen Mayo-Beziehungen wiedergegeben werden können. Häufig treten mit deren Konzentrationsänderung (bzw. Temperatur- oder Reaktionszeitvariation) z. T. erhebliche Abweichungen vom linearen Verhalten auf. In einigen Fällen konnten Kurven mit Minimum- bzw. Maximumbildung oder Grenzwertverhalten nachgewiesen werden. Von P. H. Plesch [189] wurde die Behandlung derartiger Beispiele eingehend beschrieben.

Die Übertragungsreaktionen gemeinsam mit möglichen Abbruchreaktionen (zwischen beiden Typen kann kinetisch nicht unterschieden werden) ergeben wiederum einen allgemeinen Ausdruck für die zeitabhängige Konkurrenz zur Wachstumsreaktion (CXXI).

$$-\frac{d[P^{\oplus}]}{dt} = k_{a_1}[P^{\oplus}] + k_p[P^{\oplus}][M] + k_{a_{2-n}}[Y][P^{\oplus}] + k_{ü_{1-m}}[X][P^{\oplus}] \tag{CXXI}$$

Analog zu (CXIX) bezeichnet k_p die Konstante der Wachstumsreaktion, k_{a_1} z. B. den monomolekularen Abbruch, $k_{a_{2-n}}$ beliebige bimolekulare Abbruchreaktionen und $k_{ü_{1-m}}$ beliebige Übertragungsreaktionen.

Durch Integration von (CXXI) folgt

$$[P^{\oplus}] = [P^{\oplus}]_i \{\exp. (-k_{a_1} - k_p[M] - k_{a_{2-n}}[Y] - k_{ü_{1-m}}[X])t\} \tag{CXXII}$$

$[P^{\oplus}]_i$ ist die Anfangskonzentration der wachsenden Ketten. Setzt man den Ausdruck (CXXII) in (CXIX) ein, so resultiert eine „erweiterte“ Gleichung für die Bruttogeschwindigkeit.

$$-\frac{d[M]}{dt} = (k_p + k_l + k_m \cdots)[M][P^{\oplus}]_i \exp. \{(-k_{a_1} - k_p[M] - k_{a_{2-n}}[Y] - k_{ü_{1-m}}[X])t\} \tag{CXXIII}$$

Durch Integration von Gleichung (CXXIII) in den Grenzen $t = 0$ und $t = \infty$ bei Annahme konstanter Werte für $[M]$ und $[P^{\oplus}]_i$, erhält man einen Ausdruck, der als Verhältnis der monomerverbrauchenden Reaktionen zu den kettenlimitierenden Reaktionen aufzufassen ist.

$$P_n = \frac{(k_p + k_l + k_m \cdots)\,[M]_i[P^{\oplus}]_i(MG_M \cdot V)}{k_{a_1} + k_p[M]_i + k_{a_{2-n}}[Y] + k_{\ddot{u}_{1-m}}[X]} \qquad \text{(CXXIV)}$$

$[M]_i$ ist die Ausgangsmonomerkonzentration, entsprechend der Gültigkeit von (CXXIV) für sehr geringe Umsätze. MG_M ist das Molekulargewicht des Monomeren und V das Gesamtvolumen des Reaktionssystems.

Aus (CXXIII) und (CXXIV) können nun im Prinzip Geschwindigkeitsverhältnisse von Teilreaktionen bestimmt werden, die jedoch bei „Ausschöpfung aller Möglichkeiten" dieser Gleichung zu wenig brauchbaren komplexen Größen mit mehreren Unbekannten führen. Durch nichtkinetische Analyse des „Chemismus" der Polyreaktion können jedoch bestimmte Reaktionen ausgeschlossen oder durch geeignete Variation der Bedingungen (Temperatur, Konzentration der Reaktanden usw., vgl. Abschnitt 3.8.) vernächlässigt werden. Wenn z. B. bei geringem Monomerumsatz ein sehr großer Wert von P_n gefunden wird, so ist in (CXXIV)

$$k_p \gg k_{a_1} \quad \text{bzw.} \quad k_{\ddot{u}_{1-m}}$$

und die Gleichung kann entsprechend vereinfacht werden.

Um zu praktischen Lösungswegen der vorgenannten Gleichung zu kommen, werden jedoch die Vereinfachungen wie auch im letzten Beispiel dem stationären Verhalten angepaßt und führen somit nicht wesentlich über die elementare Kinetik (Abschnitt 1.2.) hinaus. Sie bieten allerdings den Vorteil, bei „Ausschaltung" anderer Konkurrenzreaktionen, z. B. die Übertragungsneigung zu einem Agenz X oder die Natur des Kettenabbruchs (mono- oder bimolekular) zu charakterisieren.

Auf Grund des komplexen Reaktionsverhaltens und der besonders bei Vinylpolymerisationen hohen Reaktionsgeschwindigkeiten ergeben sich für kationische Polymerisationen meist Geschwindigkeitsverhältnisse zwischen Initiierung und Wachstum sowie Wachstum und Abbruch, die dem Stationaritätsprinzip nicht entsprechen. Die meist relativ niedrigen Molekulargewichte bzw. deren Zeit- und Temperaturabhängigkeit oder z. B. ein innerhalb geringer Temperaturspanne erfolgender Ordnungswechsel im Geschwindigkeitsgesetz [319] zeigen, daß nichtstationäre Bedingungen bei einer Vielzahl kationischer Polymerisationen vorliegen, während diese bei radikalischen Polymerisationen mehr Ausnahmen darstellen. Wahrscheinlich sind nichtstationäre kationische Polymerisationen weit häufiger als bisher in der Literatur beschrieben, da die Realsysteme zur kinetischen Behandlung eben auf das Stationaritätsprinzip „festgelegt" wurden. Von den typischen Umsatz-Zeitkurven mit Grenzwertverhalten kommt dann nur der „erste Anstieg" oder bei sigmoidem Verlauf der „mittlere Anstieg" zur Auswertung.

In neuerer Zeit werden in zunehmendem Maße Beispiele beschrieben, die entweder eine kinetische Behandlung nichtstationärer Reaktionen enthalten, oder zumindest die Eindeutigkeit der ablaufenden Elementarreaktionen beweisen und damit günstige Voraussetzungen für eine kinetische Analyse schaffen. Verständlicherweise gibt es in derartigen Fällen keine universelle Lösung, sondern die kinetische Behandlung setzt Modellfälle voraus, die an bestimmte Bedingungen geknüpft sind (z. B. $v_i \gg v_p$; $v_a = v_ü = 0$).

Die Sicherheit der nichtstationären Kinetik ist jedoch unerläßlich an eine experimentelle Fundierung des jeweiligen Reaktionsmechanismus geknüpft. In dieser Hinsicht gibt es bislang nur sehr wenig Systeme, die auf Grund besonderer Voraussetzungen (stabiler Zwischenzustand bei Oxonium-, Oxocarbonium- oder Sulfonium-Ionen; keine Multiplizität der Kettenträger; kaum oder keine Übertragungsreaktionen) die notwendige Einfachheit zeigen, um exakt formalisiert werden zu können. Wir werden später einige Beispiele nennen.

Für eine weiterführende kinetische Behandlung kationischer Polymerisationen (im Prinzip auch anionischer Polymerisationen, jedoch sind dort die Schwierigkeiten geringer; vgl. Kap. 4.) erscheint folgende Klassifizierung geeignet [311, 312]:

- nach der relativen Größe der Initiierungs- zur Wachstumsgeschwindigkeit
- nach der Änderung der Konzentration der aktiven Spezies als Funktion der Reaktionszeit

Aus beiden Aspekten ergeben sich die folgenden Haupttypen für die Konzentrationsänderung der aktiven Spezies mit der Zeit, wie sie in Bild 22 schematisch dargestellt sind:

1. Stationäre Polymerisation bei langsamer Initiierung
2. Nichtstationäre Polymerisation bei langsamer Initiierung
3. Stationäre Polymerisation bei schneller Initiierung
4. Nichtstationäre Polymerisation bei schneller Initiierung

Die Numerierung entspricht den Zahlen der Kurventypen in Bild 22.

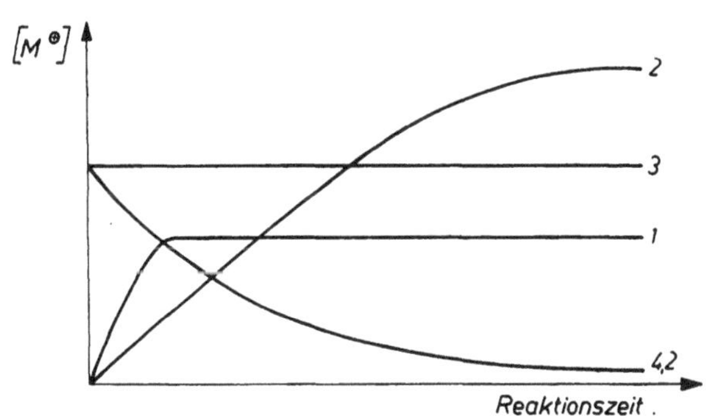

Bild 22. Änderung der Konzentration der wachsenden Spezies [$M^{\oplus}$] mit der Reaktionszeit für verschiedene Reaktionstypen

Danach sollten nun die verschiedenen Polymerisationen in zuordenbare Fälle oder zumindest solche, die für ein bestimmtes Zeitintervall einem Typ zuordenbar sind, einzuteilen sein, wenn es gelingt ein aus nichtkinetischen Argumenten postuliertes Geschwindigkeitsgesetz experimentell zu bestätigen. Es leuchtet ein, daß es zur detaillierten Behandlung einer größeren Fülle gesicherten Materials bedürfte, als es gegenwärtig zur Verfügung steht. Schließlich ist noch zu bedenken, daß die vier Haupttypen in Bild 22 Grenzfälle darstellen und neben weiteren Spezialfällen auch Kombinationen denkbar sind.

Wenn z. B. bei langsamer Initiierung, bei zunächst vernachlässigbarem Abbruch, die Initiierung nach einer endlichen Zeit vollständig wird (bezüglich $[C]$), gehört der nachfolgende Zeitbereich zum Typ einer schnellen Initiierung. Hier würde die Zeitauflösung der experimentellen Meßmethode zur Konzentrationsermittlung darüber entscheiden, welcher „kinetische" Verlauf vorliegt.

Wir werden im folgenden einige Beispiele nennen, deren kinetisches Verhalten, im klassischen Sinne des Stationaritätsprinzips sowie auch im Sinne der Typen nach Bild 22, sich mit nichtkinetisch ermittelten Belegen für einen wahrscheinlichen Mechanismus vergleichen läßt. Die nichtkinetischen Argumente wurden zum größten Teil in den vorhergehenden Abschnitten behandelt und sollen hier nicht wiederholt werden.

In Tab. 24 sind einige häufig beobachtete Geschwindigkeitsgesetze für drei Vinylmonomere aus Literaturdaten zusammengestellt.

Tabelle 24. Experimentell ermittelte Bruttogeschwindigkeitsgesetze

Monomeres	Katalysator	Lösungsmittel	Bruttogeschwindigkeit	Literatur
Isobutylvinyläther	$BF_3 \cdot OEt_2$	Hexan	$k'[M]^2[C]$	[313]
	$BF_3 \cdot OEt_2$	Hexan/Toluol (−78 °C)	$k'[M]^2[C]$	[310]
	$BF_3 \cdot OEt_2$	Hexan/Toluol (−40 °C)	$k'[M][C]$	[310]
	$AlCl_3$	Toluol	$k'[M]^2[C]$	[314]
	$AlBr_3$	Toluol	$k'[M]^2[C]$	[314]
	Jod	Hexan	$k'[M][C]^2$	[315, 316]
	Jod	(CH_2Cl_2)	$k'[M][C]$	[315, 316]
	Jod	CCl_4; Äther; $(CH_2Cl)_2$	$k'[M][C]^2$	[317]
Styrol	$AlCl_3$	CCl_4	$k'[M][C]$	[318, 319]
	$TiCl_4$	CH_2Cl_2; $(CH_2Cl)_2$	$k'[M]^2[C]$	[24]
	$SnCl_4$	CCl_4	$k'[M]^{2-3}[C]$	[320]
	$SnCl_4$	Benzol	$k'[M]^{1-2}[C]$	[321]
	CCl_3COOH	Styrol	$k'[M]^2[C]^{3,5}$	[322]
	CCl_3COOH	$(CH_2Cl)_2$	$k'[M]^2[C]^2$	[322]
	CCl_3COOH	Nitromethan	$k'[M]^2[C[$	[322]
Isobutylen	$AlBr_3$	Toluol	$k'[M]^2[C]$	[342]
	$BF_3 \cdot OEt_2$	$CHCl_3$; $(CH_2Cl)_2$	$k'[M][C]$	[342]

Im Hinblick auf die vorherige Diskussion sei bemerkt, daß Geschwindigkeitsgesetze für die mit Sicherheit stationäre Bedingungen ausgeschlossen werden konnten, nicht in Tab. 24 aufgenommen wurden.

Aus Tab. 24 erkennt man in einigen Fällen Übereinstimmung mit dem für stationäre Bedingungen abgeleiteten theoretischen Geschwindigkeitsgesetz, wie es in (1. XXVI) formuliert ist (für $[X_2]$ muß dann $[C]$ stehen). Einige Abweichungen finden mehr oder weniger plausible Erklärungen, während in manchen Fällen (auch hier nicht erwähnten!) eine neuerliche Überprüfung entsprechend der vorgenannten Haupttypen dringend erforderlich erscheint.

Der Wechsel der Monomerordnung bei der Styrolpolymerisation mit $SnCl_4$ wird als Solvatstabilisierung des Initiatorionenpaars durch das Monomere gedeutet. Im stärker polarisierbaren π-Donatorlösungsmittel Benzol übernimmt dieses die Solvatation und die Monomerordnung wird in Abhängigkeit von der Styrolkonzentration reduziert [321]. Ebenfalls ein „Solvatationseffekt“ wird für die Styrolpolymerisation mit Di- und Trichloressigsäure angenommen [322]. Hier weist der steigende Exponent der Säurekonzentration (Tab. 24) mit abnehmender Polarität des Mediums auf eine Solvatation des Ionenpaares durch die Säure hin. In beiden Beispielen wird jedoch die hohe Reaktionsordnung einer Komponente (Styrol bzw. CCl_3COOH) mit dem Initiierungsschritt in Verbindung gebracht, da unter stationären Bedingungen z. B. eine Teilnahmeordnung von weiterem Monomeren nicht erfolgen kann. Diese Argumentation wäre jedoch unzutreffend bei nichtstationären Bedingungen, wie sie z. B. für die Styrolpolymerisation mit H_2SO_4 [306] oder $HClO_4$ [324] bewiesen werden konnten.

Verallgemeinert sei daher festgestellt, daß zur Erklärung der Monomerordnung im Geschwindigkeitsgesetz kinetische und möglichst auch nichtkinetische Hinweise über das Verhältnis ν_i/ν_p vorliegen müssen [193]. Bewegt sich dieses Verhältnis

$$\delta = \frac{\nu_i}{\nu_p} \qquad \text{(CXXV)}$$

in Richtung auf den Grenzfall $\delta \to \infty$, so kann eine höhere Monomerordnung im Geschwindigkeitsgesetz nur mit dem Wachstumsschritt in Verbindung gebracht werden, da die Initiierung nicht geschwindigkeitsbestimmend ist. Das umgekehrte gilt bei $\delta \to 0$, während bei $\delta \sim 1$ beide Möglichkeiten offen bleiben.

Es gibt gegenwärtig noch wenig Systeme mit gesicherter Kenntnis des Verhältnisses nach (CXXV). Im Bereich der Vinylpolymerisationen sucht man vergeblich nach Beispielen, wo bei relativ breiter Variation der Bedingungen (Lösungsmittel, Katalysator, Temperatur) eine schnelle Initiierung mit langsamer Wachstumsreaktion erhalten bleibt. Bei Ringöffnungspolymerisationen (Abschnitt 3.6.) handelt es sich dagegen um einen „Normalfall“. In Tab. 25 ist die Reaktionsordnung der Trioxanpolymerisation bezüglich des Monomeren in Abhängigkeit vom Lösungsmittel und vom Katalysator dargestellt.

Man erkennt zunächst den für ionische Reaktionen bekannten Zusammenhang einer Verminderung der Monomerordnung in stark polarem Medium, obwohl keine

Tabelle 25. Monomerordnung der Trioxanpolymerisation bei Variation des Lösungsmittels und des Katalysators (nach [193])

Lösungsmittel	DK	Katalysator	Monomerordnung
Benzol	2,3	$BF_3 \cdot OEt_2$	2
Cyclohexan	2,0	$BF_3 \cdot OEt_2$	6
Chlorbenzol	5,6	$BF_3 \cdot OEt_2$	2
Methylenchlorid	9,0	$BF_3 \cdot OEt_2$	4
Methylenchlorid	9,0	$Et_3O^{\oplus}SbCl_6^{\ominus}$	4
Methylenchlorid	9,0	$SnCl_4$	4
Dichloräthan	10,3	$SnCl_4$	2
Chloroform	4,8	$SnCl_4$	6
Chlorbutan	7,4	$SnCl_4$	3
Nitrobenzol	35,0	$SnCl_4$	2

Linearität mit der DK gefunden wird. Da die Monomerordnung auch bei gleichem Gegenion (z. B.$[SnCl_4\,X]^{\ominus}$) stark wechselt, muß offensichtlich eine spezifische Wechselwirkung mit dem Carboxoniumion des Kettenträgers im geschwindigkeitsbestimmenden Schritt vorliegen. Dafür sprechen die „Ausnahmen" niedriger Polarität (Benzol, Chlorbenzol) und niedriger Ordnung, die beide nucleophilen Charakter als π-Donatoren haben und damit Kationen stabilisieren können, während von Cyclohexan und dem Akzeptorlösungsmittel Chloroform kein derartiger Einfluß ausgeht und somit die Stabilisierung des Zwischenzustandes durch die n-Donator-Wirkung des Monomeren erfolgt.

Bei Beachtung der vorgenannten Voraussetzungen könnten für den Wachstumsschritt besonders nucleophiler Vinylmonomere (Vinylaromaten, Vinyläther) vergleichbare Verhältnisse durchaus erwogen werden.

In Tab. 24 befinden sich auch einige Beispiele mit jeweils erster Ordnung für Monomer- und Katalysatorkonzentration, wo im wesentlichen auf Grund eben des experimentellen Geschwindigkeitsgesetzes nichtstationäre Bedingungen vermutet werden. Von Pepper und Mitarbeitern [306—309] wurde für die Styrolpolymerisation mit starken Säuren eine extrem schnelle und vollständige Initiierung angenommen, die nicht in den geschwindigkeitsbestimmenden Schritt eingeht. Obwohl das ursprüngliche System Styrol/H_2SO_4 aus experimentellen Gründen [324] wenig übersichtlich ist und durch schnelle Abbruchreaktion sowie schwer analysierbare Übertragungsverhältnisse zu differenzierten nichtstationären Phasen führt, kann die in [306] ausführlich dargelegte kinetische Behandlung nach chemischer Sicherung der jeweiligen Voraussetzungen (z. B. nur Abbruch und keine Übertragung; Nachinitiierung durch spontane Übertragung; spontane und Monomerübertragung) auf ein derartiges Reaktionsverhalten angewendet werden. Als experimentell eindeutiger erwies sich das System Styrol/$HClO_4$ in Dichloräthan, für das bis zu hohen Umsätzen folgendes Geschwindigkeitsgesetz angegeben wird [324]:

$$\frac{-d[M]}{dt} = k_p[P^{\oplus}][M]_t = k_p[\mathrm{HClO_4}]_0[M]_t \qquad \text{(CXXVI)}$$

Gleichung (CXXVI) setzt voraus, daß zu Beginn der Reaktion in unmeßbar schneller Zeit $[P^{\oplus}]_0 = [\mathrm{HClO_4}]_0$ ist. Der Index „Null“ bedeutet die Ausgangskonzentration und „t“ die Konzentration zur Zeit t. Für diesen Fall kann k_p in (CXXVI) mit der Pseudokonstante k' der „normalen“ Bruttopolymerisation gleichgesetzt werden. Im Gegensatz zur Styrolpolymerisation mit H_2SO_4 und einer Vielzahl anderer Systeme bleibt der Wert $[\mathrm{HClO_4}]_0$ nach Beendigung der Reaktion erhalten, so daß bei weiterer Monomerzugabe die Polymerisation mit ihrer ursprünglichen Geschwindigkeit fortgesetzt werden kann. Daraus folgt, daß bei der kinetischen Behandlung dieses Systems auch direkte Abbruchreaktionen außer Betracht bleiben können. Damit reduzieren sich die kettenlimitierenden Reaktionen im einfachsten Falle auf spontane Übertragung ($\nu_{ü_1}$) und Monomerübertragung ($\nu_{ü_2}$) und man gelangt zu einem relativ einfachen Ansatz für die Geschwindigkeitsgleichung (CXXVII).

$$\frac{-d[M]}{dt} = k_p[P^{\oplus}]_t[M]_t + k_{ü_1}[P^{\oplus}]_t + k_{ü_2}[P^{\oplus}]_t[M]_t = (k_p + k_{ü_2})[P^{\oplus}]_t[M]_t + k_{ü_1}[P^{\oplus}]_t \qquad \text{(CXXVII)}$$

Aus den erwähnten Auftragungen von $1/P_n$ gegen die Konzentrationsänderung des Monomeren bis zum Gesamtumsatz (M_g) folgen wiederum die Verhältnisse zu den kettenlimitierenden Reaktionen, wie in unserem Beispiel durch (CXXVIII) veranschaulicht werden soll.

$$\frac{1}{P_n} = \frac{k_{ü_1}}{k_p} + \frac{k_{ü_2}}{k_p} \cdot \frac{\ln(M_0/M_g)}{M_0 - M_g} \qquad \text{(CXXVIII)}$$

Da die Molekulargewichte der Styrolpolymerisation mit $\mathrm{HClO_4}$ relativ niedrig sind (500—7000), spielen die beiden Übertragungsprozesse eine große Rolle und der Verbrauch der primär gebildeten aktiven Spezies ($[P^{\oplus}]_0 = [\mathrm{HClO_4}]_0$) wird neben der Wachstumsreaktion stark durch Übertragung „belastet“, so daß hier der Kurventyp 4 in Bild 22 angenommen werden muß ($\nu_i = \infty$; $\nu_a = 0$; ν_p vergleichbar mit $\nu_{ü_1}$ und $\nu_{ü_2}$). Insgesamt kommt auch den auf solchem Wege zu erhaltenden Aussagen über Natur und Geschwindigkeit von Teilreaktionen nur ein relativer Wert zu, da bereits mit dem Wechsel der Ausgangskonzentrationen oder der äußeren Bedingungen eine Änderung der Geschwindigkeitsbeziehungen erfolgen kann.

In Tab. 24 ist am Beispiel der Isobutylvinylätherpolymerisation mit $BF_3 \cdot OEt_2$ auf einen Wechsel der Monomerordnung zwischen —78 °C bis —40 °C hingewiesen worden. Wird für das Geschwindigkeitsgesetz bei —78 °C eine stationäre Polymerisation mit normaler Initiierung (etwa Typ 1 in Bild 22) angenommen, so kann bei Temperaturerhöhung die Aktivierungsenergie für v_i zu nichtstationärem Verlauf mit schneller Initiierung führen. Gleichzeitig verringert sich jedoch auch die Aktivierungsenergie für Übertragungsreaktionen (Molekulargewicht des Polyisobutylvinyläthers in Hexan/Toluol bei —78 °C ~ 390000, bei —40 °C ~ 45000 [314]), so daß insgesamt bei —40 °C ein Verlauf nach Typ 4 möglich erscheint. Diese Schlußfolgerung wird gestützt durch kinetische Untersuchungen der Isobutylvinylätherpolymerisation mit stabilen Carbeniumionensalzen ($Ph_3C^{\oplus}SbCl_6^{\ominus}$, $C_7H_7^{\oplus} \cdot SbCl_6^{\ominus}$), für die bei schneller und vollständiger Initiierung folgendes Geschwindigkeitsgesetz angegeben wird [201]:

$$-\frac{d[M]}{dt} = k_p [M][Ph_3C^{\oplus}SbCl_6^{\ominus}]_0 \qquad \text{(CXXIX)}$$

Die Molekulargewichte der bei —25 °C in Methylenchlorid durchgeführten Reaktionen sind mit 2000—8000 bemerkenswert gering und weisen auf die hohe Übertragungsneigung hin, womit auch für dieses Beispiel der Kurventyp 4 aus Bild 22 angezeigt wird.

In diesem Zusammenhang sei auf einen weiteren interessanten Sachverhalt hingewiesen. Die nach (CXXIX) durch direkte Geschwindigkeitsmessung zugängliche Konstante k_p zeigt bei Verwendung verschiedener stabiler Salze annähernd gleiche Werte (um 10^{+3} Mol^{-1} sec^{-1}; $E_A \sim 6$ kcal/Mol). Daraus wird der Schluß abgeleitet, daß einerseits der Katalysator bei den sehr geringen Einsatzmengen (10^{-4} bis 10^{-6} Mol/*l*) praktisch vollständig dissoziiert ist und andererseits auch die Kettenträger eine vergleichbare Dissoziationskonstante haben. Analoge Untersuchungen am N-Vinylcarbazol lassen ebenfalls auf freie Ionen als Kettenträger schließen [201]. In beiden Fällen dürfte die Bildung stabiler Carboxoniumionen (CXXXa) bzw. Immoniumionen (CXXXb) und die Verwendung stabiler Gegenionen für die Ladungstrennung des Zwischenzustandes verantwortlich sein 323].

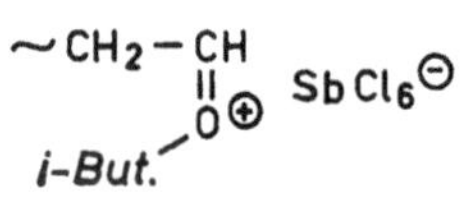

(CXXXa)

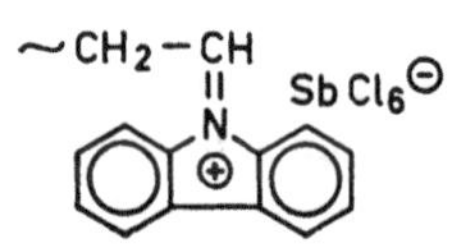

(CXXXb)

Da für beide Monomere unter den angegebenen Bedingungen die Multiplizität der Kettenträger vernachlässigt werden kann, liegen hier übersichtliche Reaktionsverhältnisse vor, wie sie für Vinylpolymerisationen im allgemeinen leider nicht zutreffen (vgl. dagegen Abschnitt 3.5. und 3.6.).

Um jedoch die Kinetik kationischer Polymerisationen zu untersuchen, wird mit den vorgenannten Beispielen eine Richtung gewiesen, die für die Überprüfung früherer Resultate, z. B. mit Lewis-Säuren bei unbekannter Funktion und Konzentration von Cokatalysatoren entscheidend sein wird. Zur Erhärtung dieser

Aufforderung soll in einem weiteren Beispiel auf die Vorteile stabiler Salze als Katalysatoren hingewiesen werden, daß hinsichtlich der Natur des Zwischenzustandes wie auch der Geschwindigkeitsverhältnisse der Teilreaktionen in gewisser Weise ein Gegenstück zu den vorgenannten Fällen darstellt.

Bei der Untersuchung der Styrolpolymerisation in Gegenwart von Ph_3CCl und $HgCl_2$ wird in situ das $Ph_3C^{\oplus}HgCl^{\ominus}_3$ gebildet, das in 1,2-Dichloräthan als Lösungsmittel die charakteristische Absorption des Triphenylmethylkations zeigt, ohne in nennenswertem Maße in freie Ionen zu dissoziieren [202]. Das Gesamtgeschwindigkeitsgesetz wird hier geprägt durch eine langsame Initiierung, die auf spektrophotometrischem Wege direkt gemessen werden kann und einer stationären Wachstumsreaktion.

$$\frac{-d[M]}{dt} = k'[Ph_3CCl][HgCl_2][Styrol]^2 \qquad \text{(CXXXI)}$$

Für den Verbrauch an $[Ph_3CCl]$ ergibt sich

$$\frac{-d[Ph_3CCl]}{dt} = [Ph_3CCl][HgCl_2][Styrol] \qquad \text{(CXXXII)}$$

Das Geschwindigkeitsgesetz nach (CXXXII) legt für die Initiierung zwei Schritte nahe, die zunächst aus einem schnellen Gleichgewicht zur Bildung des Carbeniumionensalzes bestehen,

$$Ph_3CCl + HgCl_2 \overset{K}{\rightleftarrows} Ph_3C^{\oplus}HgCl_3^{\ominus} \qquad \text{(CXXXIII)}$$

das als Ionenpaar vorliegend, nur langsam an das Monomere addiert wird (CXXXIV).

$$v_i = k_i[Ph_3C^{\oplus}HgCl_3^{\ominus}]\,[Styrol] \qquad \text{(CXXXIV)}$$

Aus dem Gesamtgeschwindigkeitsgesetz (CXXXI) ergibt sich für die Wachstumsgeschwindigkeit entsprechend

$$v_p = k_p[P^{\oplus}HgCl_3^{\ominus}]\,[Styrol] \qquad \text{(CXXXV)}$$

Auch in diesem Beispiel konnte gezeigt werden, daß mit dem Einsatz eines gut definierten Katalysators, der Kettenträger einheitlicher Natur schafft, die Bedingungen zur Bestimmung der Geschwindigkeiten von Teilreaktionen (wie hier k_i) günstiger sind [202, 325].

Noch einmal auf Tab. 24 zurückkommend, soll auf das kinetische Verhalten von jodkatalysierten Polymerisationen aufmerksam gemacht werden. In vielen Fällen findet man eine formale Umkehr des theoretischen Geschwindigkeitsgesetzes für stationäre Bedingungen (1. XXVI), wobei die Katalysatorordnung zwischen 1 bis 3 angegeben wird. Für dieses Verhalten wurde in Analogie zu der in wenig polaren Lösungsmitteln auftretenden höheren Reaktionsordnung des Jods bei der elektrophilen Halogenaddition [67], eine Stabilisierung des Initiierungsschrittes durch Bildung des $J_3^{\ominus}$-Anions angenommen. Beim Übergang zu polaren Lösungsmitteln oder in Gegenwart von HJ, die während der Reaktion (z. B. durch spontane Übertragung) gebildet werden kann, reduziert sich die Katalysatorordnung.

Bekanntlich bildet Jod mit Olefinen π-σ-Komplexe, für die im allgemeinen ein 1:1-Verhältnis formuliert wird (CXXXVI).

$$I_2 + M \overset{K}{\rightleftharpoons} M \rightarrow J_2 \qquad \text{(CXXXVI)}$$

Der Komplex könnte nun mit einem weiteren Jodmolekül die eigentliche Initiierung ergeben (CXXXVII):

$$M \rightarrow J_2 + J_2 \xrightarrow{k_i} JM^{\oplus} + J_3^{\ominus} \qquad \text{(CXXXVII)}$$

In [317] wird allerdings vermerkt, daß der Komplex nach (CXXXVI) zwar die effektive Jodkonzentration herabsetzt, ansonsten jedoch nicht an der Polymerisation beteiligt sei, sondern offenbar eine Präionisation des Jods erforderlich ist (CXXXVIII) (vgl. auch [592]).

$$2J_2 \xrightarrow{k_1} J^{\oplus} + J_3^{\ominus}$$

$$J^{\oplus}/J_3^{\ominus} + M \xrightarrow{k_i} JM^{\oplus}/J_3^{\ominus} \qquad \text{(CXXXVIII)}$$

Da die Reaktionen (CXXXVI) und (CXXXVIII), wenn beide erfolgen, parallel verlaufen werden, findet auch die Katalysatorordnung $[J_2]^3$ eine Erklärung [316], da je nach der zur Konzentrationsermittlung benutzten Meßmethode eine zeitliche Überlagerung möglich ist. Auf die Erörterung weiterer Eventualitäten verzichtend, würde unter Berücksichtigung des Jodverbrauches durch Komplexbildung und der Voraussetzung stationärer Bedingungen mit vernachlässigbar kleiner Konzentration der aktiven Spezies folgendes Bruttogesetz resultieren [317]:

$$\frac{-d[M]}{dt} = \frac{k_1 \cdot k_p}{k_a} \cdot \frac{[M][J_2]^2}{(1 + K[M])^2} \qquad \text{(CXXXIX)}$$

Die experimentelle Überprüfung des Geschwindigkeitsgesetzes liefert in Abhängigkeit von der Monomerkonzentration und dem verwendeten Lösungsmittel nur mäßige Übereinstimmung.

In einer Reihe neuerer Untersuchungen wird nun darauf hingewiesen, daß für die jodkatalysierte Vinylpolymerisation die Gültigkeit des Stationaritätsprinzips zweifelhaft ist und Initiierungs- wie auch Wachstumsreaktionen auf einen nichtklassischen kationischen Mechanismus schließen lassen [252, 326, 211, 312]. So konnte z. B. in 1,2-Dichloräthan durch intensive Trocknungsoperationen die Polymerisation des *IBVÄ* mit Jod inhibiert werden, während die Reaktion in Gegenwart von Wasser meist nach kurzer Induktionsperiode abläuft. Bild 23 zeigt, daß die mit einem anisothermen Kalorimeter [312] ermittelte Bruttogeschwindigkeit über einen bestimmten Bereich linear von der Wasserkonzentration abhängt.

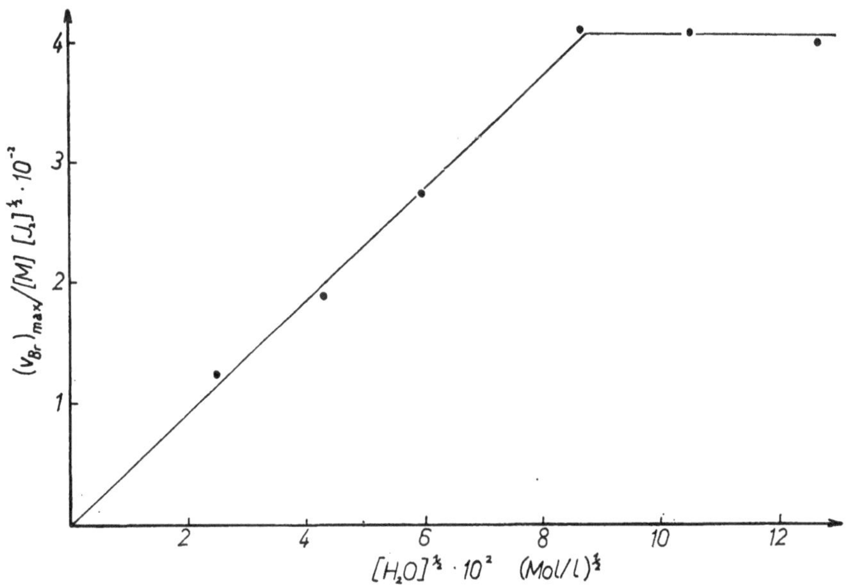

Bild 23. Abhängigkeit der Bruttogeschwindigkeit von der Wasserkonzentration (aus [312])

Danach wird offenbar in einer dem Initiierungsschritt vorgelagerten Reaktion zwischen Jod und H_2O Jodwasserstoffsäure gebildet, die durch Protonierung des Vinyläthers die Polymerisation initiiert. Von anderen Autoren [327] wurden beim System Styrol/J_2/CH_2Cl_2 ebenfalls Induktionsperioden festgestellt, die sie auf eine Jod-Additions-HJ-Eliminierungsreaktion zurückführen, wobei wie im vorigen Beispiel die Initiierung durch HJ erfolgt.

Durch Leitfähigkeitsmessungen [233] und kinetische Untersuchungen [312] konnte weiterhin gezeigt werden, daß die Polymerisation des *IBVÄ* mit J_2 in Dichloräthan unterschiedliche „Geschwindigkeitsphasen" zeigt, die auf der Basis schnellregistrierender Meßmethoden (Hochfrequenztiattion [233] und anisotherme Kalorimetrie [312]) in etwa separiert werden können und einen Geschwindigkeitsverlauf entsprechend Kurve 1 in Bild 22 nahelegen, wobei nach Durchlaufen einer stationären Phase der Konzentrationsabfall von $[P^{\oplus}]$ durch Abbruch beträchtlich wird.

Wird dagegen die Polymerisation des *IBVÄ* mit Jod in aromatischen Lösungsmitteln durchgeführt, so erfolgt eine direkte Initiierung ohne feststellbare Cokatalysatorwirkung, wobei die kalorimetrisch ermittelte Zeit-Umsatz-Kurve

[312] zwei linear verlaufende Phasen enthält, die sich zeitlich deutlich gegeneinander absetzen (Bild 24).

Die Vermischungswärme und Komplexbildungswärme (CXXXVI) betragen bei den geringen Jodkonzentrationen, die hier verwendet wurden ($3 \cdot 10^{-3}$ Mol/*l*) nur etwa 10—15% der freiwerdenden Wärmemenge des Anfangsanstieges in Bild 24. Bei getrennter Auswertung der beiden Kurvenabschnitte ($\nu_{Br(Abschnitt 1.)}$

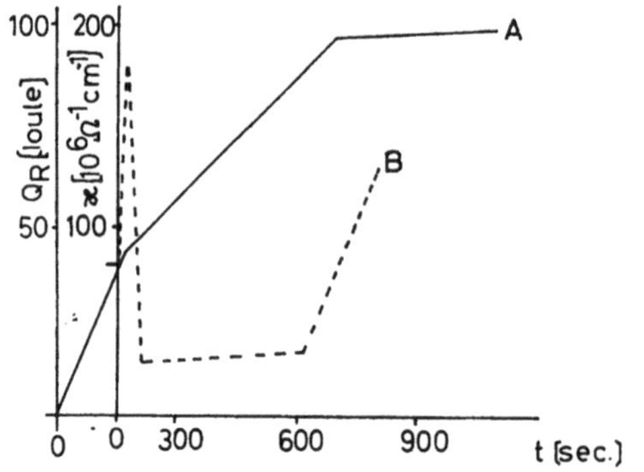

Bild 24. *A* — Zeit-Umsatzkurve für die Polymerisation von IBVÄ mit Jod in Benzol [312]; *B* — Hochfrequenzleitfähigkeit-Prinzipschema (nach [233])

und $\nu_{Br(Abschnitt 2.)}$) durch doppellogarithmische Auftragung der Geschwindigkeit gegen die Katalysator- und *IBVÄ*-Konzentration erhält man folgende Geschwindigkeitsgesetze (Lösungsmittel: Benzol):

$$\nu_{Br(Abschnitt 1.)} = \frac{-d[M]}{dt} = (k_i)[M]^{1,19}[J_2]^{1,96} \qquad \text{(CXL)}$$

$$\nu_{Br(Abschnitt 2.)} = -\frac{d[M]}{dt} = (k')[M]^{1,09}[J_2]^{1,23} \qquad \text{(CXLI)}$$

Ergänzend sei vermerkt, daß mit Hilfe der Hochfrequenzleitfähigkeit [233, 253] bei der *IBVÄ*-Polymerisation mit Jod, in verschiedenen Lösungsmitteln sofort nach Zugabe des Monomeren zur Katalysatorlösung ein starker Leitfähigkeitsanstieg mit nachfolgendem Abfall unter die Grundleitfähigkeit des Systems erfolgt. Gegen Ende der Reaktion kommt es zu einer Erhöhung der Leitfähigkeit, als deren Ursache die Bildung von Jodwasserstoffsäure nachgewiesen wurde. Bei erneuter Monomerzugabe fällt nunmehr die Leitfähigkeit sofort ab, um dann wieder anzusteigen usw. In Bild 24 ist der Leitfähigkeitsverlauf als Prinzipkurve eingezeichnet. Grundsätzlich liefert auch die Leitfähigkeitskurve den Hinweis auf zwei zeitlich versetzte Reaktionsschritte, deren erster sehr schnell verläuft und wahrscheinlich mit der Initiierung durch $J^{\oplus}$ oder z. T. bereits $H^{\oplus}_{solv}$ (vgl. [253]) erklärt werden kann, während der zweite vorwiegend die Wachstumsreaktion und die kettenlimitierenden Reaktionen enthält. An dieser Stelle soll auf den möglichen

Mechanismus, der in Analogie zu unseren Ausführungen im Abschnitt 3.3. über „pseudokationische Polymerisation" formuliert wurde [253], nicht eingegangen werden. Nach der Einteilung in Bild 22 dürfte wiederum der Kurventyp 4 vorliegen.

Insgesamt sollte dieses Beispiel lediglich zeigen, daß in geeigneten Fällen aus experimentellen Geschwindigkeitsgesetzen und dem Vergleich mit methodisch unterschiedlichen Experimenten, weitergehende Aussagen über den Reaktionsmechanismus möglich sind, als durch die „Festlegung" einer einzigen Methode auf stationäre Bedingungen. Natürlich wird die Verallgemeinerungsfähigkeit stark eingeschränkt durch die Zeitauflösung konventioneller Meßmethoden, die Komplexität des Mechanismus und dergleichen mehr.

Trotzdem zeichnen sich deutlich zwei Wege für weitere kinetische Untersuchungen und „Neuuntersuchungen" kationischer Polymerisationen ab, deren wesentlichstes Anliegen zur Bestimmung von k_p die Konzentrationsanalyse von $[P^{\oplus}]$ entsprechend Bild 22 ist. Von P. H. PLESCH [248] ist diese Problematik ausführlich behandelt worden, so daß wir uns auf die Zusammenfassung dieses Abschnittes und einige zusätzliche Hinweise beschränken wollen.

Bei der Komplexität kationischer Polymerisationen ist eine generelle Methode zur Bestimmung von $[P^{\oplus}]$ wenig wahrscheinlich. Die wenigen bisher erfolgreichen Methoden können in direkte und indirekte eingeteilt werden.

Die direkte Messung von $[P^{\oplus}]$ setzt notwendigerweise eine gewisse Lebensdauer der Kettenträger voraus, die über der Zeitauflösung der Meßmethode liegt. Da bei einer Reihe kationischer Polymerisationen die Wachstumsreaktion in Sekundenbruchteilen erfolgt, sind nur schnellregistrierende Methoden wie Elektronenspektroskopie, Leitfähigkeitsmessungen sowie eventuell differentielle Kalorimetertypen geeignet. Im Abschnitt 2.3.1. (vgl. Tab. 10) wurde die direkte Messung von k_p-Werten bei strahlungsinitiierten Polymerisationen behandelt, desgleichen haben wir in diesem Abschnitt in (CXXIX) das kalorimetrisch ermittelte Geschwindigkeitsgesetz der Wachstumsreaktion für *IBVÄ* und N-Vinylcarbazol mit stabilen Carbeniumionensalzen erläutert [323]. Es ist trivial zu bemerken, daß mit zunehmender Lebensdauer des Zwischenzustandes durch innere und äußere Stabilisierung die Chancen für eine direkte Bestimmung zunehmen. Die beste Möglichkeit sollte daher bei „lebenden Polymerisationen" vorliegen, wenn die Initiierungsreaktion sehr schnell und vollständig ist. In Bild 22 entspricht der Kurventyp 3 diesem Sachverhalt. Wenn keine Abbruchreaktion erfolgt und Übertragungsreaktionen (z. B. bei tiefen Temperaturen) ebenfalls vernachlässigt werden können, so erhält man ein sehr einfaches Geschwindigkeitsgesetz, das die Bezeichnung „stöchiometrische Polymerisation" verständlich werden läßt [328].

$$\frac{-d[M]}{dt} = k_p[M] \cdot [C]_0 \qquad \text{(CXLII)}$$

Dabei gilt $[C]_0 = [P^{\oplus}]_0$.

Besonders in den beiden vorhergehenden Abschnitten und ausführlicher im Falle der *THF*-Polymerisation mit $(C_2H_5)_3O^{\oplus}PF_6^{\ominus}$ u. a. stabilen Salzen wurde gezeigt, daß Oniumionen diesen Voraussetzungen tatsächlich entsprechen (vgl. CIII und CIV). Zudem besitzen derartige Systeme den Vorteil einheitlicher Natur der Kettenträger („monoeidic" [248]). Hier wird also aus der Konzentrations-Zeit-Messung unmittelbar k_p errechnet.

Die größere Stabilität der Kettenträger bei Ringöffnungspolymerisationen ist zugleich auch die Ursache für die erfolgreiche Anwendung der indirekten Bestimmung der Konzentration von $[P^{\oplus}]$. Die Methode beruht auf der Zugabe eines basischen Reagenzes, welches vollständig und irreversibel mit den Kettenträgern reagiert, und dann durch Endgruppenanalyse des Polymeren quantitativ bestimmt werden kann.

Im Abschnitt 3.5. haben wir diese Methode bereits erwähnt am Beispiel der Formaldehydpolymerisation, die mit Amylalkohol „abgestoppt" wurde und durch quantitative Bestimmung der Pentoxylendgruppen $[P^{\oplus}]$ und damit auch k_p ergab [264, 265, 267]. In analoger Weise wurde auch C_2H_5ONa als Abbruchreagenz verwendet, sowie im Falle der *THF*-Polymerisation zur Bestimmung der Oxoniumionenkonzentration Natriumphenolat [329].

Zu bemerkenswerten Resultaten führt diese Methode bei der Polymerisation von Heterocyclen mit erheblicher Ringspannung. Wie bereits in Abschnitt 3.6. erläutert, ist z. B. in Oxetanen bzw. Thietanen das jeweilige Heteroatom aus Hybridisierungsgründen weniger basisch als in den entsprechenden linearen Polymeren. Im Falle des Sauerstoffs wurde im vorhergehenden Abschnitt verschiedentlich gezeigt, daß die Wechselwirkung der Kettenträger mit den Heteroatomen der Polymerkette in kinetischer Hinsicht zur Übertragung bzw. zum Kettenabbruch führt. Im letzteren Falle kann die Reaktion zum Stillstand kommen, bevor das Monomere ganz verbraucht wird, da die entstehenden Oniumionen sehr stabil sind und nicht mehr „weiterwachsen" (CXLIII),

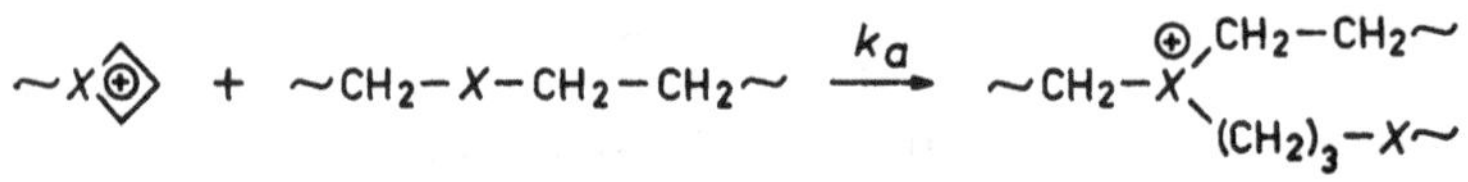

(CXLIII)

Besonders übersichtliche Reaktionsverhältnisse dieses Typs konnten für die Polymerisation des 3,3-Dimethylthietans mit $(C_2H_5)_3O^{\oplus}BF_4^{\ominus}$ nachgewiesen werden [280], da die nach (CXLIII) entstehenden linearen tertiären Sulfoniumionen weder eine weitere Initiierung noch Kettenwachstum bewirken. Da es sich weiterhin um ein System mit schneller und vollständiger Initiierung handelt, können aus bereits dargelegten Gründen die Geschwindigkeitskonstanten k_p und k_a durch Messung der zeitlichen Veränderung der Polymerisationsgeschwindigkeit erhalten werden. Aus der linearen Gleichung (CXLIV) liefert die Auftragung von $\ln v_{Br}/[M][C]_0$ gegen $\int_0^t ([M]_0 - [M])\, dt$, den Wert k_a als Steigerung der Geraden und k_p als Ordinatenabschnitt [280].

$$\ln \frac{v_{Br}}{[M][C]_0} = \ln k_p - k_a \int_0^t ([M]_0 - [M])\, dt \qquad \text{(CXLIV)}$$

Zu einem interessanten Einblick in den Reaktionsmechanismus dieser Polymerisation führen die in [280] aus der Temperaturabhängigkeit von k_p und k_a erhaltenen Aktivierungsparameter (Abschnitt 1.2.1.)

Kettenwachstum:	$\Delta H_p^{\neq} = 12{,}5$ kcal/Mol
	$\Delta S_p^{\neq} = -26$ cal/grd · Mol
Kettenabbruch:	$\Delta H_a^{\neq} = 7{,}4$ kcal/Mol
	$\Delta S_a^{\neq} = -49$ cal/grd · Mol

Beim Vergleich der Aktivierungsenthalpien sollte eigentlich $k_p < k_a$ erwartet werden. Die sehr hohe Aktivierungsentropie der Abbruchreaktion dürfte jedoch dafür verantwortlich sein, daß im Temperaturbereich der Messungen $k_p > k_a$ ist. Die große Differenz der Aktivierungsenergien zwischen Wachstums- und Abbruchreaktion kann als Ausdruck der erwähnten Basizitätsunterschiede des Schwefelatoms im Monomeren und im Polymeren angesehen werden.

Ähnliche Ergebnisse zur Bestimmung der Geschwindigkeiten von Teilreaktionen konnten bei der ebenfalls nichtstationären Polymerisation des 3,3-Bis-(chlormethyl)-oxetans eralten werden [330]. Im Falle von Sauerstoffheterocyclen handelt es sich bei der Reaktion nach (CXLIII) jedoch nicht um eine ausschließliche Abbruchreaktion, da die tertiären Oxoniumionen entsprechend der Reaktion (CVII) in Abschnitt 3.6. zur Neubildung aktiver Zentren befähigt sind. In [305] wird die kinetische Behandlung dieser Reaktion unter Berücksichtigung der Kettenübertragung für den allgemeinen Fall cyclischer Äther und Acetale erörtert.

Auch die indirekte Methode zur Bestimmung der Teilgeschwindigkeiten konnte bisher auf Grund des übersichtlicher verlaufenden Mechanismus bei Oniumionen bevorzugt angewendet werden. Das wohl erste Beispiel für die Anwendung der indirekten Methode zur k_p-Bestimmung bei Vinylmonomeren wurde mit der $(C_2H_5)_2O \cdot BF_3$-katalysierten Styrolpolymerisation beschrieben [331]. Als Abbruchreagenz fungierte 2-Bromthiophen, das sofort und ohne Nebenreaktionen zu veranlassen mit den wachsenden Kettenenden reagiert. Durch Analyse des radioaktiven Zerfalls von $^{81}Br(n\gamma)^{82}Br$, konnte die Konzentration der Bromthiophenendgruppen und damit $[P^{\oplus}]$ erhalten werden. Die Polymerisationsgeschwindigkeit wurde dilatometrisch gemessen. Nach (CXLV) kann dann in einfacher Weise k_p berechnet werden.

$$v_{Br} = k_p[M][P^{\oplus}] \qquad \text{(CXLV)}$$

Ohne Zweifel wird diese Methode künftig auch in dieser oder modifizierter Form bei anderen Vinylpolymerisationen zu einer realeren kinetischen Behandlung führen und damit neue Aspekte über die Mechanismen kationischer Polymerisationen vermitteln. Da die „Übertragbarkeit“ kinetischer Argumente von Ringöffnungspolymerisationen auf Vinylpolymerisationen auf Grund der mechanistischen Unterschiede nicht statthaft ist, sollte die Auswahl der „Modellmonomere" für Vinylpolymerisationen und deren kinetische Untersuchung nach der direkten bzw. indirekten Methode zukünftig im Vordergrund stehen. Es dürfte in diesem Abschnitt klar geworden sein, daß hierbei Monomere mit relativ hoher innerer Stabilisierung (Vinyläther, elektronenreiche Styrole, Diene [332]) und Katalysatoren mit stabilen Gegenionen den Vorzug haben werden.

3.8. Zum Relaischarakter des Zwischenzustandes

Die folgende Betrachtung soll auf Vinylpolymerisationen beschränkt bleiben und damit unmittelbar an die Abschnitte 3.1. und 3.2., besonders aber 3.3. und 3.4. anknüpfen. In diesen Abschnitten wurde versucht, den Chemismus der Vinylpolymerisation auf kationischem Wege zu beleuchten, um quasi als „Einzeldarstellung" aus dem Gesamtablauf herausgelöst, die chemisch und physikalisch nachweisbaren, z. T. aber auch noch unbewiesenen Vorstellungen über Teilreaktionen zu charakterisieren. Dabei wurde gelegentlich bereits auf die „Verflechtung" der Teilaspekte hingewiesen, deren Resultat in makroskopisch faßbaren Parametern der Reaktion (z. B. Geschwindigkeit) oder ihres Produktes (Molekulargewicht, Strukturdaten etc.) festgehalten wird. Vom praktischen Standpunkt aus interessieren eigentlich nur diese Parameter. Ihre gezielte Veränderung setzt jedoch die „Verflechtungsbilanz" der Teilschritte voraus.

Um eine mögliche Quantifizierung dieser Problematik vorzunehmen, müßten die kinetischen oder besser noch die thermodynamischen Daten für alle Teilreaktionen bekannt sein. Aus Abschnitt 3.7. mag klar geworden sein, daß wir gegenwärtig noch weit von einer derartige Lösung entfernt sind. Es erscheint sogar fraglich, ob es gelingt einen die gesamte kationische Polymerisation exakt formalisierbaren Ansatz zu finden, der geeignet ist, Geschwindigkeitskonstanten, Molekulargewichte, prozentuale Taktizität etc. vorauszuberechnen. In Kap. 6. sollen Möglichkeiten erörtert werden, die auf der Basis semiempirischer Mehrparameterkorrelationen zumindest als Schritte in die gewünschte Richtung aufzufassen sind, ohne jedoch den Anspruch auf Lösung dieser äußerst schwierigen Problematik zu erheben.

Zunächst wollen wir uns mit einigen mehr oder weniger verallgemeinerungsfähigen Aspekten über die Beeinflussung des Zwischenzustandes der kationischen Vinylpolymerisation befassen, die im Hinblick auf eine gezielte Reaktionsführung wesentlich sind. Als Zwischenzustand soll dabei die nach dem Initiierungsschritt entstandene polymerisationsaktive Spezies verstanden werden, wie sie im Bild 1B allgemein und im Bild 7 für verschiedene Carbeniumionenreaktivitäten spezifiziert wurde. Im Schema III dieses Kapitels sind eine Reihe Stabilisierungsmöglichkeiten des Zwischenzustandes angegeben. Das Schema könnte um weitere Reaktionen wie Cyclisierung, Isomerisierung, Hydridübertragung usw. als weitere Konkurrenzen zu (III c) ergänzt werden.

Den Zwischenzustand charakterisierende Größen können die Elektrophilie der Kettenträger und entsprechend die Nucleophilie der Gegenionen sein, d. h. jedoch in beiden Fällen komplexe Begriffe, die einer direkten Bestimmung als Meßgröße nicht zugänglich sind und in die wiederum mehrere elementare Parameter statischer Natur (Strukturdaten, quantenchemische Daten usw.) sowie dynamischer Natur (Dissoziationsvermögen, Lösungsmitteleinfluß etc.) eingehen. Tabelle 26 enthält eine Grobeinteilung zu beachtender Größen, die den Relaischarakter des Zwischenzustandes kennzeichnen [68]. Die in Tab. 26 als Beispiele angeführten Einfluß- und Steuergrößen bestimmen im wesentlichen, ob die Kettenträger der Wachstumsreaktion bevorzugt freie solvatisierte Carbenium-Ionen, Ionenpaare mit differenziertem Grad der Ladungstrennung oder Spezies mit synchroner Mehrzentrenbeteiligung sind. Die Kenntnis ihrer Wechselwirkung ist damit der Schlüssel für die gewünschte Veränderung der Zielgrößen.

Nach den Darlegungen der bisherigen Abschnitte bedarf es keinerlei Beweise, weshalb wir gegenwärtig nicht in der Lage sind, die sich aus Tab. 26 ergebenden

Tabelle 26. Auf den Zwischenzustand der kationischen Polymerisation wirkende Einflüsse (nach [68])

Einflußgrößen	charakteristische Parameter	Steuergrößen	Zielgrößen
Struktur der Monomeren a) elektronische Faktoren b) sterische Faktoren	π-Elektronendichte; Lokalisierungsenergien; σ-(σ^*)-Werte; E_s-Werte nach TAFT		
„Struktur“ des Zwischenzustandes a) Elektrophilie der Kettenträger b) Nucleophilie des Gegenions	Leitfähigkeitsmessungen; spektroskopische Daten wie E_T-Werte etc.; kinetische Daten wie relative Reaktivitäten aus Partialgeschwindigkeiten;	Temperatur; Konzentrationsvariation des a) Monomeren b) Katalysators c) Cokatalysators	Bruttogeschwindigkeit (ν_{Br}) bzw. Partialgeschw. (ν_p, ν_a, $\nu_{\ddot{u}}$); Molekulargewicht (bzw. Verteilung); Taktizität
Lösungsmittel a) dielektrisches Kontinuum b) spezifische Solvatation	DK-Werte; empirische Parameter wie Y-Werte etc.;	Donator- und Akzeptor-Zusätze	gesteuerte Copolymerisation; strukturelle Aspekte wie Schmelzverhalten, Thermostabilität, Verzweigung etc.
Natur des Katalysators	z. B. Lewissäurestärke; Acidität (pk_a-Wert); Donorzahl;		
Natur des Cokatalysators			

aber zum großen Teil eben noch nicht erkannten Zusammenhänge qualitativ geschweige denn quantitativ zu belegen. Es können daher nur einige Hinweise auf bestehende Trends im Reaktionsverhalten bzw. den Produkteigenschaften gegeben werden, die jedoch meist durch eine Reihe von Ausnahmen „durchbrochen" werden.

Zunächst wenden wir uns der Beeinflussung der Wachstumsgeschwindigkeit oder besser dem Verhältnis zwischen dieser und den Geschwindigkeiten der kettenlimitierenden Reaktionen zu. Betrachtet werden soll nur die „Steuergröße Temperatur" und die „Einflußgröße Lösungsmittel", wobei letztere bei genauer Kenntnis ihrer Wirkungsweise auch zur Reaktionssteuerung ausgenutzt werden könnte.

Entsprechend der ARRHENIUS-Beziehung geht bekanntlich mit Temperaturerhöhung und der damit verbundenen Verminderung der Aktivierungsenergie (Kap. 1.) ein Anstieg der Reaktionsgeschwindigkeit einher. Das gilt selbstverständlich auch für die hier zur Debatte stehenden Teilreaktionen bzw. deren Verhältnis. Auf Grund der gegenläufigen Temperaturfunktion des Enthalpie- und Entropiegliedes in der freien Enthalpie der Aktivierung, wird die in der Regel bimolekular verlaufende Wachstumsreaktion durch Temperaturerhöhung meist weniger begünstigt als monomolekulare Reaktionen. Rein phänomenologisch hatten wir bereits eine stärkere Zunahme der Geschwindigkeit der kettenlimitierenden Reaktionen gegenüber der Wachstumsreaktion bei zunehmender Temperatur kennengelernt. Anhand der vorherigen Aussage sollte daher mit Temperaturerhöhung vor allem auf eine rasche Zunahme der spontanen Übertragung geschlossen werden, da unter diesen Bedingungen eine „E_1-Eliminierung" gefördert wird. Die Temperaturerhöhung begünstigt gleichzeitig die Initiierung (rascher Verbrauch der abgespaltenen Protonen) und die Ladungstrennung im Zwischenzustand. Wenn in einem System keine Abbruchreaktion erfolgt und nur spontane Übertragung, so muß das Geschwindigkeitsverhältnis log $k_{ü}/k_p$ gegen $1/T$ eine Gerade ergeben. Im allgemeinen finden jedoch verschiedene Übertragungsreaktionen parallel statt, die wieder für Ionen und Ionenpaare unterschiedliche Geschwindigkeit haben, so daß die Zuordnung eines Temperatureffektes auf die Teilreaktionen gegenwärtig nicht möglich ist. Deshalb wird normalerweise die Korrelation zwischen log k_x/k_p gegen $1/T$ betrachtet, wobei k_x eine „komplexe" Geschwindigkeitskonstante aller kettenlimitierenden Reaktionen ist. In der Praxis wird auf Grund der leichteren Zugänglichkeit log P_n gegen $1/T$ aufgetragen, wobei allerdings vorausgesetzt wird, daß sich P_n nicht auch mit der Reaktionszeit ändert, und tatsächlich das Verhältnis der Geschwindigkeiten der kettenlimitierenden Reaktionen zur Wachstumsreaktion repräsentiert. Die Auftragung ergibt in vielen Fällen eine Gerade, woraus man erkennt, daß offenbar auch die anderen Einflußgrößen (Lösungsmittel, Katalysator usw.) linear in die vorgenannte Beziehung eingehen müssen. Besonderes Interesse beanspruchen daher Beispiele, die von diesem Verhalten abweichen und innerhalb eines bestimmten Temperaturbereiches eine Änderung der Funktion ergeben [123, 310]. Hier muß notwendigerweise die Proportionalität eines oder mehrerer den Zwischenzustand beeinflussender Parameter im Verhältnis der Teilgeschwindigkeiten gestört sein. Im Abschnitt 3.7. wurde dieser Sachverhalt als „Übergang stationärer zu nichtstationären Verhältnissen" bezeichnet und darauf hingewiesen, daß er wahrscheinlich häufiger auftritt als gegenwärtig bekannt ist. PLESCH und Mitarbeiter [333] konnten am System Isobutylen/$TiCl_4$/CH_2Cl_2 durch kalorimetrische Untersuchungen über einen weiten Temperaturbereich (+18° bis −90 °C) einen derartigen „Transformationspunkt" bei −65 °C nachweisen, der bei vorherigen Untersuchungen (zwischen −20 bis −70 °C) unerkannt blieb.

In solchen Fällen kann durch Variation weiterer Parameter (z. B. Konzentrationsänderung des Monomeren, Katalysator usw.) außer der Temperatur, das Additivitätsverhalten (vgl. Kap. 6.) der Einflüsse auf den Zwischenzustand überprüft werden, um auf diese Weise nach dem „Ausschließungsprinzip" mögliche Ursachen für den Wechsel der Partialgeschwindigkeiten zu finden. So konnte von KENNEDY und Mitarbeitern [334, 335] am System Isobutylen/$AlCl_3$/RCl gezeigt werden, daß sich die Auftragungen von log P_n gegen $1/T$ bei unterschiedlichen Monomerkonzentrationen (z. B. zwischen 5–20% Isobutylen; vgl. auch [30]) in einem Punkte schneiden. Den bei etwa −50 °C liegenden Schnittpunkt verschiedener Geraden (entsprechend der Ausgangsmonomerkonzentrationen) bezeichneten die genannten Autoren als „Inversionstemperatur", bei welcher P_n unabhängig von der Monomerkonzentration ist. Als Ursache für diese Erscheinung wird ein Wechsel im Geschwindigkeitsverhältnis zwischen Monomerübertragung und Lösungsmittelübertragung angenommen.

Bereits an anderer Stelle wurde dargelegt, daß u. a. konjugierte Diene eine geschwindigkeitsvermindernde Wirkung z. B. auf die Isobutylenpolymerisation [254] haben, da hierbei stabilere Carbeniumionen entstehen, die im Gegensatz zu den Kettenträgern nicht mehr zum Kettenwachstum befähigt sind. Es leuchtet ein, daß es sich de facto natürlich um eine relative Carbeniumionenstabilität handelt, die z. B. durch die Temperatur beeinflußt werden kann, wobei ein kinetischer „Allylabbruch" in den Bereich der kinetischen Übertragung kommt. Derartige Fälle der Temperaturabhängigkeit relativer Reaktivitäten von Parallelreaktionen werden in [254] behandelt. Unter den gleichen Aspekten ist die ebenfalls besprochene Konkurrenz zwischen intra- und intermolekularen Reaktionen der potentiellen Kettenträger zu sehen, wie z. B. das Verhältnis zwischen 1,2-Polymeren und dem 1,3-Anteil nach intramolekularer Hydridverschiebung bei der Polymerisation des Vinylcyclohexans (vgl. S. 130) oder zwischen Linearpolymerisation und Cyclopolymerisation (S. 88). Prinzipiell kann also bei Kenntnis der Natur der kettenlimitierenden Reaktionen und deren Geschwindigkeitsverhältnis zur Wachstumsgeschwindigkeit, die Erhöhung bzw. Verringerung dieses Verhältnisses als Temperaturfunktion erhalten werden.

Im folgenden soll der Einfluß des Lösungsmittels auf Geschwindigkeiten bzw. auf das Molekulargewicht erörtert werden. Dazu gehen wir aus von den Darlegungen in Abschnitt 1.3.2., insbesondere der Erläuterung zu Formel (1.XXXXII).

Bezüglich des Lösungsmitteleinflusses gilt zunächst in vielen Fällen die experimentelle Feststellung für Reaktionen mit ionischen Zwischenstufen, daß mit zunehmender Polarität des Mediums die Geschwindigkeit zunimmt. In Tab. 27 ist dies am Beispiel der mit $SnCl_4/H_2O$ initiierten Polymerisation von Styrol bzw. p-Methylstyrol in verschiedenen Lösungsmitteln gezeigt [138]. Ein Vergleich der Werte in Tab. 27 ist natürlich problematisch, da k' eine Pseudokonstante ist, in welche die Teilgeschwindigkeiten in den verschiedenen Lösungsmitteln unterschiedlich eingehen [586]. Weiterhin müssen Reaktanden und Lösungsmittel höchste Reinheit aufweisen, sowie auf eine stets gleiche Cokatalysatorkonzentration (0,032 Mol/l H_2O) geachtet werden.

Tabelle 27. Polymerisation von Styrol (1,5 Mol/l) bzw. p-Methylstyrol (1,5 Mol/l) in verschiedenen Lösungsmitteln bei 0 °C. Katalysator $SnCl_4$ (0,016 Mol/l); Cokatalysator H_2O (0,032 Mol/l) (nach Werten aus [138])

Monomeres	Lösungsmittel	*DK*-Werte	E_T-Werte (kcal/Mol)	$k' \cdot 10^{-2}$ [min^{-1}]	*MG*
Styrol	Hexan	1,88	30,9	0,33	21500
	Toluol	2,34	33,9	0,67	13300
	Chloroform	5,14	39,1	2,95	8800
	Methylenchlorid	8,9	41,1	5,0	13750
	Nitromethan	39,4	46,3	17,80	6300
p-Methylstyrol	Hexan			1,19	2020
	Toluol			4,70	2100
	Chloroform			10,50	2050
	Methylenchlorid			17,40	2400
	Nitromethan			59,10	2550

Bild 25 enthält eine Auftragung von log k' gegen die *DK*-Werte der Lösungsmittel bzw. gegen die empirischen Lösungsmittel-Parameter „E_T“, wie sie in [23] angegeben sind.

Erwartungsgemäß wird keine Linearität mit der *DK* des Lösungsmittels gefunden [336], während die E_T-Werte in etwa lineares Verhalten zeigen. Letztere enthalten auf Grund der Ladungssolvatation des den E_T-Werten zugrunde liegenden Betains [23] den Anteil der spezifischen Solvatation an der Lösungsmittelpolarität und werden daher den Verhältnissen bei ionischen Elementarprozessen eher gerecht als die ausschließliche Berücksichtigung des *DK*-Anteils (vgl. 1., XXXXII).

Während die Bruttopolymerisationsgeschwindigkeiten den eben verdeutlichten Trend aufweisen, zeigen die Molekulargewichte in Tab. 27, daß die Partialgeschwindigkeiten unter völlig gleichen Reaktionsbedingungen bei nur leicht erhöhter Monomerreaktivität des p-Methylstyrols offensichtlich recht unterschiedlich beeinflußt werden. Obwohl die absolute Geschwindigkeitsdifferenz zwischen Hexan und Nitromethan mit einem Faktor von ungefähr 50 für beide Monomere praktisch gleich ist, erfährt das Verhältnis zwischen der Wachstumsgeschwindigkeit

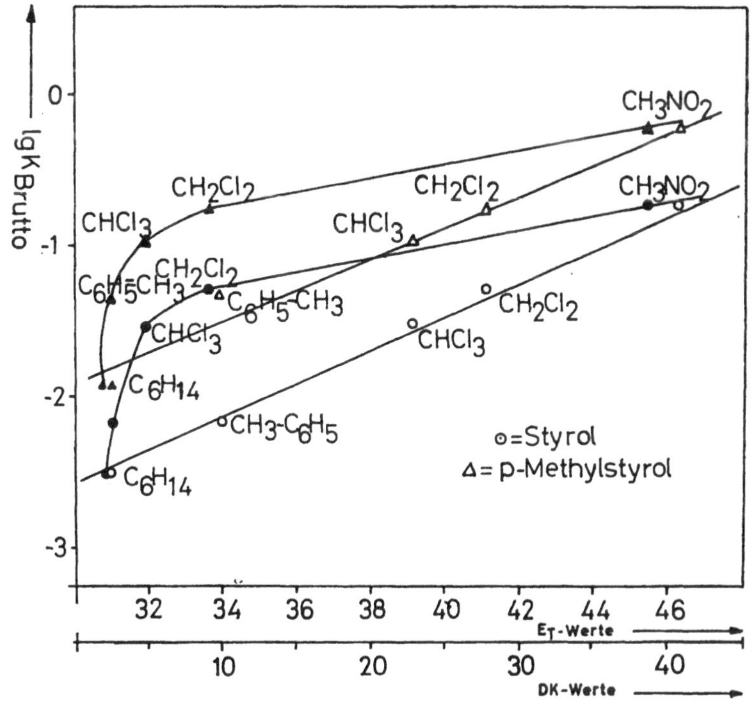

Bild 25. Auftragung von log k' aus Tab. 27 gegen die *DK*-Werte bzw. E_T-Werte [23] (aus [138])

und den Geschwindigkeiten der kettenlimitierenden Reaktionen eine drastische Änderung, für deren Ursache nur Vermutungen geäußert werden können. Wenn die Dissoziation im Zwischenzustand beim p-Methylstyrol wesentlich stärker auf der Seite freier Ionen liegen würde als beim Styrol, so würde eine Erhöhung des Molekulargewichtes infolge der weitaus höheren Wachstumsgeschwindigkeit von freien Ionen verständlich sein, nicht aber der starke Abfall des *MG*. Leitfähigkeitsmessungen und *UV*-Spektroskopie (vgl. Abschnitt 3.3.) deuten in beiden Fällen zumindest für die ersten vier Lösungsmittel aus Tab. 27 auf einen bevorzugten Ionenpaarmechanismus hin [233]. Damit würde als geschwindigkeitsbestimmender Schritt die Verdrängung des Gegenions zu vermuten sein. Nimmt man weiterhin an, daß durch den $+I$-Effekt der Methylgruppe des p-Methylstyrols die Elektronendichte im Reaktionszentrum erhöht und damit die Elektrophilie der Kettenträger vermindert wird [138], so ist eine Herabsetzung der Wachstumsgeschwindigkeit erklärbar. Nun sollte allerdings durch den gleichen elektronischen Effekt auch die Nucleophilie des angreifenden Monomeren erhöht sein und daher eine Kompensation der Triebkraft für die Wachstumsreaktion durch das angreifende Agenz erwogen werden können. Dem steht allerdings entgegen, daß die sterischen Voraussetzungen bei der Bildung des Übergangszustandes für die Wachstumsreaktion mit Sicherheit aufwendiger sind als für eine bimolekulare Monomerübertragung [307], [337]. Derartige Schlußfolgerungen ergeben sich beim Vergleich der Molekulargewichte und der Molekulargewichtsverteilung der Isobutylenpolymerisation, einerseits durch Strahlungsinitiierung einer Substanzpolymerisation (freie Ionen) und andererseits durch Lewis-Säuren in verdünnter Lösung (Ionenpaare), die im ersteren Falle weitaus höher liegen, da hier das Monomere „ohne Widerstand" an das hochreaktive Carbeniumion angelagert werden kann [337]. Die Annäherung des Monomeren an den Kettenträger muß zur Bindungsknüpfung zwischen den π-Elektronen und dem freien p-Orbital in der Größenordnung ($\sim$ 1,5 Å) liegen. Es leuchtet ein, daß daher die „Anionverdrängung" im Ionenpaar einen Übergangszustand mit stark negativer Aktivierungsentropie erfordert, wohingegen die Abspaltung eines Protons unter Mitwirkung des Monomeren einen sterisch weniger komprimierten Übergangszustand durchläuft. Wenn dies allgemein zutrifft, erscheint gleichfalls logisch, daß das nucleophilere p-Methylstyrol gegenüber dem Styrol eine etwas geringere Aktivierungsenthalpie bei der postulierten bimolekularen Monomerübertragung hat. Zur Verdeutlichung dieses Sachverhaltes dient folgendes Schema (CXLVI) [337]:

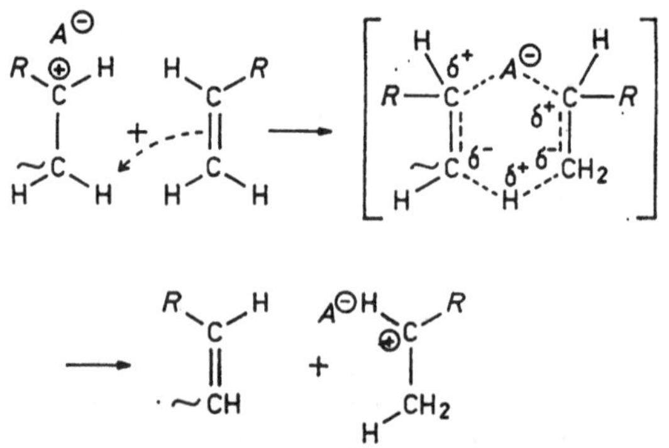

(CXLVI)

Zusammenfassend deuten die experimentellen Fakten in Tab. 27 darauf hin, daß im Falle des p-Methylstyrols neben einer etwas erhöhten Initiierungsgeschwindigkeit als Folge der stärkeren Nucleophilie im Vergleich zum Styrol, besonders die Monomerübertragungsgeschwindigkeit gegenüber der Wachstumsgeschwindigkeit erhöht wird.

Bei Richtigkeit dieser Schlußfolgerungen sollte nun mit zunehmender Beteiligung von freien solvatisierten Ionen die Wachstumsgeschwindigkeit und damit das Molekulargewicht erhöht werden. Für p-Methylstyrol scheint diese Forderung mit zunehmender Lösungsmittelpolarität und damit erhöhter Ladungstrennung im Zwischenzustand (entsprechend Tab. 27) erfüllt zu sein, für Styrol dagegen nicht. In Bild 18 sind die Molekulargewichte der elektronenreichen Styrole-p-Benzyloxystyrol (33600) und p-Methoxystyrol (19000)- in Methylenchlorid bei 0 °C mit enthalten und mit den Werten aus Tab. 27 für das gleiche Lösungsmittel vergleich bar. Ferner sei daran erinnert, daß z. B. für p-Methoxystyrol unter diesen Bedingungen auf freie Ionen hinweisende Leitfähigkeit und spektrales Verhalten nachgewiesen werden konnte (vgl. Abschnitt 3.3.). Wahrscheinlich können die relativ hohen Molekulargewichte dieser Styrole tatsächlich einem bevorzugten Ionenmechanismus zugeschrieben werden, bei welchem trotz sicher begünstigter Monomerübertragung durch das nucleophilere Monomere die Wachstumsgeschwindigkeit über Ionen extrem schnell erfolgt.

Die Verallgemeinerungsfähigkeit der Schlußfolgerung, daß bei hohem Dissoziationsgrad des Zwischenzustandes a priori hohe Molekulargewichte entstehen, ist wahrscheinlich stark zu relativieren, wenn weitere Parameter aus Tab. 26 in ihrer kooperativen Wirkung überprüft werden. Grundsätzlich kann bei erhöhter Lösungsmittelpolarität, analog zur Temperaturerhöhung, eine „erhöhte Reaktivität mit mangelnder Selektivität" bezüglich einer bestimmten Elementarreaktion angenommen werden. So wird z. B. die Beteiligung der Reaktion nach (CXLV) nicht nur von der Basizität des Monomeren, sondern auch von seiner Konzentration abhängen. Es kann daher diese Reaktion zu Beginn der Polymerisation stärker ins Gewicht fallen als zu einem späteren Zeitpunkt, wobei die ursprüngliche Konkurrenz mit der Wachstumsreaktion in eine Konkurrenz zwischen Wachstum und spontaner Übertragung übergeht (vgl. z. B. Abschnitt 3.3., Formel LX). Bei Carbeniumionen hoher Elektrophilie können schließlich die früher beschriebenen Konkurrenzreaktionen wie z. B. Isomerisierung unter Hydridverschiebung dominierend sein. Von Kennedy und Mitarbeitern [338] wurde für die Polymerisation des 3-Methylbuten-1 gezeigt, daß sowohl die Struktur (1,2- bzw. 1,3-Verknüpfung; vgl. Abschnitt 3.1.1.) als auch das Molekulargewicht außer von der Temperatur und der Monomerkonzentration in starkem Maße von der Natur des Gegenions (Abschnitt 2.1.4.) abhängt. Während z. B. kleine Anionen geringer Polarisierbarkeit (z. B. $Cl^{\ominus}$) zu Abbruchreaktionen führen, begünstigen große leicht polarisierbare Anionen ($[MtX_nY^{\ominus}]$) die Übertragungsreaktion in ähnlicher Weise wie das Monomere nach (CXLVI). Es ist jedoch auch nicht zutreffend, daß in Gegenwart stabiler Anionen (z. B. $PF_6^{\ominus}$) wie sie durch Initiierung mit stabilen Salzen erhalten werden können [323], generell hohe Molekulargewichte gefunden werden, da bei Kettenträgern hoher Elektrophilie neben den intramolekularen Konkurrenzreaktionen (Isomerisierung, Cyclisierung, spontane Übertragung) auch intermolekulare Konkurrenzen (z. B. Hydridübertragung, Monomer- und Lösungsmittelübertragung, Allylabbruch) stark dominieren. Aus diesen Gründen führen strahlungsinitiierte oder durch Carbeniumionensalze initiierte Polymerisationen, trotz hoher Geschwindigkeit, die sicherlich auf freie Ionen als Kettenträger schließen läßt (vgl. Abschnitt 3.7.), im allgemeinen nicht zu hohen Molekulargewichten. Unter der Voraussetzung stabiler Gegenionen ist stets eine gewisse „innere Stabilisierung" der Kettenträger erforderlich, wie sie z. B. bei Oxonium-Ionen, aromatischen Δ_1-Olefinen und Vinyläthern vorliegt. In derartigen Fällen sind die vorgenannten Konkurrenzreaktionen gegenüber dem Kettenwachstum weniger gravierend als z. B. bei den meisten aliphatischen Monoolefinen.

Angesichts dieser Vielfalt an Konkurrenzreaktionen ist verständlich, daß die

Einflüsse von Temperatur, Lösungsmittel, Gegenion usw., aus der beobachteten Bruttogeschwindigkeit bzw. dem durchschnittlichen Molekulargewicht, nicht ohne weiteres für ein bestimmtes Geschwindigkeitsverhältnis von zwei oder drei Reaktionen zugeordnet werden können. Über einen Ausweg mit Zukunft aus dieser Situation wurde im Abschnitt 3.7. bereits berichtet, anhand der Möglichkeiten der nichtstationären Kinetik zu Teilgeschwindigkeiten bzw. deren Konstanten zu gelangen. In neuerer Zeit erfährt diese Methode eine wesentliche Erweiterung durch bessere Charakterisierung der Chemie dieser Parallelreaktionen im Zwischenzustand mit Hilfe der Bestimmung der Molekulargewichtsverteilung (vgl. Bild 21) z. B. durch Gelpermeationschromatographie. Im Abschnitt 3.6. wurde am Beispiel der *THF*-Polymerisation auf diesem Wege der Gegenioneinfluß untersucht [288]. Higashimura und Masuda [339] fanden nach dieser Methode für die durch CH_3—$COClO_4$ initiierte Styrolpolymerisation in CH_2Cl_2 bei 0 °C zwei Maxima in der Verteilungskurve, die sie der Multiplizität der Kettenträger im Wachstumsschritt zuordnen (Ionen bzw. Ionenpaare). Aus der relativen Lage bzw. der Veränderung der Maxima beim Wechsel des Reaktionsmediums oder anderer Parameter kann ganz allgemein auf strukturelle Uneinheitlichkeiten im Polymeren geschlossen werden und damit auf die Mitwirkung verschiedener Spezies im Wachstumsschritt oder deren Beeinflussung durch äußere Parameter [340].

Mit Tab. 28 wird schließlich ein Beispiel gezeigt, wo der oft bestätigte Befund zunehmender Geschwindigkeit mit steigender Lösungsmittelpolarität nicht zutrifft.

In Tab. 28 konnten mit Hilfe des bereits erwähnten Meßprinzips der anisothermen Kalorimetrie zwei unterschiedlich schnelle Reaktionsabschnitte nachgewiesen werden, wobei entsprechend den Ausführungen in Abschnitt 3.7. (Bild. 24) $\nu_{(Br)_1}$ mehr der schnellen Initiierung und $\nu_{(Br)_2}$ vorrangig der Wachstumsreaktion zugeordnet wird. Für die Substanzpolymerisation und die Polymerisation in Dichloräthan gelingt eine derartige Trennung nicht. Tabelle 28 zeigt eindeutig

Tabelle 28. Thermokinetisch gemessene Bruttogeschwindigkeiten der Polymerisation des Isobutylvinyläthers mit Jod als Katalysator ($\sim 0{,}5 \cdot 10^{-2}$) Mol/*l*.

Lösungsmittel	$\nu_{(Br)_1}$ [*Joule* · sec^{-1}]	$\nu_{(Br)_2}$ [*Joule* · sec^{-1}]
Benzol	2,155	0,41
Toluol	1,40	0,191
Mesitylen	0,31	0,016
IBVÄ	0,20*)	
1,2-Dichloräthan	1,81*)	

*) Für die Substanzpolymerisation und die Polymerisation in 1,2-Dichloräthan betrug $[I_2] \sim 0{,}14 \cdot 10^{-2}$ bzw. $0{,}2 \cdot 10^{-3}$ Mol/*l*). Die Monomerkonzentration ist in allen Lösungsmitteln $0{,}6 \cdot 10^{-1}$ Mol/*l*) [312]. Meßtemperatur: 25 °C.

eine auf Donatoreigenschaften der Lösungsmittel beruhende Reaktivitätsverminderung in der Reihenfolge Dichloräthan $\sim$ Benzol > Toluol > Mesitylen > *IBVÄ*, die sich bei den aromatischen Lösungsmitteln auf beide Reaktionsabschnitte erstreckt. Die Verringerung der Fähigkeit des Katalysators zur Initiierung (z. B. durch π, σ-Komplexe) und die Verminderung der Elektrophilie der Kettenträger bei erhöhter Donatorstärke der Lösungsmittel erklärt die Abnahme der Geschwindigkeit sowohl bei der Bildung der aktiven Spezies als auch im Wachstumsschritt.

Es wäre jedoch verfehlt, beim Übergang zu aromatischen Lösungsmitteln generell mit einer Reaktionsverlangsamung zu rechnen. Auf Grund ihrer leichten Polarisierbarkeit sind sie zur Wechselwirkung mit stark elektrophilen wie auch nucleophilen Partnern befähigt, so daß ihre Reaktivitätsbeeinflussung eher mit dem Terminus „amphoter“ charakterisiert werden kann. Weiterhin ist zu bedenken, daß aromatische Lösungsmittel das Geschwindigkeitsverhältnis der Teilreaktionen in starkem Maße durch Kettenübertragung beeinflussen können. Unter Einbeziehung aromatischer Lösungsmittel wurden daher eine Reihe „eigenartiger Abhängigkeiten“ gefunden.

Tabelle 29 enthält die Geschwindigkeitskonstanten (k_p) und die Grenzviskositäten $[\eta]$ der Polymerisation des Isobutylvinyläthers mit $BF_3 \cdot OEt_2$ in verschiedenen Lösungsmitteln bei $-78\,°C$ [314].

Zum Vergleich sind in Tab. 29 die $[\eta]$-Werte für die *IBVÄ*-Polymerisation durch Initiierung mit $AlBr_3$ bzw. $AlCl_3$ angegeben. Während die Geschwindigkeitskonstanten bei zunehmender Lösungsmittelpolarität im Verhältnis 1:22:53 ansteigen, zeigen die Grenzviskositäten mit Ausnahme der mit $AlBr_3$ erhaltenen

Tabelle 29. Refraktometrisch ermittelte Geschwindigkeitskonstanten (k_p) und Grenzviskositäten ($[\eta]$) für die Polymerisation des *IBVÄ* (0,2 Mol/*l*). Bestimmung der Grenzviskositäten in *THF* bei 28,5 °C [314].

Lösungsmittel	kp $[min^{-1} (Mol/l)^{-2}]$	$BF_3 \cdot OEt_2$ $[\eta]$	$AlBr_3$ $[\eta]^3$	$AlCl_3$ $[\eta]$
Hexan	16,31	0,79	1,09	0,68
Hexan/Toluol (1:1)	370,0	1,36	0,81	0,80
Toluol	867,0	0,62	0,55	0,48

Werte eine „Anomalie“ im Gemisch beider Lösungsmittel. Von japanischen Autoren wurden ähnliche Verhältnisse bei der kationischen Polymerisation des Methallylvinyläthers mit $BF_3 \cdot OEt_2$ bei $-78\,°C$ gefunden [341]. Aus Tab. 30 entnimmt man, daß unter jeweils gleichen Bedingungen die Polymerausbeute in den Lösungsmittelgemischen erheblich höher ist als in den reinen Lösungsmitteln.

Der bei der Polymerisation des *MAVÄ* in Heptan erhaltene methanolunlösliche Teil ist auch in anderen organischen Lösungsmitteln unlöslich und deutet auf Kettenvernetzung hin [341]. Es erscheint merkwürdig, daß die Tendenz zur

Tabelle 30. Polymerisation des Methallylvinyläthers mit $BF_3 \cdot OEt_2$; *MAVÄ* 16,8 mmol; $BF_3 \cdot OEt_2$ 0,2 mmol; Lösungsmittel 18 *ml*; Temp. −78 °C; Zeit 24 Std. (nach Werten aus [341])

Lösungsmittel	Gesamtausbeute (%)	in CH_3OH lösl. (%)	in CH_3OH unlösl. (%)
Heptan	35,7	16,8	18,9
Toluol	56,9	5,8	51,1
Heptan/Toluol (2:7)	58,1	8,6	49,5
Heptan/Toluol (1:1)	76,3	15,6	70,7
Heptan/Toluol (7:2)	81,5	14,0	67,5

Kettenvernetzung beim Zwischenzustand geringster Ladungstrennung am größten ist. Insgesamt sind auch die Daten in Tab. 30 nicht mit der Annahme eines dielektrischen Kontinuums vereinbar, sondern sie unterstreichen die Wirkung spezifischer Einflüsse des Mediums.

Im Zusammenhang mit der erwähnten Vernetzungstendenz sei noch auf folgendes Beispiel hingewiesen. So liefert die Polymerisation von Cyclopentadien mit $BF_3 \cdot OEt_2$ bei −78 °C in Hexan und Methylenchlorid teilweise vernetzte Produkte, während in Toluol unter den gleichen Bedingungen ausschließlich lösliches Polymerisat (in Benzol u. a. Lösungsmitteln) entsteht [241]. Für dieses, wie auch für die Beispiele in Tab. 29 und 30 gibt es gegenwärtig noch keine befriedigende Erklärung. Um zukünftig den Einfluß des Mediums auf die Zielgrößen aus Tab. 26 besser charakterisieren zu können, ist es erforderlich, neben der Beeinflussung durch das makroskopische Dielektrikum die spezifische Solvatation der Kettenträger bzw. den Grad der Lagungstrennung im Zwischenzustand systematisch zu untersuchen. Hierzu könnte folgende Einteilung der zur kationischen Polymerisation verwendeten Lösungsmittel geeignet sein:

a) Inerte Lösungsmittel (z. B. Hexan)
b) „Amphotere“ Lösungsmittel (z. B. Benzol, Toluol)
c) Donatorlösungsmittel (z. B. Halogenkohlenwasserstoffe, *THF*)
d) Akzeptorlösungsmittel (z. B. CS_2, SO_2)

Nach diesen Gesichtspunkten müßte die graduelle Beteiligung von Ionen bzw. Ionenpaaren für die verschiedensten Systeme untersucht werden und weiterhin bekannt sein, ob die kettenlimitierenden Reaktionen mono- oder bimolekular verlaufen und welche Geschwindigkeitsverhältnisse zur Wachstumsgeschwindigkeit bestehen. Erst auf der Basis derartiger Untersuchungen können weitergehende Verallgemeinerungen über die Beeinflussung der Geschwindigkeit, des *MG* usw. getroffen werden.

Vorerst existieren sehr wenig Arbeiten, denen nur qualitative Hinweise entnommen werden können. Relativ zur Gruppe a) sind besonders die aromatischen Lösungsmittel der Gruppe b) schwer einzuordnen. Wie den vorherigen Beispielen zu entnehmen ist, kann ihre Fähigkeit als π-Donatoren zu wirken nur in einigen

Fällen zur Erklärung der Reaktivitätsbeeinflussung herangezogen werden. Auf ihre besondere Funktion bei der Kettenübertragung, die wiederum stark von der Katalysatoraktivität beeinflußt wird, wurde bereits hingewiesen.

Lösungsmittel der Gruppe c), die Halogenatome enthalten, zeigen im Verhältnis zu a) meist eine Erhöhung der Bruttogeschwindigkeit, während das Molekulargewicht abnimmt [24, 314, 342]. Ein analoges Verhalten wird im allgemeinen bei Erhöhung der Katalysatoraktivität gefunden, was auf eine erhöhte Anionstabilität und den gleichzeitigen Start vieler Ketten hinweist (schnelle Initiierung). Beide Effekte bedeuten für eine etwaige Regulierung der Molekulargewichte kationischer Vinylpolymerisationen, daß im Gegensatz zur Ringöffnungspolymerisation über stabile Onium-Ionen (z. B. *THF*, vgl. Abschnitt 3.6.), bei starker Ladungstrennung im Zwischenzustand meist keine hochmolekularen Produkte erhalten werden. Auf bestehende Ausnahmen bei Zwischenzuständen mit hoher innerer Stabilisierung wurde auf S. 181 bereits im Zusammenhang mit der Gegenionwirkung aufmerksam gemacht.

Bei Lösungsmitteln der Gruppe c) mit starker n-Donatorwirkung wird meistens eine Verminderung der Geschwindigkeit bei gleichzeitiger Verminderung des Molekulargewichtes festgestellt [343, 344]. Hier dürften die Herabsetzung der Elektrophilie der Kettenträger infolge spezifischer Solvatation (CXLVII) und eine Aktivitätsverminderung der Lewis-Katalysatoren durch Komplexbildung (CXLVIII) parallel wirken.

$$\sim \mathrm{C}^{\oplus} A^{\ominus} + nR - Y| \rightleftharpoons \sim \mathrm{C}^{\oplus} \cdots (.Y - R)_n\, A^{\ominus} \qquad \text{(CXLVII)}$$

$$MtX_n + R - Y| \rightleftharpoons X_nMt \cdots |Y - R \qquad \text{(CXLVIII)}$$

Auf die Möglichkeit durch n-Donatorzusätze in inerten Lösungsmitteln eine Reaktionssteuerung der kationischen Copolymerisation vorzunehmen, wird in Kap. 5. näher eingegangen. Ohne ausführliche Behandlung sei schließlich bemerkt, daß auch π-Donatoren mit stark lokalisierter π-Elektronendichte zur Gruppe c) gerechnet werden können. So bewirken n-Alkene [345] oder verzweigte Alkene [346] z. B. bei der Isobutylenpolymerisation mit steigender Zusatzkonzentration eine Ausbeuteverminderung bzw. Senkung der Gesamtgeschwindigkeit und in bestimmten Fällen auch eine Verminderung des Molekulargewichtes. Auch die gelegentlich beobachtete Geschwindigkeitsverminderung (ν_{Br}) bei erhöhter Monomerkonzentration („poison-effect") sowie die damit im allgemeinen verbundene erhöhte Übertragungsaktivität des Monomeren setzen derartige spezifische π-Donatorwechselwirkungen voraus.

Die Gruppe d) erhöht im allgemeinen die Geschwindigkeit und in den meisten Fällen auch das Molekulargewicht [241, 203], da hier durch spezifische Anionsolvatation die elektrophile Potenz der Kettenträger vergrößert werden kann. Während die Geschwindigkeitserhöhung relativ zur Gruppe a) praktisch ohne Ausnahme gilt, unterliegt die mögliche Erhöhung des Molekulargewichtes der Resultante aller Einflüsse auf den Grad der Ladungstrennung im Zwischenzustand. Aufschlußreiche Hinweise darüber lieferten Untersuchungen der kationischen Polymerisation in Gegenwart geringer Zusätze (in der Größenordnung der Katalysatorkonzentration) von Elektronenakzeptoren wie Tetracyanäthylen oder Chloranil u. a. [347, 348, 295]. Hierbei muß mit der Bildung zweier Gleichgewichte gerechnet werden, einer Komplexbildung des Elektronenakzeptors (*EA*) mit dem Monomeren (CXLIX) und mit dem Gegenion (CL).

$$\begin{matrix} C \\ \| \\ C \end{matrix} + EA \rightleftharpoons \begin{matrix} C \\ \| \\ C \end{matrix} \rightarrow EA \qquad \text{(CXLIX)}$$

$$\sim C^{\oplus}A^{\ominus} + EA \rightleftharpoons \sim C^{\oplus}\,(A \rightarrow EA)^{\ominus} \qquad \text{(CL)}$$

Zur Erklärung der Geschwindigkeitserhöhung kann nicht ohne weiteres auf die bevorzugte Wirkung eines der beiden Gleichgewichte geschlossen werden. Für die Styrolpolymerisation mit $BF_3 \cdot OEt_2$ als Katalysator konnte bei Zusatz von Tetracyanäthylen in Benzol und in Nitrobenzol praktisch kein Effekt auf die Geschwindigkeit beobachtet werden, da möglicherweise der Akzeptor in Benzol mit dem Lösungsmittel in Wechselwirkung tritt, während in Nitrobenzol der Zwischenzustand bereits einen hohen Grad der Ladungstrennung aufweist, der durch die geringe Zusatzkonzentration nicht mehr gesteigert wird. Führt man dagegen die Polymerisation in Halogenkohlenwasserstoffen (CCl_4, $Cl-CH_2-CH_2-Cl$) durch, so bewirkt eine Konzentrationsvariation des Akzeptors zunächst einen Anstieg der Geschwindigkeit, die bei weiterer Steigerung der Akzeptorkonzentration nach Durchschreiten eines Maximums wieder abfällt [347]. Diese Befunde zeigen, daß für die Geschwindigkeitserhöhung durch Akzeptorwirkung primär wahrscheinlich das Gleichgewicht (CL) unter Bildung eines „akzeptorgetrennten Ionenpaars" verantwortlich ist. Bei überschüssiger Akzeptorkonzentration (nach Solvatation des Gegenions!) fällt offenbar das Gleichgewicht (CXLIX) mehr ins Gewicht und die damit verbundene Verminderung der „effektiven Monomerkonzentration" bewirkt die gefundene Herabsetzung der Geschwindigkeit. Die prinzipielle Richtigkeit dieser Folgerungen wird gestützt durch die Beobachtung, daß in unpolaren oder wenig polaren Lösungsmitteln bei der Verwendung von Katalysatoren schwacher bis mittlerer Aktivität (z. B. $BF_3 \cdot OEt_2$, $AlBr_3$, $AlCl_3$), der Zusatz von Elektronenakzeptoren eine Erhöhung des Molekulargewichtes bewirkt, die ebenfalls ein Maximum durchläuft [349]. Für den Akzeptor Tetracyanäthylen (TCÄ) sind einige Daten in Tab. 31 enthalten [68, 349].

Der Einfluß von Akzeptorlösungsmitteln der Gruppe d) auf das Molekulargewicht führt im Einklang mit der bisherigen Diskussion wahrscheinlich nur dann zu einer Erhöhung, wenn akzeptorgetrennte Ionenpaare vorliegen, während bei völliger Ladungstrennung oder Kettenträgern mit relativ geringer innerer Stabilisierung, kettenlimitierende Konkurrenzreaktionen gegenüber der normalen Wachstumsreaktion überwiegen [241]. In diesem Zusammenhang sei erwähnt, daß analoge Abhängigkeiten bezüglich Geschwindigkeit und Molekulargewicht auch bei kationischen Polymerisationen unter dem Einfluß eines elektrischen Feldes (0,25–1,5 KV/cm; vgl. auch 2.3.2. und [106]) beobachtet werden. In Lösungs-

Tabelle 31. Polymerisation von Isobutylen (1,7 Mol/*l*) mit $AlCl_3$ (2,4 · 10^{-3} Mol/*l*) in Gegenwart verschiedener Zusatzkonzentrationen an *TCÄ* [349]. Reaktionstemperatur: −78 °C

Lösungsmittel *TCÄ* [Mol/*l*]	Toluol $[\eta]^{30°}_{Benzol}$	Hexan $[\eta]^{30°}_{Benzol}$
ohne	0,38	0,40
1,2 · 10^{-4}	0,55	0,58
3,0 · 10^{-4}	0,57	0,59
6,0 · 10^{-4}	0,53	0,55
1,2 · 10^{-3}	0,50	0,48
2,4 · 10^{-3}	0,36	0,38

mittelgemischen durchläuft das Verhältnis ν_{PE}/ν_{PO} ebenfalls ein Maximum bei zunehmender Mediumpolarität [350]. Dabei bedeuten ν_{PE} die Geschwindigkeit mit und ν_{PO} ohne Feldeinfluß. In Übereinstimmung mit unserer vorherigen Diskussion wird z. B. für die Styrolpolymerisation in dem polaren Lösungsmittel Nitrobenzol kein Feldeffekt gefunden, da die Ladungstrennung im Zwischenzustand bereits durch die Solvatation einen hohen Wert annimmt, der durch das äußere Feld (2. WIEN-Effekt; vgl. [106]) nicht gesteigert wird. Naheliegenderweise wird auch bei Katalysatoren mit relativ geringer Aktivität ($BF_3 \cdot OEt_2$, $SnCl_4$) ein stärkerer Feldeinfluß gefunden als bei Katalysatoren hoher Aktivität mit entsprechend stabilem Gegenion. In analoger Weise beobachtet man bei geringer Ladungstrennung eine Erhöhung des Molekulargewichtes unter Feldeinwirkung, während bei starker Ladungstrennung durch innere und äußere Faktoren das elektrische Feld ohne Wirkung bleibt [106, 350]. Obwohl die hier diskutierte Donator-Akzeptor-Beeinflussung des Zwischenzustandes bis zum exakten Nachweis der Verhältnisse unterschiedlicher Gleichgewichte (z. B. CXLVII bis CL) vorerst nur als Arbeitshypothese gelten kann, sollte deren Sicherung oder begründete Modifizierung besondere Aufmerksamkeit erfahren, da auf dieser Basis praktisch nutzbare Ergebnisse ableitbar sind.

Abschließend soll noch auf die Stereoregulierung als einer der wesentlichen Zielgrößen aus Tab. 26 hingewiesen werden, da deren Verständnis bei ionischen Polymerisationen in unmittelbarem Zusammenhang mit dem Lösungsmitteleinfluß steht. Auf den bekannten Sachverhalt abnehmender Taktizität bei Temperaturerhöhung soll nicht näher eingegangen werden.

Die kationische Polymerisation von Vinyläthern zur Darstellung isotaktischer Polymerer zählt zu den ältesten Beispielen stereoregulärer Polymerisationen. Sie ist neben anderen Beispielen ausführlich referiert worden [79, 351], so daß hier nur auf einige Faktoren, die den Grad der Ladungstrennung in seiner Regelfunktion belegen, eingegangen werden soll.

Im Falle der homogenen kationischen Polymerisation von Vinyläthern [79] konnte in unpolaren Lösungsmitteln unter Verwendung von LEWIS-Säuren schwacher Aktivität ($BF_3 \cdot OEt_2$, Magnesiumsalze [352]) vorwiegend isotaktisches

Polymeres erhalten werden, während mit zunehmender Lösungsmittelpolarität (Toluol/Nitroäthan) und mäßig erhöhter Katalysatoraktivität vorwiegend syndiotaktische Polymere entstehen [353]. Temperaturerhöhung führt aus beiden Richtungen zu vorwiegend ataktischer Polymerisation, die bei Verwendung starker LEWIS-Säuren ($TiCl_4$, $SbCl_5$ etc.) vorrangig abläuft. Ein ähnliches Verhalten zeigt die Polymerisation von Styrol und α-Methylstyrol mit Metallalkylkatalysatoren schwach kationischer Aktivität im Vergleich zu starken LEWIS-Säuren [79]. Als Erklärung für dieses Verhalten wird die Stärke der Wechselwirkung zwischen dem Gegenion und dem Kettenträger angenommen [353, 79]. Danach erfolgt bei der isotaktischen Polymerisation der „Einschub" des Monomeren im Sinne einer synchronen Mehrzentrenreaktion, ohne völlige Ladungsseparierung zwischen dem wachsenden Kettenende und dem Gegenion (CLI).

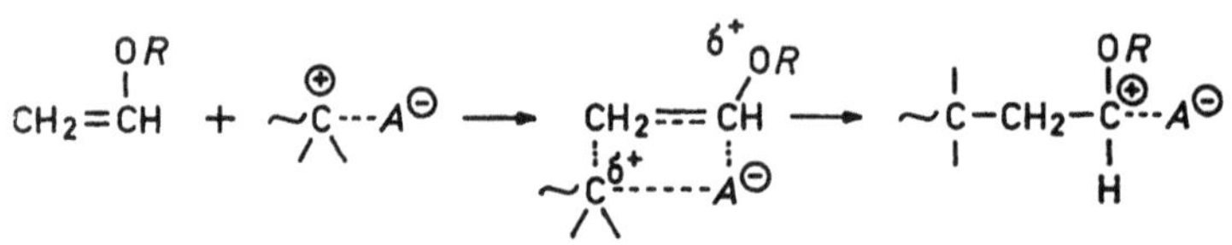

(CLI)

Im Falle der syndiotaktischen Polymerisation sollte das wachsende Kettenende möglichst wenig vom Gegenion beeinflußt werden (völlige Ladungstrennung zu freien solvatisierten Ionen [353]). Die Folge wäre ein Carbeniumion mit symmetrischer Solvathülle, an welches das Monomere in Abhängigkeit von den sterischen Wechselwirkungen zwischen den Substituenten am Monomeren selbst und am wachsenden Kettenende sowohl statistisch unregelmäßig (Temperaturerhöhung) zu ataktischen Polymeren, als auch alternierend (jeweils von der Seite mit der geringsten sterischen Gruppenhäufung) zu syndiotaktischen Polymeren angreifen kann [353].

Es soll jedoch darauf aufmerksam gemacht werden, daß eine mögliche Quantifizierung der Stereoregulierung auf der Basis der Ladungsseparation im Zwischenzustand unbedingt die Struktureinflüsse des Monomeren und die konformativen Verhältnisse an den Nachbarkohlenstoffatomen der Kettenträger enthalten muß, die wie der Vergleich verschiedener Vinyläther zeigt, in z. T. noch unübersichtlicher Weise wirken. So wird z. B. in [192] gezeigt, daß der Prozentanteil isotaktischer Diaden bei der Vinylätherpolymerisation mit $BF_3 \cdot OEt_2$ bei $-78\,°C$, im Falle des Methylvinyläthers oder des t-Butylvinyläthers beim Übergang von Toluol, CH_2Cl_2 zu $C_2H_5NO_2$ stark abnimmt bzw. völlig zur syndiotaktischen Verknüpfung übergeht. Im Gegensatz dazu ist der isotaktische Anteil beim Benzylvinyläther in $C_2H_5NO_2$ mit 80% bemerkenswert hoch. Andererseits liefert α-Methylstyrol unter vergleichbaren Bedingungen bereits in Toloul bevorzugt syndiotaktische Polymere. Fügt man dem Toluol zunehmende Mengen des Inertlösungsmittels Methylcyclohexan zu, so wird der isotaktische Anteil erhöht [354]. Zur Erklärung dieser und einer Reihe weiterer „Besonderheiten" erscheint die in [354] beschriebene Erweiterung der Ladungstrennung im Zwischenzustand durch die sterische Gruppenhäufung am Reaktionszentrum geeignet. Danach sollte das in (CLI) formulierte Schema der isotaktischen Polymerisation nur für sehr „dichte Ionenpaare" gelten, wie sie in Inertlösungsmitteln bei Verwendung relativ schwacher Katalysatoren angenommen werden. In Übereinstimmung damit würden die früher bereits erwähnten Annahmen über die Hybridisierungsverhältnisse am Kettenträger bei dichten Ionenpaaren stehen [142]. Bei entsprechender Ladungsrückkopplung mit dem Gegenion ist eine sterische Kontrolle über einen tetragonalen „quasi-sp^3-hybridisierten" Kettenträger, der bei der Reaktion mit dem Monomeren einen asymmetrischen Übergangszustand bilden muß, eher verständlich als beim Vorliegen eines trigonal ebenen Carbenium-Ions. In [354] wird jedoch darauf hingewiesen, daß bei Kettenträgern mit relativ starker innerer Stabilisierung (Vinyläther, α-Methylstyrol), bereits in aromatischen Lösungsmitteln und besonders in polaren Lösungsmitteln kaum dichte Ionenpaare vorliegen dürften und deshalb die Stereochemie der Wachstumsreaktion von der relativen Konformation der letzten beiden Monomereinheiten am wachsenden Kettenende abhängt und weiterhin davon, ob das angreifende Monomere von oben her (d. h. von der den Kettensubstituenten entgegengesetzten Seite) an die am wenigsten behinderte Stelle des Reaktionszentrums herantritt, oder ob der Monomerangriff von der stärker behinderten Rückseite her erfolgt. Letzteres ist nur in einem Ionenpaar mit „Gegenionfixierung am Kettenträger" einleuchtend, so daß der Monomerangriff in einer Art S_{N2}-Reaktion immer von der dem Gegenion gegenüberliegenden Seite (trotz höherer sterischer Hinderung) erfolgt (Bild 26).

Für diesen Fall entsteht nach Bild 26 bevorzugt isotaktisches Polymeres, wie auch nach dem „Einschubmechanismus" im engen Ionenpaar nach (CLI). So könnte z. B. die Zunahme isotaktischer Sequenzen beim α-Methylstyrol in Methyl-

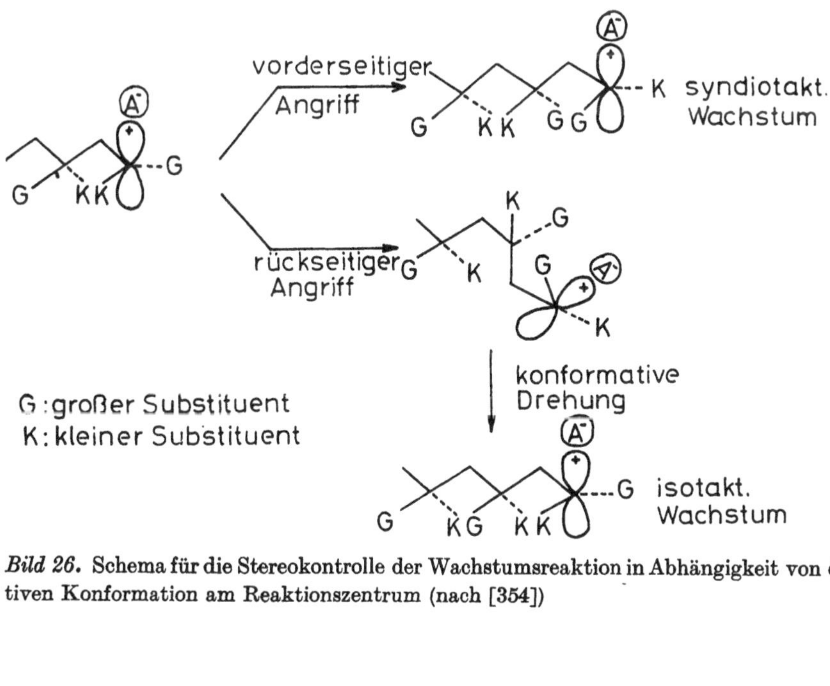

Bild 26. Schema für die Stereokontrolle der Wachstumsreaktion in Abhängigkeit von der relativen Konformation am Reaktionszentrum (nach [354])

cyclohexan durch die Verengung des Ionenpaars unter diesen Bedingungen erklärt werden, während in Toluol der sterische Effekt überwiegt und vorwiegend syndiotaktische Sequenzen entstehen.

Auch die stereoregulierte Polymerisation von α,β-disubstituierten Olefinen (z. B. Methylpropenyläther [355], 2-Chloräthylpropenyläther [356]) zu di-isotaktischen Polymeren [357] erfolgt unter Polymerisationsbedingungen, die auf Zwischenzustände vergleichbarer Natur mit den hier erwogenen Möglichkeiten schließen lassen.

Insgesamt darf jedoch nicht übersehen werden, daß auf der hier diskutierten Basis nur qualitative Schlüsse möglich sind. Von Elias [358] stammt der interessante Versuch, auf der Grundlage statistischer Methoden durch Verknüpfung der Geschwindigkeitskonstanten für syndiotaktische bzw. isotaktische Elementarschritte und der Wahrscheinlichkeit ihrer Aufeinanderfolge, eine Quantifizierung der Stereokontrolle zu erreichen. Die erhaltenen Ableitungen könnten zur Überprüfung experimentellen Materials von Nutzen sein, setzen jedoch voraus, daß keine Multiplizität der Kettenträger vorliegt. Gerade diese Frage oder bei entsprechender Ladungstrennung die Natur der Solvatation (z. B. bei spezifischer Solvatation die Struktur der Solvathülle am Kettenträger), zählen gegenwärtig noch zu den offenen Problemen.

Die wenigen Beispiele in diesem Abschnitt mögen genügen, um den Relaischarakter des Zwischenzustandes der kationischen Polymerisation zu demonstrieren. Bei geeigneter Parametrisierung der Größen aus Tab. 26 erscheint damit auch eine semiempirische Quantifizierung prinzipiell möglich (Kap. 6). Es soll abschließend noch bemerkt werden, daß in Tab. 26 solche Größen wie die Reaktionsenthalpie bzw. Aktivierungsenthalpie oder die entsprechenden Entropiewerte nicht mit aufgenommen wurden, da es sich hierbei um „komplexe Größen" handelt, die selbst wieder auf mehrere elementare Parameter zurückzuführen sind, welche für Korrelationsbeziehungen geeigneter erscheinen.

4. Mechanismen der anionischen Polymerisation

Die Behandlung der anionischen Polymerisation kann auf eine Reihe allgemeiner Voraussetzungen aufbauen, die im Kap. 1. und 2. bereits erörtert wurden. Prinzipielle Sachverhalte, wie z. B. die Beeinflussung des Zwischenzustandes durch innere und äußere Parameter entsprechen den Darlegungen der kationischen Polymerisation in Kap. 3. und bedürfen daher keiner näheren Ausführung. Wir können deshalb Fragen etwa der Monomerreaktivität oder des Temperatur- und Lösungsmitteleinflusses auf den Reaktionsmechanismus exemplarisch behandeln ohne umfangreiche Erklärungen anzufügen, da diese aus dem Stoff der bisherigen Kapitel unschwer ableitbar sind. Vorteilhaft ist weiterhin die wesentlich größere Verallgemeinerungsfähigkeit über den Verlauf der anionischen Polymerisation. Gerade darin bestand der Mangel bei kationischen Polymerisationen. Es erscheint daher auch erläßlich, die Kinetik anionischer Polymerisationen gesondert zu behandeln, da z. T. die Grundgleichungen aus Abschnitt 1.2. verwendbar sind. Weitere Hinweise speziellerer Natur werden in Abschnitt 3.7. gegeben, so z. B. auch die besonders einfache Kinetik der stöchiometrischen (bzw. „lebenden") Polymerisation (vgl. Abschnitt 3.7.; Sachverhalt um Formel CXLII), die bei anionischen Polymerisationen häufig vorliegt. Besonderheiten der Kinetik der anionischen Polymerisation werden bei der phänomenologischen Behandlung ergänzt.

Den folgenden Abschnitten vorweggestellt seien einige allgemeine Betrachtungen über anionische Mechanismen. Da die anionische Polymerisation in der Regel über den nucleophilen Angriff eines Carbanions oder einer carbanionoiden Bindung an das Monomere erfolgt, ist die Elektronenaffinität des Monomeren in erster Linie bedeutsam. Darauf soll in Abschnitt 4.1. näher eingegangen werden. Weiterhin ist die Natur des Initiators wesentlich, insbesondere das Ionisations-Dissoziationsverhalten einer C—*Mt*-Bindung (vgl. Bild 8 in Kap. 2., desgl. [45]). Als Extremfälle ergeben sich danach die völlig dissoziierte (I) und die zwar polare aber nicht ionisierte Bindung (II) im Initiator bzw. im Zwischenzustand der wachsenden Kette.

In prinzipieller Analogie zur kationischen Polymerisation würden Ionenpaare oder Aggregate aus mehreren Ionen zwischen beiden Extrema liegen. Wie in [359] gezeigt wird, können bei einer Reihe anionischer Initiatoren (z. B. Fluorenylnatrium) auf Grund physikalischer Untersuchungen bereits Angaben über die Struktur von Ionenpaaren und die Art ihrer Solvatation gemacht werden. Derartige Kenntnisse wären eigentlich für jedes System erforderlich, um zu unterscheiden, ob es sich um eine wirkliche anionische Polymerisation im Sinne der Abgrenzung nach Abschnitt 2.2. handelt oder um eine koordinative Polymerisation. Man begegnet hier der gleichen Unschärfe wie in Kap. 3., die daher auch für den Mechanismus nach (II) zu der Bezeichnung einer „pseudo-anionischen"

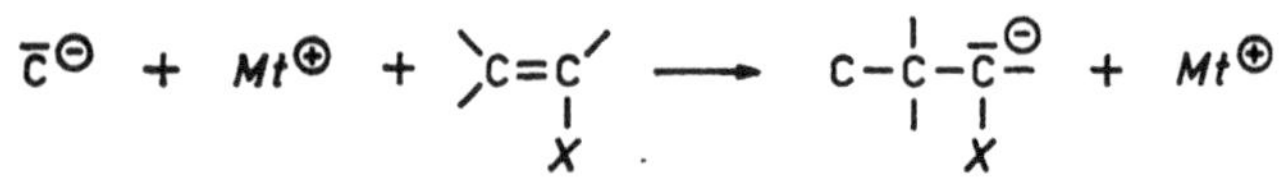

(I)

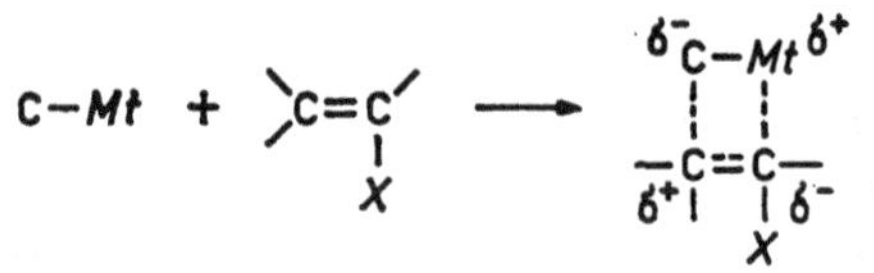

(II)

Polymerisation geführt hat. In den folgenden Abschnitten wird dieser Mechanismus besonders bei der Polymerisation mit Lithiumalkylen in unpolaren Lösungsmitteln diskutiert.

Bei nachweisbarer Ladungstrennung (Polaritätserhöhung, Temperatureinfluß) sollte dann ein Übergang zum „normalen" anionischen Mechanismus erfolgen. Im Prinzip entspricht der Mechanismus nach (II) der ionisch-koordinativen Polymerisation wie sie an Übergangsmetallen erfolgt, mit dem Untrschied, daß durch die Rückkopplung des Monomeren mit den unbesetzten *d*-Orbitalen der Übergangsmetalle eine plausible Koordination vorliegt, während die Wechselwirkung des Monomeren mit der polaren Li—C-Bindung „nicht lokalisiert" erscheint. Trotzdem ist die Abgrenzung der Mechanismen an dieser Stelle willkürlich und ihre Aufrechterhaltung ist nur so zu rechtfertigen, daß Lithiumalkyle aus systematischen Gründen allgemein nicht zu den koordinativen Katalysatoren vom Typ Ziegler-Natta gezählt werden und das sie schließlich bei entsprechenden Bedingungen gemäß Formel (I) als klassische anionische Initiatoren wirken.

4.1. Anionische Monomerreaktivität

Im Abschnitt 1.3.1. wurden die allgemeinen Charakteristika der Monomerreaktivität bereits erörtert. Danach wird bei gegebener Basizität des Carbanions die Reaktion nach Formel (I) um so leichter erfolgen, je „saurer" das Monomere ist, d. h. je stärker seine Elektronenakzeptorfähigkeit ausgeprägt ist [360].

Folgende Monomertypen sind der anionischen Polymerisation zugänglich [91]:

a) Monoolefine, insbesondere polare Vinylmonomere (z. B. Akrylnitril, Methacrylsäureester, Nitroäthylen). Bei den Monoolefinen muß noch eine Gruppe von Monomeren ohne Substituent (Äthylen) bzw. ohne ausgesprochene Akzeptorfunktion berücksichtigt werden (z. B. unpolare Δ_1-Olefine, Styrole).
b) Diene (Butadien, Isopren, substit. Diene)
c) Monomere mit Carbonylfunktion (Aldehyde, Isocyanate)
d) Heteroringe (Epoxide, Episulfide, Lactone, Lactame, Siloxane).

Über das Reaktionsverhalten der Monomeren aus Gruppe c) und d) werden im Abschnitt 4.6. einige Hinweise gegeben.

Die am längsten bekannte Gruppe anionisch polymerisierbarer Monomere sind die Diene, deren Polymerisation mit Natrium als Katalysator 1910 erstmalig beschrieben wurde und 20 Jahre später bereits im technischen Maßstab zur Herstellung des Buna-Kautschuks (Butadien-Na) Verwendung fand [361, 362, 363].

Allerdings bestand lange Zeit die Annahme, daß es sich hierbei um einen radikalischen Prozeß [364] mit Primärbildung eines Mononatriumadduktes (III) handelt, von welchem die Polymerisation mit weiterem Monomeren fortgesetzt wird.

$$CH_2{=}CH{-}CH{=}CH_2 \;+\; Na \longrightarrow Na{-}CH_2{-}CH{=}CH{-}\dot{C}H_2 \qquad (III)$$

K. Ziegler und Mitarbeiter [365] konnten dann im System Butadien/Natrium durch indirekten Nachweis das Vorliegen eines Dianions (IV) zeigen, über dessen negative Ladungsträger die Wachstumsreaktion erfolgt (s. folg. Abschnitt).

$$CH_2{=}CH{-}CH{=}CH_2 \;+\; 2\,Na \longrightarrow Na^{\oplus}\,{}^{\ominus}CH_2{-}CH{=}CH{-}CH_2^{\ominus}\;Na^{\oplus} \qquad (IV)$$

Systematische Untersuchungen über den Mechanismus der anionischen Polymerisation, auf deren Basis auch Vergleiche über die Monomerreaktivität angestellt werden konnten, wurden jedoch erst vor wenig mehr als 20 Jahren [366] vor allem von M. Szwarc und Mitarbeitern durchgeführt [367, 368, 369, 111, 204]. Auf die Abhängigkeit der Polymerstruktur bei der anionischen Dienpolymerisation vom Katalysator sowie dem Lösungsmittel wird in den folgenden Abschnitten eingegangen. Aus der Gruppe a) zählen Äthylen und die Styrole mit $(+)\ -M$- bzw. $(+)\ -I$-Substituenten zu den weniger reaktiven Monomeren. Sie sind in der Reaktivität mit Butadien bzw. Isopren vergleichbar. Befinden sich dagegen elektronegative Substituenten in der Nähe des Reaktionszentrums des Monomeren, so wird dessen Elektrophilie generell erhöht. Bei ausschließlicher Berücksichtigung der Monomerstruktur können rein qualitativ folgende Reihen relativer Reaktivitäten aufgeschrieben werden.

Gruppe a):

Propylen $<$ Buten-1 $<$ Äthylen $<$ α-Methylstyrol $<$ Styrol $\ll$ Acrylnitril, Vinylidencyanid, Vinylpyridin, Nitroäthylen (V)

Gruppe b):

Isopren $<$ Butadien $<$ 1- bzw. 2-Phenylbutadien $\ll$ 1-Cyanbutadien $<$ α-Cyansorbinsäureester. (VI)

Auf die besonders hohe anionische Monomerreaktivität des Nitroäthylens oder der α-Cyansorbinsäureester, die schon durch wässriges Alkali zur Polymerisation gebracht werden können, wurde bereits hingewiesen.

Obwohl nun in den letzten Jahren über umfangreiche Untersuchungen zur anionischen Homo- und Copolymerisation berichtet wurde, sind quantitative Reaktivitätsprognosen gegenwärtig nicht bekannt.

In Abschnitt 1.3.1. wurde auf die Parallelität zwischen radikalischer und anionischer Polymerisation bezüglich der „Aufnahmebereitschaft von Elektronen“ aufmerksam gemacht und die daraus resultierende Möglichkeit, die anionische Monomerreaktivität durch den *e*-Wert des *Q*,*e*-Schemas (vgl. Abschnitt 3.1.) zu charakterisieren, erwähnt. Selbstverständlich wird eine Tendenz zu erhöhter Monomerreaktivität gefunden, je positiver der *e*-Wert des Monomeren ist. Wie jedoch Tab. 32 zeigt, befinden sich die *e*-Werte nicht immer in Übereinstimmung mit der experimentellen Erfahrung.

Tabelle 32. Vergleich der *e*-Werte und der anionischen Monomerreaktivität (*e*-Werte aus [328], Tab. 90)

Monomeres	*e*-Wert	Polymerisationsfähigkeit
α-Methylstyrol	−0,37	+
Styrol	−0,24	+
p-Chlorstyrol	−0,14	+
p-Nitrostyrol	+0,13	+
2-Vinylpyridin	−0,07	+++
Methacrylsäuremethylester	+0,07	++
Acrylsäuremethylester	+0,18	++
Acrylnitril	+0,34	++
Maleinsäureanhydrid	+0,74	−
Vinylidencyanid	+0,76	+++

\+ reaktiv, ++ sehr reaktiv, +++ besonders reaktiv.

Die besondere Reaktivität des 2-Vinylpyridins wird mit dessen Fähigkeit zur Kationensolvatation (vgl. Abschnitt 4.3.) erklärt. Durch die verminderte Wechselwirkung mit den Gegenkationen wird die Basizität der Kettenträger und damit die Wachstumsgeschwindigkeit erhöht. Dieser Effekt kann in den aus der radikalischen Copolymerisation [15] erhaltenen *e*-Werten nicht „enthalten“ sein, da diese kaum vom Medium abhängt (vgl. Kap. 1.). Vinylidencyanid und Maleinsäureanhydrid haben vergleichbare *e*-Werte. Während ersteres äußerst reaktionsfähig ist, neigt Maleinsäureanhydrid überhaupt nicht zur Homopolymerisation. Insgesamt lassen die *e*-Werte nur eine qualitative Abschätzung der Monomerreaktivität zu.

Wie später (Kap. 5.) näher ausgeführt wird, gelingt es infolge der relativ leichten Ausschaltung von Abbruch- und Übertragungsreaktionen, die Initiierungsgeschwindigkeit und besonders auch die Wachstumsgeschwindigkeit direkt zu messen. So kann z. B. die Geschwindigkeit der Polyaddition von Styrol an sein eigenes Anion durch die Messung des Verbrauchs von frischem Monomeren bei der Reaktion mit lebendem Polystyrol erhalten werden (VII).

$$\sim P^{\ominus} + M \xrightarrow{k_p} \sim P - M^{\ominus} \qquad \text{(VII)}$$

In gleicher Weise kann nun relativiert auf ein „Standardpolymeranion" (unter Standardbedingungen bezüglich Gegenion, Lösungsmittel, Temperatur) der k_p-Wert für andere Monomere bestimmt werden. Voraussetzung ist allerdings, daß die Reaktion des Monomeren mit dem Standardanion nicht langsamer verläuft als mit dem eigenen Anion (VIII), womit die Breite der Methode natürlich eingeschränkt ist [368].

$$\sim P - M^{\ominus} + M \xrightarrow{k_{p_s}} \sim P - M - M^{\ominus} \qquad \text{(VIII)}$$

In Tab. 33 befinden sich einige k_p-Werte, die die vorher diskutierten qualitativen Verhältnisse zahlenmäßig widerspiegeln. Auf das Styrolanion bezogen erkennt man eine verringerte Monomerreaktivität beim Übergang vom Styrol zum p-Methylstyrol und eine erhebliche Verringerung beim α-Methylstyrol. Letztere ist neben der geringeren Elektrophilie des α-Methylsytrols auf die sterische Hinderung beim Wachstumsprozeß zurückzuführen. Dafür sprechen eindeutig die weiteren Zahlenvergleiche des α-Methylstyrols in Tab. 33.

Tabelle 33. Geschwindigkeitsvergleiche der anionischen Homo- und Copolymerisation in *THF* bei 25 °C
Gegenion: Na^+; Werte extrapoliert auf Null für [$P^{\ominus}$] (aus [368]).

$P^{\ominus}$	M	k_p [l/Mol · sec]
$Styrol^{\ominus}$	Styrol	625
$Styrol^{\ominus}$	α-Methylstyrol	27
$Styrol^{\ominus}$	p-Methylstyrol	∼ 200
$Styrol^{\ominus}$	2-Vinylpyridin	> 30000
α-$Methylstyrol^{\ominus}$	Styrol	1200
α-$Methylstyrol^{\ominus}$	α-Methylstyrol	2,5

Durch die Wahl eines geeigneten $P^{\ominus}$ und bei Charakterisierung der k_p-Werte durch Strukturparameter der Monomere (z. B. π-Elektronendichten), sollte die Aufstellung einer Reaktivitätsskala möglich sein, die den Verhältnissen einer ionischen Reaktion eher Rechnung trägt als die e-Werte.

Natürlich können auch noch andere empirische Parameter zur Kennzeichnung der Monomerreaktivität dienen. Aus der Auffassung der anionischen Polymerisation als einer „nucleophilen Addition" an das Monomere folgt unmittelbar, daß z. B. die Hammett-Gleichung geeignet sein sollte für substituierte Styrole den Einfluß von $(-J)$ und $(-)$ M-Substituenten auf die Reaktionsgeschwindigkeit zu erfassen (vgl. Abschnitt 3.1.). So konnte unter anderem für die Wachstumsgeschwindigkeit der Reaktion verschieden substituierter Styrole mit Polystyrolanionen die Gültigkeit des *LFE*-Prinzips [39] bestätigt werden [370].

Schließlich sei auf einen interessanten Versuch zur Quantifizierung der Monomerreaktivität hingewiesen, der sich gleichfalls auf die katalytische Aktivität bezieht und deshalb aus systematischen Gründen im Vorgriff auf Abschnitt 4.2. hier mit erörtert werden soll. Im Abschnitt 3.1. (Tab. 13) wurde bereits der Vorschlag japanischer Autoren [124] besprochen, quantenchemische Daten für die Charakterisierung der Monomerreaktivität zu verwenden. Diese Möglichkeit sollte bei der anionischen Polymerisation auf Grund des übersichtlicheren Reaktionsmechanismus zu besseren Resultaten führen als im Falle der kationischen Polymerisation.

Als Maß für die Elektronenaffinität (E_a) des Monomeren gilt bei der anionischen Polymerisation die Energie des niedrigsten unbesetzten π-Orbitals des Monomeren (IX).

$$\varepsilon_{l_v} = \alpha - \eta_{l_v} \cdot \beta = -E_a \qquad \text{(IX)}$$

In (IX) sind α und β Konstanten und η_{l_v} ist der Koeffizient der Energie des niedrigsten unbesetzten π-Orbitals, die z. B. nach der MO-Methode erhalten werden kann. Für einige Vinylmonomere befinden sich die η_{l_v}-Werte in Tab. 34. Beim Vergleich mit der anionischen Polymerisationsfähigkeit erkennt man, daß mit Ausnahme des unpolaren Äthylens Monomere mit einem η_{l_v}-Wert $> 0{,}66$ nicht mehr polymerisieren. In der Tendenz stimmen die Werte unterhalb 0,66 auch mit der „Geschwindigkeit des Monomerverbrauchs" überein. Neben der Elektronenaffinität des Monomeren ist jedoch die Geschwindigkeit der Wachstumsreaktion auch von der Basizität des wachsenden Anions abhängig, die in Tab. 34 durch den pK_a-Wert der konjugierten Säure charakterisiert wird. Bei Kombination beider Parameter sollte nun ein Ausdruck für die Triebkraft zum Verbrauch des Monomeren und der aktiven Kettenenden resultieren.

Aus Tab. 34 folgt, daß bei einem Quotienten beider Parameter $> 2{,}6 \cdot 10^{-2}$ keine anionische Polymerisation abläuft.

Das gleiche Verfahren wurde nun auch auf die Startreaktion angewendet, die in einer analogen Elementarreaktion des Initiatoranions mit dem Monomeren erfolgt. In Tab. 35 befinden sich die von den japanischen Autoren [124] angegebenen Werte, die wiederum einen Grenzwert um $2{,}6 \cdot 10^{-2}$ zeigen, bei dessen Überschreitung keine Polymerisation in dem jeweiligen System erfolgt.

Damit scheint für die anionische Polymerisation eine Methode gegeben zu sein, die zur Voraussage der Monomerreaktivität aber auch zur Festlegung der „Initiatorstärke" für die Polymerisation eines bestimmten Monomeren prinzipiell geeignet ist [370].

Die Verallgemeinerungsfähigkeit dieser Theorie müßte allerdings durch weitere Vergleiche mit Experimentaldaten überprüft werden. Schließlich soll auch nicht unerwähnt bleiben, daß der Einsatz quantenchemischer Daten nicht unproblematisch ist, da bereits die Wahl des zur Berechnung erforderlichen Parametersatzes nicht willkürfrei erfolgt (s. Kap. 6.). Abschließend soll noch auf Versuche hingewiesen werden, die auf der Basis elektrochemischer Parameter zu „Reaktivitätsskalen" für Monomere führen. In Umkehrung zur kationischen Monomerreaktivität (vgl. Tab. 14) wurden hier die Halbstufenpotentiale der polarographischen Reduktion verwendet [372]. Da es sich bei diesem Vorgang um die Aufnahme von Elektronen durch das Monomere handelt, liegt nahe, daß eine direkte Proportionalität zwischen der Leichtigkeit der polarographischen Reduktion und der an-

Tabelle 34. Der η_{l_v}-Koeffizient für die Energie des niedrigsten unbesetzten π-Elektronenniveaus des Monomeren und der pK_a-Wert der konjugierten Säure (nach [124]).

Monomeres	η_{l_v}	konjugierte Säure	pK_a	anionische Polymerisationsfähigkeit	$\frac{\eta_{l_v}}{pK_a} \cdot 10^2$
$CH_2{=}CHNO_2$	0,2714	CH_3NO_2	11	+	2,47
$CH_2{=}C(CN)_2$	0,3106	$CH_2(CN)_2$	12	+	2,59
$CH_2{=}CHCHO$	0,3147	CH_3CHO	14,5	+	2,17
$CH_2{=}C(COOCH_3)_2$	0,3346	$CH_2(COOCH_3)_2$	13,3	+	2,52
$CH_2{=}CHCN$	0,4065	CH_3CN	25	+	1,63
$CH_2{=}CHCOCH_3$	0,4476	CH_3COCH_3	20	+	2,24
$CH_2{=}CHCOOCH_3$	0,4527	CH_3COOCH_3	24,5	+	1,85
$CH_2{=}CHC_6H_5$	0,6622	$CH_3C_6H_5$	35	+	1,89
$CH_2{=}CHCl$	0,8556	CH_3Cl	22	—	3,89
$CH_2{=}CHOCOCH_3$	0,9581	CH_3OCOCH_3	24,5	—	3,91
$CH_2{=}CH_2$	1,0000	CH_4	40	+	2,50
$CH_2{=}CHCH_3$	1,1838	CH_3CH_3	42	?	2,81
$CH_2{=}C(CH_3)_2$	1,3808	$CH_3CH_2CH_3$	44	—	3,14

Tabelle 35. Verhältnis des η_{l_v}-Wertes des Monomeren und des pK_a-Wertes der Originalsäure des Katalysators.

Originalsäure	pK_a	Acrylnitril $\eta_{l_v} = 0{,}4065$	$\eta_{l_v}/pK_a \cdot 10^2$ Methylmethacrylat $\eta_{l_v} = 0{,}4872$	Styrol $\eta_{l_v} = 0{,}6622$
Methanol	16	2,54 +	3,05 —	4,14 —
Äthanol	18	2,26 +	2,71 —	3,68 —
Acetophenon	19	2,14 +	2,57 —	3,48 —
Triphenylcarbinol	19	2,14 +	2,57 —	3,48 —
Inden	21	1,94 +	2,32 +	3,16 —
Phenylacetylen	21	1,94 +	2,32 +	3,16 —
Diphenylamin	23	1,77 +	2,12 +	2,88 —
Fluoren	25	1,63 +	1,95 +	2,65 —
Acetylen	26	1,56 +	1,87 +	2,55 —
Anilin	27	1,50 +	1,81 +	2,45 +
p-Methoxyanilin	27	1,50 +	1,81 +	2,45 +
Xanthen	29	1,40 +	1,68 +	2,28 +
Triphenylmethan	33	1,23 +	1,48 +	2,01 +
Ammoniak	35	1,16 +	1,39 +	1,89 +

(+) polymerisiert; (—) polymerisiert nicht (aus [124]).

ionischen Polymerisationsfähigkeit erwartet werden kann [373]. In früheren Arbeiten konnte bereits eine Proportionalität zwischen den polarographischen Halbstufenpotentialen und der Größe der Energieniveaus des niedrigsten unbesetzten π-Orbitals (vgl. IX) gezeigt werden [374].

Auf die umgekehrte Proportionalität zwischen der Monomerreaktivität und der Reaktivität der dem Monomeren zugrundeliegenden aktiven Kettenträger, soll hier nur hingewiesen werden. Dieser Sachverhalt wurde am Beispiel der kationischen Polymerisation in Kap. 3. (s. Seite 119) bereits erörtert und ergibt sich zwanglos aus der Beeinflussung der Elektronendichte am Reaktionszentrum (Doppelbindung bzw. Ladung am Kettenträger) durch elektronenziehende oder elektronendrückende Substituenten. Beispiele für anionische Systeme befinden sich in [376, 424] sowie der dort zitierten Literatur.

4.2. Katalytische Aktivität und Initiierungsmechanismen

Die zur Initiierung der anionischen Polymerisation geeigneten Katalysatoren sind Elektronendonatoren bzw. Lewis-Basen im weitesten Sinne [91]. Trotz unterschiedlicher Strukturen und Stoffklassen können von Spezialfällen abgesehen (vgl. z. B. Abschnitt 2.3.1. und 2.3.2.), zwei grundlegende Initiierungsmechanismen unterschieden werden:

a) durch Anionen (incl. organischer Basen mit freien Elektronenpaaren wie tertiäre Amine, Phosphine)
b) durch Elektronenübertragung.

Neben dieser Einteilung ist für unsere weitere Betrachtung wesentlich, ob sich die Initiierung (und für den Gesamtmechanismus auch die Wachstumsreaktion) unter homogenen bzw. heterogenen Bedingungen vollzieht. Folgende Möglichkeiten müssen hier berücksichtigt werden [375]:

1. Heterogene Initiierungs- und Wachstumsreaktion (z. B. mit Ziegler-Natta-Systemen; vgl. Abschnitt 2.2.)
2. Heterogene Initiierung und homogene Wachstumsreaktion (z. B. Alkalimetalle oder unlösliche Metallorganoverbindungen)
3. Homogene Initiierungs- und Wachstumsreaktion in solvatisierenden Lösungsmitteln (z. B. *THF* usw.)
4. Homogene Initiierungs- und Wachstumsreaktion in nichtsolvatisierenden Lösungsmitteln (z. B. Hexan u. ä.)

Im Vordergrund dieses wie auch der folgenden Abschnitte sollen die Gruppen 3. und 4. stehen, während die Gruppe 1. gar nicht und die Gruppe 2. nur hinsichtlich der Natur des Initiierungsmechanismus behandelt wird. Diese Einschränkung ist unmittelbar einleuchtend, wenn bedacht wird, daß für die Gruppe 1. und 2. gesicherte Angaben über den gesamten Mechanismus kaum gemacht werden können. So ist z. B. die Kinetik heterogener Reaktionen von meßtechnischen Schwierigkeiten abgesehen nicht zur Diagnose des Reaktionsmechanismus geeignet, da die Reaktionsgeschwindigkeit u. a. von der spezifischen Oberfläche des Katalysators oder den Rührbedingungen usw. abhängt.

Unter Beachtung derartiger Randbedingungen kann der Initiierungsmechanismus nach a) am übersichtlichsten interpretiert werden. Für die zur Initiierung benötigten Anionen kommen Metallorganoverbindungen in Frage, deren Gegenkation der 1. bis 3. Hauptgruppe des Periodensystems angehören [376]. Vom Metall her beurteilt fällt die katalytische Aktivität des Initiators ($R - Mt$)

1. mit zunehmender Elektronegativität des Metalls (z. B. Na $\sim$ 0,9 < Mg $\sim$ 1,2 < Al $\sim$ 1,5; Elektronegativitäten nach PAULING [58], vgl. auch Kap. 1.)
2. mit abnehmendem Ionenradius des Metalls (nur bei geringer Solvatation; vgl. Abschnitt 4.3.1.), z. B. $Cs^{\oplus} \sim 1{,}69 > Rb^{\oplus} \sim 1{,}48 > K^{\oplus} \sim 1{,}33 > Na^{\oplus} \sim 0{,}95 > Li^{\oplus} \sim 0{,}60$; oder $Na^{\oplus} \sim 0{,}95 > Mg^{2\oplus} \sim 0{,}82 > Al^{3\oplus} \sim 0{,}72$; Ionenradien nach PAULING [58]
3. mit zunehmender Zahl der Außenelektronen des Metalls.

Aus diesen allgemeinen Merkmalen folgt eine eindeutige Abstufung der katalytischen Aktivität, die bei den Alkalimetallorganoverbindungen am höchsten ist. Mit wesentlich geringerer Aktivität vermögen Erdalkalimetallorganoverbindungen anionische Polymerisationen zu initiieren [128, 376, 377, 378, 379, 380], während Verbindungen mit Metallen der 3. Gruppe des Periodensystems nur bei besonders reaktionsfähigen Monomeren eine Polymerisation auf ionischem Wege einleiten (vgl. z. B. Bild 9 für den Fall der Methacrylate). Bei der Initiierung durch Metallorganoverbindungen mit Metallen der 2. und 3. Gruppe des Periodensystems wird neben koordinativen Mechanismen [381, 382] auch Radikalbeteiligung diskutiert und z. B. im Falle des $Al(C_2H_5)_3$ als Katalysator durch *ESR*-Spektren gestützt [383, 384].

Auf Grund dieser Reaktivitätsverhältnisse ist einleuchtend, daß Alkalimetallorganoverbindungen besonders eingehend untersucht wurden. Sie sollen daher auch im Vordergrund unserer Betrachtung stehen. Um die zum Studium des Mechanismus erforderlichen homogenen Bedingungen zu gewährleisten, erfolgt die Auswahl des Katalysators oft entsprechend seiner Löslichkeit in organischen Medien. Wie im Bild 9 bereits angedeutet, werden häufig folgende Katalysatoren verwendet [371]: n-Butyllithium, sek.-Butyllithium, Isoamylnatrium, Phenylnatrium, Octylkalium.

In der Einleitung zu diesem Kapitel wiesen wir darauf hin, daß der Initiierungsmechanismus nach den Grenzfällen in Formel (I) bzw. (II) stark vom Lösungsmittel abhängig ist (vgl. Abschnitt 1.3.2. und 2.1.3.). So kann der gleiche Katalysator (z. B. n-Butyl—Li) in Hexan eine pseudoanionische (oder koordinative!) Polymerisation nach (II) initiieren, in *THF*, Äthylenglykoldimethyläther (*DME*) oder NH_3 als Lösungsmittel dagegen eine über Ionenpaare und freie Carbanionen verlaufende anionische Polymerisation nach folgendem Schema (X).

$$R-Mt + {}_nS \xrightleftharpoons{K_D} R|^{\ominus} Mt^{\oplus} S_n$$

$$R|^{\ominus} Mt^{\oplus} S_n + \;{>}C{=}C(X){<} \xrightarrow{v_i} R-\overset{|}{\underset{|}{C}}-\overset{|}{\underset{X}{C}}|^{\ominus}\; Mt^{\oplus} S_n \qquad \text{(X)}$$

In (X) bedeutet S das nucleophile Lösungsmittel (*THF*, NH_3 etc.) und n die Anzahl der an der Kationensolvatation beteiligten Lösungsmittelmoleküle. Der gleiche Initiierungsmechanismus durch direkte Anlagerung des Anions an die Monomerdoppelbindung trifft auch auf Metallalkoholate (R—O—Mt) und Metallamide (NH_2—Mt) zu. So zählt die Polymerisation des Styrols mit RNH_2 in flüss. NH_3 bei —33 °C auf Grund der homogenen Reaktionsbedingungen zu den ersten verallgemeinerungsfähigen kinetischen Untersuchungen anionischer Systeme [385]. Das gefundene Geschwindigkeitsgesetz (XI) befindet sich im Einklang mit der im Kap. 1. abgeleiteten ionischen Bruttokinetik (1. XXVI), wobei $[NH_2^\ominus]$ für den allgemeinen Ausdruck $[X_2]$ steht.

$$-\frac{d[Styrol]}{dt} = k' \, [NH_2^\ominus] \, [Styrol]^2 \qquad \text{(XI)}$$

Es konnte weiterhin gezeigt werden, daß jede Polymerkette ein Stickstoffatom enthält und daß der Zusatz von Kaliumionen zur Reaktionslösung die Geschwindigkeitskonstante k' verkleinert. Damit ist die vorrangige Initiierung durch das dissoziierte Amidion erwiesen. Die Bruttokonstante k' enthält demnach die Dissoziationskonstante K_D für das vorgelagerte Gleichgewicht analog (X).

Für die durch KNH_2 initiierte Styrolpolymerisation wird folgender Ablauf formuliert (XII).

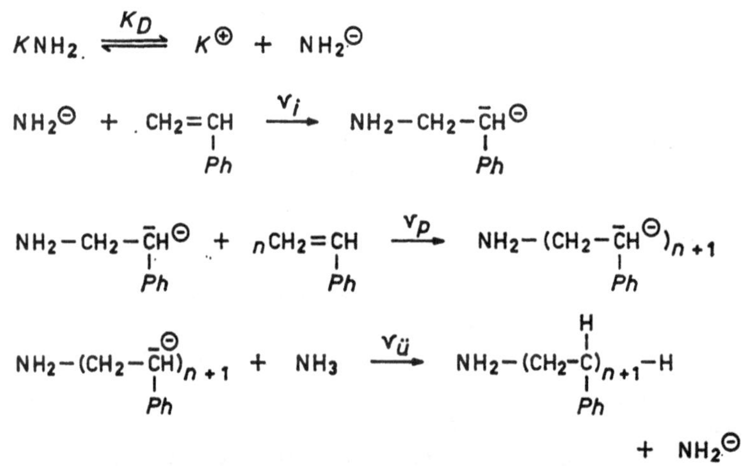

(XII)

Zur Vereinfachung wurde in (XII) das Gegenion weggelassen. Auf die Wachstums- und Übertragungsreaktion ist in den folgenden Abschnitten einzugehen, sie dienen hier nur der Komplettierung des Mechanismus.

Es muß allerdings auch darauf hingewiesen werden, daß die Initiierung durch NH_2Mt nicht immer nach (XII) verläuft [13]. Bei der Polymerisation von Methacrylsäuremethylester mit Metallamiden in flüss. NH_3 enthält das Polymere keinen Stickstoff, während Methacrylsäureamid als Nebenprodukt auftritt [386]. Zur

Erklärung wird folgender Mechanismus angenommen (XIII).

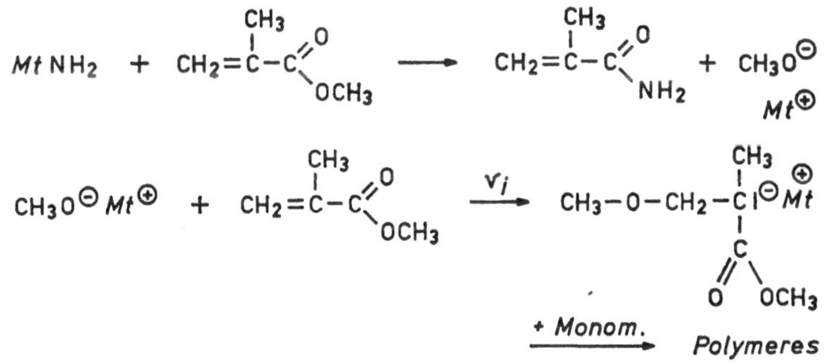

(XIII)

Nach (XIII) scheint der eigentlichen Initiierung die thermodynamisch begünstigte Verdrängung der schwächeren Base durch die stärkere Base ($NH_2^\ominus > RO^\ominus$) am Monomeren vorauszugehen. Gerade bei der Polymerisation von polaren Monomeren (Ester, Nitrile usw.) treten in den stark basischen Medien sehr häufig nucleophile Konkurrenzreaktionen zur Polymerisation auf, die über die polare Gruppe verlaufen. Auf weitere Nebenreaktionen von Metallalkylen mit polaren Vinylmonomeren soll in diesem Abschnitt an anderer Stelle eingegangen werden (s. Seite 204). Insgesamt vermögen derartige Konkurrenzreaktionen die Effektivität der Initiatorkonzentration [128, 387] wesentlich zu vermindern oder wie im vorliegenden Falle (XIII) den Mechanismus zu verändern.

Schließlich sei auf einen weiteren ionischen Initiierungsmechanismus hingewiesen, wie er durch die freien Elektronenpaare von organischen Basen (tert. Amine, Pyridin [388]) oder Phosphinen [389] bewirkt wird. Am Beispiel der Initiierung mit Trialkylphosphin (R_3P) soll die über ein Zwitterion verlaufende Polymerisation des Acrylnitrils formuliert werden (XIV). Zur Ergänzung ist in (XIV) die Wachstumsreaktion und die mit protonenaktiven Verunreinigungen erfolgende Abbruchreaktion angegeben [390].

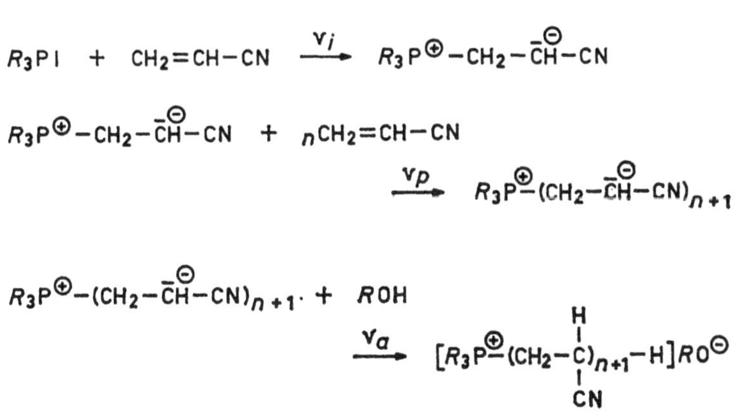

(XIV)

Die ebenfalls einen anionischen Initiierungsmechanismus bewirkenden „Alfinkatalysatoren“ (eine Mischung aus Natriumisopropylat, Allylnatrium und NaCl) sollen auf Grund ihrer heterogenen Beschaffenheit hier nur ergänzend erwähnt werden [91, 402].

Wenn nun die Initiierung durch Alkalialkyle (z. B. But.—Li) in unpolaren Lösungsmitteln erfolgt, so kann mit Sicherheit das Vorliegen dissoziierter Ionen ausgeschlossen werden und der Kettenstart wird über Ionenpaare (Abschnitt 2.1.3.) oder entsprechend dem Grenzfall nach (II) über kovalente Bindungen zu formulieren sein. Zur Gewährleistung homogener Reaktionsbedingungen in unpolaren Lösungsmitteln (Hexan, Benzol) werden vorrangig Lithiumorganyle verwendet [128], da die entsprechenden Verbindungen der schwereren Alkalimetalle auf Grund des höheren Ionencharakters der $Mt^{\delta+}-C^{\delta-}$-Bindung (vgl. Abschnitt 2.1.2.) unlöslich sind. Trotz der bei heterogenen Reaktionen auftretenden Schwierigkeiten bezüglich der Diagnose des Reaktionsmechanismus dürfte in den letztgenannten Fällen mit einem normalen anionischen Angriff des Initiators an das Monomere über Kontaktionenpaare verlaufend zu rechnen sein. Gleiches gilt für die Begünstigung des Ionisations/Dissoziationsverhaltens von Lithiumorganylen durch π- bzw. n-Donatorzusätze zum Reaktionsmedium oder durch Erhöhung der Dissoziationsfähigkeit bei Temperatursenkung [376]. In diesen Fällen sollte der Initiierungsmechanismus prinzipiell nach Formel (X) zu formulieren sein.

An dieser Stelle muß betont werden, daß eine gewisse Ladungstrennung von Kontaktionenpaaren nicht ausschließlich durch das Lösungsmittel erreicht wird (z. B. Hexan), sondern z. B. durch Ionenpaarassoziation mit gegenläufiger dipolarer Induktion (XV) oder eben durch das Monomere selbst in Form eines „monomergetrennten Ionenpaares“ (XVI). Letzteres ist besonders bei Monomeren mit ausgesprochenem π-Donatorcharakter (Styrole, Diene) in Betracht zu ziehen. Der Einschub des Postulates nach (XVI), zwischen die durch kinetische Messungen und Viskositätsmessungen bestätigte Assoziation des Initiators bzw. auch der wachsenden Ketten [375, 391] und einer Primärwechselwirkung des Monomeren mit dem kationischen Teil einer Li—C-Bindung (XVII) als Voraussetzung für die pseudoanionische bzw. koordinative Polymerisation nach Formel (II) zeigt, daß hier eine Unterscheidung verschiedener Mechanismen weder möglich noch sinnvoll erscheint. Dies gilt um so mehr, als bereits durch minimale Änderung der Reaktionsbedingungen (Temperatur, Lösungsmittelzusätze, Konzentration der Reaktanden) einer der Wege nach (XV bis XVII) überwiegen kann.

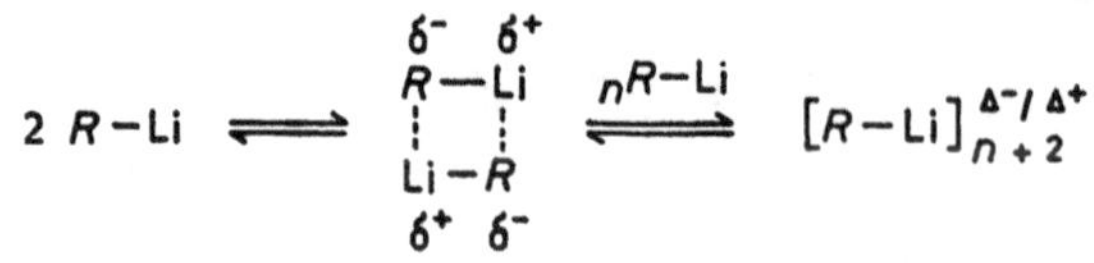

(XV)

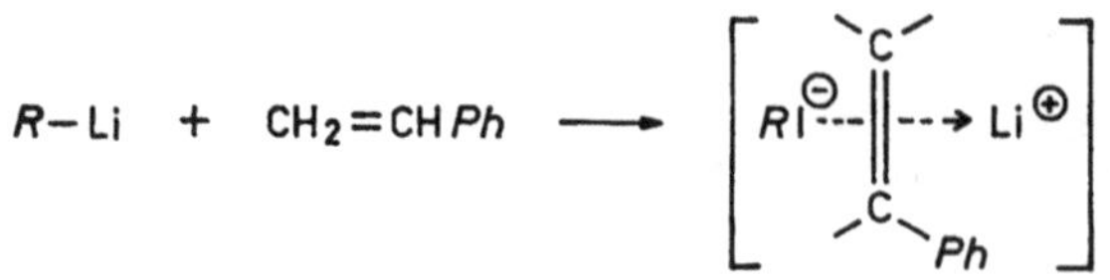

(XVI)

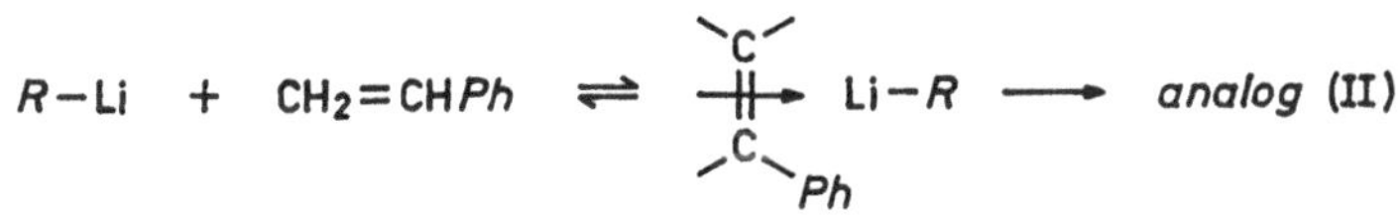

(XVII)

Der Assoziationsgrad in (XV) als Ausdruck der „dielektrischen Sättigung“ um das Dimere ist abhängig von der stereoelektronischen Natur des Restes *R*. Für Butyl–Li konnte die Kinetik der Reaktion [392, 393] am besten mit der Annahme von Hexameren erklärt werden. Für Polystyrol–Li konnten Dimere nachgewiesen werden [394]. Da auf Grund dieser Assoziationstendenz zur Stabilisierung der Kontaktionenpaare in unpolaren Medien (und „unpolaren“ Monomeren) die kinetische Analyse an gewisse Voraussetzungen des Verhältnisses zwischen Start- und Wachstumsreaktion geknüpft ist, soll auf diese Problematik im Abschnitt 4.3. noch einmal eingegangen werden.

Eine Entscheidung, welche der hier gekennzeichneten Möglichkeiten für den Kettenstart Vorrang hat, kann nur für konkrete Fälle aus dem Resultat der Polymerisation (s. vor allem Abschnitt 4.5.) getroffen werden. Als Kriterium dafür hatten wir bereits mehrfach (Kap. 1.–3.) die Selektivität der Elementarreaktionen herangezogen und wollen dies im Abschnitt 4.5. auch speziell für die Initiierung mit *R* — *Mt* in unpolaren Medien tun.

Im Zusammenhang mit Formel (XIII) wurde bereits auf eine weitere Schwierigkeit bei der Feststellung des Initiierungsmechanismus aufmerksam gemacht, die vorrangig bei polaren Monomeren auftritt und in einer z. T. drastischen Verringerung der Katalysatoreffektivität besteht [387, 387a].

Wie bereits angedeutet, ist die Urasche dafür in Nebenreaktionen der stark basischen Initiatoren mit dem Monomeren zu suchen. Ohne Zweifel wird dadurch die Deutung kinetischer Untersuchungen bezüglich des Mechanismus der Polymerisation erschwert oder gar verhindert. Eine umfassende Darlegung dieser Problematik wurde von B. L. Erussalimskii [128] gegeben. Wir wollen uns auf einige allgemeine Hinweise zur Chemie dieser Nebenreaktionen beschränken.

Auf Grund der hohen Nucleophilie der Metallorganoverbindungen muß deren Reaktionsbereitschaft gegenüber den funktionellen Gruppen der polaren Monomere (z. B. C=O, C≡N, NO_2) besonders berücksichtigt werden (XVIII) [128]).

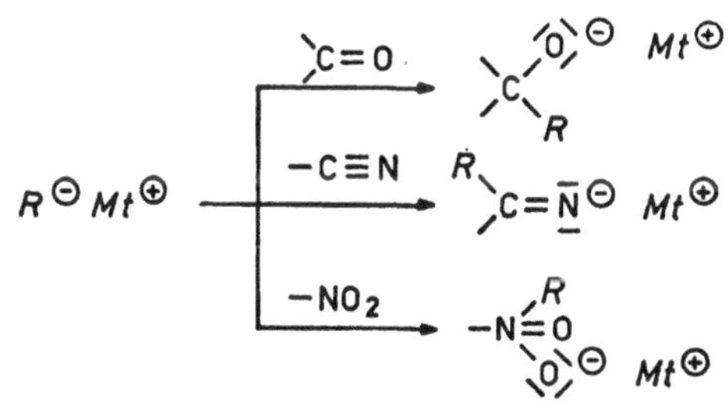

(XVIII)

Durch derartige Reaktionen wird verständlich, weshalb z. B. bei der Polymerisation von Acrylaten oder ungesättigten Nitrilen der Initiator zwar sehr schnell verbraucht wird, aber nur zu einem bestimmten Anteil (Prozentgehalt an *R* im

Polymeren) als Kettenstarter wirkt. In geeigneten Fällen führen auch die Nebenreaktionen zu definierten Produkten, so daß über deren Bestimmung der für die Polymerisation aktive Teil des Initiators erhalten werden kann [395, 396].

So konnte in [387] gezeigt werden, daß bei der Polymerisation des Acrylnitrils mit Butyl—Li in unpolaren Lösungsmitteln bei —70°C nur wenige Prozent des Initiators für die Polymerisation wirksam sind, während der überwiegende Teil durch Metallierung des Monomeren sowie weitere Folgereaktionen zu cyclischen Oligomeren desaktiviert wird. Die Metallierung des Monomeren kann jedoch auch am Kohlenstoff erfolgen, zumal die tertiären Protonen an der Vinylgruppe des Monomeren durch elektronenanziehende Substituenten zusätzlich aktiviert werden.

So kann z. B. Vinylchlorid mit Butyl—Li in *THF* bei —110°C quantitativ in Chlorvinyl—Li überführt werden. An diese Metallierung schließen sich dann Folgereaktionen an (Eliminierung u. a.), die ebenfalls zu einem Verbrauch des Initiators führen (XIX) [397]. Über quantitative Untersuchungen dieser Reaktionsfolge wurde auch in [398] berichtet.

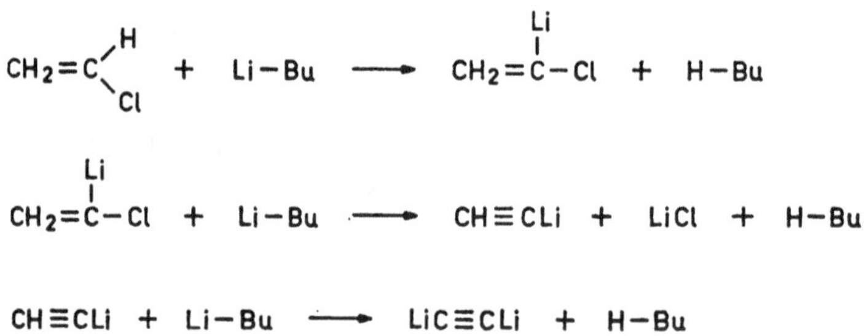

(XIX)

Schließlich soll noch ergänzt werden, daß bereits die „Vorstufe" der Metallierung an der funktionellen Gruppe, die Komplexbildung zwischen freien Elektronenpaaren an Heteroatomen im Monomeren und dem Metallatom (als Beispiel s. XX), zu einer Verminderung der Katalysatoreffektivität führen kann. Gegenüber der Monomermetallierung dürfte dieser Einfluß wahrscheinlich gering sein.

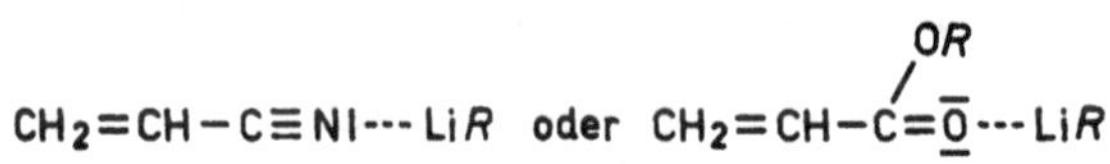

(XX)

Diesen Sachverhalt abschließend, soll noch auf einen wichtigen Aspekt aufmerksam gemacht werden. Die Polymerisation polarer Monomere beansprucht starkes praktisches Interesse, ohne das gegenwärtig die optimale Initiierung befriedigend gelöst wäre. Da die ionischen Initiatoren stets entweder starke Elektrophile oder starke Nucleophile sind, können wie in den vorher diskutierten Fällen, die mit Basen erfolgenden Konkurrenzreaktionen kaum prinzipiell verhindert werden. Trotzdem gelang es in den letzten Jahren auf diesem Gebiet voranzukommen. Wie in [128], [387a] und [387b] ausführlich erläutert wird, kann die Polymerisation von Acrylnitril oder Methylmethacrylat durch metallorganische Verbindungen verringerter Basizität wie z. B. *RMgX* nur unvollkommen und durch Aluminiumalkyle, die bereits LEWIS-Säurecharakter haben (desgl. Zinkalkyle usw.), gar nicht initiiert werden. Dagegen gelingt die Initiierung mit hohen Umsätzen bei z. T. in katalytischen Mengen (oder auch direkt als Lösungsmittel) zugesetzten LEWIS-Basen, wie *DMF*, *DMSO*, *HMP*, tert. Amine usw. Es konnte gezeigt werden, daß diese Aktivierung der anionischen Polymerisation polarer Monomere durch LEWIS-Basen in starkem Maße auf eine Erhöhung der Katalysatoreffektivität, d. h. auf die Erhöhung der Anzahl aktiver Zentren zurückgeht, daneben aber auch in Abhängigkeit von der Natur der LEWIS-Base die Wachstumsreaktion beeinflußt wird (Erhöhung des Polymerisationsgrades). Die Initiatoreffektivität („$F_{\text{pol.}}$"; vgl. [387a]) für die Polymerisation wird durch das Verhältnis zwischen dem theoretischen Molekulargewicht ($\overline{M}_{\text{th}}$) und dem experimentellen ($\overline{M}_{\text{exp.}}$) Wert ausgedrückt.

Es gilt dann:

$$F_{\text{pol.}} = \frac{\overline{M}_{\text{theor.}}}{\overline{M}_{\text{exper.}}}, \quad \text{darin ist } \overline{M}_{\text{th.}} = X \frac{[M]M_g}{[C]}$$

In dieser Bezeichnung bedeutet X = Umsatz, $[M]$ = Monomerkonzentration, $[C]$ = Katalysatorkonzentration, Mg = Molekulargewicht des Monomeren.

Während bei alkaliorganischen Initiatoren der Wert $F_{\text{pol.}}$ für die Polymerisation polarer Monomere zwischen 0,01 bis 0,1 liegt, kann der Wert bei den vorgenannten Systemen (z. B. *RMgX/DMF*) beträchtlich gesteigert werden [387b). Interessanterweise vermögen nun LEWIS-Säuren (wie Dibutylzink oder Triisobutylaluminium) die durch Lithiumalkyle initiierte Polymerisation einiger Monomere zu hemmen bzw. bei geeigneten Konzentrationsverhältnissen zu inhibieren, und somit offenbar durch Komplexbildung mit den potentiellen Kettenträgern den gegenteiligen Effekt zum Donatoreinfluß zu bewirken [416, 417].

Insgesamt ergibt sich hier eine bemerkenswerte Analogie zu der in Abschnitt 3.8. bei der kationischen Polymerisation diskutierten Reaktionsbeeinflussung durch Donator-Akzeptorwirkung, wobei die Wirkungsweise der Zusätze natürlich in der Tendenz umgekehrt den hier beschriebenen Fällen verläuft. Wir werden in Abschnitt 4.3. auf derartige Effekte zurückkommen.

Als zweiten grundlegenden Initiierungsmechanismus hatten wir die Elektronenübertragung herausgestellt. In Formel (IV) des Abschnitts 4.1. ist der am längsten bekannte Fall einer Elektronenübertragung auf das Monomere durch ein Alkalimetall angegeben. Diese Reaktion ist nun keineswegs auf die Diene beschränkt, sondern generell können durch Alkalimetalle in fein verteilter Form verschiedenartige Monomere polymerisiert werden. In unpolaren Medien handelt es sich hier um die eingangs erwähnte heterogene Initiierung mit anschließend homogener Wachstumsreaktion. Durch Lösen der Alkalimetalle z. B. in Glykoldimethyläther oder flüssigem NH_3 kann jedoch auch eine homogene Initiierung erreicht werden.

Bei der Reaktion des Monomeren mit dem Metall entsteht zunächst ein Radikalanion, dessen Radikalfunktion in Abhängigkeit von der Natur des Monomeren und der Katalysatorkonzentration durch unterschiedliche Reaktionsmöglichkeiten sehr schnell desaktiviert wird. Für Styrol und ähnliche Vinylmonomere wurde die sofortige Kombination des Radikalanions zu einem Dianion vorgeschlagen [367], von dessen Ladungen die Wachstumsreaktion nach beiden Seiten ausgehen kann (XXI).

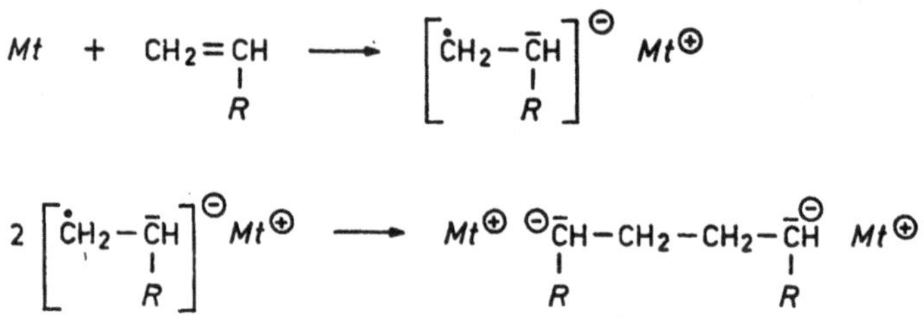

(XXI)

Einen ähnlichen Mechanismus nimmt man auch für die Initiierung des Methacrylnitrils durch Lithium in flüssigem NH_3 bei —76°C an [399, 400].

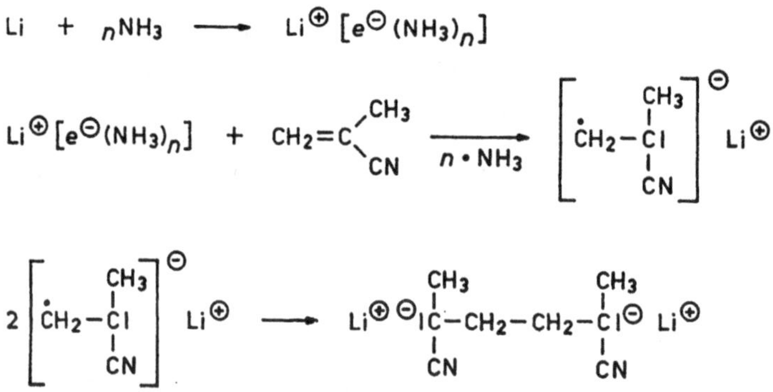

(XXII)

Bei hoher Monomerkonzentration kann das Primärradikalion auch zunächst mit dem Monomeren unter Bildung eines weiteren Radikalions reagieren (XXIII), das wiederum zu einem Dianion kombiniert.

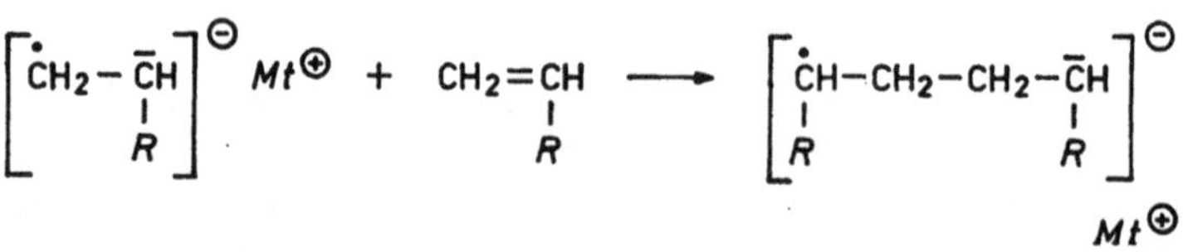

(XXIII)

Vor allem bei heterogener Initiierung durch Alkalimetalle, die zunächst an der Metalloberfläche erfolgt, kann in bezug auf die Elementarreaktion ein „Metallüberschuß" angenommen werden, als dessen Folge eine weitere Reaktion des Anionradikals mit einem Metallatom zur Dianionbildung führt. Die Möglichkeit einer schrittweisen Übertragung von zwei Elektronen auf das Monomere wurde durch den Nachweis eines monomeren Dianions bei der Butadienpolymerisation mit Natrium nahegelegt [365, 401], (XXIV).

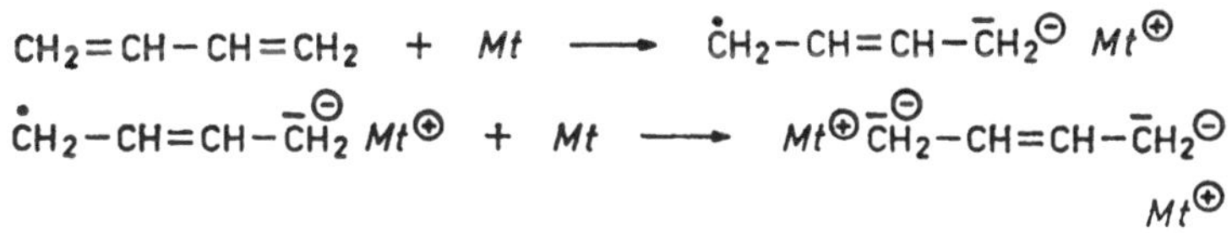

(XXIV)

Neben der Bildung des monomeren Dianions kann bei geringerer Metallkonzentration (z. B. bei homogener Initiierung) natürlich analog (XXI) auch ein dimeres Dianion gebildet werden. Wahrscheinlich verlaufen beide Reaktionen parallel [91, 375].

Grundsätzlich ist zu den durch Alkalimetalle initiierten Polymerisationen zu bemerken, daß besonders bei heterogener Initiierung (auch mit anderen heterogenen Initiatoren) der Nachteil eines ständigen Startes neuer Ketten besteht. Dadurch wird eine außerordentlich breite Molekulargewichtsverteilung erreicht. Wie in der Einleitung zu Kap. 1. bereits erwähnt wurde, sollte aber gerade eine möglichst enge Molekulargewichtsverteilung einen Vorteil ionischer Polymerisationen gegenüber radikalischem Verlauf darstellen.

Umfangreichere Untersuchungen über den Mechanismus der anionischen Polymerisation, initiiert durch Elektronenübertragung, wurden mit den Komplexen zwischen Alkalimetallen und aromatischen Kohlenwasserstoffen durchgeführt [111, 367]. Schlenk und Mitarbeiter [493] zeigten, daß Alkalimetalle mit aromatischen Verbindungen wie Naphthalin, Anthracen u. a. in ätherischen Lösungsmitteln (*THF*, Äther, Glykoldimethyläther) reagieren, ohne eine Substitution der Wasserstoffatome am Aromaten einzugehen. Die dabei entstehenden stark farbigen Lösungen (tiefgrün bis dunkelblau) dürfen nicht verwechselt werden mit den metallorganischen Verbindungen wie etwa Naphthalylnatrium ($C_{10}H_7Na$) oder Fluorenylnatrium ($C_{13}H_9Na$), die Carbanionensalze darstellen (vgl. 2.1.2.).

S. I. Weissmann und Mitarbeiter [404, 405] konnten auf der Grundlage von *ESR*-Messungen zeigen, daß es sich bei den Alkali-Aromaten-Komplexen um monomere Radikalanionen handelt, die ein Elektron im niedrigsten unbesetzten π-Orbital haben. Die Komplexbildungstendenz und damit das Stabilisierungsvermögen der Alkali-Aromaten-Komplexe (*AAK*) ist abhängig von der Solvatationsfähigkeit des Lösungsmittels (z. B. *THF*) und der Elektronenaffinität des Aromaten [375]. So unterstützt das Lösungsmittel offenbar den Elektronenübergang zwischen Alkaliatom und Aromat und stabilisiert den resultierenden Komplex durch spezifische Kationensolvatation. Die Fähigkeit des Aromaten zur energetisch günstigen Delokalisation des „Überschußelektrons" ergibt sich z. B. aus den Gleichgewichtskonstanten, die für die Elektronenübertragungsreaktion zwischen verschiedenen Aromaten (XXV) durch *ESR*-Messungen ermittelt wurden [405]. Die so erhaltene Reihenfolge (XXVI) entspricht logischerweise der Abstufung in der Lage des niedrigsten unbesetzten π-Orbitals der Aromaten.

$$A^{\cdot\ominus} + B \overset{K}{\rightleftharpoons} A + B^{\cdot\ominus} \qquad \text{(XXV)}$$

Diphenyl < Naphthalin < Phenanthren < Anthracen (XXVI)

Die formelmäßige Veranschaulichung dieser Komplexe soll am Beispiel Na/Naphthalin/*THF* in (XXVII) formuliert werden [375].

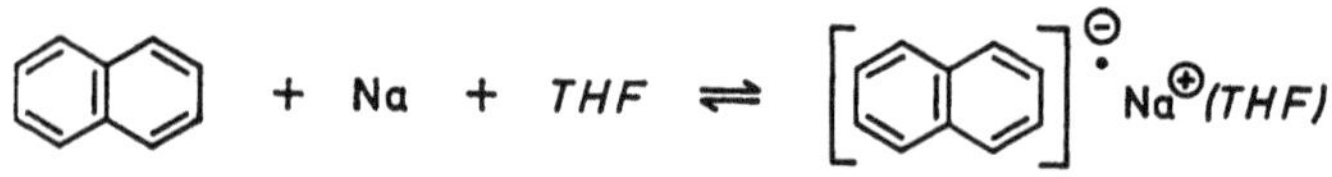

(XXVII)

Zur Vereinfachung wird die Mitwirkung des Lösungsmittels in (XXVII) allgemein weggelassen und anstelle der Kennzeichnung des Grundzustandes des Komplexes eine der denkbaren Grenzformeln mit „lokalisierter“ Radikal- und Anionfunktion aufgeschrieben. Obwohl die prinzipielle Fähigkeit derartiger Komplexe Styrol, Butadien und andere Monomere zu polymerisieren schon seit fast vierzig Jahren bekannt ist [406], wurde erst in der Mitte der fünfziger Jahre [111, 367] der Vorteil ihrer einfachen Herstellung und Stabilisierung zur Untersuchung des anionischen Polymerisationsmechanismus unter homogenen Bedingungen genutzt. Am klassischen Beispiel der Styrolpolymerisation durch Natrium-naphthalid soll der von M. Szwarc und Mitarbeitern [111, 360, 367] formulierte Initiierungsmechanismus demonstriert werden (XXVIII).

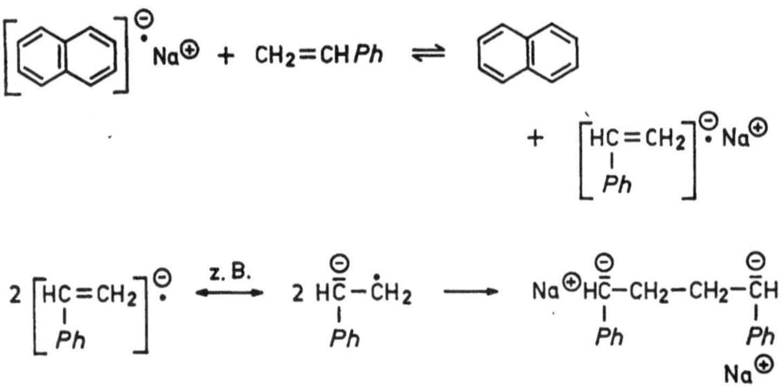

(XXVIII)

Nach (XXVIII) wird das Überschußelektron des Komplexes vom Monomeren unter Radikalanionbildung aufgenommen, dessen weitere Stabilisierung durch sehr schnelle Kombination zweier Radikalfunktionen zum Dianion (analog XXI) erfolgt. Für die schnelle Desaktivierung der Radikalfunktion und die damit verbleibende anionische Folgereaktion sprechen folgende Faktoren:

1. Bei der Vereinigung der Reaktanden wechselt die blau-grüne Farbe des Natrium-naphthalids nach tiefrot, der Farbe des Styrylanions.
2. Bei völligem Monomerumsatz wird folgender Polymerisationsgrad gefunden:

$$\bar{P}_n = \frac{[M]_0}{1/2[I]_0}$$

Dieser Hinweis und die Tatsache, daß die Polymerisation bei Zugabe von weiterem Monomeren mit gleicher Geschwindigkeit weiterläuft, zeigt „lebende Polymere“ an. Da in homogenen Systemen Radikale schnell kombinieren, kann eine radikalische Folgereaktion der Initiierung ausgeschlossen werden.

3. Im Gegensatz zur Initiatorlösung kann durch *ESR*-Messungen in der Polymerisationslösung kein Nachweis von Radikalen erbracht werden.

Die von den negativen Ladungsenden des Dianions ausgehende Wachstumsreaktion unterscheidet sich bei gleichem Gegenion und gleichen äußeren Bedingungen (Temperatur, Lösungsmittel) nicht von der durch andere Initiatoren (*R—Mt* in *THF*, Alkalimetalle) gestarteten Polymerisation. Die Verwendung von *AAK* bietet jedoch den Vorteil einer sehr schnellen und vollständigen Initiierung, so daß eine direkte Messung der Wachstumsgeschwindigkeit möglich ist, zumal bei Ausschluß von Verunreinigungen lebende Polymere entstehen (vgl. Abschnitt 3.7.). Auf Grund der beim Einsatz von *AAK* vereinfachten und übersichtlichen Reaktionsabläufe konnte der gegenüber Kap. 3. wesentlich größere Fortschritt bei der Diagnose des Mechanismus anionischer Polymerisationen überhaupt erst erreicht werden. Wir kommen darauf in Abschnitt 4.3. zurück. Die *AAK* initiieren auch die Polymerisation von heterocyclischen Monomeren.

Auf diesen von (XXVIII) abweichenden Mechanismus wird in Abschnitt 4.6.2. eingegangen.

Schließlich sei noch ergänzt, daß noch weitere Gruppen von Anionenradikalen zur Initiierung von anionischen Polymerisationen Verwendung gefunden haben. Vorwiegend polare Monomere (Acrylnitril, Methacrylate) wurden durch Alkalimetallkomplexe aromatischer Ketone (z. B. Natrium-Benzophenon-Ketyl) initiiert [407, 408, 409]. Desgleichen wurde über die Initiierung von Vinylpolymerisationen durch Metallkomplexe aromatischer Nitrile (Benzonitrile, Naphthonitrile usw.) berichtet [410, 411, 412].

Gerade bei diesen Initiatorgruppen konnten in neuerer Zeit durch kombinierte Auswertung von *IR*-, *NMR*-, *ESR*- und *UV*-Spektren wesentliche Einzelheiten über Initiierungsmechanismen gefunden werden, da sich die Spektren der zugrunde liegenden Ketone bzw. Nitrile sowie die ihrer Anionenradikale und Dianionen charakteristisch unterscheiden [413, 414, 415].

In Ergänzung unserer bisherigen Diskussion der *AAK*-Initiierung muß bemerkt werden, daß neben der Initiierung durch Elektronenübertragung, die in (XXIX) am Beispiel der Reaktion von Benzophenon-Ketyl (zur Vereinfachung ohne Gegenion K^+ und *THF*; so. z. B. [409]) mit Methylmethacrylat formuliert ist, als zweiter grundsätzlicher Mechanismus die Bildung einer kovalenten Bindung in Betracht zu ziehen wäre (XXX). Das dabei entstehende Anionenradikal kann z. B. durch ein weiteres Benzophenon-Ketyl in ein Dianion überführt werden.

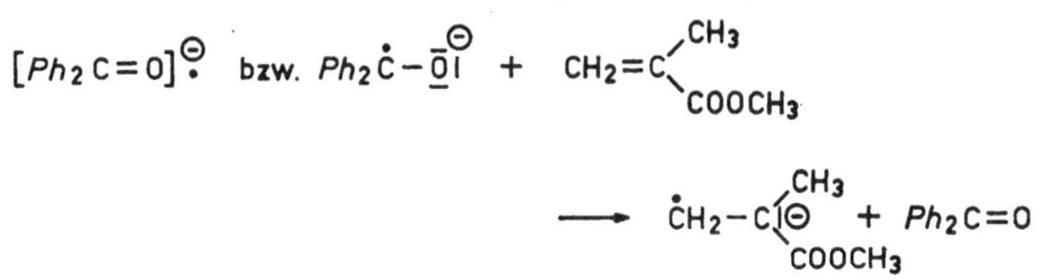

(XXIX)

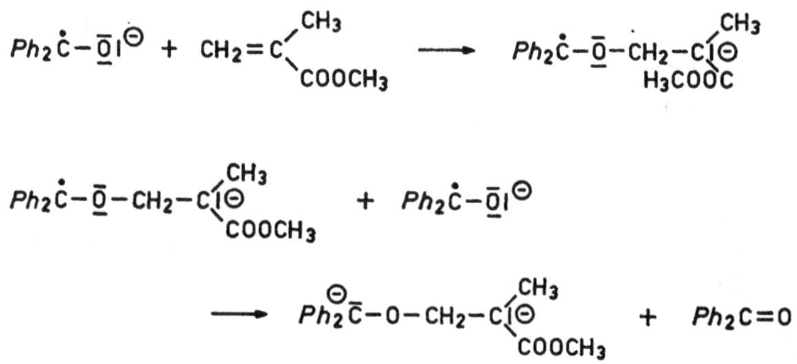

(XXX)

Durch die Kombination der erwähnten spektroskopischen Methoden wurde gefunden, daß von Anionenradikalen aromatischer Ketone und Nitrile die Initiierung des Acrylnitrils, Methylmethacrylats oder 4-Vinylpyridins durch Elektronenübertragung nach (XXIX) ausgelöst wird, dagegen nicht die Initiierung von Styrol. Durch die Dianionen der entsprechenden Nitrile wird jedoch neben den polaren Monomeren auch Styrol initiiert. Diese Initiierung erfolgt allerdings nicht über eine kovalente Bindung mit dem Dianion des Nitrils (XXXI), sondern wiederum durch Elektronenübertragung unter Bildung des Styrolradikalanions und Rückbildung des Nitrilradikalanions (schematische Darstellung in XXXII).

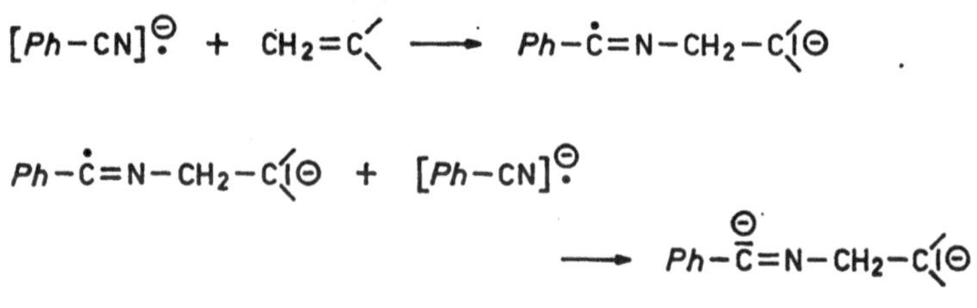

(XXXI)

$$[\mathit{Nitril}]^{2\ominus} + [\mathit{Styrol}] \longrightarrow [\mathit{Nitril}]^{\dot{\ominus}} + [\mathit{Styrol}]^{\dot{\ominus}} \qquad \text{(XXXII)}$$

Insgesamt scheint damit auch für diese Katalysatorgruppen der Initiierungsmechanismus durch Elektronenübertragung gegenüber einer Initiierung durch Bildung einer kovalenten Bindung mit nachfolgender Desaktivierung der Radikalfunktion bevorzugt zu sein.

4.3. Die Wachstumsreaktion und ihre Abhängigkeit von der Natur des Zwischenzustandes

In den beiden vorangegangenen Abschnitten kam verschiedentlich die besondere Medienabhängigkeit anionischer Polymerisationsmechanismen zum Ausdruck. Auch für eine Betrachtung über den Verlauf der Wachstumsreaktion ist es zweckmäßig zwischen

a) der Polymerisation in polaren Lösungsmitteln und
b) der Polymerisation in unpolaren Lösungsmitteln

zu unterscheiden [11].

Als weitere Randbedingung soll die Beschränkung auf „unpolare Monomere" (Styrole, Diene) gelten, die im besonderen Maße zur Bildung von lebenden Polymeren befähigt sind. Die Polymerisation polarer Monomere wurde von ERUSSALIMSKY [128] behandelt (vgl. Abschnitt 4.2.). Im Zusammenhang mit den möglichen Abbruch- und Übertragungsreaktionen kommen wir in Abschnitt 4.4. auf einige Beispiele zurück. Dort sollen auch einige Bemerkungen zum Molekulargewicht anionischer Polymerisationen gemacht werden. Schließlich erfolgt in Abschnitt 4.5. eine gesonderte Behandlung des Zusammenhangs zwischen dem Mechanismus der Wachstumsreaktion und der Mikrostruktur des Polymeren.

4.3.1. *Kettenwachstum in polaren Lösungsmitteln*

In Abhängigkeit von der Initiiierung (Abschnitt 4.2.) sind zunächst zwei „ionische Wachstumsreaktionen" zu unterscheiden, deren Kinetik bzw. Polymerisationsgrade quantitative Unterschiede aufweisen.

1. Monofunktionelle Wachstumsreaktion (XXXIII)
   (z. B. $R - Mt$ in THF)
2. Bifunktionelle Wachstumsreaktion (XXXIV)
   (z. B. Natriumnaphthalid in THF; Dianionbildung)

$$R - M^{\ominus} + n \cdot M \xrightarrow{v_p} R - M^{\ominus}_{n+1}; \; P_n = \frac{[M]}{[I]} \qquad \text{(XXXIII)}$$

$$^{\ominus}M_x - M^{\ominus}_{x'} + 2M \xrightarrow{v_p} {}^{\ominus}M_{x+1} - M^{\ominus}_{x'+1}; \; P_n = \frac{[M]}{1/2[I]} \qquad \text{(XXXIV)}$$

Zur quantitativen Untersuchung anionischer Polymerisationen ist eine monofunktionelle Wachstumsreaktion zu bevorzugen, da in diesem Falle die Wachstumsgeschwindigkeit oder der Polymerisationsgrad in einfachem Zusammenhang mit der Monomer- und Initiatorkonzentration bzw. der Konzentration an aktiven Zentren steht. Die Mehrzahl der Untersuchungen bezieht sich daher auf diesen Mechanismus. Bei idealem Verlauf nach einem bifunktionellen Mechanismus kann die Wachstumsgeschwindigkeit und der P_n nach (XXXIV) erhalten werden, obwohl Komplikationen bekannt sind, die sich besonders hinsichtlich der Molekulargewichtsverteilung auswirken. Wie in der Einleitung zu Kap. 4. bereits bemerkt wurde, ist eine gesonderte Behandlung kinetischer Gleichungen für die anionische Polymerisation bei Vorliegen der obengenannten Wachstumsreaktionen nicht erforderlich. In Verbindung mit Formel (XI) konnte für die Bruttokinetik eines Mechanismus wie er in (XII) am Beispiel der Initiierung durch KNH_2 formuliert wurde und mit dem Verlauf bei kationischen Systemen vergleichbar ist (s. Kap. 3., Seite 159), eine Übereinstimmung mit den allgemeinen Gesetzmäßigkeiten in Abschnitt 1.2. festgestellt werden.

Dagegen bietet gerade die anionische Polymerisation mit der Bildung von lebenden Polymeren Voraussetzungen zur Untersuchung der Wachstumsreaktion, wie sie bei den kationisch polymerisierenden Systemen auf Grund der kaum vermeidbaren Übertragungs- und Abbruchreaktionen (Ausnahmen s. Kap. 3.) nicht bestehen. Der übersichtliche Reaktionsverlauf ließ auch methodische Entwicklungen zur Erfassung sehr hoher Reaktionsgeschwindigkeiten zu, die bisher auf anionische Polymerisationen beschränkt bleiben und deshalb an dieser Stelle kurz erläutert werden sollen. Von besonderer Bedeutung für die Bestimmung der absoluten Geschwindigkeitskonstante der Wachstumsreaktion (k_p) ist die Einführung der Strömungstechnik durch Szwarc und Mitarbeiter [418, 367] bzw. in erweiterter Form durch G. V. Schulz und Mitarbeiter [53, 54]. In Bild 27 ist eine derartige Strömungsapparatur schematisch dargestellt.

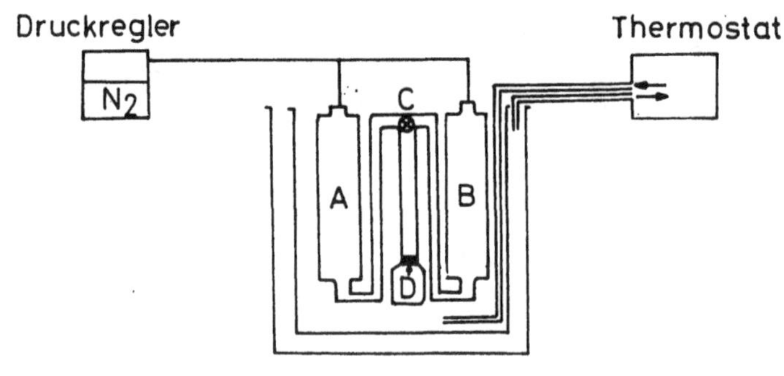

Bild 27. Schematische Darstellung einer Strömungsapparatur (vgl. z. B. [53], [367])

Die Monomerlösung (A) und die Lösung des lebenden Polymeren (B) befinden sich in den beiden Vorratsgefäßen, aus welchen beide Lösungen durch Inertgasdruck über einen Dreiwegehohlstopfen (C) in das „T-förmig“ gestaltete Strömungsrohr gedrückt werden können. Am Ausgang des Strömungsrohrs (S) befindet sich ein Aufnahmegefäß für die Reaktionslösung, das z. B. wasserhaltiges *THF* als Abbruchreagens enthält. Unter der Voraussetzung einer sehr schnellen und vollständigen Initiierung (z. B. Natriumnaphthalid in *THF* [54]) kann auch die Monomerlösung bzw. Initiatorlösung in die Vorratsgefäße (A) und (B) gebracht werden, wobei dann in einem dem Strömungsrohr vorgeschalteten Mischteil die Initiierung bereits vor dem Eintritt in das Strömungsrohr erfolgt sein muß [53, 54, 11].

Zwischen (C) und (D) findet also ausschließlich die Wachstumsreaktion statt. Die Reaktionszeit (t) zwischen der Markierung (C) bis (D) ist abhängig vom Volumen des Strömungsrohrs (V_R) und der Strömungsgeschwindigkeit, die vom

Durchsatzvolumen (V_D) der Reaktionslösung pro Fließzeit (t_F) bestimmt wird (XXXV).

$$t = \frac{V_R}{V_D/t_F} \tag{XXXV}$$

Durch Ermittlung des Restmonomeren oder der zur Zeit t gebildeten Menge an Polymeren kann der Umsatz in üblicher Weise ($[M_t]) = [M]_0 - [Polym.]_t$ erhalten werden. Der besondere Vorteil des Ausbleibens von kettenlimitierenden Reaktionen (z. B. bei der Polymerisation von Styrol, α-Methylstyrol u. a. in *THF*) berechtigt zur Annahme einer während der Reaktionsdauer (0,05 bis 1 sec. [367]) konstanten Konzentration an aktiven Kettenträgern ($[C_a]$) und damit zur Versuchsauswertung nach dem einfachen Geschwindigkeitsgesetz (XXXVI) (vgl. die prinzipielle Analogie zu 3.7., Formel (CXLII), wenn $[C_a] = [C]_0$ gilt):

$$-\frac{d[M]}{dt} = k_p[M] \cdot [C_a] \tag{XXXVI}$$

Trägt man nun aus dem integrierten Geschwindigkeitsgesetz (XXXVII) der Formel (XXXVI)

$$\ln([M]_0/[M]_t) = k_p \cdot [C_a] \cdot t \tag{XXXVII}$$

$\ln([M]_0/[M]_t)$ gegen t auf, so wird eine Gerade mit der Steigung $k_p \cdot [C_a]$ erhalten. Die Wertepaare für die Zeit-Umsatz-Kurve resultieren aus der Verwendung verschiedener Strömungsrohre bei konstantem Wert von $[C_a]$ (vgl. [11], Seite 98). Bei Kenntnis von $[C_a]$ erhält man unmittelbar den Wert für k_p. Die Bestimmung von $[C_a]$ erfolgt unter der Voraussetzung, daß jedes Initiatormolekül eine Kette startet und diese z. B. nach einem monofunktionellen Mechanismus weiterwächst, durch Gleichsetzen mit der Initiatorausgangskonzentration (XXXVIII).

$$[C_a] = [I]_0 \tag{XXXVIII}$$

Da der vollständige Ausschluß desaktivierender Stoffe (z. B. H_2O) nur schwer realisierbar ist, wird die Bestimmung von $[C_a]$ zweckmäßiger aus dem Umsatz und der Messung des Polymerisationsgrades vorgenommen, wobei unter Berücksichtigung der Funktionalität der Wachstumsreaktion (XXXIII bzw. XXXIV) folgende Beziehungen bestehen (XXXIX):

$$[C_a] = \frac{([M]_0 - [M]_t)}{P_n} \quad \text{bzw.} \quad [C_a] = \frac{2([M_0] - [M]_t)}{P_n} \tag{XXXIX}$$

Die auf diesem Wege zu erhaltende Geschwindigkeitskonstante k_p stellt nach den Ausführungen in Abschnitt 2.1.3. zunächst wieder eine „konplexe Größe" dar, insofern als sie in der Regel sowohl die über freie Ionen als auch die über Ionenpaare verlaufenden Wachstumsreaktionen als Summe enthält. An die Formeln

(XXIV) bis (XXVI) in Abschnitt 2.1.3. anknüpfend, kann k_p in vereinfachter Weise folgendermaßen aufgegliedert werden:

$$k_p = \alpha k_\ominus + (1 - \alpha) k_{(\pm)}$$

Aus dem Zusammenhang zwischen α und der Dissoziationskonstante K_D

$$\frac{\alpha^2 \cdot [C_a]}{1 - \alpha} = K_D$$

folgt daraus für:

$$\alpha \ll 1 \qquad (\sim 0{,}01 \text{ bis } 0{,}05)$$

in guter Näherung

$$\alpha = K_D^{1/2}/[C_a]^{1/2}$$

Führt man diesen Wert von α in die obige Gleichung ein, so resultiert folgende Beziehung (XL):

$$k_p = k_{(\pm)} + (k_\ominus - k_{(\pm)})\, K_D^{1/2}/[C_a]^{1/2} \qquad \text{(XL)}$$

Durch Auftragen der experimentellen k_p-Werte (aus XXXVII) gegen $1/[C_a]^{1/2}$ wird $(k_\ominus - k_{(\pm)})\, K_D^{1/2}$ als Steigung der Geraden und $k_{(\pm)}$ als deren Ordinatenabschnitt erhalten. Die Gültigkeit von Gleichung (XL) konnte für viele anionische Polymerisationen gezeigt werden, wobei die Wachstumsreaktion des lebenden Polystyrols in *THF* zu den am sorgfältigsten untersuchten Systemen zählt [54, 55].

Bei Kenntnis von K_D können dann nach (XL) leicht die individuellen Wachstumskonstanten für Ionen bzw. Ionenpaare erhalten werden. Die Bestimmung von K_D kann in bekannter Weise aus Leitfähigkeitsmessungen an stark verdünnten Lösungen des lebenden Polymeren erfolgen. Da die Absolutwerte von K_D jedoch sehr klein sind (für Polystyrol-Na in *THF* bei 25 °C $\approx 1{,}5 \cdot 10^{-7}$; vgl. [369]), ergeben sich nach dieser Methode Schwierigkeiten, die besser auf folgendem Wege umgangen werden [55, 369].

In Gegenwart eines Elektrolytzusatzes, der das gleiche Gegenion enthält wie das wachsende Kettenende, kann bekanntlich die Dissoziation des polymeren Carbanions zurückgedrängt werden [419, 420, 55]. Dies konnte z. B. für Polystyrol-Na in Gegenwart von $NaBPh_4$ in *THF* gezeigt werden. Mit zunehmender Konzentration an Natriumtetraphenylborat tritt eine Verringerung der Wachstumsgeschwindigkeit ein, woraus zu erkennen ist, daß der ohne Zusatz über freie Ionen wachsende Teil zugunsten des Wachstums über Ionenpaare zurückgedrängt wurde, bis schließlich bei Konstanz von k_p nur noch Ionenpaare als Kettenträger wirken. In diesem Falle gilt $k_p \approx k_{(\pm)}$.

Wird nun bei dosierter Zugabe des starken Elektrolyten angenommen, daß die im Gleichgewicht befindlichen Natrium-Ionen ausschließlich dessen Dissoziation entstammen und

$$[Na^{\oplus}] \gg P^{\ominus}$$

gilt, so kann der Anteil an freien Ionen folgendermaßen ausgedrückt werden [369]:

$$\alpha = K_D/[Na^{\oplus}]$$

Die Formel (XL) kann dann in veränderter Form geschrieben werden (XLI):

$$k_p = k_{(\pm)} + (k_{\ominus} - k_{(\pm)})\, K_D/[Na^{\oplus}] \qquad \text{(XLI)}$$

Da die Dissoziationskonstante des $NaBPh_4$ bekannt ist, kann die Konzentration der Natriumionen für jeden Zusatz berechnet werden und die Auftragung von k_p gegen $1/[Na^{\oplus}]$ liefert den Wert für $(k_{\ominus} - k_{(\pm)}) \cdot K_D$ sowie als Ordinatenabschnitt die Größe von $k_{(\pm)}$. Durch Kombination der Werte nach (XL) ohne Elektrolytzusatz mit den Werten nach (XLI) wird praktisch „auf kinetischem Wege" K_D bzw. $k_{\ominus}$ zugänglich. In [369] wird nach dieser Methode eine gute Übereinstimmung für K_D mit den aus der spezifischen Leitfähigkeit erhaltenen Werten gefunden. Von anderen Autoren [420] wurden dagegen etwas abweichende Werte mitgeteilt. Diese Differenz betrifft natürlich auch die Absolutwerte der einzelnen Wachstumsgeschwindigkeitskonstanten (vgl. Tab. 36).

Tabelle 36. Geschwindigkeitskonstanten für die Polymerisation von Styrol mit Natriumnaphthalid in *THF* bei 25 °C.

$k_{\ominus}$			$k_{(\pm)}$		K_D	
Nach [369]	0,65	10^5	0,80	10^2	1,5	10^{-7}
Nach [420]	1,30	10^5	2,20	10^2	0,4	10^{-7}

Ungeachtet der wahrscheinlich experimentell bedingten Unterschiede zeigen die Werte in Tab. 36 jedoch, daß neben der über freie Ionen verlaufenden Wachstumsreaktion, deren Geschwindigkeitskonstante in der Größenordnung mit den bei der Strahlungsinitiierung erhaltenen Werten (vgl. Abschnitt 2.3.1., Tab. 10) vergleichbar ist, eben auch die nichtdissoziierten Ionenpaare als Kettenträger fungieren. Eine derartige Multiplizität der Kettenträger (vgl. auch Kap. 3.) wurde zwar allgemein vermutet, konnte jedoch mit dem beschriebenen Beispiel erstmalig als sog. „Zweiwegmechanismus" der anionischen Polymerisation experimentell gesichert werden.

In Abschnitt 2.1.3. wurde bereits angedeutet, daß eigentlich verschiedene Typen von Ionenpaaren berücksichtigt werden müssen, die sich durch den Grad der Ladungstrennung unterscheiden und die ganz sicher auch Geschwindigkeitsunterschiede in der Wachstumsreaktion erwarten lassen. Auf die Einflußgrößen bezüglich des Grades der Ladungstrennung wurde in Kap. 2. und 3. bereits eingegangen. Da bei lebenden Polymeren der „temporäre Endzustand" dem Zwischenzustand im Polyadditionsschritt für die Dauer des Monomerverbrauchs gleichgesetzt werden kann, ist hier eine Möglichkeit der direkten Charakterisierung des Zwischenzustandes gegeben. Die Wirkung verschiedener Einflüsse auf die Natur des Zwischenzustandes soll im folgenden an einigen Beispielen (Lösungsmittel, Gegenion, Temperatur; vgl. Abschnitt 2.1.2. und 2.1.3.) kurz erläutert werden.

In Tab. 37 sind zunächst die nach dem oben beschriebenen Weg gewonnenen $k_{\ominus}$-Werte in verschiedenen Lösungsmitteln und Gemischen angegeben.

Tabelle 37. Geschwindigkeitskonstanten der Wachstumsreaktion von Polystyrolanionen in verschiedenen Lösungsmitteln bei 25 °C (nach [60a]).

Lösungsmittel	$k_{\ominus}$ [$l \cdot$ Mol^{-1} sec^{-1}]
THF	$0{,}65 \cdot 10^5$
Glykoldimethyläther	$\sim 0{,}40 \cdot 10^5$
Tetrahydropyran	$0{,}60 \cdots 0{,}72 \cdot 10^5$
THF-Dioxan-Gemische	$\sim 0{,}60 \cdot 10^5$
THF-Benzol-Gemische	$0{,}40 \cdots 0{,}70 \cdot 10^5$

Man entnimmt Tab. 37, daß zumindest bei der Verwendung von Donatorlösungsmitteln mit bevorzugter Kationensolvatation keine wesentlichen Unterschiede in den $k_{\ominus}$-Werten auftreten. Entsprechend wird auch für die über freie Ionen verlaufende Reaktion in verschiedenen Lösungsmitteln eine Aktivierungsenergie mit relativer Konstanz zwischen 5 und 6 kcal/Mol gefunden [60a]. Für das lebende Poly-α-Methylstyrol wurde beim Wachstum über freie Ionen ebenfalls eine relativ geringe Medienabhängigkeit nachgewiesen [421]. Im Gegensatz zum Verlauf über freie Ionen zeigen die über Ionenpaare verlaufenden Wachstumsreaktionen eine erhebliche Abhängigkeit vom Lösungsmittel. Zur Illustration dienen die Daten in Tab. 38. Betrachtet man z. B. die Werte von $k_{(\pm)}$ für Polystyrol-Na in Dioxan (3,4) und in Glykoldimethyläther (3600), so deutet die um den Faktor 1000 größere Reaktivität im letztgenannten Lösungsmittel auf ein Ionenpaar mit größerer Ladungstrennung hin. Das Vorliegen von Ionenpaaren unterschiedlicher Dichte geht auch aus dem Gegenioneffekt hervor, wie er in Tab. 38 veranschaulicht wird. Während z. B. in Dioxan die Reaktivität des Ionenpaares vom $\sim P^{\ominus}Li^{\oplus}$ zum $\sim P^{\ominus}Cs^{\oplus}$ hin ansteigt, ist die Reihenfolge der Ionenpaarreaktivität in *THF* umgekehrt. Die schwache Solvatationskraft des Dioxans [369] vermag offenbar das primär gebildete Kontaktionenpaar auch im Übergangszustand nicht zu trennen, so daß die Wachstumsreaktion mit dem Monomeren vom Grad der Wechselwirkung mit dem Gegenion bestimmt wird. Diese ist bekanntlich beim Lithium auf Grund des kleinsten Ionenradius (Abschnitt 2.1.2.) am stärksten. In *THF* und anderen stark solvatisierenden Lösungsmitteln kann mit einem lösungsmittelgetrennten Ionenpaar im Übergangszustand gerechnet werden, wobei die Solvatationsenthalpie des Gegenions nun im Falle des $Li^{\oplus}$-Ions am stärksten ist und zum $Cs^{\oplus}$ hin abnimmt. Das $\sim P^{\ominus}Cs^{\oplus}$ dürfte auch in *THF* ausschließlich als

Kontaktionenpaar vorliegen, da die Geschwindigkeitskonstanten $k_{(\pm)}$ in Tab. 38 in den beiden Lösungsmitteln *THF* und Dioxan praktisch gleich sind. Die Resultate in Tab. 38 können somit am eindeutigsten mit der Annahme einer Beteiligung lösungsmittelgetrennter Ionenpaare neben Kontaktionenpaaren erklärt werden. Für die Richtigkeit dieser Schlußfolgerung kann noch folgender Hinweis gegeben werden.

Tabelle 38. Geschwindigkeitskonstanten für die Wachstumsreaktion über Ionenpaare im System [Polystyrol]$^{\ominus}$ $Mt^{\oplus}$ bei 25 °C (nach [60a]).

Lösungsmittel	$k_{(\pm)}$ [$l \cdot$ Mol^{-1} sec.$^{-1}$]				
	$Li^{\oplus}$	$Na^{\oplus}$	$K^{\oplus}$	$Rb^{\oplus}$	$Cs^{\oplus}$
Dioxan	0,9	3,4	20	21,5	24,6
Tetrahydropyran	10	14,1	73	83	53
Tetrahydrofuran	~ 160	80	~ 100	~ 50	25
Glykoldimethyläther	—	3600	—	—	~ 150

Bei vielen Carbanionen oder Radikalanionen (z. B. Fluorenylsalze oder Alkalinaphthalide) kann spektrophotometrisch (*UV*, *NMR*, *ESR*) das Vorliegen von Kontaktionenpaaren neben lösungsmittelgetrennten Ionenpaaren gezeigt werden [359].

Die gleichzeitige Charakterisierungsmöglichkeit verschiedener Ionenpaare lieferte schließlich auch den Beweis, daß die Bildung getrennter Ionenpaare exotherm verläuft. Besonders interessant ist dabei der Nachweis, daß der wesentliche Beitrag zur exothermen Reaktionswärme von der spezifischen Solvatation der Ionenpaare (vgl. Abschnitt 2.1.3.) geliefert wird, während deren weitere Dissoziation zu freien Ionen thermoneutral verlaufen kann [359]. Auf die mit diesen Untersuchungen gegebenen Möglichkeiten zur Separierung spezifischer und dielektrischer Solvatationsfähigkeit kann in diesem Rahmen nur hingewiesen und die zitierte Literatur [359] sowie die zugrunde liegenden Orginalarbeiten empfohlen werden.

Infolge der „exothermen Reaktion" von Donatorlösungsmitteln mit Kontaktionenpaaren (XLII) ist bei Temperaturerniedrigung mit einer Begünstigung der getrennten Ionenpaare zu rechnen.

$$P^{\ominus}Mt^{\oplus} + S \xrightarrow{K_s} P^{\ominus}/S/Mt^{\oplus} \qquad \text{(XLII)}$$

Trägt man z. B. log K_s gegen $1/T$ auf, so liefert die Steigung der Geraden die Enthalpieänderng bei der Bildung getrennter Ionenpaare für ein bestimmtes Lösungsmittel (siehe z. B. Tab. 3 in [359]). Das Temperaturverhalten des Gleichgewichtes nach (XLII) wird daher auch als Ursache für die z. T. eigenartige Temperaturbeeinflussung der Geschwindigkeit anionischer Polymerisationen angesehen. So konnten vorzugsweise in stark solvatisierenden Lösungsmitteln (*THF*, Glykoldimethyläther) mit der Arrhenius-Auftragung (Abschnitt 1.1.) von log $k_{(\pm)}$ gegen $1/T$ summarische Aktivierungsenergien mit Werten nahe Null und in bestimmten Temperaturbereichen sogar „negativen $\Delta H^*_{(\pm)}$-Werten“ gefunden werden [60a, 369, 422]. Mit abnehmender Temperatur nimmt nach (XLII) der Anteil an getrennten Ionenpaaren zu. Der $k_{(\pm)}$-Wert für die Wachstumsreaktion resultiert dann aus:

$$k_{(\pm)} = k_{p\text{-}Mt^\oplus} + k_{p\text{-}/S/Mt^\oplus} \qquad \text{(XLIII)}$$

wobei $k_{p\text{-}/S/Mt^+} > k_{p\text{-}Mt^+}$ gilt.

Andererseits wird bekanntlich mit Temperatursenkung die Aktivierungsenergie einer Reaktion erhöht. Je nach dem Grad der Kompensation dieser gegenläufigen Temperatureffekte auf den Zwischenzustand der Wachstumsreaktion können $\Delta H^*_{(\pm)}$-Werte mit unterschiedlichem Vorzeichen auftreten. Zum Beispiel konnte für die Polymerisation von Polystyrol-Na gezeigt werden, daß in *THF* im Temperaturintervall zwischen +25 bis −60 °C negative $\Delta H^*_{(\pm)}$-Werte resultieren, während die entsprechende Abhängigkeit (log $k_{(\pm)}$ gegen $10^3/T$, vgl. [60a]) in Glykoldimethyläther zunächst ebenfalls mit einem negativen Temperaturkoeffizient beginnend, bei etwa 0 °C ein Maximum durchschreitet und bei weiterer Temperatursenkung schließlich positiv wird. Auf Grund der bifunktionellen Koordinationsfähigkeit des Glykoldimethyläthers liegt gegenüber *THF* bei gleicher Temperatur ein größerer Teil des Zwischenzustandes als getrenntes Ionenpaar vor. Das geht eindeutig aus dem Vergleich der $k_{(\pm)}$-Werte bei 25 °C hervor (3600 $l \cdot$ Mol^{-1} sec^{-1} bzw. 80 $l \cdot$ Mol^{-1}sec^{-1} entsprechend Tab. 38). Aus diesem Grunde wird verständlich, weshalb in diesem Lösungsmittel beide Einflüsse auf die Aktivierungsenergie sichtbar werden, während in *THF* offenbar die exotherme Reaktion bei der Bildung getrennter Ionenpaare für den summarischen $\Delta H^*_{(\pm)}$-Wert überwiegt. Es ist unmittelbar einleuchtend, daß in Lösungsmitteln mit noch stärkerer Solvatationskraft (Polyglykoldimethyläther, NH_3 bzw. Amine) wieder mit einem normalen Temperaturverhalten der Aktivierungsenergie zu rechnen ist, da hier apriori vom Vorliegen getrennter Ionenpaare (“glymated ion-pair” [60a]) und deren teilweisem Übergang zu freien Ionen ausgegangen werden kann, wobei dieser Übergang jedoch thermoneutral sein soll [359].

Im Gegensatz zu dem wahrscheinlich ähnlichen Verhalten unterschiedlicher Kettenträger im Zwischenzustand der kationischen Polymerisation (Abschnitt 3.8.), bietet die lebende anionische Vinylpolymerisation die Möglichkeit des experimentellen Nachweises dieser Multiplizität der Kettenträger. Damit ist gleichzeitig erwiesen, daß beim Kettenwachstum über Ionenpaare die resultierenden $k_{(\pm)}$-Werte in der Regel keinen absoluten Charakter haben, sondern in Abhängigkeit von den relativen Gewichten der beiden Summanden in Gleichung (XLIII) variieren. Die Größe der $k_{(\pm)}$-Werte kann naheliegenderweise die Geschwindigkeitsdifferenz zwischen Kontaktionenpaaren und freien Ionen weitestgehend ausfüllen [60a]. Neben den hier diskutierten Einflüssen auf den Grad der Ladungstrennung sind natürlich noch die bereits in Abschnitt 4.1. behandelten inneren Einflüsse aus der stereoelektronischen Natur der Kettenträger zu berücksichtigen. So wurde bereits im Zusammenhang mit Tab. 33 auf den sterischen Einfluß der vorletzten

Monomereinheit am Beispiel des α-Methylstyrols hingewiesen (vgl. [368]). Schließlich bedarf es keiner zusätzlichen Erläuterung, warum der Grad der Ladungstrennung auch vom Monomeren selbst anhängt. Tabelle 39 enthält einige Daten für die Polymerisation des lebenden Polybutadiens in *THF* bei Variation des Gegenions und der Temperatur [423, 376]. Im Gegensatz zu dem oben für Styrol beschriebenen Verhalten steigt hier die Geschwindigkeit bei zunehmendem Radius des Gegenions an. Auch die Temperaturabhängigkeit von $k_{(\pm)}$ zeigt nicht den mit der spezifischen Solvatation des Gegenions verbundenen Effekt wie beim lebenden Polystyrol. Aus diesen kinetischen Resultaten, ergänzt durch konduktometrische Messungen, wurde daher geschlossen, daß bei der Butadienpolymerisation in *THF* bevorzugt Kontaktionenpaare als Kettenträger fungieren [423, 424, 425].

Zur ausführlicheren Information wird auf [376] verwiesen. Andererseits sollte mit zunehmender Polarität der Monomeren der Anteil freier Ionen an der Wachstumsreaktion gegenüber Ionenpaaren zunehmen [426]. Auf Grund der in Abschnitt 4.2. angedeuteten Schwierigkeiten bei der Polymerisation polarer Monomere dürfte jedoch die Sicherung dieser Annahme nicht leicht zu erbringen sein [128].

Tabelle 39. Geschwindigkeitskonstanten der Wachstumsreaktion von lebendem Polybutadien in *THF* bei Variation des Gegenions und der Temperatur (nach [376]).

Gegenion	Temperatur	k_p [$l \cdot Mol^{-1} sec^{-1}$]
$Li^{\oplus}$	+10	0,85
	−56	0,03
$Na^{\oplus}$	+10	5,4
	−56	0,68
$K^{\oplus}$	+10	70,0
	−56	3,1

Zumindest die qualitative Richtigkeit dieser Folgerung kann jedoch durch „intramolekulare Solvatation“ der Ionenpaare belegt werden. So ist die im Zusammenhang mit den Werten in Tab. 33 erwähnte hohe Reaktivität des lebenden Poly-2-vinylpyridins wahrscheinlich auf eine derartige intramolekulare Wechselwirkung des Gegenions mit dem Pyridin-Stickstoff zurückzuführen. Auch die besondere Reaktivität des lebenden Poly-o-Methoxystyrols im Vergleich zum Poly-p-Methoxystyrol kann durch eine Begünstigung der Ionenpaartrennung infolge intramolekularer Solvatation gedeutet werden ([60a] und dort zit. Lit.).

Die in diesem Abschnitt beschriebene Natur des Zwischenzustandes, vornehmlich die „Dichte der Ionenpaare“, hat außer den Unterschieden in der Wachstumsgeschwindigkeit weitere Konsequenzen, z. B. hinsichtlich des Polymerisationsgrades oder der Struktur des Polymeren (Verknüpfung, Taktizität). Darauf werden wir in den Abschnitten 4.4. und 4.5. zurückkommen.

4.3.2. *Kettenwachstum in unpolaren Lösungsmitteln*

In Abschnitt 4.2. wurde im Zusammenhang mit der Initiierung der anionischen Polymerisation in unpolaren Lösungsmitteln (häufig: Hexan, Cyclohexan, Benzol) bereits auf die Assoziationstendenz der Metallorganoverbindungen in diesen Medien eingegangen. Dies trifft nun nicht nur auf die Initiatoren, sondern in gleichem Maße auch auf die wachsenden Ketten zu. Untersuchungen über den Mechanismus derartiger Polymerisationen sind daher nur in geringem Umfang bekannt, zumal die Interpretation kinetischer Resultate Schwierigkeiten bereitet. Zwar entstehen auch im unpolaren Medium unter peinlichstem Ausschluß von Verunreinigungen (spez. Arbeitstechnik s. [427]) lebende Polymere, infolge der Assoziatbildung ist es in vielen Systemen jedoch schwierig, die effektiv wirksame Konzentration an aktiven Zentren zu bestimmen [376]. Erschwerend kommt hinzu, daß in unpolaren Medien weder freie Ionen noch getrennte Ionenpaare für Initiierung und Wachstum in Frage kommen und somit v_i und v_p relativ langsam sind und beide Teilreaktionen für einen längeren Zeitraum parallel verlaufen. Eine Möglichkeit, trotzdem eine Separierung von Initiierung — und Wachstumsgeschwindigkeit zu erreichen, besteht in der Anwendung der sogen. „seeding-Technik“ [428]. Es handelt sich dabei um eine Vorreaktion einer geringen Menge des Monomeren im jeweiligen Lösungsmittel mit der Gesamtmenge des Initiators, unter Bildung von „lebenden Oligomeren“. Nachdem man sich vom restlosen Umsatz des Initiators überzugt hat, kann diese Lösung die „Weiterpolymerisation“ des Monomeren bewirken, wobei nun unmittelbar die Geschwindigkeit der Wachstumsreaktion erhalten wird. Auf diese Weise kann zwar eine Trennung von Start- und Wachstumsreaktion erreicht werden, die mit der Assoziation der lebenden Polymeren verbundenen Schwierigkeiten bei der Interpretation kinetischer Daten bleiben dagegen bestehen. Wir kommen auf diese Problematik noch zurück.

Aus den genannten Gründen sind absolute Geschwindigkeitskonstanten der Wachstumsreaktion in unpolaren Lösungsmitteln nur für wenige Systeme bekannt [376]. Mit Abnahme des Ionisationspotentials der Alkalimetalle nimmt zwar die Assoziation der aktiven Zentren ab, so daß bei den metallorganischen Verbindungen der schwereren Alkaliatome (K, Rb, Cs) eine „einfache Kinetik“ vorliegen sollte. Die in der gleichen Richtung zunehmende Polarität der Mt—C-Bindung verursacht dagegen leicht Folgereaktionen der aktiven Zentren wie Isomerisierung oder spezielle Übertragungsreaktionen, vorausgesetzt das infolge der geringen Löslichkeit dieser Verbindungen in unpolaren Medien überhaupt homogene Bedingungen erreicht werden können. In Benzol durchgeführte Polymerisationen des Styrols [429] und α-Methylstyrols [430] mit K-, Rb- und Cs-organischen Initiatoren ließen nur im Falle des Polystyrol-K auf Assoziate schließen. Die k_p-Werte für die Wachstumsreaktion befinden sich in Tab. 40. Vergleicht man diese Daten (z. B. der Styrolpolymerisation) mit den in Tab. 38 angegebenen, so sind die Unterschiede zu den n-Donatorlösungsmitteln nicht gravierend, womit prinzipiell auch in Benzol auf einen Ionenpaarmechanismus geschlossen werden kann.

Die in der Größenordnung mit den in *THF* gefundenen Werten vergleichbaren Werte in Benzol deuten sogar auf eine partielle Trennung der Ionenpaare durch das π-Donator-Lösungsmittel hin und stellen damit dessen „unpolaren Charakter" in Frage (vgl. auch Kap. 3.).

Beim α-Methylstyrol sin die k_p-Werte in Benzol etwa um den Faktor 100 kleiner als in *THF* ($\sim$ 0,4 mit $K^{\oplus}$ als Gegenion bei 0°C [430]). In diesem Falle dürfte neben der geringeren Akzeptorfähigkeit von $K^{\oplus}$, $Rb^{\oplus}$ bzw. $Cs^{\oplus}$ auch die sterische Hinderung am Reaktionszentrum mitverantwortlich sein, daß einerseits keine Assoziation erfolgt, andererseits aber aus dem gleichen Grunde auch die Solvatationstendenz (als „äußere Stabilisierung") geringer ist. Da die spezifische Solvatation des n-Donators jedoch einen höheren Energiegewinn liefert (Austauschkräfte) als die Wechselwirkung mit dem π-Donator (nichtlokalisierte *EDA*-Wechselwirkung [43]), wird die partielle Ladungstrennung in *THF* verständlich, während in Benzol vorrangig Kontaktionenpaare vorliegen dürften.

Tabelle 40. Geschwindigkeitskonstanten für die Wachstumsreaktion in Benzol als Lösungsmittel bei 25 °C.

Gegenion	Styrol [429] k_p [$l \cdot Mol^{-1} sec^{-1}$]	α-Methylstyrol [430] k_p [$l \cdot Mol^{-1} sec^{-1}$]
$K^{\oplus}$	47	0,008*)
$Rb^{\oplus}$	24	0,005
$Cs^{\oplus}$	18	0,003

*) bei 0 °C gemessen.

Während der Mechanismus der Wachstumsreaktion in Gegenwart der schwereren Alkaliatome als Gegenionen und Benzol als Lösungsmittel dem Verlauf in polaren Lösungsmitteln nahekommt, blieb die Untersuchung der anionischen Polymerisation in inerten Kohlenwasserstoffmedien (Hexan u. ä.) praktisch auf die Initiierung mit löslichen Alkyllithiumverbindungen (vorrangig n-Butyl—Li) beschränkt. Eine ausführliche Darlegung dieser Problematik wurde von Bywater gegeben [431]. Auf einige wesentliche Sachverhalte, besonders hinsichtlich der komplexen Natur der kinetischen Analyse in lithiumorganischen Polymerisationssystemen, sei im folgenden hingewiesen. Es sollen ausschließlich unpolare Monomere (Styrol, Diene) berücksichtigt werden, da bei polaren Monomeren auf Grund der langsamen Reaktionsdauer, die auf Seite 204 erwähnten Nebenreaktionen stark ins Gewicht fallen und die Kinetik damit zusätzlich erschwert wird. In [128] wird gezeigt, daß in einigen Fällen mit definierten Nebenreaktionen (z. B. Cyclooligomerisierung) trotzdem Annahmen über den Mechanismus gemacht werden können.

Zur Beurteilung des Einflusses der Assoziation lithiumorganischer Verbindungen (Alkyl—Li$\approx$R—Li; Polymer—Li$\approx$P—Li) auf die Kinetik und den Mechanismus der Polymerisation in unpolaren Medien (sog. pseudoanionische [11] oder auch koordinative Polymerisation [376]) muß zunächst berücksichtigt werden, daß zumindest zwei Assoziationsgleichgewichte parallel wirken (XLIV und XLV).

$$x \cdot R\text{—Li} \rightleftharpoons (R\text{Li})_x \qquad \text{(XLIV)}$$

$$y \cdot P\text{—Li} \rightleftharpoons (P\text{Li})_y \qquad \text{(XLV)}$$

Mit Hilfe spektroskopischer Methoden (*IR, NMR* [432]), viskosimetrischer Messungen [375] und kinetischer Untersuchungen (vgl. Seite 224) konnten für die beiden Gleichgewichte die in Tab. 41 enthaltenen maximalen Assoziationsgrade x bzw. y wahrscheinlich gemacht werden [376].

Tabelle 41. Maximale Assoziationsgrade x und y für die Gleichgewichte (XLIV) und (XLV) in unpolaren Lösungsmitteln [376].

*R*Li	x	*P*Li	y
C_2H_5Li	6	Polybutadien-Li	6
n-BuLi	6	Polyisopren-Li	4
tert.-But.-Li	4	Polystyrol-Li	2
		Poly-α-Methylstyrol-Li	2

Die Werte in Tab. 41 beziehen sich auf maximale Assoziationsgrade, die in verdünnten Lösungen lithiumorganischer Verbindungen in Hexan, Cyclohexan oder Benzol nachgewiesen wurden. Sie variieren selbstverständlich mit der Konzentration des *R*Li bzw. *P*Li und in bestimmten Fällen bereits beim Wechsel der vorgenannten Lösungsmittel. So konnte aus kinetischen Untersuchungen nahegelegt werden, daß z. B. für Polybutadien-Li in Hexan $y = 4$ und in Benzol $y = 6$ sein soll [433]. Untersucht man die Bruttokinetik derartiger Polymerisationen, so muß mit einer kaum separierbaren Überlagerung beider Gleichgewichte gerechnet werden, deren Verhältnis primär die Initiierung und zu einem späteren Zeitpunkt die Wachstumsreaktion beeinflußt. Die Situation wird schließlich durch zwei weitere Aspekte zunehmend komplizierter.

1. Lithiumorganische Verbindungen sind bekanntlich zur Bildung von Mischassoziaten befähigt, die daher ebenfalls zwischen dem Initiator und der wachsenden Kette erfolgen kann [375].

$$(R\text{Li})_x + (P\text{Li})_y \leftrightharpoons (R\text{Li})_{x-n} \cdot (P\text{Li})_{y-m} + (R\text{Li})_n + (P\text{Li})_m \qquad \text{(XLVI)}$$

   Formel (XLVI) ist lediglich als eine formale Möglichkeit unterschiedlicher Kombinationen zu denken. Hinweise auf Mischassoziate ergeben sich aus Untersuchungen des Einflusses geringer *R*Li-Zusätze zu *P*Li-Lösungen mit Hilfe von empfindlichen Viskositätsmessungen [375].

2. In Abschnitt 4.2. wurde bereits angedeutet, daß der einzelne Elementarschritt zwischen dem Monomeren und *R*Li bzw. *P*Li natürlich nur mit einer konkreten Bindungseinheit (Kontaktionenpaar oder polare *R*—Li- bzw. *P*—Li-Bindung über XVII nach II) erfolgen

kann. Es erscheint jedoch fraglich und gegenwärtig nicht gesichert, ob es sich dabei tatsächlich um die jeweils monomere Form der Assoziationsgleichgewichte (XLIV) und (XLV) handelt, oder vielmehr um „Komplexe" zwischen dem Monomeren und den Assoziaten und deren stufenweiser Umlagerung zur aktiven Spezies.

Eine Entscheidung für eine der genannten Möglichkeiten wird schließlich dadurch erschwert, daß bei Aufrechterhaltung realer Polymerisationsbedingungen die Konzentrationen von *R*Li bzw. *P*Li (zwischen 10^{-2} bis 10^{-4} Mol/*l*) sehr klein sind, womit eine experimentelle Sicherung problematisch ist.

Die Schwierigkeiten bei der Bestimmung des Assoziationsgrades liegen neben den bereits genannten Problemen sicherlich auch noch bei der methodischen Durchführung. So wird in [433a] mitgeteilt, daß der Assoziationsgrad nicht höher als zwei ist, womit die in Tab. 41 angegebenen Werte zu hoch liegen würden. Angesichts dieser Situation wird der komplexe Charakter der kinetischen Analyse dieses Reaktionstyps verständlich. In Bild 28 ist als Prinzipschema eine Zeit-Umsatz-Kurve aufgezeichnet, wie sie etwa bei der Polymerisation von Butadien mit Lithiumalkylen in gesättigten Kohlenwasserstofflösungsmitteln gefunden wird [434].

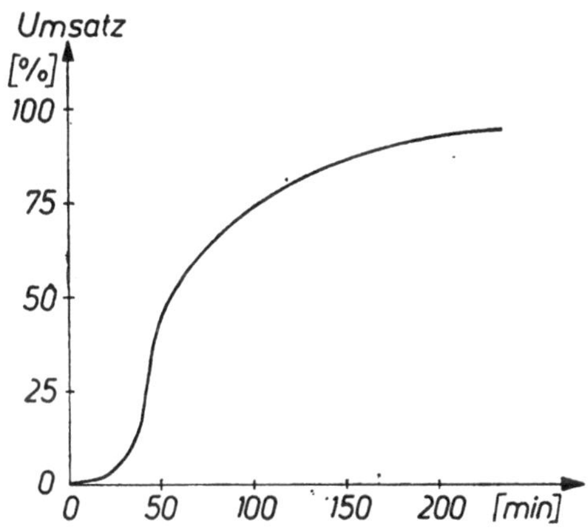

Bild 28. Verlauf einer Zeit—Umsatz-Kurve für die Polymerisation von Butadien mit Lithiumalkylen in unpolaren Medien [91]

Der sigmoidale Verlauf der Kurve ist charakteristisch für eine Konkurrenz zwischen Initiierungs- und Wachstumsreaktion, vor allem in der Anfangsphase der Reaktion. Die Zeit bis zum Erreichen einer konstanten Polymerisationsgeschwindigkeit zeigt eine Abhängigkeit von der Natur des Initiators. Für die Polymerisation von Isopren und Butadien mit lithiumorganischen Verbindungen in Cyclohexan bei 50 °C nimmt der Zeitbedarf zwischen Initiierung und konstantem Anstieg der Zeit—Umsatz-Kurve (vgl. Bild 28) nach folgender Reihenfolge ab [434, 435]:

n-But.Li > iso-But.Li > tert.-But.Li > sek.-But.Li

Diese Reihenfolge kann mit der Stabilität der Assoziate als Ausdruck sterischer Unterschiede in Verbindung gebracht werden. Beim n-But.-Li ist der Aufwand zur Entassoziation unter Bildung der aktiven Spezies offensichtlich größer als bei den raumfüllenden tert.-Butylgruppen. Bestimmt man nun die Reaktionsordnung in üblicher Weise durch Konzentrationsvariation des Monomeren (M) und des Initiators (I), so resultiert ein empirisches Geschwindigkeitsgesetz, dessen Monomerordnung konstant 1 ist, während die Initiatorordnung zwischen 0,1 und 1 liegt (XLVII).

$$v_{\mathrm{Br}} = k' \cdot [M] \cdot [I]^{1/x} \qquad \text{(XLVII)}$$

In (XLVII) gilt $x > 1$, wobei festgestellt wurde, daß der Wert von x bei Verminderung der Initiatorkonzentration ebenfalls abnimmt. Damit wird auf die Wirkung des der Initiierung vorgelagerten Assoziationsgleichgewichtes hingewiesen [91]. Für die Initiierung der Styrolpolymerisation mit n-But.-Li wurde über einen relativ konstanten Bereich von $[I]$ ein Wert von $x \sim 6$ gefunden und als Folge des Gleichgewichtes nach (XLIV) gedeutet [431].

Separiert man die Initiierungs- und Wachstumsreaktion etwa mit Hilfe der „seeding Technik", so kann nach Modifizierung der Gleichung (XLVII) aus der Reaktionsordnung der aktiven Zentren ebenfalls auf die Mitwirkung des Gleichgewichtes (XLV) bei der Wachstumsreaktion geschlossen werden (XLVIII).

$$v_p = k_p \cdot [M] \cdot [P\mathrm{Li}]^{1/y} \qquad \text{(XLVIII)}$$

Auch für Gleichung (XLVIII) wurden im Falle des Styrols [392], des Isoprens [436] und des Butadiens [437, 438] einigermaßen konstante Werte für y gefunden, die in Tab. 41 aufgenommen sind.

Auf den relativen Charakter der x- bzw. y-Werte bei Konzentrationsvariation von $[R\mathrm{Li}]$ und $[P\mathrm{Li}]$ wurde bereits hingewiesen. Sie gelten eigentlich nur bei relativ geringen Laufzeiten (max. 15%) der Initiierungs- und Wachstumsreaktion und weiterhin nur, wenn eine der beiden Größen $[R\mathrm{Li}]$ und $[P\mathrm{Li}]$ gegenüber der anderen vernachlässigbar klein ist (s. Abschnitt 1.2., stationäre Bedingungen).

Abschließend kann festgestellt werden, daß auf Grund des vorliegenden experimentellen Materials gegenwärtig noch keine gesicherten Angaben über den Mechanismus der Polymerisation mit lithiumorganischen Initiatoren möglich sind. Das Vorliegen von Assoziaten in der Initiierungs- wie auch der Wachstumsphase der Reaktion kann zwar durch kinetische und nichtkinetische Experimente [394, 432] als erwiesen gelten, es ist jedoch nicht bekannt, ob das Monomere ausschließlich mit der monomeren Form der Gleichgewichte (XLIV) bzw. (XLV) reagiert, nach einem Mechanismus wie er in (II) postuliert wurde, oder ob z. B. Mischassoziate (vgl. XLVI) sowie Teilassoziate mit dem Monomeren in Wechselwirkung treten. Die gebrochene Ordnung bezüglich des Initiators bzw. der aktiven Zentren in den experimentellen Geschwindigkeitsgesetzen (XLVII) und (XLVIII) wäre durchaus auch mit der Bildung entsprechender Komplexe vor dem geschwindigkeitsbestimmenden Schritt der Initiierung bzw. des Kettenwachstums vereinbar

[375, 439, 440, 441]. Interessant ist in diesem Zusammenhang, daß bei Zusatz geringer Mengen eines polaren Lösungsmittels (z. B. *THF*; vgl. [376] und die dort zit. Lit.), sowohl die Änderung der Reaktionsordnung von *P*Li als auch Viskositäts- und Leitfähigkeitsveränderungen auf einen stufenweisen Abbau der Assoziate schließen lassen. Ob dabei ein Übergang vom koordinativen Mechanismus zu partieller Beteiligung von Ionenpaaren (entsprechend Abschnitt 4.3.1.) erfolgt, oder lediglich die Entassoziation der Kettenträger zu „monomeren aktiven Zentren“, bleibt offen. Wahrscheinlich wird dies in Abhängigkeit von der Natur des Monomeren (z. B. Styrol oder Butadien; vgl. Tab. 41), des Lösungsmittels (z. B. Benzol oder Hexan) und des zugesetzten Donators sowie dessen Konzentration unterschiedlich sein. Als weiterer äußerer Einfluß auf den Übergangszustand der Reaktion muß schließlich auch die Temperatur berücksichtigt werden. Auf die damit verbundenen Komplikationen (Aktivierungsverhalten etc.) wird in [91] eingegangen. Damit wird nur erhärtet, daß es zur Zeit nicht sinnvoll erscheint, für die sog. pseudoanionische Polymerisation detaillierte Angaben über den Mechanismus der Elementarreaktionen zu machen. Die Gründe dafür sollten in diesem Abschnitt verdeutlicht werden.

4.4. „Lebende Polymere“ und kettenlimitierende Reaktionen; Polymerisationsgrad und Molekulargewichtsverteilung

Im Verlauf unserer bisherigen Betrachtungen wurde bereits mehrfach auf das Phänomen der lebenden Polymere eingegangen und zum Teil die damit verbundenen Vorteile etwa bei kinetischen Untersuchungen erläutert. Diese in homogenen Systemen auf ionische Polymerisationen beschränkte Erscheinung soll am Beispiel der anionischen Polymerisation hervorgehoben werden, da hierfür besondere Voraussetzungen bezüglich der Stabilisierung und Erfahrungen zur Handhabung vorliegen [442]. Mit dem prinzipiell möglichen Ausschluß kettenlimitierender Reaktionen bei der anionischen Polymerisation verbinden sich einige Sachverhalte, die auch im Hinblick auf den Ablauf der zuvor diskutierten Mechanismen der Erwähnung wert erscheinen.

Das besondere Interesse an lebenden Polymeren erstreckt sich neben der starken Vereinfachung der Polymerisationskinetik (s. besonders Abschnitt 3.7. und 4.3.) auch auf thermodynamische Untersuchungen sowie vorrangig auf neuartige Syntheseprobleme. Über die Thermodynamik des Gleichgewichtes zwischen Polymerem und Monomerem wurden bereits in Abschnitt 1.1. einige Hinweise gegeben. So sind z. B. die in den Tab. 2 und 3 aufgenommenen Daten für α-Methylstyrol durch Untersuchung des lebenden Polymeren in *THF* gewonnen worden [7]. Da die thermodynamische Bilanz der Polyreaktion jedoch nicht deren Weg charakterisiert, muß zur Information über so wichtige Aspekte wie der stereoelektronischen Voraussetzungen zur Knüpfung von Bindungen oder die Hintergründe von Verknüpfungsprinzipien auf die Literatur verwiesen werden [368, 443]. Auch von den angesprochenen Syntheseproblemen kann im Rahmen dieser Abhandlung nur auf einige bemerkenswerte Tendenzen hingewiesen werden [111, 360, 367].

1. Da die lebenden Kettenenden in der Lage sind, auch mit anderen Monomeren weiter zu wachsen, können auf diesem Wege vor allem Blockcopolymere erhalten werden, die bei geeigneter Arbeitstechnik mehrere Blöcke mit regelbarer „Blocklänge" enthalten [444]. Wir kommen darauf in Kap. 5. zurück.
2. Durch Reaktion der lebenden Polymeren mit reaktiven Gruppen in „toten Polymeren" sind Pfropfpolymere zugänglich (z. B. lebendes Polystyrol auf Polymethylmethacrylat [445]).
3. Durch Umsatz von lebenden Polymeren mit polyfunktionellen Abbruchreagenzien gelangt man zu Produkten mit regelmäßigen Verzweigungen, wie z. B. den sog. „sternförmigen" [446, 447] oder den „kammförmigen" [371, 442] Polymeren.
4. Die lebenden Polymere können durch Umsetzung mit CO_2, O_2, Epoxiden oder Aldehyden funktionelle Endgruppen erhalten (—COOH, —OOH, —C—OH, —CHOH). Aus lebenden Polymeren, die durch bifunktionelle Wachstumsreaktion entstanden sind, können entsprechend bifunktionelle Makromoleküle dargestellt werden. Derartig „funktionalisierte" Polymere eignen sich für weitere Synthesezwecke, wie z. B. Blockpolykondensate oder Vernetzung über die Endgruppen und dergl. mehr [448].
5. Bei schneller und vollständiger Initiierung oder bei Anwendung der „seeding"-Technik besteht die theoretische Möglichkeit, Polymere darzustellen, deren Moleküle das gleiche Molekulargewicht haben. Man bezeichnet sie als „monodisperse" oder „isomolekulare" Polymere.

Bekanntlich sind Polymere in der Regel polydispers, was besonders bei der radikalischen Polymerisation infolge der zufälligen Kombination unterschiedlich langer Ketten unmittelbar einleuchtet. Auch bei ionischen Polymerisationen sorgen die kettenlimitierenden Reaktionen (vgl. Abschnitt 3.4. und die späteren Ausführungen in diesem Abschnitt) für eine gewisse Verteilungsfunktion des Molekulargewichtes, deren Kenntnis weiterreichende Schlußfolgerungen auf den Mechanismus einer Polymerisation zuläßt als z. B. der mittlere Polymerisationsgrad (s. Abschnitt 1.3.). Aus diesem Grunde soll in diesem Abschnitt kurz auf den Zusammenhang zwischen Verteilungsfunktion und Reaktionsmechanismus eingegangen werden. Zuvor wollen wir jedoch erst die Bedingungen zusammenstellen, die für die Bildung lebender Polymere erforderlich sind [442].

1. Zum Ausschluß vermeidbarer Abbruch- und Übertragungsreaktionen muß in evakuierbaren Ganzglasapparaturen unter Inertgas gearbeitet werden, um jeglichen Kontakt der Reaktionslösung mit Luft, Feuchtigkeit oder CO_2 zu vermeiden (vgl. Pkt. 4, Seite 226). Selbstverständlich müssen die eingesetzten Reagenzien, Lösungsmittel usw. sorgfältig gereinigt und von den vorgenannten Begleitstoffen befreit werden. Es empfiehlt sich, die Apparatur im Vakuum „auszuheizen" oder mit einer vorpolymerisierten Lösung zu spülen.
2. Die Polymerisation soll möglichst bei niedrigen Temperaturen erfolgen, da unter diesen Bedingungen die Aktivierungsenergie für Nebenreaktionen (Isomerisierung, Übertragung z. B. von Hydridanionen, Abbruch durch Protonenübertragung) im Vergleich zur Wachstumsreaktion hoch sind.
3. Die verwendeten Lösungsmittel und Katalysatoren dürfen selbst nicht mit den lebenden Kettenenden in Reaktion treten.

Die Punkte 2. und 3. besitzen bei der anionischen Polymerisation zwar nicht die gleiche Tragweite wie im Falle der kationischen Polymerisation, sind jedoch in Abhängigkeit vom Monomeren und der Natur des Lösungsmittels keineswegs bedeutungslos. So ist der Erhalt lebender Polymere bei polaren Monomeren auf Grund der früher erwähnten Nebenreaktionen (Abschnitt 4.2.) recht problematisch. Zum Beispiel ist lebendes Polymethylmethacrylat nur unterhalb $-60\,°C$ längere Zeit haltbar. Selbst die unpolaren lebenden Polydiene (Isopren, Butadien) sind nur unterhalb $-40\,°C$ länger zu stabilisieren, während lebendes Polystyrol auch bei Raumtemperatur stabil ist [371]. Andererseits konnte gezeigt werden, daß die häufig als Lösungsmittel verwendeten cyclischen Äther (*THF*, Dioxan) zwar bei Raumtemperatur inert sind, bei höheren Temperaturen (z. B im System Polystyrol/Dioxan bei 60 °C) dagegen mit den Kettenträgern reagieren. Schließlich ist die Stabilisierung der lebenden Polymere auch von der Natur der Gegenionen abhängig [449], da die Tendenz zu Kettenübertragungsreaktionen mit zunehmender Polarität der *Mt*—C-Bindung ebenfalls zunimmt (vgl. Seite 233). Für $Li^{\oplus}$ und $Na^{\oplus}$ als Gegenioen ist die Kettenübertragung in ätherischen Lösungsmitteln und bei tiefen Temperaturen zumindest für unpolare Monomere (Styrole, Diene) zu vernachlässigen.

Bei Beachtung der vorgenannten Bedingungen können nun lebende Polymere erwartet werden, über deren Besonderheiten bezüglich Polymerisationsgrad und Molekulargewichtsverteilung einige kurze Hinweise folgen sollen. Bereits in Kap. 1. (Formel XXII) und (XXIII) wurde auf den mittleren Polymerisationsgrad P_n sowie die kinetische Kettenlänge $\bar{\nu}$ eingegangen, wobei die beiden Größen durch die Verhältnisse von Teilgeschwindigkeiten des Kettenmechanismus determiniert waren. Ausgehend von Gleichung 1. XXII ist nun die Wahrscheinlichkeit (w) für einen Wachstumsschritt [11]:

$$w = \frac{\nu_p}{\nu_p + (\sum \nu_a + \sum \nu_ü)} \qquad \text{(XLIX)}$$

Um den Polymerisationsgrad P_n zu erreichen, muß diese Wahrscheinlichkeit n-mal ohne Unterbrechung durch einen anderen Elementarakt erfolgen (L).

$$w_{P_n} = w_1 \cdot w_2 \cdot w_3 \cdots w_n = w^n \qquad \text{(L)}$$

Nach elementaren statistischen Gesetzmäßigkeiten ist die Häufigkeit für das Eintreten eines bestimmten Ereignisses (in unserem Falle h_{P_n}) seiner statistischen Wahrscheinlichkeit proportional (LI).

$$h_{P_n} = \text{const} \cdot w^n \qquad \text{(LI)}$$

Zum Vergleich mit experimentellen Meßgrößen bezieht man die Verteilungsfunktion zweckmäßiger auf den Massenanteil (m_{P_n}) der Moleküle des Polymerisationsgrades P_n. Es gilt dann:

$$m_{P_n} = P_n \cdot h_{P_n} = \text{const} \cdot w^n \cdot P_n \qquad \text{(LII)}$$

Die Gleichung (LII) gilt als eine allgemeine Form der Massenverteilungsfunktion eines Polyeren, unter der Voraussetzung, daß w konstant bleibt und einen Wert $w < 1$ einnimmt. Wie hier nicht näher ausgeführt werden soll, kann der Proportionalitätsfaktor vor der statistischen Häufigkeit und dem Polymerisationsgrad in Gleichung (LII) in Abhängigkeit von der Natur der kettenlimitierenden Reaktionen unterschiedliche Werte haben. Derartige Rechnungen wurden von G. V. Schulz [450] und P. J. Flory [451] für radikalische Polymerisationen durchgeführt. Die entsprechenden Massenverteilungsfunktionen in den Koordinaten m_{P_n} gegen P_n für verschiedene Werte von w bezeichnet man als Schulz-Flory-Verteilung [11]. Eine ausführliche Darlegung dieser Problematik befindet sich in [452]. Grundsätzlich kann nun aus kinetischen Verhältnisgrößen nach (XLIX) w erhalten werden. Vergleicht man die auf diesem Wege zugänglichen Verteilungsfunktionen mit experimentell ermittelten Kurven (Fällungsfraktionierung [453, 454] oder Gelpermeations-Chromatographie [455, 456], so kann aus dem Grad der Übereinstimmung die Richtigkeit für einen durch das Geschwindigkeitsgesetz wahrscheinlich gemachten Reaktionsmechanismus überprüft werden. Auch bei ionischen Polymerisationen ist diese Methode zur Sicherung des Mechanismus geeignet, vorausgesetzt, daß die Konkurrenz der Elementarschritte relevante Ansätze für die statistische Behandlung im konkreten Falle zuläßt.

Wenn nun in (XLIX) die Summen der Abbruch- und Übertragungsgeschwindigkeiten wegfallen, so resultiert der Wert $w = 1$. Dieser Fall liegt bei lebenden Polymeren vor und führt zu einer anderen Verteilungsfunktion als nach (LII).

Für eine monofunktionelle Wachstumsreaktion folgt aus der umgeformten Gleichung (XXXIX) unmittelbar, daß hier P_n eine lineare Funktion von $([M]_0 - [M]_t)$ sein muß (LIII).

$$P_n = \frac{([M]_0 - [M]_t)}{[C_a]} \qquad \text{(LIII)}$$

Unter der Voraussetzung einer schnellen Iniitierung ist deren Zeitbedarf vernachlässigbar klein (andernfalls wäre die „seeding-Technik“ anzuwenden) und für die Abnahme der Monomerkonzentration gilt dann Gleichung (LIV), wenn weiterhin angenommen wird, daß zur Zeit $t = 0$ alle aktiven Zentren den Polymerisationsgrad 1 haben.

$$\frac{[M]_0 - [M]_t}{[C_a]} - 1 = P_n - 1 = k_p \cdot \int_0^t [M] \cdot dt \qquad \text{(LIV)}$$

Die Zahl der Wachstumsschritte zum Erreichen des Polymerisationsgrades P_n entspricht dann der kinetischen Kettenlänge, für deren zeitliche Veränderung bei $\nu = P_n - 1$ folgender Ausdruck resultiert:

$$d\nu = k_p[M]\, dt \qquad \text{(LV)}$$

Durch Kombination dieser Gleichung mit der „Geschwindigkeit“, mit welcher $[C_a]$ in die Konzentration an Polymeren mit dem Polymerisationsgrad n überführt wird, erhält man die Häufigkeitsverteilung determiniert durch den Wert von ν (die exakte Ableitung ist in [452] dargelegt).

$$h_{P_n} = \frac{[C_n]}{[C_a]} = \frac{\nu^{(P_n-1)} \cdot e^{-\nu}}{(P_n - 1)!} \tag{LVI}$$

Die Verteilungsfunktion nach (LVI) wird als POISSON-Verteilung bezeichnet [452]. Aus praktischen Gründen wird analog (LII) auch hier auf den Massenanteil der Moleküle des Polymerisationsgrades P_n bezogen (LVII).

$$m_{P_n} = \frac{\nu^{(P_n-1)} \cdot e^{-\nu} \cdot P_n}{(P_n - 1)!\,(\nu + 1)} \tag{LVII}$$

Die Massenverteilungsfunktion (LVII) enthält also das Verhältnis des Molekulargewichtes der Moleküle des Polymerisationsgrades P_n zum mittleren Molekulargewicht aller Moleküle. Im Idealfalle sind beide Beträge identisch, wobei ein absolut monodisperses Polymeres resultieren würde. Die Abweichung vom idealen Verhalten wird als „Uneinheitlichkeit“ des Polymeren bezeichnet. Sie ist definiert als das Verhältnis der Polymerisationsgrade, das aus dem Gewichtsmittel (P_w) bzw. dem Zahlenmittel (P_n) des Molekulargewichtes gebildet wurde (LVIII).

$$U = \frac{P_w}{P_n} - 1 = \frac{\nu}{(\nu + 1)^2} \,. \tag{LVIII}$$

Formel (LVIII) enthält gleichzeitig den Grad der Uneinheitlichkeit durch den Parameter der POISSON-Verteilung ausgedrückt. Auf die Ableitung dieses Ausdruckes sei hier verzichtet [452].

Beide Ausdrücke für U in (LVIII) lassen unmittelbar 2 Aspekte erkennen:

1. Bei $P_n = P_w$ ist $U = 0$
2. Mit zunehmender Kettenlänge $\bar{\nu}$ nimmt die Uneinheitlichkeit ab.

Während unsere bisherige Betrachtung von einem monofunktionellen Mechanismus ausging, liegt bei einem bifunktionellen Mechanismus (Styrol/Naphthalin—Na) eine sogen. „gekoppelte Verteilung“ vor [452]. In diesem Falle muß die Uneinheitlichkeit der Primärverteilung noch durch den Kopplungsgrad k dividiert werden. Bei $k = 2$ (bifunktion. Mechan.) folgt für die Uneinheitlichkeit bei gekoppelter Verteilung

$$U_K = \frac{U}{k} = \frac{U}{2} \tag{LIX}$$

Letztere ist somit noch enger als die Primärverteilung. Tatsächlich konnten Polymere mit $U < 0{,}05$ hergestellt werden [457]. Zur Illustration der unterschiedlichen Verteilungsfunktionen dient deren schematische Darstellung in Bild 29.

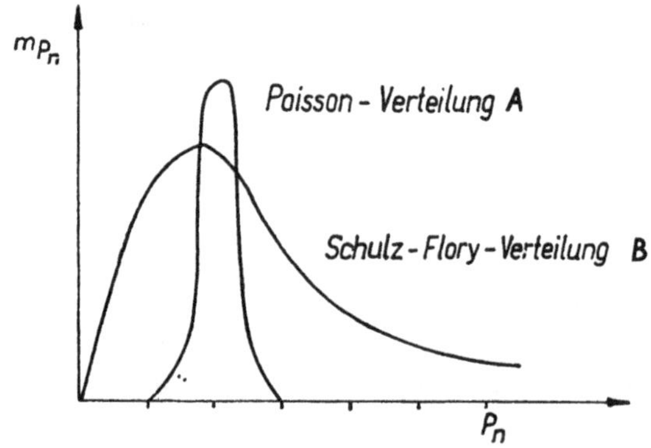

Bild 29. Schematische Darstellung der Verteilungsfunktion des Molekulargewichtes [11]

Kurve A = POISSON-Verteilung; Kurve B = SCHULZ-FLORY-Verteilung

Die oben aufgezählten Bedingungen zum Erhalt lebender Polymere können gleichzeitig als notwendige Kriterien für die Darstellung monodisperser Systeme gelten, sie sind jedoch noch nicht hinreichend [457]. Weitere Voraussetzungen sind:

1. Entweder gilt $v_i > v_p$, oder die Wachstumsreaktion wird durch die „seeding"-Technik eingeleitet.
2. Die lebenden Kettenenden müssen stets die gleiche Aktivität für den Monomerverbrauch haben und dürfen nicht durch Assoziatbildung der Wachstumsreaktion entzogen werden.
3. Im gesamten Reaktionsquerschnitt müssen die Konzentrationen der Reaktanden sowie die Temperatur an jedem Ort gleich sein. Dies kann nur für homogene Systeme niedriger Viskosität bei starker Rührung vorausgesetzt werden.
4. Die Depolymerisation (vgl. Abschnitt 1.1.) muß gegenüber der Wachstumsreaktion vernachlässigbar sein.
5. Alle Ketten müssen gleichzeitig und mit gleicher Geschwindigkeit wachsen, d. h. es muß ein „Einwegmechanismus" vorliegen, der entweder nur über Ionen oder nur über Ionenpaare einer bestimmten Art (z. B. Kontaktionenpaare) verläuft.

Während die Punkte 1. bis 4. bei geeigneter Wahl der Systeme und Bedingungen durchaus erfüllbar sind, bereitet der Punkt 5. prinzipielle Schwierigkeiten. Bild 30 enthält schematisch die integralen Verteilungskurven, wie sie z. B. für das System Styrol/Naphthalin—Na in *THF* erhalten werden [458].

Man erkennt, daß die nach (LVII) berechnete Kurve $\left(\text{mit } I(P) = \sum_{1}^{P_n} m_{P_n}\right)$ von der experimentell ermittelten Verteilungsfunktion erheblich abweicht. So enthält die reale integrale Verteilungsfunktion zwei Wendepunkte, die zwei Maxima in der Massenverteilungsfunktion entsprechen. Das kleinere Maximum liegt etwa bei einem halb so großen Polymerisationsgrad wie das Hauptmaximum und entspricht offenbar den monofunktionell wachsenden Ketten [422, 458]. Weiterhin ist die Steigung am Wendepunkt geringer und damit das Maximum in der Massen-

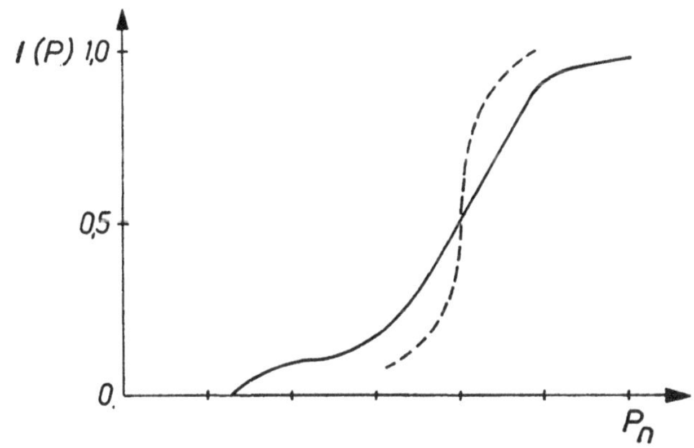

Bild 30. Schematische Darstellung integraler Verteilungsfunktionen [458]
– – – – – Berechn. Kurve; ———— Experim. Kurve

verteilungsfuntion „breiter“ als es die theoretische Kurve fordert. Das langsamere „Ausklingen“ der experimentellen Kurve bedeutet schließlich einen Mehrgehalt an hochmoleklaren Masseanteilen. Die beiden letztgenannten Abweichungen von der POISSON-Verteilung werden durch unterschiedlich schnell wachsende Kettenträger verursacht, wie sie in dem die Wachstumsreaktion bestimmenden Gleichgewicht zwischen Ionen und Ionenpaaren vorliegen.

Die Richtigkeit dieser Folgerung konnte eindeutig demonstriert werden. Wenn die Polymerisation in Gegenwart von Natriumtetraphenylborat durchgeführt wird (vgl. Abschnitt 4.3.), so kann die Wachstumsreaktion infolge der Rückdrängung des Dissoziationsgleichgewichtes zu Ionenpaaren nur über diese als Kettenträger erfolgen und die theoretische und experimentelle Verteilungsfunktion zeigen sehr gute Übereinstimmung [458]. Auf diese Weise gelangt man über die Verteilungsfunktion des Molekulargewichtes zu einer zusätzlichen Bestätigung des in Abschnitt 4.3. behandelten „Zweiweg-Mechanismus“ der anionischen Polymerisation.

An verschiedenen Stellen wurde bereits angedeutet, daß selbst unpolare Monomere (Styrol, Diene) bei der anionischen Polymerisation nicht notwendigerweise zu lebenden Polymeren führen müssen. Dieser Abschnitt soll daher mit einigen Beispielen kettenlimitierender Reaktionen abgeschlossen werden. Zum Teil handelt es sich dabei um Einzelfälle, die in der Literatur beschrieben wurden und deren Verallgemeinerungsfähigkeit noch nicht erwiesen ist. Im Reaktionsschema (XIV) sowie bei der Darlegung der Reaktionsmöglichkeiten lebender Polymere (vgl. Punkte 3. und 4. auf Seite 226) wurden bereits Beispiele zufälliger bzw. gezielter Abbruchreaktionen genannt. In verallgemeinerter Form kann es sich dabei entweder um Reaktionen der Kettenenden mit elektrophilen Atomen oder Gruppen eines Moleküls handeln (HX, RX wobei X = Halogen, OH, OR, SR usw. ist), oder die Ketten reagieren mit Elektronenakzeptoren, deren Heteroatome als Träger der negativen Ladung nicht mehr zur Wachstumsreaktion befähigt sind. Die folgenden Schemata werden zur Vereinfachung ohne Gegenionen formuliert.

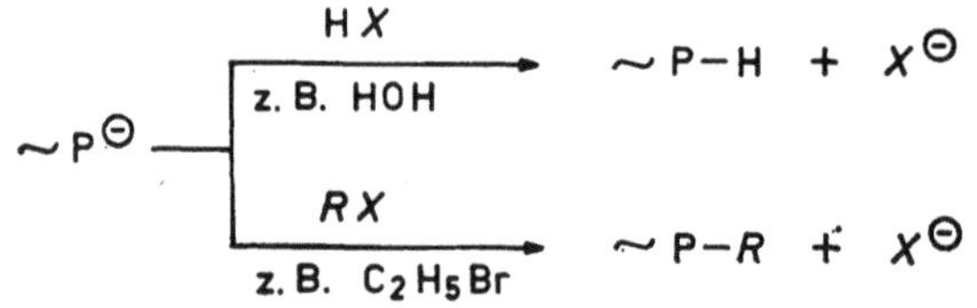

(LX)

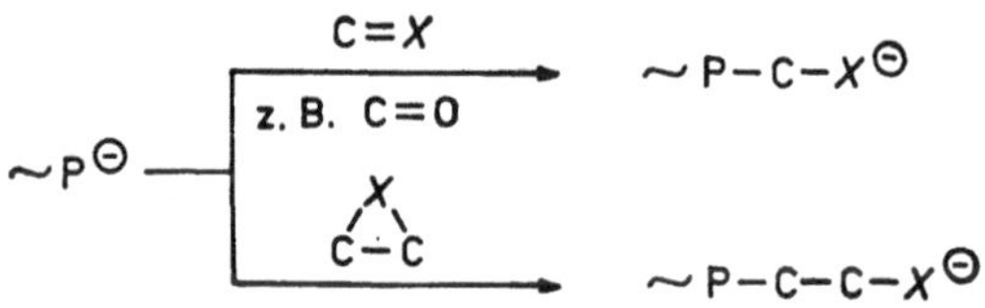

(LXI)

In (LXI) bedeutet *X* z. B. Sauerstoff oder Schwefel. Nach diesem Schema ist z. B. die Empfindlichkeit anionischer Polymerisationen gegenüber CO_2 verständlich, das mit dem Kettenende unter Bildung des mesomeriestabilisierten Carboxylatanions reagiert und damit ein Weiterwachsen der Ketten verhindert. In Umkehrung zur kationischen Polymerisation können die anionischen Kettenenden im Prinzip durch Hydridabspaltung unter Bildung einer endständigen Doppelbindung abgebrochen werden (LXII). Dieser Prozeß ist mit einer sehr hohen Aktivierungsenergie verbunden. Oberhalb Raumtemperatur wird jedoch auch die allmähliche Desaktivierung des lebenden Polystyrolanions nach der Reaktion (LXII) formuliert [584, 585]. Auch in Systemen mit Al—C-Bindungen soll die Hydridabspaltung eine Rolle spielen [459].

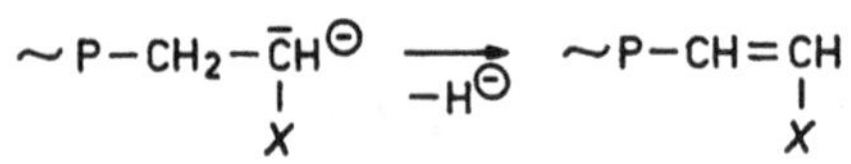

(LXII)

Bei Dienpolymerisationen wurden auch Isomerisierungsreaktionen der Kettenträger zu sehr stabilen und damit der Wachstumsreaktion nur schwer oder gar nicht mehr zugänglichen Carbanionen beschrieben [460]. Einige spezielle Abbruchreaktionen sind bei polaren Monomeren gefunden worden. Es muß allerdings bemerkt werden, daß die Folgerung auf Kettenabbruch oft aus dem unvollständigen Monomerverbrauch resultiert. Bei der starken Tendenz zu Nebenreaktionen der polaren Gruppen und der in der Regel nicht bekannten vollständigen Produktanalyse der Polymerisation ist dieser Schluß jedoch nicht gerechtfertigt. In Formel (XIII) wurde bereits ein Beispiel einer konkurrierenden Substitutionsreaktion am Monomeren gezeigt.

Als weiteres Beispiel sei die Reaktion von Phenyl-Li mit Methylmethacrylat genannt [445], die besonders bei höheren Temperaturen als Abbruchschritt auftreten soll (LXIII). Bei derartigen Reaktionen wird auch von „Pseudo-Abbruchreaktionen" gesprochen [13], da nur durch „Veränderung der Reaktivität" von Monomerem und Initiator infolge der Substitutionsreaktion die eigentliche Wachstumsreaktion zum Stillstand kommt. Zu den Pseudo-Abbruchreaktionen würden auch intramolekulare Ringschlußreaktionen am Kettenende zu zählen sein, wie sie ebenfalls bei polaren Monomeren diskutiert wurden [445, 459].

$$CH_2{=}C(CH_3){-}COOCH_3 \;+\; Ph\text{Li} \;\longrightarrow\; CH_2{=}C(CH_3){-}CO\,Ph \;+\; \text{LiOCH}_3 \qquad \text{(LXIII)}$$

Wenn schließlich das in Reaktion (LX) austretende $X^{\ominus}$ auf Carbanionen erweitert wird, so kann in Abhängkgkeit von deren Reaktivität Kettenabbruch oder auch Kettenübertragung erfolgen. Die Kettenübertragung kann nach dem allgemeinen Schema einer Metallierungsreaktion aufgefaßt werden (LXIV).

$$\sim P^{\ominus}Mt^{\oplus} \;+\; H{-}R \;\longrightarrow\; \sim P{-}H \;+\; R^{\ominus}Mt^{\oplus} \qquad \text{(LXIV)}$$

Als potentielle Kettenüberträger kommen Monomere, Polymere (z. B. tert. Protonen), Lösungsmittel sowie auch Initiatorfragmente in Frage [371, 376].

Monomerübertragung wurde im Falle der anionischen Polymerisation von Acrylnitril beschrieben, als Folge der hohen Acidität des tertiären α-Protons [461] (s. dazu LXV).

$$\sim CH_2{-}\overset{\ominus}{\bar{C}}H(CN) \;+\; CH_2{=}CH(CN) \;\longrightarrow\; \sim CH_2{-}CH_2(CN) \;+\; CH_2{=}\bar{C}^{\ominus}(CN) \qquad \text{(LXV)}$$

Wie an anderer Stelle erwähnt, sind derartige Übertragungsreaktionen in starkem Maße von der Polarität der *Mt*—C-Bindung abhängig. Zum Beispiel wurde bei der Polymerisation des α-Methylstyrols mit *R*—K eine Monomerübertragung nahegelegt, nicht dagegen mit *R*—Na- bzw. *R*—Li-Initiatoren [449].

Eindeutig erwiesen sind Lösungsmittelübertragungen [376]. Bei der Polymerisation von Dienen konnte gezeigt werden, daß die Lösungsmittelübertragung zunimmt, wenn das Ionisationspotential des Alkalimetalls abnimmt und zum anderen die Protonenaktivität des Lösungsmittels in der folgenden Reihe zunimmt [449]:

$$\text{Benzol} < \text{Cumol} < \text{Isobutylen} < \text{Toluol}$$

In Gemischen von *THF*/Toluol enthalten im Falle der Natrium-initiierten Butadienpolymerisation die Polymerisate Benzylgruppen [462]. Bei einer Toluolkonzentration von 2,6 Mol/*l* überwiegt offenbar die Kettenübertragung des Toluols, da praktisch alle Ketten eine Benzylgruppe enthalten. Als Beispiel für die Lösungsmittelübertragung wird diese Reaktion mit Toluol formuliert (LXVI).

$$\begin{aligned} &\sim P^{\ominus} \;+\; Ph{-}CH_3 \;\longrightarrow\; \sim P{-}H \;+\; \overset{\ominus}{|}CH_2{-}Ph \\ &Ph{-}\overset{\ominus}{\bar{C}}H_2 \;+\; M \;\longrightarrow\; Ph{-}CH_2{-}M^{\ominus} \;\text{usw.} \end{aligned} \qquad \text{(LXVI)}$$

In gleicher Weise wirken die Dihydroprodukte des Biphenyls und des Naphthalins bei der Dienpolymerisation [463]. Mit lithiumorganischen Initiatoren findet man auch in polaren Lösungsmitteln (z. B. *THF* [464]) Kettenübertragungen, wobei entweder Metallierung am α—C-Atom zur Freisetzung des Protons eintritt oder eine Ringöffnung des Lösungsmittels erfolgt [376]. Derartige Übertragungsreaktionen scheinen neben der Natur des Lösungsmittels, der Polarität der *Mt*—C-Bindung und der Temperatur auch stark vom Monomeren abzuhängen. So wurde z. B. für die mit But.-Li initiierte Styrolpolymerisation in Toluol nur eine Übertragungskonstante von $5 \cdot 10^{-6}$ gefunden [465].

Weitere Beispiele von Übertragungsreaktionen des allgemeinen Typs nach (LXIV) werden in [376] referiert. Im Hinblick auf die in diesem Abschnitt behandelten Verteilungsfunktionen des Molekulargewichtes sei ergänzend bemerkt, daß die hier diskutierten Übertragungsmechanismen vor allem aus der gefundenen Polydispersität der Polymerisate gefolgert wurden, womit wiederum der Nutzen derartiger Untersuchungen für den Mechanismus unterstrichen wird. Insgesamt dürfte jedoch für die kettenlimitierenden Reaktionen, besonders bei polaren Monomeren, noch weiteres Material erforderlich sein.

4.5. Stereoregulierung und Mikrostruktur bei anionischen Polymerisationen

Im Abschnitt 2.2. wurde im Zusammenhang mit der koordinativen Polymerisation und in Abschnitt 3.8. am Beispiel der kationischen Polymerisation bereits auf die Stereoregulierung eingegangen. Nach Kenntnis dieser Sachverhalte ist verständlich, daß auch bei der anionischen Polymerisation, die den stereoregulierenden Elementarakt beeinflussenden Größen von gleicher Natur sein werden, wie in den vorgenannten Fällen. So werden wir auch in diesem Abschnitt die Polarität der *Mt*—C-Bindung oder nach erfolgter Ionisation die „Dichte" des entsprechenden Ionenpaars und dessen veränderte Ladungstrennung durch Gegenion, Lösungsmittel, Temperatur usw. als Wurzel der Stereoregularität erkennen.

Aus diesem Grunde soll die Wiederholung prinzipieller Sachverhalte auf ein Mindestmaß reduziert bleiben, zumal die endgültige Sicherheit über den Mechanismus der Stereoregulierung bei der anionischen Polymerisation auch nicht größer ist als bei den Beispielen in den oben angeführten Abschnitten 2.2. und 3.8. Weiterhin soll die Darlegung auf die Stereoregularität bei der Vinylpolymerisation und die Beeinflussung der Mikrostruktur bei der Dienpolymerisation (vgl. 2. XXX) beschränkt bleiben.

Umfangreiche Untersuchungen zur Stereoregulierung mit anionisch wirkenden Initiatoren wurden am Styrol durchgeführt [466, 467, 468, 469]. Zu ihrer Beurteilung muß wieder in homogene und heterogene Reaktionsführung unterschieden werden. Unter homogenen Bedingungen sind nach bisherigen Kenntnissen nur lithiumorganische Initiatoren zur taktischen Styrolpolymerisation geeignet. Bei

Beachtung folgender Punkte wird hochkristallines isotaktisches Polystyrol erhalten [371]:

1. Niedrige Reaktionstemperatur (—20 bis —40 °C)
2. Verwendung von Kohlenwasserstoffen als Lösungsmittel (Hexan, Cyclohexan u. a.). In aromatischen Lösungsmitteln (Benzol) ist der kristalline Anteil bereits sehr gering und bei Zugabe von Donatoren (Äther, *THF*) oder bei Vorhandensein von Alkylhalogeniden (aus der Initiatordarstellung) wird nur ataktisches Polystyrol gebildet.
3. Der Alkylrest des Lithium-Initiators muß eine Normalkette haben (z. B. n-But.-Li)

Vor allem auf Grund der in Punkt 2. enthaltenen Befunde wird angenommen, daß die Assoziate des P—Li (vgl. Abschnitt 4.3.2.) für die Stereoregulierung verantwortlich sind [467]. Mit Erhöhung der Polarität (Alkylhalogenide) oder bei Donatorzusatz (*THF*, aromatische Lösungsmittel) verringert sich der Assoziationsgrad und damit offenbar auch die Stereoregularität. Es gibt allerdings gegenwärtig noch keine befriedigende Erklärung dafür, weshalb entsprechend Punkt 3. diese Wirkung der Assoziate auf normalkettige Lithiumorganoverbindungen beschränkt ist. Sterisch motivierte Unterschiede beim Herantreten des Monomeren an unterschiedlich fest assoziierte Initiatoren (z. B. n-But.-Li und tert. But.-Li) würden verständlich sein, sollten sich jedoch bereits zwei oder drei Elementarschritte vom Kettenanfang entfernt nicht mehr auswirken, da die wachsende Spezies dann in allen Fällen gleich sein müßte. Wenn man davon ausgeht, daß die Wachstumsreaktion unter den angegebenen Bedingungen nach (II) über polare Li—C-Bindungen oder über „enge Kontaktionenpaare“ verläuft, ist die „Koordinierung“ des Monomeren am wachsenden Kettenende von der am wenigsten gehinderten Seite her durchaus plausibel (vgl. dazu auch Bild 26 und die dortigen Ausführungen).

Die Wahrscheinlichkeit, daß der zur elektronischen Umgruppierung führende Übergangszustand immer gleich konfiguriert ist, d. h. mit hoher Selektivität gebildet wird, steigt bekanntlich mit abnehmender Reaktivität (vgl. allgem. Grundlagen in Kap. 1. und 2., z. B. Zusammenhänge um Bild 6). Nun ist die Reaktivität bei der Initiierung mit n-Alkyl—Li auf Grund der Festigkeit der Assoziate im allgemeinen geringer als bei den Initiatoren mit verzweigten Alkylgruppen (vgl. auch Erläuterungen um Bild 28), d. h. es werden pro Zeiteinheit weniger Ketten gestartet, die aber nun bei vergleichbarer Wachstumsgeschwindigkeit in einer Umgebung mit durchschnittlich höherer Monomerkonzentration wachsen. Bei der in unpolaren Medien ohnehin sehr langsamen Bruttoreaktion und der bereits früher erwogenen Möglichkeit (vgl. Abschnitt 4.3.2.), daß auch das Monomere an nichtstöchiometrischen Kontaktaggregaten mit statistischer Konfiguration beteiligt sein könnte, erscheint es möglich, daß das Verhältnis zwischen Initiierungs- und Wachstumsgeschwindigkeit die Selektivität der Wachstumsreaktion prägt und damit der sterische Effekt der Assoziation indirekt in die Stereoregulierung eingeht. Alle die Reaktivität erhöhenden Faktoren, wie polare Zusätze oder Temperaturerhöhung verhindern die Selektivität und damit auch die Stereoregularität. Im Gegensatz zu lösungsmittelgetrennten Ionenpaaren, deren Dissoziation mit abnehmender Temperatur zunimmt (s. Seite 217), dürfte im vorliegenden Falle (Kontaktionenpaare) die Ladungstrennung durch polare Zusätze und Temperaturerhöhung gleichermaßen gefördert werden, so daß damit auch die Wahrscheinlichkeit für die Aufeinanderfolge eines zur isotaktischen Polymerisation führenden Übergangszustandes mit stets gleicher Konfiguration stark abnimmt. Natürlich sind die vorgenannten Folgerungen weitgehend hypothetisch und müßten, soweit dies möglich ist, experimentell überprüft werden.

Auch die höheren Alkaliorgano-Initiatoren bewirken eine stereoregulierte Polymerisation des Styrols, allerdings ausnahmslos unter heterogenen Bedingungen. So liefert z. B. n-Amyl-Na in Hexan bei −20°C ein zu 80% isotaktisches Polystyrol. Mit Triphenylmethyl-K wird in Hexan ebenfalls takisches Polystyrol erhalten, während der gleiche Katalysator unter homogenen Bedingungen in Benzol nur zu ataktischem Polymeren führt [469]. Rubidium- und Cäsiumalkyle oder spezielle Katalysatoren der zweiten Gruppe (aus Ca und $Zn(C_2H_5)_2$ dargestellt [470]), die ausschließlich heterogen vorliegen (auch in Benzol oder bei Substanzpolymerisation), bilden ebenfalls taktisches Polystyrol, wobei die Kristallinitätsanteile mit 10−20% (in siedendem Heptan) relativ niedrig sind. Insgesamt wird angenommen, daß in diesen Fällen die Stereoregulierung eine Folge der Heterogenität des Systems ist und die Polymerisation an der Katalysatoroberfläche abläuft (vgl. Abschnitt 2.2.).

Wesentliche Erkenntnisse zur stereoregulierten Vinylpolymerisation in Abhängigkeit von den Reaktionsbedingungen, wurden auch am Methylmethacrylat (*MMA*) gewonnen [471, 472, 473, 474]. Auch bei diesem Monomeren ist die Stereoregularität in stärkerem Maße von den Reaktionsbedingungen, insbesondere dem Medium abhängig. In Schema (LXVII) ist der mit 9-Fluorenyllithium initiierte Polymerisationstyp (bezüglich der Stereoregularität) des *MMA* unter verschiedenen Reaktionsbedingungen angegeben [13].

MMA + 9-Fluorenyl-Li

$\xrightarrow[-60°C]{\text{Glykoldimethyläther}}$ *syndiotaktisch*

$\xrightarrow[-60°C]{\text{Toluol}}$ *isotaktisch*

$\xrightarrow[\text{Äther, z.B. Dioxan; } -60°C]{\text{Toluol + Zusätze anderer}}$ *„Stereoblockcopolymere" mit syndiotakt. u. isotakt. Sequenzen*

(LXVII)

Die in (LXVII) zusammengefaßten Resultate werden prinzipiell auch bei analogen Reaktionsbedingungen erhalten. So liefert die Initiierung mit n-But.-Li in Toluol ebenfalls isotaktsiches *PMMA*, während in Pyridin, flüssigem NH_3 oder *THF* syndiotaktisches *PMMA* bevorzugt entsteht. Diese Befunde veranlassen zur Verallgemeinerung, daß die Polymerisation von *MMA* in unpolaren Lösungsmitteln bevorzugt isotaktisch und in polaren Lösungsmitteln bevorzugt syndiotaktisch erfolgt. Es sei jedoch daran erinnert, daß *MMA* offenbar besonders günstige Voraussetzungen zur taktischen Polymerisation besitzt, da selbst unter radikalischen Bedingungen bei tiefen Temperaturen isotaktische Polymere erhalten wurden (vgl. Kap. 2.). Wie hier nicht näher erläutert werden kann, werden für die Stereoregularität des *MMA* besondere konfigurative Gegebenheiten der ersten drei Kohlenstoffatome einer wachsenden Kette verantwortlich gemacht [473]. Insgesamt zeigen die mit *MMA* unter verschiedenen Reaktionsbedingungen erhaltenen Resultate bei homogener Reaktionsführung folgende Tendenz:

1. In unpolaren Lösungsmitteln (aromatische Lösungsmittel mit π-Donatorcharakter, z. B. Toluol) werden bei geringem Grad der Ladungstrennung und daher bevorzugt über Kontaktionenpaare (oder stark polare *Mt*—C-Bindungen) verlaufender Wachstumsreaktion (analog II) vorrangig isotaktische Polymere gebildet. Die Häufigkeit gleichkonfigurierter Verknüpfungskohlenstoffatome wäre als Ergebnis einer Vierzentrenreaktion mit sterischer Vororientierung verständlich.
2. In polaren Lösungsmitteln (n-Donatoren mit starker Kationensolvatation; z. B. Äther, Amine) werden bei starker Ladungstrennung (getrennt solvatisierte Ionenpaare bis zur Beteiligung freier Ionen) bevorzugt syndiotaktische Polymere gebildet.
   Die alternierende Konfiguration der Verknüpfungskohlenstoffatome kann mit dem Aufbau einer unsymmetrischen Solvathülle am Kettenträger (verursacht durch sterische Gegebenheiten und Relaxationseffekte im Gleichgewicht: Solvatation $\leftrightharpoons$ Desolvatation) in Verbindung gebracht werden. Obwohl in diesem Falle der wechselweise Angriff des Monomeren an den asymmetrischen Kettenträger durchaus plausibel erscheint, dürfte eine experimentelle Sicherung dieser Hypothese schwer fallen.
3. Schließlich gelten die vorgenannten Punkte nur bei tiefen Temperaturen. Bei Temperaturerhöhung und damit zunehmender Reaktivität verschwindet die Selektivität der Wachstumsreaktion und es werden vorrangig ataktische Polymere gebildet.

Die Punkte 1. und 2. schließen ein, daß mit Veränderung der Solvatation durch Zusätze polarer Stoffe in unpolaren Medien [475] oder bei Veränderung der Gruppengröße am Monomeren [476] und dgl., die statistische Häufigkeit der sterisch einheitlichen Wachstumsschritte von den beiden extremen Möglichkeiten gleicher oder entgegengesetzter Konfiguration mehr oder weniger stark abweichen kann. Die Bildung von „Stereoblockcopolymeren" dürfte dabei mehr einer Ausnahme als der Regel entsprechen.

Bei der mit But.-Li in Toluol initiierten stereospezifischen Polymerisation von Methacrylsäureestern, die am Alkylrest der Estergruppe Heteroatome mit besonderer Koordinationsneigung zum Gegenion haben (O, N, S), wird der isotaktische Anteil gegenüber *MMA* reduziert, da sich offenbar die „innere Koordinierung" des Heteroatoms mit dem Gegenion in Konkurrenz zur sterischen Vororientierung des Monomeren im Wachstumsschritt befindet [482].

Dieser Befund würde die Annahme der Wachstumsreaktion entsprechend Punkt 1. stützen.

Auf Seite 57 wurde bereits die Möglichkeit unterschiedlicher Verknüpfungen im Wachstumsschritt der Dienpolymerisation erörtert (vgl. Schema 2. XXX). Die am intensivsten untersuchten Diene sind Isopren und Butadien, wobei besonders dem erstgenannten infolge der möglichen Gewinnung eines cis-1,4-Polymerisates, mit den dem Naturkautschuk entsprechenden Eigenschaften große Bedeutung zukommt. Die Verteilung der Mikrostruktur (Strukturisomere und geometrische Isomere) im Polymerisat läßt Hinweise auf die Natur des Zwischenzustandes der Wachstumsreaktion und damit auf den Reaktionsmechanismus zu. Aus diesem Grunde soll hier kurz auf einige experimentell gefundenen Abhängigkeiten der Verteilung der Mikrostruktur und deren mögliche Ursachen eingegangen werden. Zur ausführlicheren Information sei auf die Übersichten in [91] und [477] sowie die dort zitierte Literatur verwiesen.

Ergänzend zu Schema 2. XXX, das sich auf Butadien bezog, muß zunächst bemerkt werden, daß neben den cis- und trans-1,4-Strukturen und dem 1,2-Anteil der Vinylpolymerisation beim Isopren noch ein 3,4-Anteil auftreten kann. Zur besseren Übersicht sind die Mikrostrukturen des Polyisoprens in (LXVIII) noch einmal zusammengestellt.

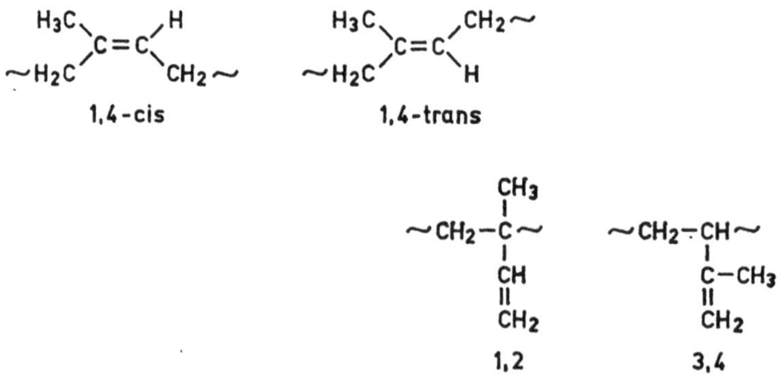

(LXVIII)

Auf die mögliche Taktizität der 1,2- bzw. 3,4-Strukturen kann in diesem Rahmen nicht eingegangen werden.

Einen wesentlichen Effekt auf die Mikrostruktur der anionischen Isoprenpolymerisation übt das Gegenion aus. Wie Tab. 42 zeigt, ist der Einfluß verschiedener Alkylreste am Initiator gegenüber der Natur des Metallions gering [478].

Tabelle 42. Verteilung der Mikrostruktur bei der Isoprenpolymerisation in Abhängigkeit vom Gegenion (nach Daten aus [13, 91] und [477]).

Initiator (Medium)	Mikrostruktur [in %]			
	cis-1,4	trans-1,4	1,2	3,4
Li (Subst.)	93	0	0	7
Li (Pentan)	94	0	0	6
But.-Li(Pentan)	93	0	0	7
Na(Heptan)	0	46	9	45
Äthyl-Na(Pentan)	6	42	7	45
K (Subst.)	0	55	9	36
Rb (Subst.)	5	47	8	39
Cs (Subst.)	4	51	8	37

Aus Tab. 42 entnimmt man weiterhin, daß nur bei der Polymerisation mit Li als Gegenion ein cis-1,4-Anteil von über 90% entsteht, während alle weiteren Alkaliionen zu überwiegendem trans-1,4- und 3,4-Strukturanteil führen. Die Verteilung der Mikrostruktur entspricht bei der Substanzpolymerisation durch Alkalimetalle oder Alkalialkyle ebenso wie in unpolaren Medien in etwa den Zahlen in Tab. 42. Wesentliche Verschiebungen dieser Verhältnisse ergeben sich jedoch bereits beim Zusatz polarer Lösungsmittel (besonders mit Donatorcharakter) oder noch stärker bei der Polymerisation in polaren Lösungsmitteln. Der Lösungsmitteleinfluß auf die Mikrostruktur der Isoprenpolymerisation wird durch Tab. 43 veranschaulicht [13, 91].

Tabelle 43. Lösungsmittelabhängigkeit der Mikrostruktur bei der Isoprenpolymerisation (nach Daten aus [91] und [13]).

Initiator	Lösungsmittel	Mikrostruktur [in %]			
		cis-1,4	trans-1,4	1,2	3,4
Li	Pentan	93	0	0	7
Li	Diphenyläther	82	0	0	18
Li	Methylphenyläther	64	0	0	36
Li	Diäthyläther	0	49	5	46
Li	*THF*	0	33	16	51
Na	Pentan	0	43	6	51
Na	Cyclohexan	29	29	0	42
Na	Diphenyläther	0	62	7	31
Na	Diäthyläther	0	33	12	55
Na	*THF*	0	33	13	54
K	Heptan	0	55	9	36
K	Diphenyläther	0	65	7	28
K	Diäthyläther	0	51	10	39
K	*THF*	0	48	16	36

Im Gegensatz zu den Daten nach Tab. 42 treten in polaren Lösungsmitteln stärkere Unterschiede im Verhältnis der Mikrostruktur auf, wenn anstatt von Alkalimetallen die entsprechenden Alkalialkyle zur Initiierung eingesetzt werden. Tabelle 44 enthält einige Beispiele, die mit den Daten in Tab. 43 verglichen werden können.

Tabelle 44. Lösungsmittelabhängigkeit der Mikrostruktur bei der Isoprenpolymerisation mit But.-Li als Initiator [91].

Initiator	Lösungsmittel	Mikrostruktur [in %]			
		cis-1,4	trans-1,4	1,2	3,4
But.-Li	Pentan	93	0	0	7
But.-Li	Cyclohexan	80	15	0	5
But.-Li/2*THF*	Cyclohexan	68	19	0	13
But.-Li	*THF*	0	0	26	74

Für die anionische Butadienpolymerisation ist die Verteilung der Mikrostruktur anders als beim Isopren, trotzdem zeigen die Abhängigkeiten vom Gegenion oder dem Lösungsmittel anloge Tendenzen wie in den vorgenannten Beispielen. Tabelle 45 zeigt den Lösungsmitteleinfluß auf die Butadienpolymerisation. Während zwischen aliphatischen und aromatischen Kohlenwasserstofflösungsmitteln kaum Unterschiede in den Strukturanteilen bestehen, wirken sich polare Lösungsmittel beträchtlich aus. Wie auch beim Polyisopren nimmt der cis-1,4-Anteil bei Erhöhung der Lösungsmittelpolarität ab und die „Vinylpolymerisation" (1,2- bzw. 1,2- und 3,4-Verknüpfung) gegenüber der „Dienpolymerisation" (1,4-Verknüpfung) zu.

Tabelle 45. Lösungsmittelabhängigkeit der Mikrostruktur bei der Butadienpolymerisation mit n-But.-Li bei 20 °C (nach Daten aus [91]).

Lösungsmittel	Mikrostruktur [in %] cis-1,4	trans-1,4	1,2
Hexan	33	55	12
Benzol	36	52	12
Benzol/*THF* (9:1)	20	19	61
Benzol/*THF* (1:9)	18	14	68
Benzol/Diäthyläther (1:1)	13	29	58
THF	9	12	79

Schließlich sei noch der Temperatureinfluß auf die Verteilung der Mikrostruktur erwähnt. Die mit n-But.-Li in Cyclohexan initiierte Butadienpolymerisation zeigt über einen relativ weiten Temperaturbereich (−30 °C bis +150 °C) eine bemerkenswerte Konstanz des cis-1,4-Anteils (um 40%), während der trans-1,4-Anteil bei Temperaturerhöhung etwas abfällt (55 → 47%) und der 1,2-Anteil in gleichem Maße ansteigt (4 → 12%) [479, 91].

Aus den experimentellen Befunden über die Verteilung der Mikrostruktur bei der Isopren- und Butadienpolymerisation wurden nun folgende Verallgemeinerungen bezüglich des Mechanismus der Wachstumsreaktion getroffen [480, 481, 371].

1. In unpolaren Lösungsmitteln oder bei der Substanzpolymerisation liegt die Li—C-Bindung in starkem Maße als polarisierte kovalente Bindung vor und bildet das Koordinationszentrum für einen „Sechsring-Übergangszustand", der das im Wachstumsschritt angreifende Monomere in seiner cisoiden Form enthält. Diese Form wird bei der elektronischen Umgruppierung im Wachstumsschritt während der „Weitergabe" des Lithiums an das C-Atom „Vier" am hinzutretenden Monomeren beibehalten, so daß die cis-Struktur der wachsenden Kette stets erhalten bleibt. Zur Illustration dient Schema (LXIX).
   Mit zunehmendem Grad der Ladungsverschiebung in der *Mt*—C-Bindung bei den elektropositiveren Alkalimetallen oder durch polare Lösungsmittel entfallen die Voraussetzungen nach (LXIX) (vgl. Tab. 42—45).

2. In polaren Lösungsmitteln liegen Ionenpaare unterschiedlich starker Ladungstrennung vor. Die Koordinierung eines zweiten Diens an das Ionenpaar befindet sich in Konkurrenz zur Solvatation. Abhängig vom Gegenion (z. B. Lage unbesetzter *d*-Orbitale), vom Lö-

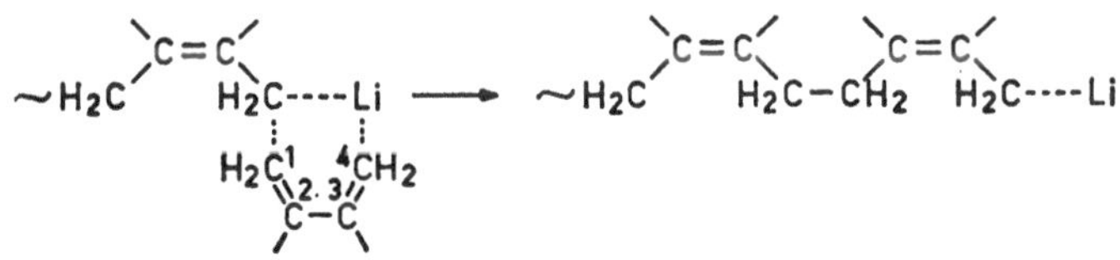

(LXIX)

sungsmittel (Basizität) und weiteren Parametern geht die Fähigkeit zur Bildung der cis-1,4-Struktur nach (LXIX) verloren und es entsteht entweder die gegenüber (LXIX) thermodynamisch stabilere trans-1,4-Form oder das durch Reaktion mit „nur einer Doppelbindung" denkbare Vinylpolymerisat. Letzteres überwiegt schließlich in stark solvatisierenden Medien (z. B. *THF*).

Die in den beiden vorstehenden Punkten skizzierten Hypothesen über den Wachstumsmechanismus und die daraus resultierende Verteilung der Mikrostruktur bei der Polymerisation von Isopren und Butadien führt somit auf die gleiche Wurzel zurück wie bei der Stereoregulierung der Vinylpolymerisation, nämlich auf den Grad der Ladungstrennung im Zwischenzustand (vgl. auch Abschnitt 3.8.). Obwohl eine ganze Reihe experimenteller Ergebnisse zumindest der Tendenz nach entsprechend diesen Annahmen erklärt werden können, bleiben einige Fragen offen. So ist der Einfluß des Assoziationsgrades (Viskositätsabhängigkeiten s. [91] und dortige Literatur) oder der Homogenität der Reaktion auf die Mikrostruktur gegenwärtig nicht befriedigend geklärt. Auch die Einflüsse, die das Verhältnis zwischen „Vinylpolymerisation" und eigentlicher „Dienpolymerisation" bestimmen, sind noch nicht recht durchsichtig.

4.6. Zur anionischen Polymerisation polarer Mehrfachbindungen und zur Ringöffnungspolymerisation

Das Ziel dieses Abschnittes besteht nicht in einer systematischsn Behandlung der in der Überschrift genannten Polymerisationstypen. Es geht uns vielmehr darum, der bisherigen Behandlung anionischer Polymerisationen einen Kurzkommentar anzufügen, der ohne Wiederholung von „diametral-analogen" Sachverhalten bei der kationischen Polymerisation von Reaktionszentren mit Heteroatomen (Abschnitt 3.5. und 3.6.) auf einige wesentliche Probleme der anionischen Initiierung derartiger Monomere aufmerksam macht. Die Berechtigung, diese Polymerisationstyen in Parallele zur Vinyl- bzw. Dienpolymerisation zu diskutieren, erscheint ohnehin zweifelhaft. Das wird von Spezialfällen (z. B. Formaldehyd) abgesehen durch folgende Besonderheit erhärtet.

1. Die „Initiierungsreaktionen", wie z. B. eine Addition von Metallorganoverbindungen an heteronukleare Mehrfachbindungen (LXX) oder die Öffnung von Heteroringen durch

starke Basen (LXXI) sind lange bekannt. Beispiele finden sich in jedem Lehrbuch der organischen Chemie (z. B. Grignard-Reaktion, Addition von Phenyl-Li an Carbonylgruppen usw.).

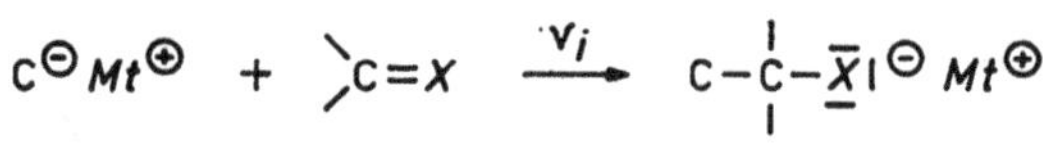

(LXX)

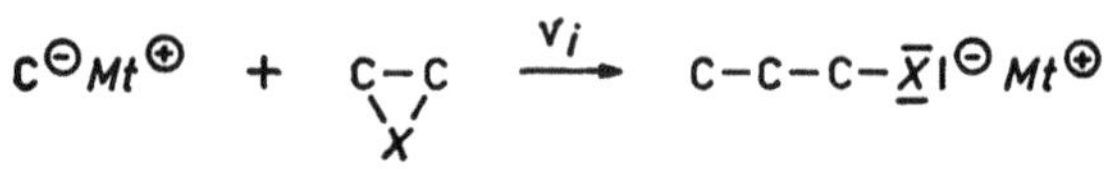

(LXXI)

Nach (LXX) und (LXXI) entstehen bei $X = O$, N oder S sog. Oxeniat-, Azeniat- bzw. Sulfeniat-Ionen, deren $X^{\ominus}Mt^{\oplus}$-Bindung in vielen Fällen stabiler ist als die „initiierende" $C^{\ominus}Mt^{\oplus}$-Bindung. Aus diesem Grunde erfolgt nur bei besonderen stereoelektronischen Voraussetzungen im Monomeren (hohe Polarisierbarkeit der $C{=}X$-Bindung; starke Spannung des Heteroringes) eine Wachstumsreaktion entsprechend den allgemeinen Formulierungen in (LXXII) und (LXXIII).

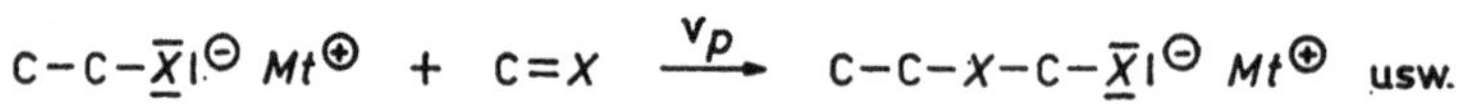

(LXXII)

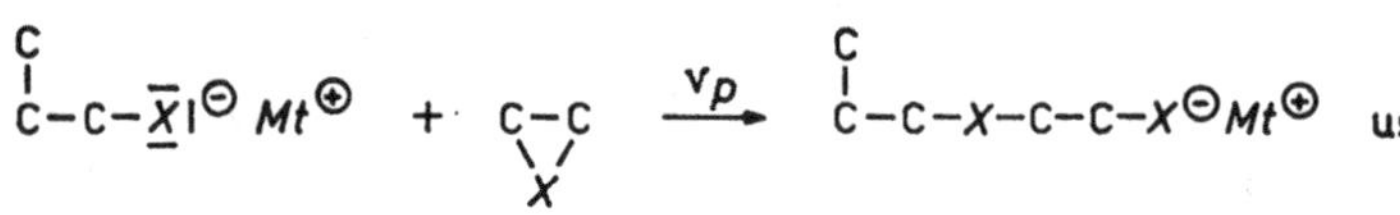

(LXXIII)

2. Die in Punkt 1. genannten Heteroatome besitzen auf Grund ihrer freien Elektronenpaare eine besonders hohe Koordinationsfähigkeit gegenüber Elektronenmangelbindungen (z. B. Kationen). Aus diesem Grunde erfolgt in Abhängigkeit von den Reaktanden (Initiator, Monomeres) und den Reaktionsbedingungen (Medium, Temperatur) eine mehr oder minder starke „Primärkoordination" des Monomeren am Kation bzw. dem kationoiden Teil des Reaktionszentrums. Man spricht daher auch in derartigen Fällen von einer anionisch-koordinativen Polymerisation [382, 483], die nach den Darlegungen in Abschnitt 2.2. eigentlich nicht zum Gegenstand der hier behandelten Mechanismen gehört.

Aufschlußreiche Hinweise über die Natur des Reaktionsmechanismus konnten vor allem bei der Polymerisation bifunktioneller Monomere erhalten werden. So hat sich z. B. für die mit $(C_2H_5)_3Al$ initiierte Polymerisation von Vinylketonen zeigen lassen, daß mit der Vereinigung der Reaktanden eine schnelle Komplexbildung erfolgt zwischen der im Vergleich zur Doppelbindung basischeren Carbonylgruppe und dem Aluminium (LXXIV). Die sich anschließende langsame Polymerisation führt auf Grund der durch die Komplexbildung erhöhten „Elektrophilie der Vinyldoppelbindung" zu einem hochmolekularen Vinylpolymerisat. Daneben entstehen Oligomere gemischter Strukturen, deren Bildung wahrscheinlich auf die Komplexbildung am Anfang der Reaktion zurückzuführen ist [382].

Wie hier zwischen den Reaktivitätsunterschieden der Vinyl- und der Carbonylgruppe, kann bei der Polymerisation von Epoxyaldehyden auch zwischen der Tendenz zur Ringöffnungspolymerisation oder der Polymerisation über die Carbonylgruppe eine Aussage getroffen werden [483]. Bei der Initiierung von 2,3-Epoxybutanal [483] oder 2,3-Epoxypropanal [484] mit Aluminiumorganover-

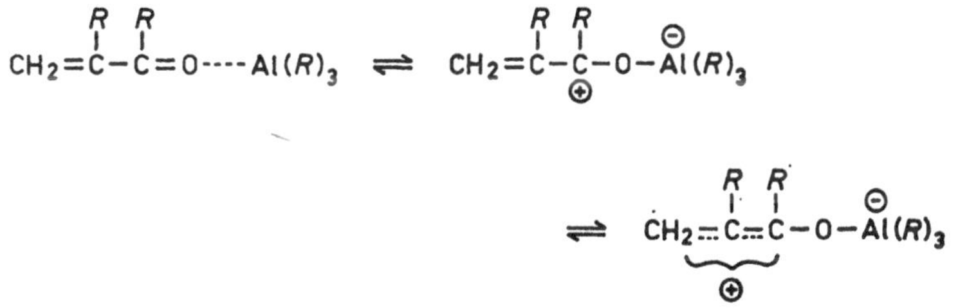

(LXXIV)

bindungen (Triäthylaluminium oder Aluminiumisopropylat) werden ebenfalls primäre Komplexbildungen angenommen, die in Abhängigkeit von den Reaktionsbedingungen sowohl zwischen dem Carbonylsauerstoff als auch dem Epoxysauerstoff und dem Aluminium gebildet werden können. Durch die unterschiedliche Aktivierung der beiden polymerisationsfähigen Gruppen infolge der Primärkoordination am Initiator kann die Ringöffnung oder die Reaktion der heteronuklearen Mehrfachbindung bevorzugt werden. Das Schema (LXXV) soll diesen Sachverhalt verdeutlichen, ohne näher auf die Mechanismen derartiger Testmonomere für anionisch-koordinative Polymerisationen einzugehen. Isomerisierungen und Folgereaktionen der zunächst noch intakten funktionellen Gruppen erschweren endgültige Klärungen der Reaktionsmechanismen ganz erheblich.

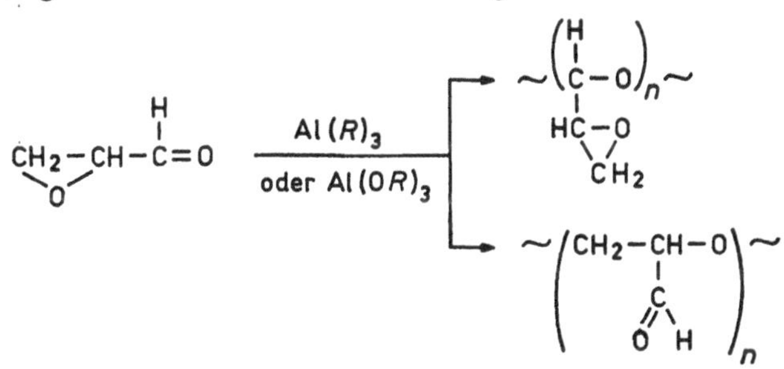

(LXXV)

Wie bei der Vinylpolymerisation, so ist auch bei der anionischen Polymerisation von Reaktionszentren mit Heteroatomen für den Mechanismus von allgemeiner Bedeutung, ob die Initiierung (z. B. mit Naphthalin-Na) durch Elektronenübertragung oder durch Bildung einer kovalenten Bindung erfolgt (vgl. S. 198). In den beiden folgenden Unterabschnitten von 4.6. soll an jeweils einem Beispiel (Formaldehyd und Äthylenoxid) auf derartige Aspekte und damit verbundene Konsequenzen für den Mechanismus der Polymerisation eingegangen werden.

4.6.1. Zur anionischen Polymerisation von Formaldehyd

Die Polymerisation aliphatischer Aldehyde kann mit den üblichen anionischen Katalysatoren eingeleitet werden [485, 486, 487, 488]. Bei Monomeren mit aciden Wasserstoffatomen am α—C-Atom, wie z. B. dem Acetaldehyd unterliegt jedoch die normale Polymerisation einer Reihe von Nebenreaktionen, die lediglich zu Dimeren bis Oligomeren führen. Im Falle des Acetaldehyds wird durch die hohe Basiziät anionischer Katalysatoren ein Proton abgespalten und durch Weiterreaktion mit dem Monomeren lediglich das Aldol-Anion gebildet (LXXVI).

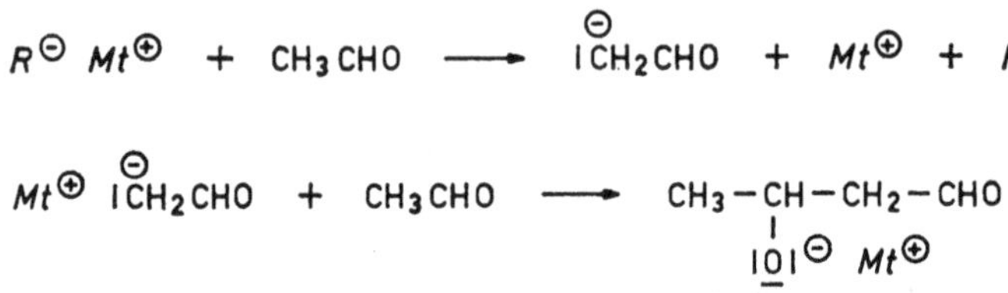

(LXXVI)

Daß die geringe Polymerisationstendenz der Aldehyde mit α-Protonen nicht auf sterische Ursachen zurückzuführen ist (wie bei entsprechenden Ketonen), zeigt die Polymerisationsfähigkeit von am α—C-Atom substituierten Aldehyden.

So kann z. B. Trichloracetaldehyd(Chloral) bei —78 °C in *THF* mit Naphthalin-Na, But.-Li und anderen metallorganischen Katalysatoren leicht polymerisiert werden [485, 488]. Unter Einhaltung der in Abschnitt 4.4. (vgl. Seite 226) formulierten Reaktionsbedigungen erhält man lebendes Polychloral. Auf Grund der niedrigen „ceiling-Temperatur“ von 11 °C konnten das Polymerisations-Depolymerisationsgleichgewicht sehr gut untersucht und die damit verbundenen thermodynamischen Daten (vgl. Abschnitt 1.1.) erhalten werden ($\Delta H_p = -3{,}5$ kcal/Mol; $\Delta S_p = -12$ cal/Mol · Grad [488]). Andererseits ist die bei Raumtemperatur erfolgende Depolymerisation zu verhindern, wenn das endständige Oxeniat-Ion durch Protonierung oder Acetylierung stabilisiert wird (LXXVII).

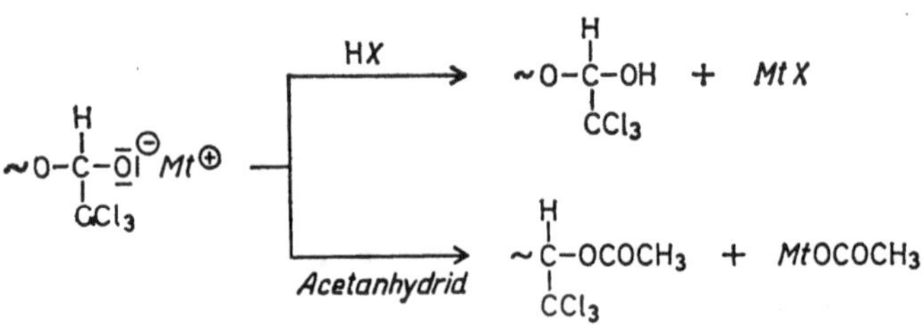

(LXXVII)

Die genannten Fakten sollen eigentlich nur verdeutlichen, daß im Gegensatz zum Acetaldehyd bei fehlenden Protonen am α—C-Atom ein ganz normaler Wachstumsmechanismus nach (LXXII) abläuft. Aus der Feststellung lebender Polymere gelten damit auch für die kettenlimitierenden Reaktionen dieser anionischen Polymerisation über heteronukleare Doppelbindungen die gleichen Betrachtungen wie im Falle der Vinylmonomere im Abschnitt 4.4.

Da beim Formaldehyd keine Nebenreaktionen von der in (LXXVI) angegebenen Art möglich sind, ist der Ablauf des Polymerisationsmechanismus an diesem Monomeren eingehender untersucht worden [487, 489]. Infolge der Einfachheit des Mechanismus analog (LXXII), konnten hier vor allem Aussagen über die

Initiierung gemacht werden, wenn diese mit Radikalanionen (z. B. Naphthalin-Na) erfolgt. Während Vinylmonomere und Diene bevorzugt durch Elektronenübertragung (s. Abschnitt 4.2.) initiiert werden, ergab die umfassende Produktanalyse der Formaldehydpolymerisation mit Naphthalin-Na eine Initiierung durch Bildung einer kovalenten Bindung [487]. Der Nachweis von Naphthalin als Nebenprodukt, von Dihydronaphthalingruppen im Polymeren und die Feststellung, daß pro Makromolekül zwei Katalysatormoleküle verbraucht werden, legte die Formulierung des folgenden Initiierungsmechanismus nahe (LXXVIII).

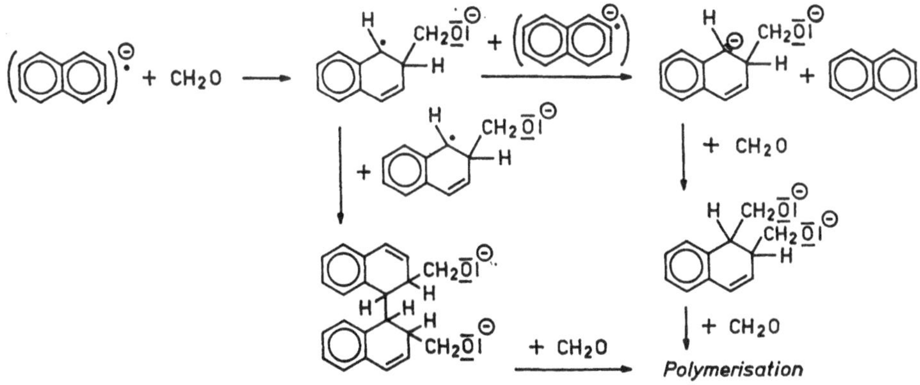

(LXXVIII)

Interessanterweise soll bei der Reaktion von Naphthalin-Na mit Benzaldehyd die Elektronenübertragung begünstigt sein, wie aus dem Farbübergang des grünen Radikalanions des Naphthalin-Na zum roten Radikalanion des Benzaldehyds gefolgert wurde [487]. Damit käme der Dianionbildung nach (LXXVIII) im Falle des Formaldehyds eine gewisse Ausnahmerolle bei der anionischen Polymerisation zu. Das vorhandene Material läßt jedoch noch keine umfassende Verallgemeinerung zu, da die „Aldehydpolymerisation" mit Ausnahme des Formaldehyds auf Grund der niedrigen „ceiling-Temperaturen" bei tiefen Temperaturen durchgeführt werden muß und weiterhin das Reaktionssystem dabei durch Gelbildung oder direkte Niederschlagsbildung heterogen wird. Sowohl die Produktanalyse bei tiefen Temperaturen (zur Vermeidung der Depolymerisation) als auch der „Einschluß" aktiver Zentren in Gelen oder festen Partikeln engen die Aussagefähigkeit derartiger Untersuchungen über eventuelle Mechanismen stark ein.

Die Möglichkeit einer einfacheren Produktanalyse beim Polyformaldehyd gestattete auch Untersuchungen der Initiierung mit ungeladenen Lewis-Basen, wie z. B. tertiären Aminen oder Phosphinen [490]. Am Beipiel der anionischen Polymerisation von Formaldehyd mit tertiären Aminen sollen die beiden in der Diskussion befindlichen Mechanismen formuliert werden. Das Schema (LXXIX) stellt den sogenannten „Zwitterionenmechanismus" dar [489, 491], während in

Schema (LXXX) die Initiierung auf die cokatalytische Wirkung von Wasser oder Methylenglykol zurückgeführt wird [490].

$$(R)_3N| + H_2C{=}O \longrightarrow (R)_3\overset{\oplus}{N}{-}CH_2{-}\overline{\underline{O}}|^{\ominus} \xrightarrow{+\,n\cdot CH_2O} (R)_3\overset{\oplus}{N}{-}CH_2{-}(OCH_2)_n{-}\overline{\underline{O}}|^{\ominus} \qquad \text{(LXXIX)}$$

$$H_2O + H_2C{=}O \rightleftharpoons HO{-}CH_2{-}OH \xrightarrow{+\,(R)_3N|} HO{-}CH_2{-}\overline{\underline{O}}|^{\ominus} + H{-}\overset{\oplus}{N}(R)_3 \qquad \text{(LXXX)}$$

$$HOCH_2{-}\overline{\underline{O}}|^{\ominus} + n\cdot H_2C{=}O \longrightarrow HO{-}CH_2{-}(OCH_2)_n{-}\overline{\underline{O}}|^{\ominus}$$

Durch Endgruppenanalyse von Polyformaldehyd, der durch Initiierung mit Triäthylamin in Dimethylformamid bei 20 °C erhalten wurde, konnte der cokatalytische Mechanismus nach (LXXX) gesichert werden. Im Vergleich zur Anzahl der aktiven anionischen Zentren (Bestimmung der Äthoxylendgruppen aus dem gezielten Kettenabbruch durch Äthyljodid [490]) ist die Anzahl quartärer Ammoniumendgruppen unbeträchtlich. Dagegen scheint die Polymerisation des Formaldehyds mit tertiären Phosphinen (z. B. Triphenylphosphin) über Zwitterionen im Initiierungsschritt zu verlaufen, wie aus dem Phosphorgehalt der umgefällten Polymere geschlossen werden konnte [490].

Abschließend sei erwähnt, daß die experimentelle Schwierigkeit, monomeren Formaldehyd sorgfältig zu trocknen, einerseits eine Entscheidung zwischen den vorgenannten Initiierungsmechanismen einschränkt und andererseits durch Wasserspuren die zu erwartenden lebenden Polymere desaktiviert werden. Auch die außerordentliche Empfindlichkeit der anionischen Formaldehydpolymerisation gegenüber CO_2 kennzeichnet die Möglichkeit des Kettenabbruchs durch Bildung stabiler Carbonatendgruppen (LXXXI).

$$\sim CH_2{-}O{-}CH_2{-}\overline{\underline{O}}|^{\ominus} + CO_2 \rightleftharpoons \sim CH_2{-}O{-}CH_2{-}O{-}C\begin{smallmatrix}\nearrow \overline{\underline{O}}|^{\ominus} \\ \searrow O\end{smallmatrix} \qquad \text{(LXXXI)}$$

4.6.2. *Zur anionischen Polymerisation von Äthylenoxid*

Im Abschnitt 3.6. wurde gezeigt, daß die Monomerreaktivität bei der kationischen Ringöffnungspolymerisation unter anderem eine Funktion der Ringgröße ist. Dies trifft in noch stärkerem Maße auf die anionische Ringöffnungspolymerisation zu. Praktisch ergeben nur dreigliedrige Heterocyclen eine Polymerisation, während bereits viergliedrige Heterocyclen einer zusätzlichen elektronegativen Gruppe (z. B. Carbonylgruppe in Lactonen [492] oder Thiolactonen [493]) bedürfen, um die nucleophile Ringöffnung an der $\overset{\delta+}{C}{-}\overset{\delta-}{X}$-Bindung im Wachstumsschritt durch das bei der Initiierung entstandene Oxeniat-Ion zu bewirken. In gleicher Weise ist auch der Mechanismus der anionischen Polymerisation von Lactamen (z. B. des technisch wichtigen Caprolactams) zu deuten, wo die Carbonylgruppe oder mit dieser koordinierende Elektrophile (z. B. Kationen) die Kohlenstoff-Stickstoff-Bindung so stark schwächen, daß sie durch Azeniat-Ionen gespalten werden kann. Fünfgliedrige oder sechsgliedrige Heterocyclen wie z. B. *THF*, Pyran, Piperidin usw. führen nicht zur anionischen Polymerisation und werden z. T. als relativ stabile Lösungsmittel verwendet. Zwar kann unter geeigneten Bedingungen deren basische Ringöffnung bewirkt werden, die entstehenden $-X^{\ominus}Mt^{\oplus}$-Bindungen sind jedoch wie in Abschnitt 4.6. bereits erwähnt, stabiler als die $-C^{\ominus}Mt^{\oplus}$-Bindungen und vermögen daher die $C-X$-Ringbindung nicht zu spalten.

Dagegen sind höhergliedrige Heterocyclen mit mehreren Heteroatomen (z. B. Dioxolan, Trioxan oder sechs- und achtgliedrige Siloxane [495, 496, 497] der anionischen Polymerisation zugänglich. Hier bewirken die Heteroatome in Nachbarschaft der zu spaltenden $C-X$-Bindung eine Erhöhung deren Elektrophilie, in ähnlicher Weise, wie oben im Falle von Carbonylgruppen im Heteroring angedeutet wurde.

Für die leichte anionische Polymerisation der dreigliedrigen Heterocyclen (Epoxide, Episulfide) ist somit einerseits die starke Ringspannung im Monomeren und andererseits die Basizitätsverminderung beim Übergang zu kleineren Ringen (vgl. Abschnitt 3.6., Seite 144) verantwortlich zu machen. Auf den letztgenannten Faktor weist auch die Tatsache hin, daß z. B. Äthylenoxid bereits durch Alkoholate initiiert werden kann. Der entstehende Zwischenzustand vermag bei einer dem Initiator vergleichbaren Basizität (praktisch ebenfalls „Alkoholat") die Wachstumsreaktion forzusetzen (LXXXII).

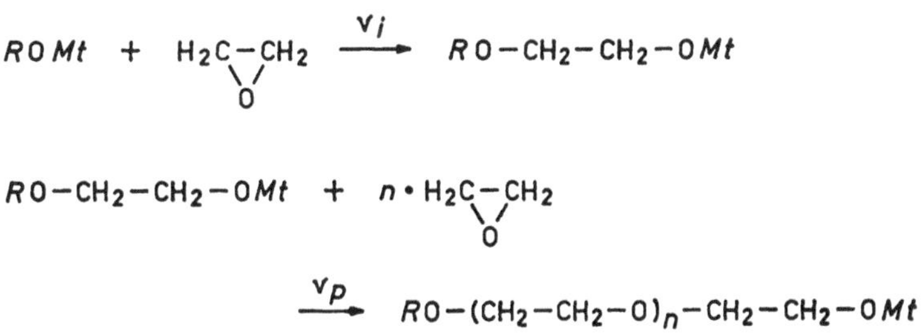

(LXXXII)

Selbstverständlich ist die Geschwindigkeit der beiden Reaktionen in (LXXXII) wieder vom Medium und dem Gegenion abhängig. Die Fähigkeit des Initiators oder der Kettenträger zur nucleophilen Ringöffnung ist daher ebenfalls als Funktion der Ladungstrennung und den damit verbundenen Aspekten (Nucleophilie des $X^{\ominus}$; Koordinationsbestreben des $Mt^{\oplus}$; Temperatureinfluß auf die Dissoziation) zu sehen. In Schema (LXXXIII) ist ein denkbarer Übergangszustand für die Ringöffnungspolymerisation formuliert [494].

Aus der Formulierung in (LXXXIII) geht gleichzeitig hervor, daß es sich hier

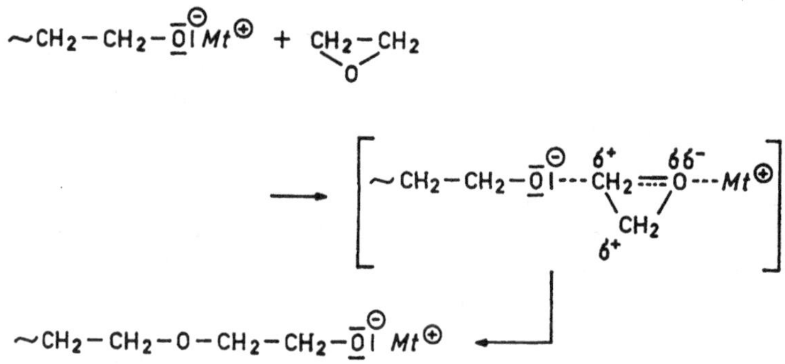

(LXXXIII)

um einen typischen „S_N-Mechanismus" handelt, wie er in 3.6. für die kationische Ringöffnungspolymerisation beschrieben wurde. Der Unterschied im Charakter des Elementaraktes bestände darin, daß die durch das Oxonium-Ion stark elektrophile $C-\overset{\oplus}{O}$-Bindung bereits durch das relativ „schwach basische" Monomere geöffnet werden kann, während es im Falle der anionischen Polymerisation mit dem Oxeniat-Ion einer stärkeren Base zur Ringöffnung bedarf, wobei hier allerdings die Elektrophilie des reagierenden Monomeren durch das Gegenion entsprechend (LXXXIII) mehr oder weniger erhöht werden kann. Schema (LXXXIV) soll dies verdeutlichen.

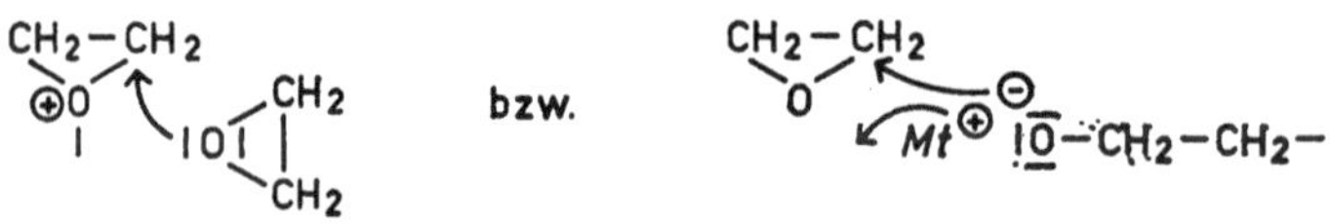

(LXXXIV)

Damit ergibt sich die gleiche Feststellung wie in Kap. 3., nämlich die Vergleichbarkeit der Bedingungen und Einflußfaktoren auf den Elementarakt auch der anionischen Ringöffnungspolymerisation mit der entsprechenden Vinylpolymerisation, nicht dagegen mit dem Verlauf der elektronischen Umgruppierung als dem „eigentlichen" Mechanismus der Reaktion.

In unserer bisherigen Betrachtung haben wir stillschweigend vorausgesetzt, daß die anionische Ringöffnungspolymerisation als „Substitutions-Mechanismus" durch Bildung einer kovalenten Bindung initiiert wird. Das scheint in der Regel auch der Fall zu sein, wenn Radikalionen zur Initiierung eingesetzt werden [498, 499]. Für die Initiierung des Äthylenoxids mit Naphthalin-Na wird ein ähnlicher Mechanismus formuliert, wie wir ihn in Abschnitt 4.5., Formel (LXXVIII) angegeben haben. Schema (LXXXV) enthält den vereinfachten Mechanismus [498].

Obwohl bei der anionischen Ringöffnungspolymerisation die Initiierung durch Bildung einer kovalenten Bindung vorherrschen dürfte, sind auch Beispiele für Elektronenübertragung beschrieben worden. So konnte gezeigt werden, daß die Initiierung der Polymerisation von Styroloxid durch Anionradikale aromaticher Nitrile bzw. Ketone nach dem Mechanismus der Elektronenübertragung erfolgt, während Äthylenoxid unter gleichen Bedingungen über eine kovalente Bindung

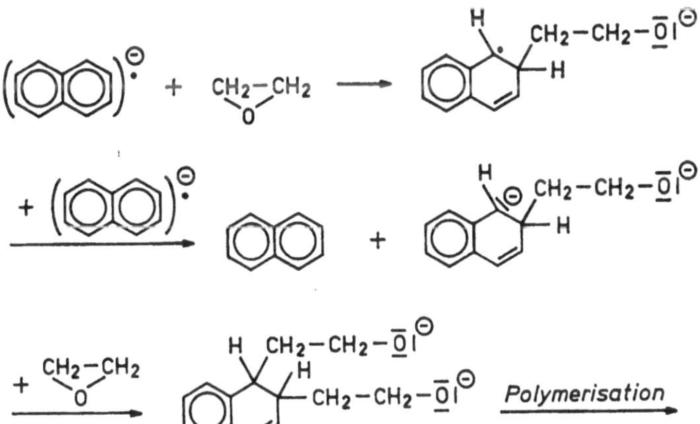

(LXXXV)

geöffnet wird [500]. Möglicherweise kann die Elektronenübertragung beim Styroloxid durch eine bessere Stabilisierungsmöglichkeit des bei der Initiierung entstehenden Anionradikals erklärt werden (LXXXVI).

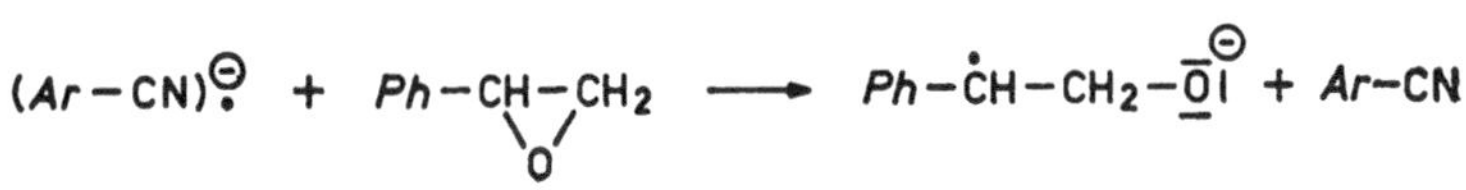

(LXXXVI)

Eine Initiierung durch Elektronenübertragung wurde auch für die anionische Ringöffnungspolymerisation von Episulfiden durch Naphthalin-Na beschrieben [501].

5. Ionische Copolymerisation

Untersuchungen über die Copolymerisation aus Mischungen von zwei oder mehr Monomeren sind vorrangig in der Patentliteratur beschrieben, da die zu erhaltenden Produkte praktisches Interesse beanspruchen. Von besonderem Interesse sind dabei Eigenschaftskombinationen, wie z. B. Wärmebeständigkeit und Elastizitätsverhalten oder dielektrisches Verhalten und Filmbildungsvermögen und dergleichen mehr. Naheliegenderweise zeigen strukturell sehr ähnliche Monomere (z. B. Butadien/Isopren oder Acrylester/Methacrylester) als Copolymerisate keine besonderen Eigenschaftsänderungen gegenüber den Homopolymerisaten. Der Versuch zur Kombination von Monomeren mit erheblich unterschiedlicher stereoelektronischer Natur ist jedoch apriori mit der „Überwindung“ relativ großer Reaktivitätsunterschiede verbunden. Nicht selten bilden Monomere keine Homopolymere, wohl dagegen Copolymere [502]. In anderen Fällen ist die Homo- und Copolymeirisation eines Monomerenpaares nicht innerhalb eines Mechanismus möglich. Ein vielzitiertes Beispiel, das sogar als Testgemisch zur Diagnose des Mechanismus empfohlen wird, ist Styrol/Methylmethacrylat [503]. Werden mit einem zu überprüfenden Katalysatorsystem Copolymere erhalten, so wird ein radikalischer Mechanismus angezeigt (vgl. allerdings Abschnitt 5.3., Copolymerisation durch Elektronenübertragung). Mit kationisch wirkenden Katalysatoren polymerisiert nur Styrol und mit anionisch wirkenden nur Methylmethacrylat aus der Mischung.

Nicht selten polymerisieren bestimmte Monomerenpaare zwar nach einem Mechanismus, aber mit derartig unterschiedlicher Geschwindigkeit, daß praktisch ein Gemisch aus Homopolymerisaten entsteht (vgl. Abschnitt 5.1., S. 266). Andererseits kennt man Fälle, wo die Copolymerisation gegenüber der Bildung von Homopolymerisaten begünstigt ist und im Polyadditionsschritt die Monomeranlagerung ständig wechselt (I; alternierende Copolymerisation)

$$\sim M_1 - M_2 - M_1 - M_2 - M_1 - M_2 \sim \qquad \text{(I)}$$

Im allgemeinen hat man jedoch mit einer statistischen Verteilung der Monomere im Copolymerisat zu rechnen (II; statistische Copolymerisation).

$$\sim M_1 - M_1 - M_2 - M_1 - M_1 - M_1 - M_2 - M_2 \sim \qquad \text{(II)}$$

Wenn im Falle der statistischen Monomerverteilung im Copolymerisat die Zusammensetzung der Monomermischung und des Copolymerisates gleich ist, so liegt eine sog. „ideale Copolymerisation“ vor. Die Mehrzahl der Copolymerisate weicht davon mehr oder weniger stark ab. In statistischen Copolymerisaten bezeichnet man eine Folge gleicher Monomere als Sequenz und die Zahl der darin enthaltenen Monomeren als die Sequenzlänge [594]. Beim Vorliegen sehr großer Sequenzlängen spricht man von „Blockcopolymeren“, zu deren Herstellung besonders ionische Mechanismen ohne Abbruch- und Übertragungsreaktionen geeignet sind, da nach Verbrauch des Monomeren M_1 durch dosierte Zugabe des Monomeren M_2 dessen Block am lebenden Kettenende weiterwachsen kann und nach dessen Verbrauch wieder mittels M_1 oder M_3 weitere Blöcke anwachsen können (III).

$$\begin{aligned} &- M_1 - M_1 - M_1 - M_1 - M_2 - M_2 - M_2 - M_2 - M_2 - M_1 \\ &- M_1 - M_1 - M_1 - \end{aligned} \qquad \text{(III)}$$

Auf eine besondere Art der Copolymere, die durch Pfropfpolymerisation (nach radikal. oder ion. Mechan.) hergestellt werden, sei hier nur ergänzungshalber hingewiesen. Die Pfropfung eines „fremden Monomeren“ kann am Polymerrückrat (IV) oder auch an Seitengruppen (V) erfolgen.

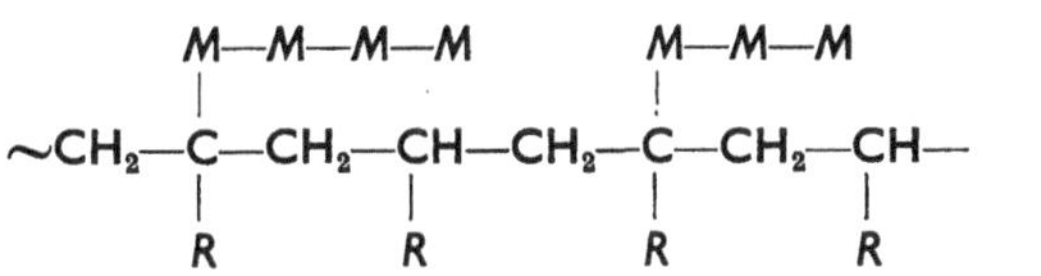

(IV)

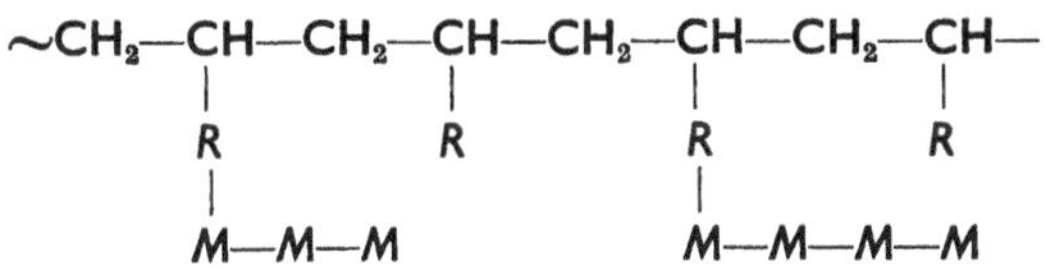

(V)

Ob nun aus einer Monomerenmischung Copolymere entstehen und wenn ja, welche Zusammensetzung diese haben werden, wird im wesentlichen durch die Geschwindigkeitsverhältnisse der am Wachstumsschritt beteiligten Reaktionen bestimmt. Bei zwei Monomeren M_1 und M_2 müssen zur kinetischen Behandlung der Copolymerisation vier Geschwindigkeitsgleichungen berücksichtigt werden (VI).

$$\begin{aligned} &\sim M_1 + M_1 \xrightarrow{k_{11}} \sim M_1M_1; \quad v_{11} = k_{11} \cdot [P_1][M_1] \\ &\sim M_2 + M_2 \xrightarrow{k_{22}} \sim M_2M_2; \quad v_{22} = k_{22} \cdot [P_2][M_2] \\ &\sim M_1 + M_2 \xrightarrow{k_{12}} \sim M_1M_2; \quad v_{12} = k_{12} \cdot [P_1][M_2] \\ &\sim M_2 + M_1 \xrightarrow{k_{21}} \sim M_2M_1; \quad v_{21} = k_{21} \cdot [P_2][M_1] \end{aligned} \qquad \text{(VI)}$$

Das Verhältnis der relativen Reaktivitäten des aktiven Zentrums P_1 mit den

Monomeren M_1 und M_2 sowie von P_2 mit M_1 und M_2 stellt durch die entsprechenden Geschwindigkeitskonstanten aus (VI) die sogenannten „Copolymerisationsparameter“ r_1 und r_2 dar (VII) [505].

$$\frac{k_{11}}{k_{12}} = r_1 \qquad \frac{k_{22}}{k_{21}} = r_2 \tag{VII}$$

Auf der Grundlage von (VI) und (VII) sowie der Annahme stationärer Bedingungen für Bildung und Verbrauch von $[P_1]$ bzw. $[P_2]$ entsprechend (VIII),

$$\frac{d[P_1]}{dt} = \nu_{11} - \nu_{12} = 0 \quad \text{und} \quad \frac{d[P_2]}{dt} = \nu_{22} - \nu_{21} = 0 \tag{VIII}$$

wurde von MAYO und WALLING [506] die „Copolymerisationsgleichung“ abgeleitet (IX).

$$\frac{d[M_1]}{d[M_2]} = \frac{[M_1]}{[M_2]} \cdot \frac{r_1 \cdot [M_1] + [M_2]}{[M_1] + r_2 \cdot [M_2]} \tag{IX}$$

Die Ableitung der Copolymerisationsgleichung ist unabhängig von der Natur der Kettenträger [506].

Bei einer molekülstatistischen Ableitung der Copolymerisationsgleichung [507] ist die Annahme stationärer Bedingungen nicht erforderlich und damit im Prinzip der Geltungsbereich auf eine allgemeinere Basis gestellt. Dieser Ableitung liegt die Annahme zugrunde, daß aus einem Monomergemisch konstanter Zusammensetzung unendlich lange Ketten gebildet werden. In der so erhaltenen Gleichung (X) wird die molekulare Zusammensetzung des Copolymerisats a/b durch die Gewichtsfraktionen aller Sequenzen A bzw. B und die beiden Copolymerisationsparameter r_1 und r_2 ausgedrückt.

$$\frac{a}{b} = \frac{A}{B} \cdot \frac{r_1 A + B}{A + r_2 B} \tag{X}$$

Die Gleichungen (IX) und (X) sind identisch und damit auch bei nichtstationären Bedingungen anwendbar. Die zugrundeliegende Annahme kann außer bei radikalischen Copolymerisationen auch bei anionischen Copolymerisationen in größerem Umfang zutreffen. Durch die fehlenden Abbruch- und Übertragungsreaktionen (vgl. Kap. 4.) kann mit hohen Monomerkonzentrationen (evtl. Substanzpolymerisation) gearbeitet werden, so daß die Zusammensetzung der Monomermischung über einen längeren Zeitraum als konstant gelten kann. Weiterhin ist die Wachstumsreaktion praktisch die einzige „monomerverbrauchende“ Reaktion. Für kationische Copolymerisationen unterliegt die Gültigkeit der zu den Gleichungen (IX) und (X) führenden Annahmen erheblichen Einschränkungen, da einerseits das Stationaritätsprinzip nicht immer zutrifft (vgl. Abschnitt 3.7.) und zum anderen die Ausgangsmonomerkonzentrationen oft zur Vermeidung kettenlimitierender Reaktionen sehr klein sind (10^{-1} bis 10^{-2} Mol/l). In derartigen

Fällen ist keine Konstanz der Zusammensetzung der Monomermischung über einen längeren Zeitraum gewährleistet.

Mit Hilfe der Copolymerisationsgleichung kann nun prinzipiell für beliebige Monomergemische, deren Copolymerisationsparameter bekannt sind, die Zusammensetzung des Copolymerisats berechnet werden. Andererseits sind die Copolymerisationsparameter für eine bestimmte Monomerkombination leicht zu erhalten (aus IX), wenn für ein bekanntes Monomergemisch die Copolymerisatzusammensetzung analysiert wird. In der Praxis werden zur Bestimmung von r_1 und r_2 graphische Verfahren angewendet [508, 509]. Nach FINEMAN und ROSS [509] wird in Gleichung (IX)

$$\frac{d[M_1]}{d[M_2]} = f \quad \text{und} \quad \frac{[M_1]}{[M_2]} = F \quad \text{gesetzt.}$$

Die Gleichung (IX) kann dann folgendermaßen umgeformt werden:

$$\frac{F}{f}(f - 1) = r_1 \cdot \frac{F^2}{f} - r_2$$

Die Auftragung von $\frac{F}{f}(f - 1)$ gegen $\frac{F^2}{f}$ ergibt eine Gerade mit der Neigung r_1 und dem Ordinatenabschnitt $-r_2$.

Für eine große Zahl Monomerkombinationen sind die Copolymerisationsparameter in der Literatur vorhanden [9, 328, 506, 510, 511, 512]. Aus den Absolutbeträgen eines Wertepaares oder dem Produkt aus r_1 und r_2 können bereits nützliche Hinweise für die „Copolymerisationstendenz" entnommen werden. So folgt aus (VII) unmittelbar, daß die Geschwindigkeitskonstanten k_{12} und k_{21} größer sein müssen als k_{11} und k_{22}, wenn eine Copolymerisationsneigung bestehen soll. Letztere ist also um so größer, je kleiner r_1 und r_2 ist. Beim Grenzfall $r_1 = r_2 = 0$ würde z. B. die nach Formel (I) erwähnte alternierende Copolymerisation vorliegen (Maleinsäureanhydrid-Stilben). Sollten beide Parameter größer als 1 sein, so unterliegt die Copolymerisation gegenüber der Homopolymerisationsneigung zur Anlagerung des jeweils eigenen Monomeren. Für sehr hohe Werte über 1 (z. B. r_1; $r_2 \sim 50$) würden praktisch nur Homopolymergemische entstehen. Sind dagegen die Werte nur wenig von 1 verschieden, so nähert sich die Zusammensetzung dem Grenzfall der „idealen Copolymerisation" an, bei $r_1 = r_2 = 1$ (auch als azeotrope Copolymerisation bezeichnet [328]). Eine ideale Copolymerisation (vgl. S. 251) wird auch erreicht, wenn das Produkt der beiden Parameter den Wert 1 ergibt (z. B. $r_1 = 0{,}8$ und $r_2 = 1{,}2$). Mit zunehmender Differenz in den Beträgen der Copolymerisationsparameter, deren Produkt 1 ergibt (z. B. $r_1 = 5$ und $r_2 = 0{,}2$), läßt sich allerdings auf eine zunehmend „einseitige" Sequenzverteilung schließen. Für das in Klammern angegebene Beispiel würde von einem äquimolaren Monomergemisch ausgehend M_1 im Mittel fünfmal schneller an das Kettenende addiert als M_2 und somit das Copolymerisat zu etwa 80% aus M_1 bestehen. In diesem Fall kann angenommen werden, daß M_1 vorwiegend in homogenen Sequenzen (vorwiegend Pentaden) im Copolymeren vorliegt. Aus den r-Werten kann die für qualitative Betrachtungen brauchbare „mittlere Sequenzlänge“ berechnet werden [9] (in XI mit $\bar{n}$ bezeichnet).

$$\bar{n}_1 = \frac{r_1[M_1] - [M_2]}{[M_2]} \quad \text{und} \quad \bar{n}_2 = \frac{[M_1] - r_2[M_2]}{[M_1]} \tag{XI}$$

Auf die Vielfalt der sich aus verschiedenen r_1- und r_2-Kombinationen ergebenden Sachverhalte kann hier nicht eingegangen werden. Zur Illustration sind in Bild 31 einige Copolymerisationsdiagramme aufgezeichnet, wie sie für die hier diskutierten Spezialfälle zutreffend wären. Für weitergehende Informationen muß auf die bereits zitierte Literatur verwiesen werden.

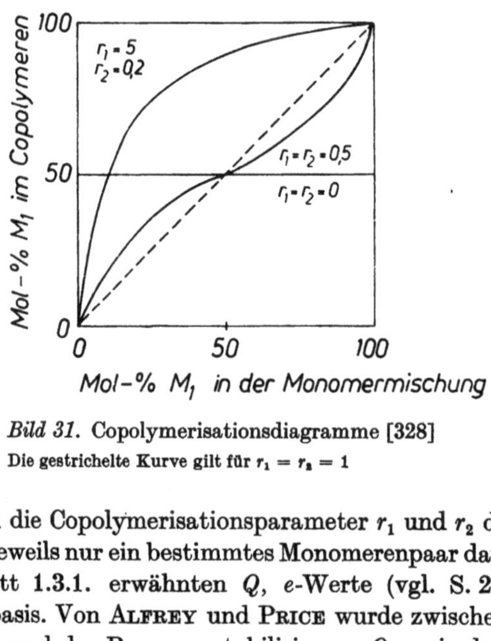

Bild 31. Copolymerisationsdiagramme [328]
Die gestrichelte Kurve gilt für $r_1 = r_2 = 1$

Während die Copolymerisationsparameter r_1 und r_2 die relative Monomerreaktivität für jeweils nur ein bestimmtes Monomerenpaar darstellen, bieten die bereits in Abschnitt 1.3.1. erwähnten Q, e-Werte (vgl. S. 24) [15, 16] eine breitere Vergleichsbasis. Von Alfrey und Price wurde zwischen den Copolymerisationsparametern und der Resonanzstabilisierung Q sowie der Polarität der Monomerdoppelbindung e folgender Zusammenhang abgeleitet (XII).

$$r_1 = \frac{Q_1}{Q_2} \cdot \exp\left[-e_1 \cdot (e_1 - e_2)\right]$$

$$r_2 = \frac{Q_2}{Q_1} \cdot \exp\left[-e_2 \cdot (e_2 - e_1)\right] \tag{XII}$$

Die häufig auf Styrol mit $Q = 1{,}0$ und $e = -0{,}8$ relativierten Q, e-Werte [513] liegen für mehrere Hundert Monomere vor und bieten eine Möglichkeit zur Abschätzung der relativen Monomerreaktivität. Freilich kann von ihnen keine größere Genauigkeit erwartet werden als von den zugrundeliegenden Copolymerisationsparametern. Auch die später neu berechneten Q, e-Werte von SCHWAN und PRICE [16] bieten lediglich eine umfassendere Vergleichsbasis, da die entsprechenden Gleichungen (XIII) in allen Temperaturbereichen anwendbar sind und die Q-Werte in kcal/Mol sowie die e-Werte in elektrostatischen Einheiten erhalten werden.

$$\begin{aligned} Q_2 &= RT \cdot \ln r_1 + Q_1 - 7{,}23 \cdot 10^{20} \cdot e_1(e_1 - e_2) \\ e_2 &= e_1 \pm 0{,}372 \cdot 10^{-10} \, (-RT \cdot \ln r_1 \cdot r_2)^{1/2} \end{aligned} \qquad \text{(XIII)}$$

Trotz ihres empirischen Charakters sind die Q, e-Werte für praktische Zwecke bei radikalischen Copolymerisationen gut geeignet, um abzuschätzen, ob überhaupt mit Copolymeren zu rechnen ist und welche ungefähre Zusammensetzung erwartet werden kann (vgl. z. B. Q, e-Diagramm in [328]). In den Abschnitten 3.1. und 4.1. wurde bei der kationischen bzw. anionischen Monomerreaktivität bereits auf die Versuche hingewiesen, das Q, e-Schema auf ionische Reaktionen zu erweitern. Dabei hatte sich für die anionische Polymerisation eine gewisse Parallelität zur radikalischen Polymerisation ergeben, hinsichtlich der Bereitschaft der Monomeren zur „Aufnahme von Elektronen". Es liegt nahe, daß dies auch für die Copolymerisation zutrifft. Schließlich sollte unter geeigneten Bedingungen (möglichst unpolare Lösungsmittel, lineare Wachstumsreaktion als „einzige" monomerverbrauchende Reaktion) auch bei kationischen Copolymerisationen ein Vergleich zwischen der Reaktivitätsprognose durch das Q, e-Schema und dem Experiment zu sinnvollen Werten führen können. Das dies wirklich zutrifft, soll in Tab. 46 anhand der r_1- und r_2-Werte für die Monomerkombination Styrol/p-Chlorstyrol gezeigt werden. Tatsächlich stimmen die Werte in einem Falle für radikalischen und kationischen Reaktionsverlauf ($SnCl_4/CCl_4$/0 °C) überein, aber bereits beim Wechsel des Katalysators, der Temperatur oder des Lösungsmittels treten Differenzen auf, die bei Monomerenpaaren mit „geringerer struktureller Ähnlichkeit" wesentlich größer sind. So werden z. B. für das System Styrol (M_1)/Chloropren (M_2) mit $BF_3 \cdot OEt_2$ als Katalysator folgende Copolymerisationsparameter gefunden: $r_1 = 15{,}6$; $r_2 = 0{,}24$. Im Gegensatz dazu liegen die Werte für dieses Monomerenpaar nach radikalischem Mechanismus bei: $r_1 = 0{,}005$; $r_2 = 6{,}3$ [531].

Auch die zahlreichen Versuche, das empirische Q, e-Schema theoretisch zu begründen und die relative Monomerreaktivität z. B. durch quantenchemisch er-

Tabelle 46. Copolymerisationsparameter für die Monomerkombination Styrol (M_1) und p-Chlorstyrol (M_2), nach Daten aus [328] und [511].

Katalysator	Lösungsmittel	Temp. [°C]	r_1	r_2
radikalisch	—		2,7	0,35
$SnCl_4$	CCl_4	32	2,7	0,35
$SnCl_4$	CCl_4	0	2,5	0,3
$SnCl_4$	$C_6H_5NO_2$	0	2,2	0,45
$TiCl_4/CCl_3COOH$	$CCl_4/C_6H_5NO_2$; 4:1	0	2,0	0,5
$SbCl_5$	$CCl_4/C_6H_5NO_2$; 1:1	0	1,7	0,55

mittelte Molekülparameter zu ersetzen [514, 515], haben gegenwärtig noch nicht zu befriedigenden Lösungen mit größerer Verallgemeinerungsfähigkeit geführt. So führt die Korrelation experimenteller kinetischer Daten mit theoretischen Werten (*HMO*-Berechnungen [514, 516] zwar zu dem Vorteil von nur einem Reaktivitätsindex (z. B. π-Konjugationsstabilisierungsenergie [514]) anstelle zweier Q, e-Parameter für jedes Monomere, aber die erhaltene Korrelationsgüte (vgl. auch Kap. 6. und [39]) ist ohne Einführung zusätzlicher Parameter aus experimenteller Standardisierung in der Regel nicht befriedigend [517]. So konnte für die radikalische Copolymerisation substituierter Styrole mit Styrol lediglich zwischen den e-Werten des Q, e-Schemas und den Ladungsdichten am Atom C_β des Monomeren eine hinreichend gute Korrelation erhalten werden, während andere Parameter (Bindungsordnung u. a.) keine brauchbaren Resultate lieferten [517]. Wir kommen auf diese Problematik in Kap. 6. noch einmal zurück.

Insgesamt mag klar geworden sein, daß bereits bei der radikalischen Copolymerisation von einer Theorie ihres Ablaufes im strengen Sinne noch nicht gesprochen werden kann. Es bedarf daher keiner Begründung, daß für ionische Copolymerisationen theoretische Verallgemeinerungen gegenwärtig kaum möglich sind. Die außerordentliche Komplexität verschiedener Einflüsse auf die Wachstumsreaktion (Katalysator, Lösungsmittel, sterische Effekte, Temperatur) läßt besonders bei kationischem Mechanismus (Kap. 3.), bis jetzt noch keine theoretische Behandlung der Homopolymerisation und damit natürlich auch nicht der Copolymerisation zu. Im Abschnitt 5.1. werden Beispiele gebracht, wo ein Lösungsmittelwechsel zur Umkehrung der Beträge für die Copolymersationsparameter r_1 und r_2 führt. Abgesehen davon, daß im Gegensatz zur radikalischen Copolymerisation nur sehr wenig Copolymerisationsparameter ionischer Mechanismen in der Literatur vorliegen, ist deren Wert a priori beschränkt, da bei Änderung der äußeren Bedingungen stets ein neues Wertepaar bestimmt werden muß.

Aus diesen Gründen kann in den folgenden Abschnitten wieder nur eine Diskussion von Einzelbeispielen erfolgen, mit Hinweisen über besondere Einflußfaktoren auf die Zusammensetzung des Copolymerisats. Dabei können wir uns auf die allgemeinen Aspekte der ionischen Monomerreaktivität stützen, wie sie in den vorhergehenden Kapiteln (Abschnitte 1.3.1., 3.1. und 4.1.) behandelt wurden. Das gleiche trifft auf die Grundlagen der Beeinflussung der ionischen Elementarreaktionen zu, die ebenfals keiner Wiederholung bedürfen. Somit bleiben einige „Besonderheiten“ und praktische Konsequenzen, soweit sie dem bisherigen geringen Erfahrungsmaterial zu entnehmen sind. Für weitergehende Informationen muß Spezialliteratur eingesehen werden [9, 328, 506, 510, 511, 512].

5.1. Kationische Copolymerisation

Angesichts der in Kap. 3. dargelegten Unsicherheiten über kationische Reaktionsmechanismen liegt nahe, daß für die Copolymerisation zur Zeit noch keine reaktionstheoretischen Verallgemeinerungen möglich sind. Im Vergleich zur radikalischen Copolymerisation existieren ungleich weniger Daten (r_1- und r_2-Werte [511]), die in noch weniger Fällen unter Anwendung subtiler Arbeitstechnik ausdrücklich zur Kenntnis des Reaktionsverhaltens aufgestellt wurden. So kann z. B. der Patentliteratur in der Regel nicht entnommen werden, ob überhaupt Copolymere vorliegen, da über die Ergebnisse einer Fällungsfraktionierung (analytische Zusammensetzung von 10—12 Fraktionen) des vermeintlichen Copolymerisats meist keine Angaben erfolgen. Selbst für die in diesem Abschnitt benutzten Daten kann nicht mit Sicherheit behauptet werden, ob sie bei extremer Reinigungstechnik und Arbeiten in geschlossenen Systemen nicht mehr oder weniger große Veränderungen erfahren würden. Das Anliegen dieses Abschnittes besteht deshalb darin, Erfahrungen und qualitative Verallgemeinerungen mitzuteilen, die für zukünftige Untersuchungen des Mechanismus der kationischen Copolymerisation von Nutzen sein können.

Die Grundlage für die folgende Diskussion bildet die Kenntnis über die Einflußfaktoren auf den Zwischenzustand der Polymerisation, die in Kap. 3. insbesondere in Abschnitt 3.8. behandelt wurden.

In Tab. 47 sind einige Copolymerisationsparameter für Reaktionen nach kationischem Verlauf zusammengestellt [511].

Wie bereits in den voranstehenden Kapiteln erläutert wurde, sind Copolymerisationsuntersuchungen der eigentliche Weg, um relative Reaktivitäten der Kettenträger bzw. der Monomeren abzuschätzen. Erstrebenswert ist dabei eine möglichst umfassende Skala zu erhalten, auf welcher sich z. B. die kationisch polymerisierbaren Monomere anordnen ließen (etwa dem Q, e-Schema vergleichbar). Die Zahl der Variablen bei der Beeinflussung des Zwischenzustandes läßt die Realisierung dieser Forderung gegenwärtig nicht zu. Trotzdem können unter Rückführung auf Standardbedingungen für eine Versuchsvariable ähnliche Abhängigkeiten erwartet werden wie für die Homopolymerisation.

So konnten OVERBERGER und Mitarbeiter [136] bereits vor mehr als 20 Jahren zeigen, daß die relative Reaktivität (nach $r_1 \cdot r_2 = 1$, ausgedrückt durch $1/r_1$) ringsubstituierter Styrole bezogen auf Styrol (oder auch α-Methylstyrol; vgl. auch [518]) eine lineare Abhängigkeit zu den σ-Konstanten nach HAMMETT (Kap. 3., Bild 13) ergibt. Die der Auftragung log $(1/r_1)$ gegen σ zugrundeliegenden Wertepaare sind in Tab. 47 enthalten (Nr. 1 bis 6). Da unter den Standardbedingungen (Temperatur, Katalysator, Lösungsmittel) p-Methoxystyrol zu schnell und m-Nitrostyrol praktisch nicht reagiert, verbleiben relativ wenig Punkte zur Sicherung des Effektes (s. auch weitere Beispiele in [511]). Am Beispiel der kationischen Copolymerisation von ringsubstituierten Phenylvinyläthern konnten jedoch FURUKAWA und Mitarbeiter [137] eine analoge Abhängigkeit nachweisen. Für die in Bild 32 veranschaulichten Daten beträgt der Korrelationskoeffizient $r = 0{,}990$. Dabei blieb der Punkt für m-Methoxyphenylvinyläther unberücksichtigt.

Die Daten in Bild 32 zeigen ebenso wie in Tab. 47 (Nr. 1—9), daß die relative Reaktivität vom Elektronendonator- bzw. Elektronenakzeptorcharakter der Ringsubstituenten geprägt wird. Die Veränderung der Nucleophilie der Monomere

Tabelle 47. Copolymerisationsparameter nach kationischem Mechanismus (nach Daten aus [511])

System-Nr.	M_1	M_2	Temp. [°C]	Katalysator	Lösungsmittel	r_1	r_2
1	Styrol	p-Methoxystyrol	0	$SnCl_4$	$CCl_4/C_6H_5NO_2$ (1:1)	0,01	100
2	Styrol	m-Methoxystyrol	0	$SnCl_4$	$CCl_4/C_6H_5NO_2$ (1:1)	0,9	1,1
3	Styrol	p-Chlorstyrol	0	$SnCl_4$	$CCl_4/C_6H_5NO_2$ (1:1)	2,1	0,35
4	Styrol	m-Chlorstyrol	0	$SnCl_4$	$CCl_4/C_6H_5NO_2$ (1:1)	3,3	0,30
5	Styrol	m-Nitrostyrol	0	$SnCl_4$	$CCl_4/C_6H_5NO_2$ (1:1)	20,0	0,03
6	p-Chlorstyrol	p-Methylstyrol	0	$SnCl_4$	$CCl_4/C_6H_5NO_2$ (1:1)	0,22	4,5
7	p-Chlorstyrol	p-Äthylstyrol	0	$SnCl_4$	$CCl_4/C_6H_5NO_2$ (1:1)	0,29	4,1
8	p-Chlorstyrol	m-Methoxystyrol	0	$SnCl_4$	$CCl_4/C_6H_5NO_2$ (1:1)	0,38	2,6
9	p-Chlorstyrol	p-Bromstyrol	0	$SnCl_4$	$CCl_4/C_6H_5NO_2$ (2:1)	1,0	1,0
10	p-Chlorstyrol	trans-β-Methylstyrol	0	$SnCl_4$	$CCl_4/C_6H_5NO_2$ (1:1)	0,74	0,32
11	p-Chlorstyrol	cis-β-Methylstyrol	0	$SnCl_4$	$CCl_4/C_6H_5NO_2$ (1:1)	1,0	0,32
12	α-Methylstyrol	m-Methoxystyrol	0	$SnCl_4$	$CCl_4/C_6H_5NO_2$ (1:1)	5,0	0,3
13	α-Methylstyrol	p-Methoxystyrol	0	$SnCl_4$	CCl_4	0,3	15
14	α-Methylstyrol	p-Dimethylaminostyrol	0	$SnCl_4$	CCl_4	0,035	31
15	α-Methylstyrol	p-Chlorstyrol	0	$SnCl_4$	CCl_4	15,5	0,35
16	α-Methylstyrol	Styrol	0	$SnCl_4$	C_2H_5Cl	2,90	0,05
17	Styrol	3,4-Dichlorstyrol	23	$AlCl_3$	CCl_4	2,8	0,45
18	Styrol	3,4-Dichlorstyrol	23	$AlBr_3$	CCl_4	6,8	0,0
19	Styrol	3,4-Dichlorstyrol	23	$TiCl_4$	CCl_4	7,2	0,38
20	Styrol	3,4-Dichlorstyrol	23	$BF_3 \cdot O(C_2H_5)_2$	CCl_4	5,9	0,27
21	n-Butylvinyläther	Acenaphthylen	30	$BF_3 \cdot O(C_2H_5)_2$	C_6H_6	1,3	0,38
22	n-Butylvinyläther	Acenaphthylen	0	$BF_3 \cdot O(C_2H_5)_2$	C_6H_6	4,2	0,24
23	n-Butylvinyläther	Acenaphthylen	−20	$BF_3 \cdot O(C_2H_5)_2$	$C_6H_5CH_3$	6,0	0,14
24	n-Butylvinyläther	Acenaphthylen	−78	$BF_3 \cdot O(C_2H_5)_2$	$C_6H_5CH_3$	~20	0,04
25	p-Chlorstyrol	Isobutylen	0	$AlBr_3$	n-C_6H_{14}	1,02	1,01
26	p-Chlorstyrol	Isobutylen	0	$AlBr_3$	$C_6H_5NO_2$	0,15	14,7
27	p-Chlorstyrol	Isobutylen	0	$AlBr_3$	CH_3NO_2	0,7	22,5
28	p-Chlorstyrol	Isobutylen	0	$SnCl_4$	$C_6H_5NO_2$	1,2	8,6
29	p-Chlorstyrol	Isobutylen	0	$SnCl_4$	n-C_6H_{14}	keine Polymerisation	

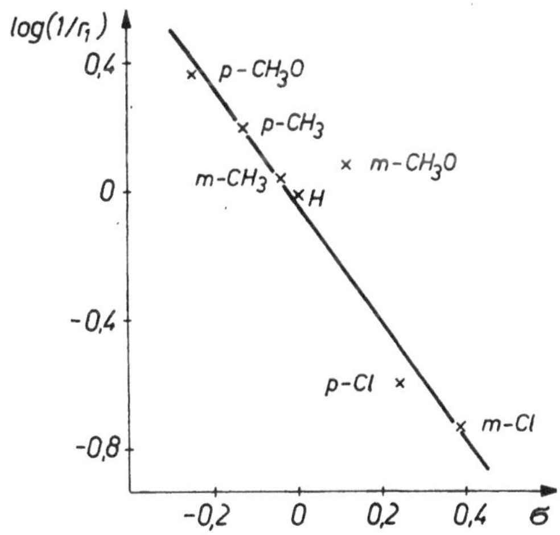

Bild 32. Auftragung des Logarithmus der relativen Reaktivität $(1/r_1)$ substituierter Phenylvinyläther gegen die σ-Werte von HAMMETT (nach Daten aus [137])

sowie der Resonanzstabilisierung im Zwischenzustand erklären die gefundenen Abhängigkeiten zwanglos. Während bei der Copolymerisation substituierter Styrole besonders die Monomeren mit starken Donatorsubstituenten (OCH_3, $N(CH_3)_2$) teilweise erhebliche Abweichungen von der HAMMETT-Geraden zeigen [136, 511], ist das bei den substituierten Phenylvinyläthern nicht der Fall. Möglicherweise wird die Weiterleitung des Resonanzeffektes auf das Reaktionszentrum durch die Anwesenheit eines weiteren Atoms abgeschwächt [137]. Die Reaktionskonstante ϱ ist für beide Reaktionsserien negativ (substit. Styrole —2,03; substit. Phenylvinyläther —1,76) und im Betrag mit dem Wert der Homopolymerisation vergleichbar (s. Kap. 3., Bild 13). Hinsichtlich der elektrophilen Natur des Reaktionsmechanismus haben sich damit erwartungsgemäß keine Veränderungen ergeben.

Am Beispiel der kationischen Copolymerisation von Glycidäthern (XIV) wurde auch der Einfluß aliphatischer Substituenten auf die relative Reaktivität untersucht [519].

$$\underbrace{CH_2-CH}_{O}-CH_2-O-R \quad [\text{mit } R = CH_3,\ C_2H_5,\ Si(CH_3)_3,\ \text{iso-Prop.},\ \text{tert.-But.}] \qquad \text{(XIV)}$$

Die Auftragung von log $1/r_1$ gegen σ^* (nach TAFT, vgl. [39]) ergibt eine vertretbare Linearität, während die TAFTschen E_s-Parameter zur Kennzeichnung des sterischen Einflusses keine lineare Abhängigkeit erkennen lassen. Nach diesen Resultaten wird die Geschwindigkeit der nucleophilen Ringöffnung im Wachstumsschritt (vgl. Abschnitt 3.6.) durch den induktiven Effekt beeinflußt, dagegen nicht durch sterische Gruppenwirkung.

In anderen Fällen spielen jedoch auch sterische Effekte eine Rolle bei kationischen Copolymerisationen. Erwartungsgemäß trifft dies besonders auf Monomere mit 1,2-disubstituierten Doppelbindungen zu [511]. Die Einführung von Alkylgruppen (besonders Methyl-) in Nachbarschaft zum Reaktionszentrum hat einerseits eine Erhöhung der Nucleophilie des Monomeren und eine konjugative Stabilisierung des Kettenträgers zur Folge. Diese „Begünstigung“ der Reaktivität steht andererseits in Konkurrenz zu den sterischen Verhältnissen im Polyadditionsschritt (vgl. Abschnitt 3.1.). Vergleicht man in Tab. 47 die Reaktionen 10 und 11 mit 15 und 16, so dürfte im Falle des α-Methylstyrols der Substituenteneffekt dem sterischen Effekt überlegen sein und die relative Reaktivität bestimmen. Bei Vergrößerung der Alkylgruppe in α-Position erfolgt jedoch eine Umkehr der Reaktivitätsverhältnisse. So ist α-Äthylstyrol bereits weniger reaktiv als p-Chlorstyrol, wenn $SnCl_4$ als Katalysator benutzt wird [520]. Befindet sich nun der Alkylsubstituent in der β-Position (Tab. 47, Nr. 10 und 11), so bestimmt die von der Homopolymerisation 1,2-substituierter Olefine her bekannte Verringerung der Reaktivität entsprechend auch die Copolymerisation [521]. Während die beiden isomeren β-Methylstyrole unter den in Tab. 47 angegebenen Bedingungen mit p-Chlorstyrol noch Copolymere ergeben, bilden die β-Äthylstyrole bereits keine Copolymerisate mehr. In (XV) sind die diskutierten Verhältnisse der relativen Reaktivität alkylsubstituierter Styrole (M_2) mit p-Chlorstyrol (M_1] zur besseren Übersicht herausgestellt [511].

α-Methylstyrol $\gg$ p-Methylstyrol $>$ Styrol $>$ cis- und trans-β-Methylstyrol
r_2 15,5 4,5 2,1 0,3

$>$ cis- und trans-β-Äthylstyrol
r_2 0 (XV)

Aus Tab. 47 geht weiterhin hervor (Nr. 10 und 11), daß auch zwischen geometrischen Isomeren Reaktivitätsunterschiede bestehen können, wie im gegebenen Falle die etwas höhere Reaktivität des trans-β-Methylstyrols im Vergleich zum cis-Isomeren zeigt.

An anderen Systemen wurden ebenfalls Untersuchungen zur Kenntnis sterischer Effekte durchgeführt. Vergleichbare Ergebnisse sind für den Einfluß von β-Alkylsubstituenten (R') auf die kationische Copolymerisation von β-Alkylvinyläthern (XVI) erhalten worden [141, 522].

$$R'\text{—CH}=\text{CH—}OR \qquad \text{(XVI)}$$

Insgesamt reichen die vorliegenden Daten über die sterische Beeinflussung der kationischen Copolymerisation, insbesondere in Relation zu den gleichzeitig wirkenden elektronischen Einflüssen, noch nicht aus, um weitergehende Verallgemeinerungen zu ziehen.

Neben diesen „inneren Einflüssen" (elektronische und sterische) wird die relative Reaktivität der Monomere natürlich in ganz erheblichem Maße von „äußeren Einflüssen" bestimmt. In diese Kategorie der Einflußfaktoren fällt bereits der Katalysator bzw. dessen Wechselwirkung mit dem Cokatalysator, falls ein solcher erforderlich ist. Tabelle 47 enthält einige Angaben (Nr. 17 bis 20), die die Veränderung der Copolymerisationsparameter in Abhängigkeit vom verwendeten Katalysator zeigen [523]. Im System Styrol/p-Chlorstyrol (vgl. auch Tab. 46) wurde dagegen kein gravierender Einfluß des Katalysators beobachtet [524]. Die Widersprüchlichkeit in verschiedenen Literaturangaben, die z. T. die gleichen Copolymerisationssysteme betreffen (vgl. z. B. [511]), ist wahrscheinlich größtenteils auf Unterschiede in der Versuchsdurchführung (Reinigung usw.) zurückzuführen. Dies geht eindeutig aus Untersuchungen von Marvel und Mitarbeitern [525] hervor, die für die Copolymerisation von Butadien und Styrol bei —75 °C in Äthylbromid mit $AlCl_3$ als Katalysator zeigen konnten, daß nur unter „trockenen" Bedingungen reproduzierbare Ergebnisse zu erhalten sind. Zwar hat Styrol unter allen Versuchsbedingungen die größere relative Reaktivität gegenüber Butadien, aber die Zusammensetzung des Copolymerisats hängt außer vom Wassergehalt auch von der Reaktionszeit, der Katalysatorkonzentration und der Polarität des Mediums ab. Es bedarf keiner Beweise, daß die Ursache für dieses Verhalten im Grad der Ladungstrennung des Zwischenzustandes (Abschnitt 3.3.) zu suchen ist, der neben Lösungsmittel- und Temperaturabhängigkeiten besonders durch die Natur des Gegenions bestimmt wird. In Anbetracht der in Abschnitt 3.2.2. geschilderten Problematik über die genaue Kenntnis der Natur und effektiven Konzentration des Gegenions, erscheint es zur Zeit nicht sinnvoll, in diesem Rahmen weitere Literaturdaten zu diskutieren. Verallgemeinernd kann lediglich festgestellt werden, daß mit zunehmender Katalysatoraktivität, womit normalerweise eine höhere Anionstabilität und eine verringerte Wechselwirkung des Anions mit dem elektrophilen Kettenträger verbunden ist, der Einbau des nucleophileren Monomeren in das Copolymerisat zunimmt. Dieser Effekt wird interessanterweise nicht nur bei „rein kationischen" Katalysatoren ($SnCl_4$, $AlBr_3$, $TiCl_4$ usw.) gefunden, sondern auch bei „koordinativen" Mechanismen. Nimmt bei der Copolymerisation von Äthylen und Propylen mit Mischkatalysatoren vom Typ $Al(R)_3/TiX_n$ der Anteil des Titanhalogenids zu, so erhöht sich entsprechend der Propylengehalt im Copolymeren. Die Begünstigung des nucleophileren Monomeren kann noch wesentlich gesteigert werden, wenn die elektrophilen Nebengruppenmetallhalogenide $TiCl_3$, $TiCl_2$ und besonders VCl_3 als Katalysatorkomponenten verwendet werden [526, 527]. Diese Befunde führten zu der Annahme, daß das nucleophilere Monomere aus einer beliebigen Monomerkombination durch stärker kationisch wirkende Katalysatoren in zunehmendem Maße an der Copolymerisation teilnimmt [528]. Ähnliche Befunde der Erhöhung der relativen Reaktivität durch Begünstigung der „kationischen Aktivität" liegen für das System Propylen/Styrol vor [529]. Auch für die Copolymerisation von Trioxan mit 1,3-Dioxolan wurden Aktivitätsunterschiede festgestellt, die auf die unterschiedliche Elektronendichte der in [300] diskutierten Gegenionen $[C_2H_5BF_3]^{\ominus}$ und $[C_2H_5TiCl_4]^{\ominus}$ und die darausfolgende unterschiedliche Beeinflussung der Kettenträger zurückgeführt werden.

Zukünftige Untersuchungen über den Katalysatoreinfluß bei kationischen Copolymerisationen sollten unbedingt unter Standardbedingungen bezüglich der Cokatalysatorkonzentration durchgeführt werden. Nur so sind begründete Annahmen über die Natur und die Konzentration des Gegenions möglich. Weiterhin darf nicht zweifelhaft sein, ob mehr als ein definiertes Gegenion (z. B. $[SnCl_5]^{\ominus}$, $[SnCl_4OH]^{\ominus}$, $[(SnCl_4OH)H_2O]^{\ominus}$ usw.) in der Reaktionslösung vorliegt. Um derartige Eventualitäten auszuschließen, sollten stabile Carbeniumionensalze oder Oxoniumionensalze mit verschiedenen Gegenionen ($PF_6^{\ominus}$, $SbCl_6^{\ominus}$, $BF_4^{\ominus}$; vgl. Abschnitt 3.2.3.) Verwendung finden.

Von den äußeren Einflüssen auf die Copolymerisation müßte auch die Temperaturabhängigkeit der relativen Monomerreaktivität untersucht werden. Gegenwärtig gibt es noch keine zuverlässigen Daten, die zur Ableitung bestimmter „Trends" geeignet wären. Zur Gewinnung derartiger Daten ist es erforderlich, die Temperaturabhängigkeit der Copolymerisationsparameter zu überprüfen, um Hinweise auf Unterschiede im Aktivierungsverhalten (Abschnitt 1.2.1.) der Monomere im Wachstumsschritt zu erhalten. Entsprechend den Ableitungen in Abschnitt 1.2.1. kann die Arrhenius-Gleichung für die Copolymerisation (unabhängig vom Mechanismus) in folgender Form geschrieben werden (XVII) [511].

$$\ln r_1 = (\Delta S_{11}^{\ddagger} - \Delta S_{12}^{\ddagger})/R - (\Delta H_{11}^{\ddagger} - \Delta H_{12}^{\ddagger})/RT$$

bzw. (XVII)

$$\ln r_2 = (\Delta S_{22}^{\ddagger} - \Delta S_{21}^{\ddagger})/R - (\Delta H_{22}^{\ddagger} - \Delta H_{21}^{\ddagger})/RT$$

Aus der Auftragung von $\ln r_1$ bzw. $\ln r_2$ gegen $1/T$ erhält man dann die Differenzen der Aktivierungsenergien bzw. Aktivierungsentropien. Die wenigen Literaturdaten sind sehr widersprüchlich [511]. Für die Copolymerisation von Styrol und p-Chlorstyrol unter den in Tab. 47 angegebenen Bedingungen wurde nur eine geringe Temperaturabhängigkeit gefunden, so daß die Differenzen ($\Delta H_{11}^{\ddagger} - \Delta H_{12}^{\ddagger}$) bzw. ($\Delta H_{22}^{\ddagger} - \Delta H_{21}^{\ddagger}$) nur klein sein können (zwischen 0 bis 1 kcal/Mol). Andererseits zeigen die Versuche 21 bis 24 in Tab. 47 eine beträchtliche Temperaturabhängigkeit der Copolymerisationsparameter.

Generell dürfte zutreffend sein, daß bei strukturell ähnlichen Monomeren (z. B. substituierte Styrole), die Kettenträger vergleichbarer Elektrophilie bilden, der Temperatureinfluß gering sein sollte. In derartigen Fällen kann bei $r_1 \cdot r_2 \approx 1$ folgender Zusammenhang gelten (XVIII):

$$\ln \left(\frac{\Delta S_{11}^{\ddagger} - \Delta S_{12}^{\ddagger}}{\Delta S_{22}^{\ddagger} - \Delta S_{21}^{\ddagger}} \right) \approx 0 \quad \text{und} \quad \Delta H_{11}^{\ddagger} \approx \Delta H_{12}^{\ddagger} \quad \text{bzw.} \quad \Delta H_{22}^{\ddagger} \approx \Delta H_{21}^{\ddagger} \qquad \text{(XVIII)}$$

Mit zunehmender Unterschiedlichkeit der Monomeren im Grundzustand sind naturgemäß auch entsprechende Unterschiede in den Solvatationsverhältnissen bei der Wachstumsreaktion anzunehmen. Damit müssen sich zwangsläufig Unterschiede in der Gegenionwirkung und natürlich auch in der Temperaturfunktion des Gleichgewichtes zwischen Ionen und Ionenpaaren ergeben. Das bedeutet wiederum Unterschiede in der Neigung zu Abbruch- und Übertragungsreaktionen (oder anderen Nebenreaktionen; vgl. Kap. 3.). Ohne detaillierte Ausführungen dieser Problematik dürfte klar sein, daß in diesen Fällen eine mehr oder minder große Abhängigkeit der Copolymerisation von der Temperatur erfolgen sollte. Die gegenwärtigen Kenntnisse vom Chemismus der kationischen Copolymerisation gestatten es nicht, derartige Temperatureffekte den Elementarreaktionen der Kettenbildung zuzuordnen.

Eine wesentliche Rolle bei der kationischen Copolymerisation spielt der Einfluß von Lösungsmitteln. Über diesen Sachverhalt liegen auch die meisten Untersuchungen vor, wenngleich auch der Lösungsmitteleinfluß nicht über den Stand der Aufstellung empirischer Regeln hinausgekommen ist.

Ein Vergleich der von verschiedenen Autoren ermittelten Daten zur Kennzeichnung des Lösungsmitteleinflusses auf die Copolymerisationsparameter reduziert allerdings die „Verwertbarkeit" der Resultate für eine allgemeine Diskussion erheblich, da die Reaktionsbedingungen (außer der Lösungsmittelvariation) selten übereinstimmen. Die primär den Grad der Ladungstrennung im Wachstumsschritt beeinflussende Lösungsmittelwirkung kann praktich nur bei gleicher Temperatur, gleicher Cokatalysatorkonzentration und gleichem Gegenion betrachtet werden, da sich diese Faktoren ebenfalls auf die Gleichgewichte von Ionen und Ionenpaaren unterschiedlicher „Dichte" auswirken (vgl. Abschnitt 2.1. und 3.3.). Eine Reihe von Widersprüchen gerade in der älteren Literatur (Zusammenstellung in [511]) findet in der Nichterfüllung der vorgenannten Voraussetzung sowie in experimentellen Unzulänglichkeiten sicherlich eine Erklärung. Wenig empfehlenswert dürfte auch die Verwendung von Lösungsmittelgemischen zur „Einstellung eines möglichst großen DK-Bereiches" sein, da bei den meist geringen Konzentrationen der aktiven Spezies deren Solvatation vorrangig durch die polarere Komponente des Gemisches erfolgt (spezifische Solvatation). In derartigen Fällen würde der Lösungsmitteleinfluß auf die Copolymerisation relativ klein erscheinen, da der Aufbau der Solvathülle der aktiven Spezies bereits durch geringe Anteile der polaren Komponente gewährleistet wird, so daß mit der Konzentrationsvariation des Lösungsmittelgemisches kein Effekt mehr verbunden ist.

In Analogie zum Gegenion- und Temperatureffekt kann auch für den Lösungsmitteleffekt angenommen werden, daß bei Kettenträgern ($M_1^{\oplus}$ bzw. $M_2^{\oplus}$) mit sehr ähnlicher elektronischer und sterischer Beschaffenheit auf Grund gleichartiger Solvatationsverhältnisse keine erhebliche Beeinflussung der Copolymerisation erfolgt. So sind die insgesamt relativ kleinen Differenzen beim Wechsel des Lösungsmittels und auch der anderen Bedingungen in den Copolymerisationsparametern des Systems Sryrol/p-Chlorstyrol (vgl. Tab. 46) offenbar auf die Ähnlichkeit beider Kettenträger zurückzuführen. Wie die Versuche Nr. 25 bis 29 in Tab. 47 zeigen, dürften dagegen im System p-Chlorstyrol/Isobutylen [530, 531] starke Unterschiede in der Solvatation der Kettenträger bestehen, die zumindest bei Betrachtung der sterischen Verhältnisse an beiden Reaktionszentren unmittelbar einleuchten. Die Beobachtung starker Veränderungen der Copolymerisationsparameter beim Übergang von unpolaren zu polaren Lösungsmitteln entspricht der Natur ionischer Elementarreaktionen und wurde an verschiedenen Copolymerisationssystemen bestätigt [531, 532]. Da die Ursachen für die lösungsmittelabhängigen Veränderungen der Copolymerisationsparameter vielfältig sein können, ist a priori nicht damit zu rechnen, daß eine allgemeingültige Interpretation für alle Systeme gegeben werden kann. Quantitative Aussagen könnten ohnehin nur auf der Basis einer kinetischen Analyse des jeweiligen Reaktionssystems gemacht werden. Im Abschnitt 3.7. wurde begründet, weshalb bereits bei kationischen Homopolymerisationen die bisherigen Erfolge zur Angabe der Geschwindigkeitsverhältnisse der Teilreaktionen sehr dürftig sind. Die Schwierigkeit, dieses Anliegen bei der Copolymerisation zu verfolgen, braucht nicht kommentiert zu werden. Im folgenden können daher nur qualitative Betrachtungen angestellt werden.

Einige Monomerkombinationen ergaben mit zunehmender Lösungsmittelpolarität einen zunehmenden Einbau des weniger reaktiven Monomeren in das Copolymerisat. Dieser Sachverhalt könnte trivial mit dem Hinweis auf die umgekehrte Proportionalität von Reaktivität und Selektivität (vgl. Kap. 1. und 2.) abgetan werden, wonach die durch den Lösungsmitteleinfluß erhöhte Reaktionsgeschwindigkeit des Systems zu einer höheren statistischen Wahrscheinlichkeit der Anlagerung des aus sterischen oder elektronischen Gründen weniger reaktionsbereiten Monomeren führt. Es hat sich jedoch gezeigt, daß der Lösungsmitteleffekt auf die Copolymerisation nicht als Funktion eines dielektrischen Kontinuums aufgefaßt werden kann, sondern offensichtlich spezifische Solvatationseffekte berücksichtigt werden müssen. Dabei ist zu bedenken, daß die Solvatation der aktiven Spezies nicht ausschließlich durch das Lösungsmittel erfolgt, sondern prinzipiell durch alle im System vorhandenen Komponenten, die zu Kettenträgern und deren Gegenionen Donator-Akzeptor-Wechselwirkungen auszuüben imstande sind (vgl. Kap. 3.). Gerade in unpolaren Lösungsmitteln (z. B. Hexan) dürfte die „solvatisierende" Wechselwirkung des aktiven Kettenendes mit den Monomeren auf Grund ihres π-Donatorcharakters einen größeren Energiegewinn des Systems ergeben als die elektrostatische Wechselwirkung mit dem Lösungsmittel. Auf diese „Präionisation", die durch Einschub eines Monomeren aus der „Solvathülle" des wachsenden Ionenpaares erfolgen kann und die für den Fall der elektronischen Umgruppierung zur kovalenten Bindungsknüpfung führt, wurde in Kap. 3. (bes. Abschnitt 3.8.) verschiedentlich hingewiesen (XIX).

Nach dieser Betrachtungsweise müßte das Gleichgewicht in (XIX) eigentlich

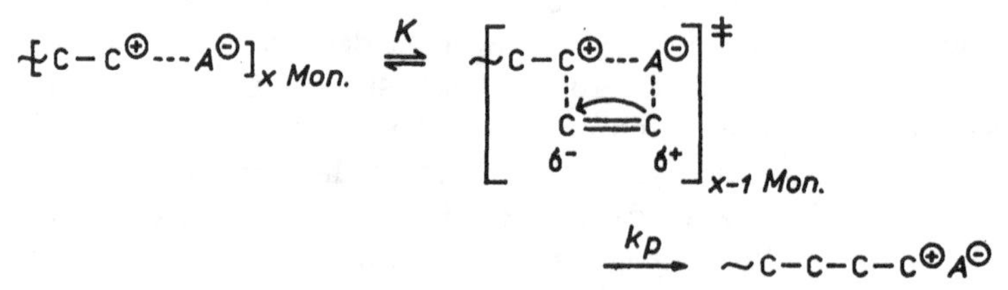

(XIX)

in drei Gleichgewichte für jedes Copolymerisationssystem (in Lösung) aufgegliedert werden (XX), wobei die Zusammensetzung des Copolymerisats durch das Verhältnis der drei Gleichgewichtskonstanten K_1, K_2 und K_L mitbestimmt wird.

$$
\begin{aligned}
\sim C^{\oplus} + M_1 &\underset{}{\overset{K_1}{\rightleftharpoons}} \sim C^{\oplus}\cdots M_1 \\
\sim C^{\oplus} + M_2 &\underset{}{\overset{K_2}{\rightleftharpoons}} \sim C^{\oplus}\cdots M_2 \\
\sim C^{\oplus} + L &\underset{}{\overset{K_L}{\rightleftharpoons}} \sim C^{\oplus}\cdots L
\end{aligned}
\qquad \text{(XX)}
$$

Es leuchtet unmittelbar ein, daß in unpolaren Lösungsmitteln (K_L in XX sehr klein) die wachsenden Ionenpaare bevorzugt durch das nucleophilere Monomere oder besser gesagt durch das Monomere der größeren π-Donatorfähigkeit und den besseren sterischen Voraussetzungen (vgl. Abschnitt 3.1.) „solvatisiert" werden [532]. Dieses Monomere wird daher als das „reaktivere" bevorzugt am Kettenaufbau beteiligt sein. Mit zunehmender Solvatationskraft des Lösungsmittels ($K_L > K_1, K_2$) wird die Energie zur Ladungstrennung vorrangig durch das Lösungsmittel selbst aufgebracht und infolge der gestiegenen Elektrophilie der Kettenträger wächst auch die Chance des Monomeren, mit der geringeren Solvatationskraft, stärker an der Kettenbildung teilzunehmen.

Unter diesem Aspekt könnte auch der Lösungsmitteleinfluß auf das Copolymerisationssystem p-Chlorstyrol/Isobutylen (Tab. 47, Nr. 25 bis 29) oder Styrol/Isobutylen [352] gesehen werden. Die Abnahme von r_1 (p-Chlorstyrol bzw. Styrol) im polaren Lösungsmittel bedeutet eine Vergrößerung von k_{12} in (VII) gegenüber k_{11}, während die Zunahme von r_2 (Isobutylen) $k_{22} > k_{21}$ ausdrückt. In beiden Fällen wird also bevorzugt Isobutylen angelagert. Daraus kann geschlossen werden, daß im unpolaren Medium offenbar Styrol die höhere „Monomersolvatationskraft" besitzt. Die bevorzugte Solvatation durch eine Systemkomponente wurde durch die Erscheinung geringer Veränderung der Copolymerisationsparameter in Lösungsmittelgemischen (s. S. 263) ebenfalls angedeutet. In Tab. 46 zeigt die geringe Änderung beim Übergang von CCl_4 zu Nitrobenzol, daß offenbar bei der bevorzugten Solvatation durch Nitrobenzol auf Grund der sehr ähnlichen Natur beider Carbeniumionen keine erhebliche Differenz zwischen K_1 und K_2 (s. XX) entsteht, gegenüber der Solvatation durch beide Monomere in CCl_4. Versuch Nr. 3 in Tab. 47 zeigt für das 1:1-Gemisch beider Lösungsmittel ähnliche Werte wie in reinem Nitrobenzol.

Diese Konzeption der spezifischen Solvatation kann in geeigneten Fällen zur gezielten Beeinflussung der Copolymerisation Verwendung finden. Im folgenden sollen einige Ergebnisse kurz erläutert werden, die charakteristische Veränderungen der Copolymerenzusammensetzung in Gegenwart von Donatorzusätzen zeigen [344, 533].

Für die Copolymerisation von Isobutylvinyläther (*IBVÄ*)/Isobutylen (*IB*) konnten mit LEWIS-Säuren unterschiedlicher Aktivität sowohl in Substanz — als auch in Lösung (Hexan, Toluol) in keinem Falle höhere *IB*-Gehalte als maximal 10% erhalten werden [534, 344]. Eine Ausnahme bildet $TiCl_4$ als Katalysator [344]. Tabelle 48 enthält Copolymerisationsversuche des genannten Systems mit $AlBr_3$ in Hexan bei −78 °C, in Gegenwart von geringen Elektronendonatorzusätzen.

Tabelle 48. Copolymerisation von *IBVÄ/IB* in Gegenwart von Elektronendonatorzusätzen. Katalysator: $AlBr_3$ ($4{,}82 \cdot 10^{-3}$ Mol/*l*); Lösungsmittel: Hexan Temp.: −78 °C. Abkürzungen: *DÄÄ* = Diäthyläther; *ÄPA* = Allylphenyläther; *DMSO* = Dimethylsulfoxid; *DIOX* = 1,4-Dioxan; *DMF* = Dimethylformamid (nach Daten aus [344])

IBVÄ (Mol/*l*)	*IB* (Mol/*l*)	Zusatz (Vol.-%)	*IB*-Gehalt (Mol-%)
0,8	3,0	0,67 *DÄÄ*	18
0,8	3,0	0,67 *DMSO*	31
0,8	3,0	0,67 *DIOX*	34
0,8	3,0	0,67 *APÄ*	35
0,8	3,0	0,67 *DMF*	70
0,8	11,0	—	10

Die Tabellenwerte zeigen eine von der Natur des Donators abhängige wesentliche Erhöhung des Isobutylengehaltes. Bild 33 ist zu entnehmen, daß auch die Erhöhung der Donatorkonzentration (am Beispiel des *DMF*) zu einer Erhöhung des *IB*-Gehaltes führt, während umgekehrt die mittleren Molekulargewichte der Copolymerisate abnehmen.

Zur Erklärung dieses Befundes kann die unerhebliche *DK*-Erhöhung des Mediums durch den geringen Donatorzusatz mit Sicherheit ausgeschlossen werden. Dagegen sind drei Gleichgewichte in Betracht zu ziehen:

$$\mathrm{Al}X_n + D \xrightleftharpoons{K_k} D\text{---}\mathrm{Al}X_n \qquad \text{(XXI)}$$

$$\sim\mathrm{C}_1^{\oplus} + D \xrightleftharpoons{K_1} \sim\mathrm{C}_1^{\oplus}\text{---}D \qquad \text{(XXII)}$$

$$\sim\mathrm{C}_2^{\oplus} + D \xrightleftharpoons{K_2} \sim\mathrm{C}_2^{\oplus}\text{---}D \qquad \text{(XXIII)}$$

Das Gleichgewicht (XXI) bewirkt primär eine Verringerung der effektiven Katalysatorkonzentration und wie von der Homopolymerisation des Isobutylens her bekannt ist, verringert sich entsprechend auch die Bruttogeschwindigkeit [323].

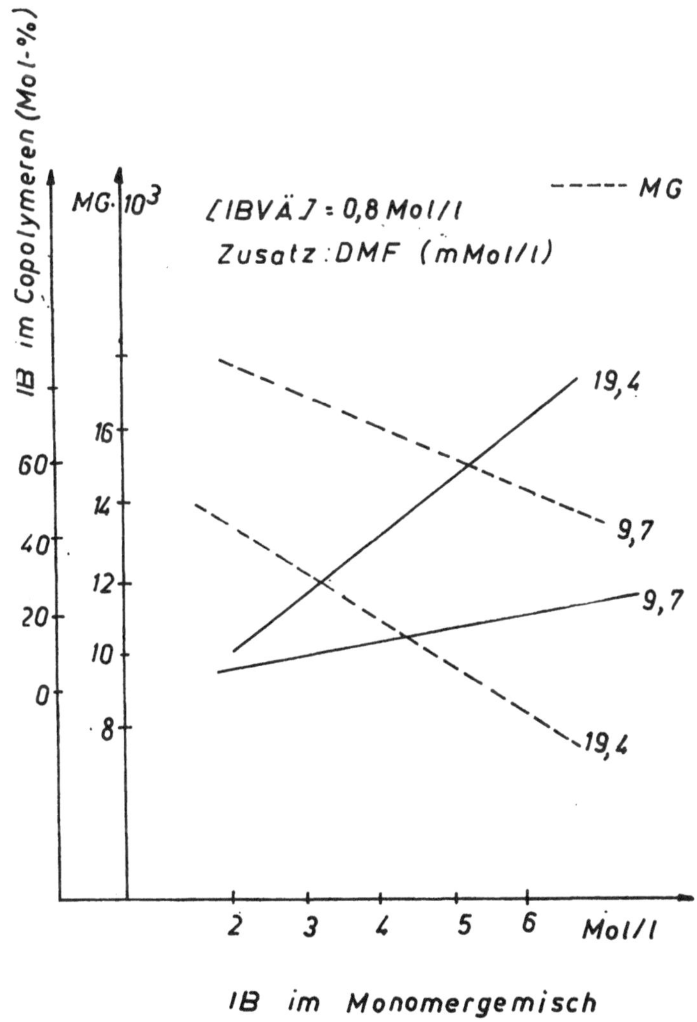

Bild 33. Beeinflussung der Copolymerisation durch Donatorzusatz

Die Gleichgewichte (XXII) und (XXIII) sollten, wenn sie wirklich vorliegen, zu Veränderungen im Wachstumsschritt führen, da bei den starken Reaktivitätsunterschieden der beiden Monomere (*IBVÄ* ≫ *IB* [535]) auch für die Kettenträger nicht angenommen werden kann, daß $K_1 \sim K_2$ ist. Aufschluß über dieses Verhältnis können die Copolymerisationsparameter bei der Variation der Donatorkonzentration geben. In Tab. 49 sind entsprechende Daten für das System *IBVÄ*/*IB* enthalten. Die Tabellenwerte lassen erkennen, daß beim Vergleich zweier Zusatzkonzentrationen jeweils die höhere zu einer Verringerung von r_1 (*IBVÄ*) führt. Der r_2-Wert ändert sich in geringerem Maße, aber in die gleiche Richtung tendierend. Aus diesem Befund geht eindeutig hervor [344, 533], daß die Donatoren tatsächlich in den Wachstumsschritt der Copolymerisation eingreifen und offenbar durch die Wechselwirkung mit den freien Elektronenpaaren der Donatoren die Elektrophilie der Kettenträger herabgesetzt wird. Die Ergebnisse stützen schließlich die Annahme, daß der elektrophilere Kettenträger mit dem nucleophilen Zusatz eine stärkere Wechselwirkung eingeht (z. B. $K_1 > K_2$), und daher eine relativ größere Reaktivitätsbeeinträchtigung erfährt, als der a priori weniger reaktive Kettenträger. Insgesamt bewirkt der Donatorzusatz eine Annäherung relativer Reaktivitäten, als deren Ergebnis die vom praktischen Interesse her interessante Möglichkeit zur Regulierung der statistischen Copolymerisation erreicht wird [536].

Tabelle 49. Copolymerisationsparameter im System *IBVÄ* (M_1) umd *IB* (M_2) bei Variation von Natur und Konzentration von Donatorzusätzen (Abkürzungen analog Tab. 48)
Katalysator: $AlBr_3$ ($1{,}7 \cdot 10^{-2}$ Mol/*l*) (nach Daten aus [533]).

Lösungsmittel	Donatorzusatz — Mol/*l*		Copolymerisationsparameter r_1	r_2
Toluol	*DÄÄ*	$1{,}42 \cdot 10^{-2}$	28,0	0,033
Toluol	*DÄÄ*	$2{,}13 \cdot 10^{-2}$	12,6	0,030
Toluol	*DMSO*	$2{,}1 \cdot 10^{-2}$	22,4	0,37
Toluol	*DMSO*	$4{,}2 \cdot 10^{-2}$	12,6	0,12
Toluol	*DMF*	$1{,}94 \cdot 10^{-2}$	13,25	0,52
Toluol	*DMF*	$3{,}88 \cdot 10^{-2}$	10,5	0,46
Hexan	*DÄÄ*	$1{,}42 \cdot 10^{-2}$	55,0	0,19
Hexan	*DÄÄ*	$2{,}13 \cdot 10^{-2}$	50,0	0,18
Hexan	*DMSO*	$2{,}1 \cdot 10^{-2}$	12,5	0,13
Hexan	*DMSO*	$4{,}2 \cdot 10^{-2}$	4,6	0,033
Hexan	*DMF*	$0{,}97 \cdot 10^{-2}$	52,0	0,27
Hexan	*DMF*	$1{,}94 \cdot 10^{-2}$	47,0	0,51

Die Reaktionssteuerung der kationischen Copolymerisation findet eine interessante Ergänzung durch den Einfluß von Elektronenakzeptorzusätzen (Tetracyanäthylen, Chloranil u. a.). Im Kap. 3. (vgl. S. 186) wurde bereits auf die Mitwirkung des Akzeptors an der Wachstumsreaktion der Homopolymerisation hingewiesen. In wenig dissoziierend wirkenden Lösungsmitteln (Hexan, Benzol, Toluol) müssen analog zu (3. CXLIX und 3. CL) folgende vier Gleichgewichte beachtet werden (*EA* = Elektronenakzeptor):

$$M_1 + EA \overset{K_1}{\rightleftharpoons} M_1 \ldots EA \tag{XXIV}$$

$$M_2 + EA \overset{K_2}{\rightleftharpoons} M_2 \ldots EA \tag{XXV}$$

$$\sim C_1^{\oplus} A^{\ominus} + EA \overset{K_3}{\rightleftharpoons} \sim C_1^{\oplus} (EA \ldots A^{\ominus}) \tag{XXVI}$$

$$\sim C_2^{\oplus} A^{\ominus} + EA \overset{K_4}{\rightleftharpoons} \sim C_2^{\oplus} (EA \ldots A^{\ominus}) \tag{XXVII}$$

Für den allerdings wenig wahrscheinlichen Fall, daß $K_1 \sim K_2$ und $K_3 \sim K_4$ entspräche, würde kein Einfluß auf die Copolymerisationsparameter zu erwarten sein. Andernfalls ergeben sich notwendigerweise Unterschiede, deren Ausmaß vom Verhältnis der Gleichgewichte (XXIV) bis (XXVII) mitbestimmt wird. Bei der Copolymerisation von Trioxan und Dioxolan mit $BF_3 \cdot O(C_2H_5)_2$ in Gegenwart von π-Elektronenakzeptoren [537] wird eine Erhöhung der Gesamtausbeute sowie ein verstärkter Einbau des weniger reaktiven Monomeren (Trioxan) in das Copolymere beobachtet, gegenüber der Reaktion ohne Akzeptor (Tetracyanäthylen). Zu ähnlichen Ergebnissen führten auch Untersuchungen im System Cyclopentadien/1-Phenyl-2-cyclohexyläthylen in Gegenwart von Chloranil, wo das weniger reaktive 1,2-substituierte Olefin etwas stärker an der Copolymerisation teilnimmt als in Abwesenheit des Akzeptors [538]. Die Erhöhung des Gesamtumsatzes dürfte sehr wahrscheinlich eine Folge der höheren Reaktivität der Kettenträger durch die akzeptorbegünstigte Ladungstrennung der Gleichgewichte (XXVI) und (XXVII) sein. Die relative Zunahme des reaktionsträgeren Monomeren im Copolymerisat könnte einerseits durch die gestiegene Elektrophilie der Kettenträger erklärt werden, und zum anderen durch die sicherlich stärkere Wechselwirkung des Akzeptors mit dem nucleophileren, d. h. reaktionsfähigerem Monomeren (entsprechend $K_1 \neq K_2$) nach den Gleichgewichten (XXIV) und (XXV). Damit wird in zweifacher Hinsicht das weniger reaktive Monomere begünstigt.

Zusammenfassend kann durch Verallgemeinerung dieser Beispiele eine „Annäherung der relativen Reaktivität" von Monomeren unterschiedlicher Struktur auf der Basis des Donator-Akzeptor-Prinzips erfolgen. Natürlich muß das bezüglich des Mechanismus zunächst eine Arbeitshypothese bleiben, bis die Gleichgewichtskonstanten (XXI bis XXIII bzw. XXIV bis XXVII) der genannten Beispiele oder deren Verhältnisse genauer bekannt sind.

5.2. Anionische Copolymerisation

Für das Verständnis der anionischen Copolymerisation können wir wieder auf die Kenntnis der in Kap. 4. behandelten Fakten bezüglich des Mechanismus der Homopolymerisation aufbauen. Auch die speziellen Aspekte ionischer Copolymerisationen, wie relative Monomerreaktivitäten [372, 373] oder der Einfluß von Temperatur, Katalysator und Lösungsmittel auf die Elementarreaktionen der anionischen Copolymerisation [539, 540], sind von gleichem Charakter wie im Abschnitt 5.1. bereits beschrieben. Wir werden uns daher im folgenden auf einige Beispiele der Einflußfaktoren auf den Mechanismus und auf Hinweise besonderer Beobachtungen bei anionischen Copolymerisationen beschränken. Da bei anionischen Polymerisationen (Kap. 4.) störende Nebenreaktionen sowie Abbruch- und Übertragungsreaktionen seltener sind und unter geeigneten Bedingungen völlig ausgeschlossen werden können, liegen auch für den Verlauf der Copolymerisation übersichtlichere Verhältnisse vor. Im Gegensatz zur kationischen Copolymerisation läßt sich hier das Wechselverhältnis zwischen der Nucleophilie der Kettenträger und der Akzeptorfähigkeit der angreifenden Monomere besser kennzeichnen. Auf die Möglichkeit, an „lebenden‘ Polymeranionen durch Zugabe verschiedener Monomere deren relative Reaktivität direkt zu bestimmen [370, 541], wurde in Abschnitt 4.1. (Tab. 33) bereits hingewiesen. Mit Hilfe des in Bild 27 gezeigten Strömungsrohrs konnten z. B. für das System Styrol (M_1)/ α-Methylstyrol (M_2) die Geschwindigkeitskonstanten der konkurrierenden Reaktionen im Wachstumsschritt ermittelt werden. In *THF* als Lösungsmittel und Na^+ als Gegenion und einer Reaktionstemperatur von 25°C erhielt man folgende Werte [370]:

$$k_{11} = 950\,[\mathrm{Mol^{-1}\,sec^{-1}}\,l]; \qquad k_{21} = 780\,[\mathrm{Mol^{-1}\,sec^{-1}}\,l]$$

$$k_{12} = 27\,[\mathrm{Mol^{-1}\,sec^{-1}}\,l]; \qquad k_{22} = 2{,}5\,[\mathrm{Mol^{-1}\,sec^{-1}}\,l] \qquad \text{(XXVIII)}$$

Die Werte lassen die früher diskutierten sterischen Komplikationen bei der „Addition“ an das α-Methylstyrol deutlich erkennen. Auch die Substituenteneinflüsse auf das Rektionszentrum konnten durch Auftragung der auf diesem Wege ermittelten Geschwindigkeitskonstanten k_{12} von substituierten Styrolen (M_2, relativiert auf Styrylanion $P_1^{\ominus}$) gegen die HAMMETTschen σ-Werte nachgewiesen werden. Die Reaktionskonstante aus dieser HAMMETT-Auftragung unterstreicht mit dem hohen positiven Wert von $\varrho = +5{,}0$ den nucleophilen Charakter der Wachstumsreaktion [370]. Verallgemeinert kann aus diesen Untersuchungen geschlossen werden, daß bei der Copolymerisation von Monomeren mit vergleichbarer stereoelektronischer Natur die Geschwindigkeit der Wachstumsreaktion vorrangig durch die Polarität des Monomeren (bzw. besser dessen Akzeptorfähigkeit) bestimmt wird. Im Gegensatz dazu ist bei sehr unterschiedlichen Monomeren (z. B. Styrol/2-Vinylpyridin) die Nucleophilie der Kettenträger für die Geschwindigkeit entscheidend [542, 543, 544]. Dieser Unterschied ist von praktischer Konsequenz für die Darstellung von Blockcopolymeren, die bekanntlich aus lebenden Polymeren vorteilhaft hergestellt werden können (vgl. z. B. [371]). So ist z. B. die Nucleophilie der Kettenträger im Falle des Polymethylmethacrylations oder des Polyacrylnitrilions nicht ausreichend um Styrol zu initiieren, während das Polystyrylanion zur Initiierung der entsprechenden Monomere in der Lage ist.

Diese Unterschiede in der Nucleophilie der Kettenträger verändern natürlich auch die Kinetik der anionischen Copolymerisation von Monomeren unterschiedlicher stereoelektronischer Natur [545]. Bei der Betrachtung der Anfangsmonomerverhältnisse im Copolymeren und im Monomergemisch ergibt die doppellogarithmische Auftragung der folgenden Gleichung

$$\frac{d[M_1]}{d[M_2]} = prop. \left(\frac{[M_1]}{[M_2]}\right)^a \qquad \text{(XXIX)}$$

unterschiedliche Werte für a, die zwischen 1,0 und 2,0 liegen [545]. Für ein System mit idealer Copolymerisation (Styrol/Isopren) gilt $a = 1{,}0$. Für das oben erwähnte System Styrol/Methylmethacrylat, das auf anionischem Wege keine statistischen Copolymere ergibt, gilt $a = 2{,}0$. Als Beispiel einer zwischen beiden Werten liegenden Monomerkombination sei Methylmethacrylat/Methacrylnitril mit $a = 1{,}3$ genannt.

Mit dem Vorteil der lebenden Polymere verbinden sich auch thermodynamische Untersuchungen der anionischen Copolymerisation [443]. Für die Addition von α-Methylstyrol an lebendes Poly-2-vinylnaphthalin konnte eine Reversibilität von Polymerisation und Depolymerisation nachgewiesen werden [546]. Mit Hilfe des Strömungsrohrs können die absoluten Geschwindigkeitskonstanten der Hin- und Rückreaktion (k_{12} und k_{-12}) und damit die Gleichgewichtskonstante K_{12} ermittelt werden. Analoge Untersuchungen wurden auch für die Addition von Styrol an das 1,1-Diphenyläthylenanion durchgeführt [547]. Hier sollte nur auf die interessante methodische Möglichkeit für Detailuntersuchungen des Mechanismus hingewiesen werden. Auf die Wiedergabe der erhaltenen Daten kann verzichtet werden, da ihre Beträge natürlich von sehr relativer Natur sind. Die zugrundeliegenden „absoluten Wachstumskonstanten" mitteln, wie in Kap. 4. näher ausgeführt wurde, über Ionen und Ionenpaare als Kettenträger und unterliegen den bekannten äußeren Einflüssen auf ionische Elementarreaktionen.

Im Folgenden sollen einige kurze Hinweise auf derartige Einflußfaktoren gegeben werden. In Tab. 50 befinden sich Copolymerisationsparameter, für deren Genauigkeit und Verallgemeinerungsfähigkeit die gleichen Einschränkungen gelten wie in Abschnitt 5.1. bereits dargelegt. Auf Grund der beträchtlichen Unterschiede im Mechanismus bei Li—R-Katalysatoren in polaren und unpolaren Medien (Assoziation; „Ionisch-koordinativer Mechanismus" [376]) erscheint ein

Tabelle 50. Copolymerisationsparameter nach anionischem Mechanismus (nach Daten aus [376])

System Nr.	M_1	M_2	Temp. [°C]	Katalysator	Lösungsmittel	r_1	r_2
1	Styrol	Butadien	10—50	Li*R*	Benzol	0,035	10,0
2	Styrol	Butadien	25	Li*R*	Toluol	0,1	12,5
3	Styrol	Butadien	25	Li*R*	Hexan/Triäthylamin (40%)	0,3	5,5
4	Styrol	Butadien	30	Li*R*	*THF*	0,74	1,03
5	Styrol	Butadien	—35	Li*R*	*THF*	8,0	0,2
6	Styrol	Butadien	10—50	Na*R*	Benzol	0,96	1,5
7	Styrol	Isopren	25	Li*R*	Toluol	0,25	9,5
8	Styrol	Isopren	25	Li*R*	Triäthylamin	0,8	1,0
9	Styrol	Isopren	25	Li*R*	*THF*	9,0	0,1
10	Styrol	Isopren	—35	Li*R*	*THF*	40,0	0

Vergleich aller Systeme ohnehin nicht angebracht, da sich die gegenwärtigen Interpretationen der Einflußfaktoren (Temperatur, Gegenionwirkung, Lösungsmittel) auf den Grad der Ladungstrennung (Ionen $\rightleftharpoons$ Ionenpaare) der aktiven Spezies beziehen. Beim Vorliegen eines „,ionisch-koordinativen" Mechanismus besteht über den Ablauf der Elementarreaktionen noch so wenig Klarheit (vgl. Abschnitt 4.3., besonders 4.3.2.), daß über die Copolymerisation noch keine Verallgemeinerung möglich ist. Die Aufnahme der Werte in Tab. 50 bezweckt eigentlich nur den Beleg der phänomenologischen Feststellung von z. T. erheblichen Unterschieden zwischen der „rein anionischen" Copolymerisation und dem „ionisch-koordinativen" Mechanismus.

Über die Temperaturfunktion der anionischen Copolymerisation sind die wenigen vorhandenen Daten sehr widersprüchlich. Bei Monomeren mit vergleichbarer Polarität ist besonders in unpolaren Lösungsmitteln der Temperatureinfluß auf die Copolymerisation gering (Versuche 1 und 6 in Tab. 50). Vermutlich liegen in derartigen Fällen nur Ionenpaare als Kettenträger vor, deren Ladungstrennung innerhalb der üblicherweise verwendeten Temperaturdifferenzen von 40 bis 50°C nicht stark beeinflußt wird. Grundsätzlich kann jedoch bei Temperaturerhöhung die in Abschnitt 5.1. erwähnte relative Begünstigung des weniger reaktiven Monomeren zumindest als Tendenz erkannt werden (relative Annäherung von r_1 und r_2 [540]).

Dagegen zeigt der Vergleich der Versuche 4 und 5 sowie 9 und 10 aus Tab. 50, daß im stark dissoziierend wirkenden Lösungsmittel *THF* offensichtlich bemerkenswerte Unterschiede auftreten. Da unter diesen Bedingungen ein Gleichgewicht zwischen Ionenpaaren und freien Ionen wahrscheinlich ist, sollte die außerordentliche Differenz in der Wachstumsgeschwindigkeit beider Spezies für die starke Veränderung der Copolymerisationsparameter verantwortlich sein. Wenn beide Interpretationen zutreffen, so müßten Systeme mit Monomeren ähnlicher Natur, unter stark dissoziierenden Bedingungen, d. h. bei vorrangigem Verlauf über freie solvatisierte Ionen als Kettenträger, wiederum eine geringere Temperaturfunktion zeigen. In [373] wird über die anionische Copolymerisation von Acrylnitril mit verschiedenen Monomeren (z. B. n-Butylacrylat, Benzylmethacrylat, Methylvinylketon u. a.) berichtet. Dabei zeigen die bei -10 und -50°C mit n-Butyl-Li in verschiedenen Lösungsmitteln (u. a. *THF*, *DMF*) initiierten Copolymerisationen eine relativ geringe Temperaturabhängigkeit der r_1- und r_2-Werte. Da jedoch der Dissoziationsgrad der aktiven Spezies nicht bekannt ist, kann die vorherige These nicht als bewiesen gelten. Es ist auch zu bedenken, daß die Genauigkeit von Copolymerisationsparametern aus Systemen, die über freie Ionen verlaufen, nicht sehr groß ist, da infolge der hohen Reaktionsgeschwindigkeit die Konzentrationsänderung des Anfangsmonomergemisches sehr rasch erfolgt und sich damit in der Regel auch die Copolymerenzusammensetzung innerhalb kurzer Zeiten sehr stark ändert.

Eindeutigere Abhängigkeiten der anionischen Copolymerisation ergeben sich vom Katalysator bzw. der Natur des Gegenions und vor allem vom Lösungsmittel. Beide Einflußfaktoren auf die Copolymerisationszusammensetzung sind im Realfalle natürlich nicht zu trennen. Wenn in dieser Diskusssion aus systematischen Gründen z. B. die besondere Wirkung des Gegenions herausgestellt wird, so gilt dies für das gleiche Lösungsmittel und die gleiche Temperatur, während umgekehrt bei deren Betrachtung die anderen „Variablen" konstant bleiben müssen (s. z. B. Abschnitt 1.3.2. oder 2.1.).

In Tab. 50 erkennt man sehr starke Änderungen der Copolymerisationsparameter bei Übergang vom unpolaren zum polaren Lösungsmittel. Beim Vergleich der Versuche Nr. 7 und 9 kommt es sogar zu einer Umkehr der relativen Reaktivitäten. Ein bemerkenswerter Unterschied tritt auch beim Vergleich der Versuche Nr. 1 und 6 auf, wo unter sonst gleichen Bedingungen der Wechsel des Katalysators die Copolymerisationsparameter um Größenordnungen verändert. Zur weiteren Illustration dieser Sachverhalte sind in Tab. 51 für die anionische Copolymerisation von Isopren und Styrol die Styrolgehalte des Copolymerisats bei Variation von Katalysator und Lösungsmittel zusammengestellt [548].

Tabelle 51. Prozentgehalt an Styrol in Copolymerisaten aus Styrol/Isopren bei Variation von Lösungsmittel und Katalysator (auf 0% Umsatz extrapolierte Werte; nach Daten aus [548]).

Lösungsmittel	% Styrol bei Verwendung von		
	Li	n-But.-Li	Na
Substanzpolymerisation ($M_1/M_2 = 1:1$)	15	17	66
Benzol	15	18	66
Triäthylamin	59	60	77
Diäthyläther	68	68	75
Tetrahydrofuran	80	80	80

Die Werte aus beiden Tabellen führen zu folgenden Feststellungen:

1. Beim Übergang vom unpolaren Lösungsmittel zu polaren Lösungsmitteln wird die absolute Differenz zwischen r_1 und r_2 kleiner, d. h. die Wahrscheinlichkeit für die Teilnahme des reaktionsträgeren Monomeren (bezogen auf die Reaktivität im unpolaren Medium, nicht auf die Homopolymerisation!) an der Copolymerisation nimmt zu.
2. Im unpolaren Lösungsmittel erfährt die Copolymerisationszusammensetzung beim Übergang von Li-Katalysatoren zu Katalysatoren mit höheren Alkaliatomen (bzw. der Metalle selbst) eine starke Veränderung, wobei in der Regel ebenfalls eine Annäherung der Copolymerisationsparameter erfolgt.
3. In stark dissoziierend wirkenden Lösungsmitteln ist die Änderung der Copolymerisatzusammensetzung bei Variation des Katalysators relativ gering (in Tab. 51 sind die Werte in *THF* sogar gleich). Bei auftretenden Veränderungen wird im allgemeinen mit zunehmender Größe des Gegenkations ebenfalls eine Annäherung der Copolymerisationsparameter gefunden. Als Beispiel seien die in Tab. 52 angegebenen Daten für das System Acrylnitril/Butylacrylat in *THF* genannt, die beim Einsatz von n-Butyl-Li, Phenyl-Na und Phenyl-K als Katalysatoren erhalten wurden [373].

Tabelle 52. Einfluß des Gegenkations auf die anionische Copolymerisation im System Acrylnitril (M_1)/n-Butylacrylat (M_2) in *THF* bei $-10\,°C$
r_{Ion} = Ionenradius in der Gasphase (nach Daten aus [373])

Kation	$r_{Ion}[Å]$	r_1	r_2
$Li^{\oplus}$	1,170	5,35	0,05
$Na^{\oplus}$	1,352	3,14	0,07
$K^{\oplus}$	1,671	2,77	0,08

Stark vereinfacht lassen sich alle drei vorgenannten Punkte auf den universellen Zusammenhang der abnehmenden Selektivität bei zunehmender Reaktivität vereinigen. Unter Selektivität würde dabei die bevorzugte Teilnahme eines Monomeren an der Copolymerisation zu verstehen sein.

Wie bereits bei der Darlegung der Einflüsse auf die Geschwindigkeit der Homopolymerisation (Kap. 4.) und der dort als zweckmäßig erachteten Unterteilung in Reaktionen, die vorwiegend durch lithium- oder magnesiumorganische Katalysatoren in unpolaren Medien initiiert werden, und Reaktionen, die als „echte anionische" Polymerisation durch Carbanion-Salze initiiert werden, spielt die Natur der Kohlenstoff-Metall-Bindung auch im Copolymerisationsprozeß die wesentlichste Rolle. Danach leuchtet unmittelbar ein, daß bei Gegenionen wie $Na^{\oplus}$, $K^{\oplus}$ usw., in solvatisierenden Lösungsmitteln (*THF*, Amine usw.) entweder mit freien solvatisierten Carbanionen oder mit lösungsmittelgetrennten Ionenpaaren als Kettenträger zu rechnen ist. In diesem Falle wird die Geschwindigkeit der gekreuzten Wachstumsreaktion (k_{12} bzw. k_{21}) im wesentlichen von der Nucleophilie der Carbanionen und den stereoelektronischen Unterschieden der Monomere bestimmt. Die Tendenz zur statistischen Copolymerisation nimmt verständlicherweise mit der „Ähnlichkeit der Monomere" zu.

Wird mit zunehmender Elektronenaffinität des Gegenions und abnehmender Solvatationsfähigkeit des Lösungsmittels die Dissoziation der aktiven Spezies oder bei Li-Alkylen in Kohlenwasserstoffmedien sogar deren Ionisation zurückgedrängt, so gerät die Copolymerisatzusammensetzung in die Abhängigkeit von Faktoren, deren reaktionstheoretische Zuordnung gegenwärtig noch nicht möglich ist. Mit Sicherheit handelt es sich bei derartigen Reaktionssystemen nicht um anionische Mechanismen im Sinne der früher beschriebenen Definition (Abschnitt 2.2.), sondern um die wenig klaren Elementarreaktionen, die als ionisch-koordinative oder auch Insertionsreaktionen [549] bezeichnet werden. Auf die Schwierigkeiten bei der Diagnose dieser Reaktionen wurde besonders in Abschnitt 4.3.2. eingegangen. Zuverlässige kinetische Daten liegen noch nicht vor, dagegen wurde in einer Reihe von Arbeiten über spezielle Solvatationseffekte berichtet, die zur Deutung von Experimentalergebnissen geeignet erscheinen.

So wird z. B. auf Grund der hohen Elektronenaffinität des Lithiums besonders in unpolaren Lösungsmitteln eine Primärkoordination von Monomerem mit dem elektropositiven Teil des Katalysators (Li*R*, PhMgBr) bzw. im Ionisationsfalle mit dem Gegenkation angenommen, die dannn im Wachstumsschritt zu einem bevorzugten Einbau des stärker koordinierten Monomeren (höhere Elektronendichte oder bessere sterische Voraussetzungen) in das Copolymere führt [550, 551). Ein Vergleich der Geschwindigkeiten der mit n-Butyl-Li initiierten Homopolymerisation von Styrol und Isopren in Benzol bei 20 °C, läßt für die Copolymerisation einen höheren Styrolgehalt im Reaktionsprodukt erwarten (XXX).

$$\text{Styrol} = 0{,}0235\, l \cdot \text{Mol}^{-1}\, \text{min}^{-1}$$

$$\text{Isopren} = 0{,}0035\, l \cdot \text{Mol}^{-1}\, \text{min}^{-1} \qquad \text{(XXX)}$$

Die Werte in Tab. 51 oder der Vergleich mit Versuch Nr. 7 aus Tab. 50 zeigt jedoch im Gegenteil einen überwiegenden Isoprengehalt im Copolymeren. Auch für die Copolymerisation alkylsubstituierter Styrole mit Styrol wurde in unpolaren Medien mit Li-Katalysatoren, entgegen der „anionischen Monomerreaktivität" (Kap. 4.), das nucleophilere Monomere in stärkerem Maße in das Copolymere eingebaut [540]. In beiden Beispielen gilt eine „inhomogene Konzentrationsverteilung" der Monomere (auch als selektive Monomersolvatation [540] oder eben als Komplexbildung [550] bezeichnet) als Ursache für den experimentellen Befund. Bereits die Zugabe geringer Mengen eines Kationen-solvatisierenden Lösungsmittels verändert die Copolymerisatzusammensetzung grundsätzlich [548, 552, 553]. Zum Beispiel steigt bei der Substanzcopolymerisation von Styrol/Isopren (Tab. 51) durch Zugabe von nur 4 Gewichtsprozent Diäthyläther der Styrolgehalt von 17 auf 65% im Copolymeren [548].

Offensichtlich erfolgt in unpolaren Medien die „äußere Stabilisierung" der aktiven Spezies durch π-Donatoren, während in sauerstoff- oder stickstoffhaltigen Lösungsmitteln die stärkeren n-Donatoren die Solvatstabilisierung übernehmen ($\Delta G_{\text{Solv.},n\text{-Don.}} > \Delta G_{\text{Solv.},\pi\text{-Don.}}$). Verständlicherweise ist der Effekt bei ähnlichen Monomeren wiederum geringer als in den vorgenannten Beispielen, jedoch deutlich nachweisbar. Als Beispiel sei die anionische Copolymerisation von Methylmethacrylat und Benzylmethacrylat erwähnt [554]. Hierbei liefert nur die Initiierung mit Naphthalin-Na in T*HF* Copolymerisationsparamter deren Produkt ($r_1 \cdot r_2 = 0{,}98$) eine ideale Copolymerisation anzeigt. Mit But.-Li-$LiAlH_4$ oder PhMgBr, d. h. Katalysatoren mit realtiv wenig polarer *Mt*—C-Bindung, liegen die Abweichungen deutlich außerhalb der Fehlergrenze (zwischen 0,45 und 3,14).

Die letztgenannten Beispiele der bevorzugten Monomersolvatation bedürfen weiterer Klärung und Sicherstellung der als Konkurrenzgleichgewichte zu formulierenden Wechselwirkungen zwischen den aktiven Spezies (oder deren Kation) und den beiden Monomeren bzw. dem Lösungsmittel oder entsprechenden Donatorzusätzen.

5.3. Copolymerisation durch Elektronenübertragung („Charge-Transfer-Copolymerisation")

Besonders die am Schluß des vorhergehenden Abschnittes geführte Diskussion enthielt die bereits mehrfach zitierte Schwierigkeit der Abgrenzung der ionischen Polymerisation von anderen Mechanismen, für die jedoch gesichert ist, daß es sich nicht um einen radikalischen Ablauf handelt. Die gleiche Schwierigkeit besteht auch beim Versuch einer Festlegung über den Verlauf des Mechanismus bei Polymerisationen bzw. Copolymerisationen, deren Initiierungs- oder Wachstumsreaktionen durch elektronenübertragende Komplexbildung bewirkt wird [209, 128, 555, 556, 557, 558, 559]. Es liegt gegenwärtig noch zu wenig Material vor, um von gesicherten Mechanismen sprechen zu können. Der vorstehend zitierten Literatur ist zu entnehmen, daß wahrscheinlich radikalische und ionische Elementarschritte nebeneinander ablaufen und deren Verhältnis in Abhängigkeit von den Reaktanden und den Reaktionsbedingungen stark variiert. Danach ist eine stets problematische Grenzziehung wenig sinnvoll und soll hier auch gar nicht versucht werden. Trotzdem wollen wir auf Grund des in neuerer Zeit großen Interesses an der in der Regel zu alternierenden Copolymeren führenden „Copolymerisation durch Elektronenübertragung" (oder Charge-Transfer-Copolymerisation) zumindest einige Fakten mitteilen.

In Abschnitt 3.2.4. wurde die Elektronenübertragungsinitiierung erörtert, die durch starke Elektronenakzeptoren (z. B. Tetracyanäthylen; vgl. auch [560] bewirkt wird. Es liegt durchaus nahe, daß dieses Donator-Akzeptor-Prinzip auf zwei Monomere mit geeigneten stereoelektronischen Voraussetzungen angewendet, zur alternierenden Copolymerisation führen sollte. Bekanntlich bilden „Elektronen-Akzeptor-Monomere" wie Acrylnitril oder Acrylester Komplexe mit Lewis-Säuren vom Typ (XXXI) bzw. (XXXII).

$$\underset{\text{(XXXI)}}{CH_2{=}CH{-}CN\cdots MtX_n;} \qquad \underset{\text{(XXXII)}}{CH_2{=}CH{-}\overset{\displaystyle OR}{\overset{|}{C}}{=}O\cdots MtX_n}$$

Durch diese Komplexbildung mit den Stickstoff- bzw. den Sauerstoffatomen der Monomere wird der Elektronenakzeptorcharakter noch erhöht, so daß in Gegenwart eines „Elektronen-Donator-Monomeren" (z. B. Vinyläther, Butadien, Styrol usw.) leicht eine *EDA*-Komplexbildung vom Typ (XXXIII) eintritt.

$$\begin{array}{l} \qquad\quad CH_2{=}CH{-}CN\cdots MtX_n \\ Ph{-}HC{=}\!\uparrow\!{=}CH_2 \end{array} \qquad \text{(XXXIII)}$$

Durch Elektronenübergang, der spontan oder durch Aufnahme von Energie erfolgen kann (Wärme, Strahlung, elektrische Felder, Ionen, Radikale), wird dann die Copolymerisation in Gang gesetzt. Für die Polymerisation kann folgender

„Bruttoablauf" formuliert werden [558] (A-Akzeptormonom.; D = Donatormonom.):

$$A + MtX_n \rightleftharpoons A \ldots MtX_n \qquad (MtX_n = \mathrm{AlCl_3},\ \mathrm{ZnCl_2}\ \text{usw.})$$

$$D + A \cdots MtX_n \rightleftharpoons [D\cdot^{\oplus}\,.^{\ominus}A \cdots MtX_n] \qquad \text{(XXXIV)}$$

$$x[D\cdot^{\oplus}.^{\ominus}A \cdots MtX_n] \rightarrow \left(D - A \right)_x + MtX_n$$

Die Frage, ob nun nach Ladungsausgleich Diradikale als Kettenträger fungieren oder nach Radikalkombination Dikationen bzw. Dianionen, oder ob weitere Elektronenübertragungsreaktionen vor bzw. während der Wachstumsreaktion zur Stabilisierung der Ionenradikale erfolgen [558], kann sicherlich nicht generell beantwortet werden. In [555] werden für die alternierende Copolymerisation von Acrylnitril/Styrol in Gegenwart von $ZnCl_2$ experimentelle Hinweise auf einen radikalischen Verlauf beschrieben (Inhibierung durch Hydrochinon und andere Radikalfänger). Andererseits zeigen derartige Copolymerisationen (z. B. Acrylnitril/Butadien) ähnliche Abhängigkeiten vom Katalysator oder dem Lösungsmittel, wie sie für ionische Elementarreaktionen als typisch gelten [559]. Zur genaueren Information über die gegenwärtigen Annahmen bezüglich des Ablaufes der „Elektronen-Übertragungs-Copolymerisation" muß auf die bereits zitierte Literatur sowie auf weitere Arbeiten verwiesen werden [561—566 und 589—591]. Daß es sich weder um einen klassischen radikaischen bzw. ionischen Mechanismus handelt, sondern ähnlich der koordinativen Polymerisation „spezifische Gesetzmäßigkeiten" vorliegen, erkennt man besonders an der unterschiedlichen Copolymerenzusammensetzung bei Monomerenpaaren, die nach verschiedenen Mechanismen polymerisieren [555].

Ungeachtet der offenen Fragen bezüglich des Verlaufs der Elementarreaktionen ist die beschriebene Copolymerisation von außerordentlich praktischem Interesse, da die Möglichkeit zur „Regulierung der Elektronendichte" im Primärkomplex (z. B. XXXI oder XXXII) gekreuzte Wachstumsreaktionen zuläßt, die nach anderen Mechanismen nicht ablaufen. Gegenwärtige Untersuchungen über die Abhängigkeit der Copolymerenzusammensetzung von der Stärke der LEWIS-Säuren (log r_1/r_2 gegen $\Delta\nu_{c=0\cdots MtX_n}$) oder deren Konzentration sowie vom Lösungsmittel werden helfen, die offenen Fragen zu beantworten und gleichzeitig die Palette interessanter Copolymerisate wesentlich erweitern [559].

Einige Sachverhalte der Copolymerisation (auch aus den vorhergehenden Abschnitten) zusammenfassend, soll folgende Verallgemeinerung zur Einordnung des bisherigen Materials getroffen werden.

Ob aus Monomergemischen nur

1. Homo- oder Blockpolymere
2. statistische oder
3. alternierende Copolymere entstehen, ist abhängig von den Geschwindigkeitsverhältnissen der Wachstumsschritte nach (VI). Diese werden einerseits bestimmt durch den Mechanismus der Reaktion (radikalisch, ionisch, Synchronprozeß) und spezifischer durch die Natur der elektronischen Umgruppierung im Wachstumsschritt. Zur Klassifizierung des letztgenannten Aspektes kann unterschieden werden in [559]:

a) Komplexbildung mit Elektronenübertragung und Folgereaktionen (XXXIV) — $M \ldots Kat.$

b) Koordinative Einschubreaktion — $\sim M_i \quad M_j$ ⋱ ⋰ $Kat.$

c) Elektrophile bzw. nucleophile Addition an M_1 und M_2 bei unterschiedlicher Gegenionwirkung — $P^{\oplus} \; M \; A^{\ominus}$ bzw. $P^{\ominus} \; M \; Mt^{\oplus}$

Während nach b) infolge der hohen Selektivität nur bei sehr ähnlichen Monomeren Copolymerisation (außer eventueller Blockpolymerisation) erreicht wird, kann nach a) besonders bei Monomeren unterschiedlicher Polarität alternierende Copolymerisation erfolgen. Nach c) verlaufende Wachstumsschritte zeigen die größte Empfindlichkeit gegenüber äußeren Einflüssen und können daher kaum verallgemeinert werden (vgl. Abschnitt 5.1. und 5.2.) Auf die gegenseitige Beeinflussung und den parallelen Verlauf unterschiedlicher Elementarreaktionen wurde bereits hingewiesen. Das betrifft vor allem Katalysatorgemische, wo z. B. bei „koordinativer“ Elementarreaktion die kationische oder die anionische Komponente zu konzentrations- und auch zeitabhängigen Veränderungen der Copolymerisatzusammensetzung führen kann (z. B. Äthylen/Propylen-Copolymerisation, vgl. Abschnitt 5.1.).

6. Möglichkeiten zur Quantifizierung ionischer Polymerisationen

(*Autor*: Peter Hallpap)

Ziel aller Untersuchungen von Polymerisationsmechanismen muß es sein, Aussagen, Regeln und Gesetzmäßigkeiten zu gewinnen, die das Polymerisationsgeschehen nicht nur qualitativ erklären, sondern auch quantitativ beschreiben, um letztendlich Voraussagen über zu erwartende Effekte mit hoher Sicherheit machen zu können. Von diesem Ziel sind wir noch weit entfernt, aber erste erfolgreiche Ansätze sollten die Bearbeitung dieser komplexen Problematik stimulieren. So wurden in den Kapiteln 3. und 4. schon Ergebnisse in Richtung der Quantifizierung für ionische Polymerisationsvorgänge angedeutet. Die verschiedenen Möglichkeiten sollen nun in diesem Kapitel zusammengefaßt werden, wobei das Anliegen im Gegensatz zu den bisherigen Kapiteln in erster Linie in der Anregung der weiteren Bearbeitung und weniger in der vollständigen Zusammenstellung und Diskussion der Ergebnisse besteht. Deshalb werden an einigen Beispielen exemplarisch Lösungsansätze und Schwierigkeiten behandelt. Dabei soll das Schwergewicht auf der Homopolymerisation liegen und die kationische Polymerisation den Großteil der Beispiele liefern.

Die quantitative Behandlung der ionischen Polymerisation erfordert im Prinzip folgende Schritte:

Erfassen der experimentellen Ergebnisse in Zahlen;
Konstruktion von Modellen, aus denen mathematische Gleichungen abgeleitet werden können;
Verarbeitung der experimentellen Ergebnisse mit Hilfe der so gewonnenen Gleichungen;
Anwendung der als brauchbar gefundenen Gleichungen auf neue Probleme und Prüfung durch neue Experimente.

Zu diesen Punkten sollen einige Bemerkungen gemacht werden:

1. Ausgangspunkt und auch wieder Ziel aller quantitativen Arbeiten sind quantitative Experimente. Bei Durchsicht der Literatur zur Polymerisation fällt auf, daß ein großer Teil der Untersuchungen zu qualitativ neuen Ergebnissen führt, daß aber die quantitative Beschreibung speziellen Arbeiten vorbehalten ist. Das mag auch mit durch das Bestreben verursacht sein, ständig neue Polymere mit besonderen Eigenschaften zu finden.
   Die Fülle von qualitativen Aussagen gibt allerdings die Möglichkeit, postulierte oder gefundene mathematische Beziehungen daraufhin zu prüfen, ob sie den den qualitativen

Aussagen innewohnenden Trend widerspiegeln können. Deshalb soll die quantitativ-theoretische Bestätigung von experimentellen Abstufungen oder von experimentell gefundenen Entscheidungen als wichtige Vorstufe quantitativer Beziehungen mit zum Gegenstand dieses Abschnittes gerechnet werden.

2. Als Meßgrößen für quantitative Polymerisationsexperimente kommen in erster Linie in Frage die Bruttogeschwindigkeitskonstanten und die mittleren Molmassen bzw. Durchschnittspolymerisationsgrade, wobei die erste Größe den Polymerisationsvorgang und die zweite das erhaltene Produkt charakterisieren. Diese Größen sind relativ einfach zu bestimmen, gestatten Vergleiche verschiedener Polymerisationen untereinander und lassen sich vielfältig auswerten.
Die Auswertung der quantitativen Ergebnisse stößt allerdings auf einige Schwierigkeiten, weil im allgemeinen kinetische Messungen und auch Molmassenbestimmungen keine sehr große Genauigkeit haben. So wird die Reproduzierbarkeit der Messungen z. B. durch die extremen Reinheitsforderungen besonders bei kationischen Polymerisationen beeinflußt. Erschwerend kommt weiterhin hinzu, daß die experimentellen Ergebnisse verschiedener Autoren in der Literatur nur geringe Vergleichsmöglichkeiten bieten, da die Untersuchungen unter den verschiedensten Bedingungen vorgenommen wurden. Gerade bei den ionischen Polymerisationen führt die große Zahl der Einflußgrößen (Temperatur, Medium, Art und Konzentration von Monomeren, Katalysatoren, Cokatalysatoren sowie weitere die Reaktion beeinflussende Zusätze) zu einer hohen Variabilität der Bedingungskombinationen. Insbesondere für die Gewinnung von Beziehungen zwischen Reaktivität und inneren und äußeren Einflüssen wird es deshalb nötig, in stärkerem Maße systematische Messungen unter einheitlichen, vergleichbaren Bedingungen vorzunehmen.

3. Allgemeines Modell zur Gewinnung mathematischer Beziehungen wird auch für die ionischen Polymerisationen der Reaktionsmechanismus sein. Gleichzeitig dienen die Ergebnisse der quantitativen Arbeiten der Verbesserung und Vervollkommnung des Reaktionsmechanismus, da nur seine genaue Kenntnis eine gezielte Reaktionssteuerung ermöglicht. Ausgehend von dem postulierten Mechanismus können drei Wege weiter beschritten werden:

a) Vom Mechanismus werden Geschwindigkeitsgesetze abgeleitet und ihre Gültigkeit am Experiment geprüft (s. z. B. Abschnitt 3.7.)
b) Es werden die Aktivierungsgrößen (Aktivierungsenergie und -entropie) bestimmt und ihrer Größen anhand des Mechanismus diskutiert (allgemeine Grundlagen in Abschnitt 1.2.1.)
c) Aus dem Mechanismus werden Faktoren abgeleitet, die einzelne Teilreaktionen und damit die Gesamtreaktion beeinflussen. Es werden Beziehungen zwischen experimentellen Größen und diesen Faktoren gesucht (s. Abschnitt 3.8.).

4. Bei der Prüfung gefundener quantitativer Beziehungen ist die gute Übereinstimmung mit einem Experiment noch kein Beweis für die Exaktheit des zugrundeliegenden Modells bzw. der benutzten Ableitung. Vielmehr kann nur die wiederholte Übereinstimmung unter verschiedensten Bedingungen ein Maß dafür sein, wie gut die quantitativen Beziehungen das Polymerisationsgeschehen widerspiegeln. Damit erhält die quantitative Arbeit ein stark empirisches Element.

Ausgehend von diesen einleitenden Bemerkungen sollen nun besonders folgende Komplexe diskutiert werden: Auswertung kinetischer Daten, Beziehungen zwischen Einflußfaktoren und experimentellen Größen und quantenchemische Berechnungen.

6.1. Auswertung kinetischer Daten

6.1.1. Diskussion der Geschwindigkeitsgesetze

Bei kinetischen Messungen werden in der Regel Bruttogeschwindigkeitsgesetze mit Bruttogeschwindigkeitskonstanten erhalten. Um einen angenommenen Mechanismus durch kinetische Untersuchungen zu erhärten, müssen experimentelles Geschwindigkeitsgesetz und das aus den Geschwindigkeitsgesetzen der postulierten Elementarreaktionen des Mechanismus abgeleitete Geschwindigkeitsgesetz übereinstimmen. Die Ableitung des Geschwindigkeitsgesetzes wird insbesondere dann vereinfacht, wenn das Stationaritätsprinzip angewendet werden kann, d. h., wenn angenommen werden kann, daß ein Zwischenprodukt im Reaktionsgemisch mit sehr kleiner, praktisch konstanter Konzentration vorliegt, wie es für die Mehrzahl der radikalischen Polymerisationen charakteristisch ist.

In diesem Fall werden relativ einfache, gut auswertbare Geschwindigkeitsgesetze erhalten, die praktisch über den ganzen Polymerisationsverlauf gelten. Leider ist die gut ausgebaute Formalkinetik der radikalischen Polymerisation nicht ohne weiteres speziell auf die kationischen Polymerisationen übertragbar. Die Komplexität der Initiierungsvorgänge und die durch die geringe Stabilität der intermediär auftretenden Carbeniumionen ermöglichten Konkurrenzreaktionen führen dazu, daß durch Komponentenwechsel des Systems die Geschwindigkeitsverhältnisse der Elementarschritte Start/Wachstum und Wachstum/Abbruch in so weiten Grenzen verändert werden, daß eine einheitliche kinetische Behandlung unmöglich wird. Es zeigte sich, daß praktisch für jedes System erneut eine detaillierte kinetische Analyse angestellt werden muß, wobei in vielen Fällen solche mit nichtstationärer Kinetik, d. h. mit während des Polymerisationsvorganges wechselnden Geschwindigkeitsgesetzen beobachtet werden. Es lassen sich dann keine einfachen Bruttogeschwindigkeitsgesetze mehr ableiten, die z. B. die Kinetik des Polymerisationsbeginns mit der Natur der erhaltenen Polymere verknüpfen, was die Auswertung der experimentellen Ergebnisse sehr erschwert (vgl. Abschnitt 3.7.).

So wurde z. B. bei der Polymerisation von 1.3-Cyclohexadien [159] mit dem Katalysatorsystem $BF_3 \cdot \overset{|}{O}Et_2/H_2O$ eine stationäre Kinetik gefunden, die auch die übliche Bestimmung der Geschwindigkeitskonstanten erlaubte.

Bei der Polymerisation mit dem Katalysatorsystem $SnCl_4/Cl_3CCOOH/H_2O$ wurde dagegen eine nichtstationäre Kinetik festgestellt, die sich u. a. darin zeigte, daß der Umsatz bei höherer Monomerkonzentration verringert war (s. Bild 34).

Bei Annahme des folgenden, durch weitere Untersuchungen gestützten Mechanismus:

$C + xM$	$P_1^{\oplus}$	k_1	(1)
$C + (x + 1)\,M$	inaktives Produkt	k_1'	(1')
$C + H_2O$	inaktives Produkt	k_1''	(1'')
$P_n^{\oplus} + M$	$P_{n+1}^{\oplus}$	k_2	(2)

$P_n^{\oplus}$	$P_n + C$	k_3	(3)
$P_n^{\oplus} + M$	$P_n + P_1^{\oplus}$	k_4	(4)
$P_n^{\oplus}$	P_n	k_5	(5)
$P_n^{\oplus} + H_2O$	P_n	k_5'	(5′)

C = Katalysator
M = Monomeres
P = Polymeres

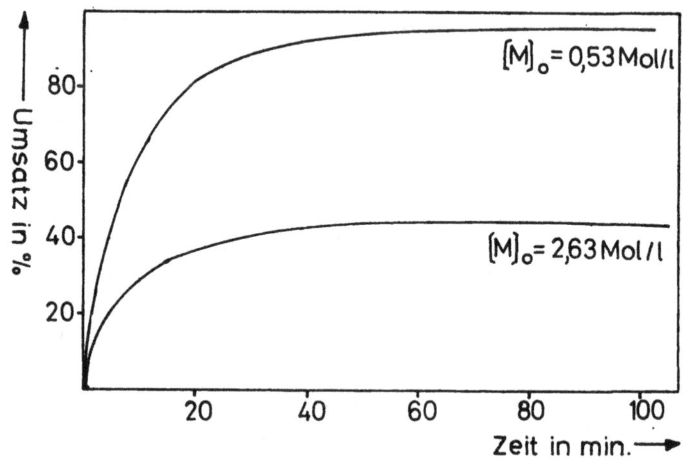

Bild 34. Zeit—Umsatz-Kurve für die Polymerisation von Cyclohexadien mit $SnCl_4$/ Cl_3CCOOH in CH_2Cl_2 bei 0°C in Abhängigkeit von der Monomerkonzentration [159]

konnte ein komplizierter Ausdruck für den Endumsatz abgeleitet werden:

$$Y = 1 - \frac{[M]_\infty}{[M]_0} = \left\{1 + \frac{k_3}{(k_2 + k_4)[M]_0}\right\}\left\{1 - \exp\left[-\frac{(k_2 + k_4)[C]_e}{k_5 + k_5'[H_2O]}\right]\right\}$$

$$[C]_e = \frac{k_1[M]_0^x}{k_1[M]_0^x + k_1'[M]_0^{x+1} + k_1''[H_2O]}\,[C]_0 \qquad (I)$$

Wenn angenommen wurde, daß die Reaktionen (1), (1′) und (1″) sehr schnell ablaufen und miteinander konkurrieren, dann stellt $[C]_e$ die effektiv wirksame Katalysatorkonzentration dar. Tatsächlich gibt die so erhaltene Gleichung (I) die beobachtete Abhängigkeit des Umsatzes von der Monomerkonzentration richtig wieder. Im Falle des stark elektrophilen Katalysators $SnCl_4$ gewinnen also die Initiierungsreaktionen so an Bedeutung, daß die nichtstationäre Kinetik verständlich wird.

Die kinetische Vielfalt der kationischen und allgemein der ionischen Polymerisationen läßt sich dann sinnvoll ordnen, wenn nach dem Geschwindigkeitsverhältnis Initiierung/Wachstum (mit schneller bzw. langsamer Initiierung) klassifiziert wird. Im Kap. 3. wurden im Zusammenhang mit der Diskussion um Bild 22 die vier Haupttypen der „monomentanen Zeitgesetze“ erläutert.

Wesentlich ist die Erkenntnis, daß schon geringe Änderungen des Polymerisationssystems zu Änderungen im Polymerisationstyp führen können, wie die angeführten Beisiele für die kationische Polymerisation des 1.3-Cyclohexadiens und des Isobutylvinyläthers (*IBVÄ*) [312] zeigen.

Gerade die nichtstationären Polymerisationen bieten aber in einigen Fällen die Möglichkeit, auch für kationische Polymerisationen Werte für die Geschwindigkeitskonstanten der Elementarschritte, besonders für die Initiierung und das Kettenwachstum, zu erhalten, weil im nichtstationären Fall bestimmte Abschnitte des Polymerisationsverlaufs einzelnen Elementarschritten zugeordnet werden können.

So hatten wir im Kap. 3. (S. 170) für die kationische Polymerisation des Systems *IBVÄ*/J_2/Benzol gezeigt, daß die Zeitumsatzkurven (s. Bild 24) im ersten Zeitabschnitt für die Geschwindigkeitskonstante der Initiierung und im folgenden Teil für die des Kettenwachstums auswertbar sind. Weitere Möglichkeiten und Ergebnisse der Bestimmung der Wachstumsgeschwindigkeiten bei der kationischen Polymerisation werden ausführlich von PLESCH [248] diskutiert.

Das komplexe System von Folgereaktionen bei ionischen Polymerisationen ergibt in den meisten Fällen ein mathematisch so kompliziertes System von Differentialgleichungen, daß die Anwendung von Analogrechnern und auch Digitalrechnern zu seiner Lösung sinnvoll erscheint (s. z. B. die mathematische Modellietung der anionischen Polymerisation von Methylmethacrylat [567]). In dieser Richrung sind weitere Arbeiten zu erwarten.

6.1.2. *Diskussion der Aktivierungsgrößen*

Die Arbeit bei verschiedenen Temperaturen gestattet den Erhalt von „Brutto“-Aktivierungsgrößen. Diese haben allerdings nur einen geringen Wert für die Diskussion des Polymerisationsmechanismus. Bedeutend interessanter sollten die Aktivierungsgrößen der Teilreaktionen sein, die reale Einflüsse auf den Mechanismus widerspiegeln würden. Eine Möglichkeit zu solchen speziellen Aktivierungsgrößen zu kommen, bietet unter bestimmten Bedingungen die Temperaturabhängigkeit der mittleren Molmasse $\overline{M}$:

Vereinfachend kann in vielen Fällen gesagt werden, daß $\overline{M}$ bestimmt wird durch den Quotienten $k_p/k_ü$ der Geschwindigkeitskonstanten, der Wachstumsreaktion (k_p) und der Übertragungsreaktion auf Monomere ($k_ü$). Dann sollte die Auftragung von lg $\overline{M}$ gegen $1/T$ nach der ARRHENIUS-Beziehung die Differenz $E_p - E_ü$ liefern.

Mit Hilfe der Beziehungen:

$$\overline{DP_n} = (A_p/A_ü) \exp \{-(E_p - E_ü)/RT\} \qquad \text{(II)}$$

und

$$A_ü/A_p = \exp\{(\Delta S^{\ddagger}_ü - \Delta S^{\ddagger}_p)/R\} \tag{III}$$

lassen sich dann auch die Größen $A_p/A_ü$ und $\Delta S^{\ddagger}_ü - \Delta S^{\ddagger}_p$ bestimmen. Für die Polymerisation von Isobutylen nach dem kationischen Mechanismus konnten für verschiedene Initiierungen die folgenden Werte erhalten werden [337]:

Tabelle 53. Aktivierungsverhalten für die Isobutylenpolymerisation (nach Daten aus [337]).

Initiator	$AlCl_3$	BF_3	$AlEtCl_2$	γ-Strahlen
$E_ü - E_p \left(\frac{\text{kcal}}{\text{Mol}}\right)$	5,9	5,9	5,8	6,36
$\Delta S^{\ddagger}_ü - \Delta S^{\ddagger}_p \left(\frac{\text{cal}}{\text{Molgrd}}\right)$	12,8	12,4	10,7	9,8

Da für die kationische Polymerisation mit γ-Strahleninitiierung Wachstum über freie Ionen angenommen wird, während bei der katalytisch initiierten Polymerisation der Komplex Carbeniumion/Gegenion die wachsende Spezies ist, sollten die Werte der Tabelle den Einfluß des Gegenions auf das Verhältnis von Wachstums- zu Übertragungsreaktion widerspiegeln.

Offensichtlich bewirkt die Änderung des Gegenions nur eine Veränderung in den Entropieverhältnissen, wobei beim Übergang zum Katalysator $AlCl_3$ die Aktivierungsentropie des Kettenwachstums stärker erniedrigt wird als die der Übertragung. Das heißt, daß das Gegenion einen wesentlich stärkeren Einfluß auf die Wachstums- als auf die Übertragungsreaktion ausübt. Das wird verständlich, wenn man bedenkt, daß sich beim Wachstumsschritt das Monomere dem aktiven Kettenende sehr stark nähern muß, damit das π-System mit dem ungefüllten p-Orbital des Carbeniumions in Wechselwirkung treten kann. In diesem sterisch beanspruchten Übergangszustand muß sich ein Wechsel im Gegenion stark auswirken. Im Gegensatz dazu kann der Überganszustand der Kettenübertragung auf das Monomere als ein loser Sechsring unter Beteiligung des Gegenions ($A^{\ominus}$) formuliert werden, da hier nur die Wechselwirkung mit einem leichter zugänglichen H-Atom erforderlich ist (vgl. Abschnitt 3.8., Formel CXLVI).

Das Gegenion unterstützt die Kettenübertragung und sein Platzwechsel erfolgt ohne sterischen Aufwand.

Dieses Beispiel zeigt, daß bei gründlicher Bearbeitung der Meßergebnisse sehr detaillierte Aussagen über die Beeinflussung des Polymerisationsmechanismus zu gewinnen sind. Gleichzeitig wird klar, daß oft nur drastische Vereinfachungen und sinnvolle Annahmen zu übersichtlichen Ergebnissen führen.

6.2. Beziehungen zwischen Einflußfaktoren und experimentellen Größen

Eine gezielte Reaktionssteuerung erfordert das Auffinden quantitativer Beziehungen zwischen Größen, die die Einflüsse auf die Reaktivität der Monomere beschreiben und den entsprechenden experimentellen Kenngrößen. Für die kationische Polymerisation sind in Tab. 26 (vgl. Abschnitt 3.8.) derartige Faktoren zusammengestellt. Eine entsprechende Aufstellung läßt sich auch für die anionische Polymerisation erhalten. Die Formulierung von Gleichungen, die die Einfluß- und Zielgrößen korrelieren, steht naturgemäß am Ende des Prozesses der Ordnung und Deutung des experimentellen Materials. Hinweise auf die Existenz von quantitativen Beziehungen geben qualitative Veränderungen der Zielgrößen in Abhängigkeit von den Einflußgrößen, wofür die folgenden Beispiele Möglichkeiten angeben sollen:

1. Wiederholt ist der Versuch gemacht worden, die Entscheidung, ob eine Verbindung anionisch oder kationisch polymerisierbar ist, mit Hilfe von empirisch festgelegten Grenzwerten von bestimmten Einflußgrößen zu fällen. Dabei sind besonders quantenchemische Parameter verwendet worden (s. Abschnitt 3.1. und 4.1.)
2. Einen Schritt weiter führen Versuche, experimentelle Abstufungen der Polymerisationsreaktivität mit Werten für Einflußgrößen in Beziehung zu setzen. Ein Beispiel ist der Versuch von KABAIVANOW u. Mitarb. [300] einen Zusammenhang zwischen Katalysatoraktivität und der Elektronendichte am Zentralatom des Katalysators herzustellen. Für die Trioxanpolymerisation wurde gefunden:

Aktivität:	$BF_3 \cdot OEt_2 >$	$TiCl_4 >$	$Et_3Al_2CH_3 >$	$Et_2AlCl >$	Et_3Al
Elektronendichte:	+0,870	+0,660	+0,560	+0,506	+0,388

Auch quantenchemische Größen sind wiederholt zur Deutung von Reaktivitätsabstufungen benutzt worden (s. Abschnitte 3.1. u. 4.1.)

Um nun zu Gleichungen zu kommen, wurde von KAGIYA u. Mitarb. [124] die folgende Untersuchung angestellt:

Sie formulierten die die katalytischen Polymerisationen bestimmenden ersten Teilreaktionen, die Initiierung und das Kettenwachstum:

Initiierung:

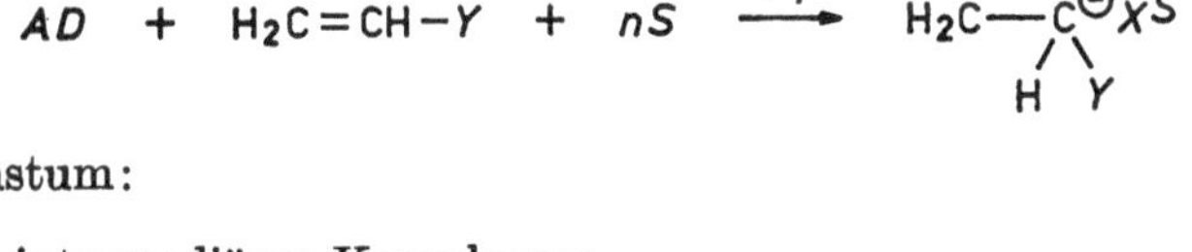

(IV)

Kettenwachstum:

Bildung des intermediären Komplexes:

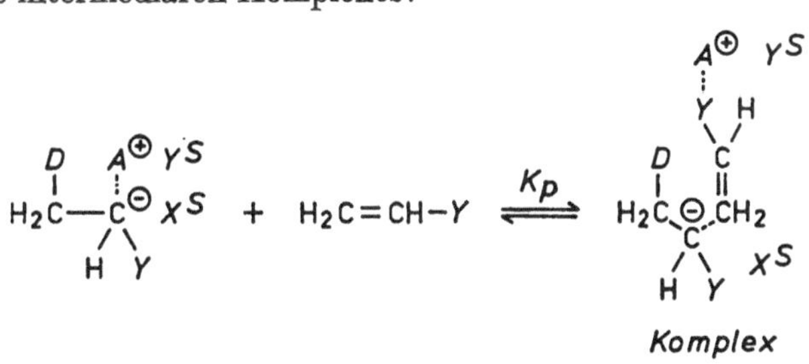

(V)

Umlagerung des intermediären Komplexes:

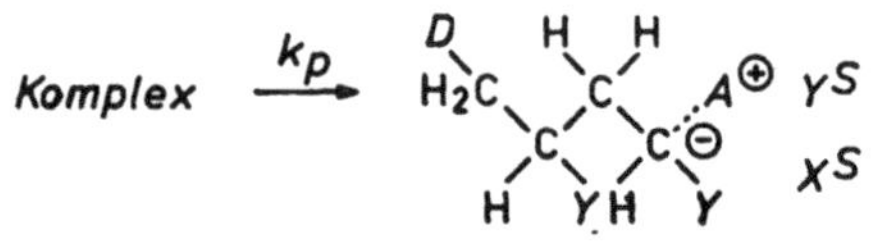

(VI)

Dabei bedeuten AD ein Katalysator (die Komponente A ist eine Elektronenakzeptorgruppe und D eine Elektronendonatorgruppe), Y eine Elektronendonatorgruppe im Monomeren (wie z. B. die Carbonylgruppe), x und y die Zahl der Lösungsmittelmoleküle, die das Anion und das Kation solvatisieren, $y + x = n$, k_i und k_p sind die Geschwindigkeitskonstanten der Initiierung und der Umlagerungsreaktion und K_p ist die Gleichgewichtskonstante der Bildung des Intermediären.

Der erste Schritt wäre also die Bildung des solvatisierten Ionenpaares durch Reaktion des Monomeren mit dem Katalysator. Das Kettenwachstum enthält die Bildung eines intermediären Komplexes aus Ionenpaar und Monomeren, sowie die Umlagerung dieses Komplexes in das um eine Einheit gewachsene Ionenpaar. Unter Anwendung einiger Vereinfachungen kommen die Autoren zu einem Ausdruck für die Polymerisationsgeschwindigkeit

$$R = k_i k_p K_p [M]^2 [S] [Cat]_0 t, \qquad \text{(VII)}$$

bzw. die Reaktionsgeschwindigkeitskonstante

$$k = k_i k_p K_p \qquad \text{(VIII)}$$

Daraus ergibt sich der folgende Ausdruck für die gesamte Aktivierungsenergie:

$$E = \Delta E_i + \Delta E_p + \Delta G_p \qquad \text{(IX)}$$

Um die Aktivierungsenergien und die freie Reaktionsenthalpie quantitativ abschätzen zu können, machen die Autoren eine ausführliche Energiebetrachtung, die zu den folgenden Gleichungen führt:

Langsame Initiierung:

Anion. Polymerisation: $E_{(A)} = k_1 + k_2 E_a(D) \pm k_3 I_p(A) - k_4 E_a(M) + k_5 I_p(M)$ (X)

Kation. Polym.: $E_{(C)} = k'_1 - k'_2 E_a(D) + k'_3 I_p(A) + k'_4 I_p(M) - k'_5 E_a(M)$ (XI)

Damit war die Möglichkeit gegeben, die Geschwindigkeiten in Abhängigkeit von der Struktur des Monomeren und des Katalysators bei sonst gleichen Bedingungen in allgemeinen Gleichungen darzustellen. Allerdings bestehen Schwierigkeiten, die Werte der Elektronenaffinitäten E_a bzw. der Ionisierungspotentiale I_p für eine größere Zahl von Verbindungen zu erhalten. Die Autoren versuchten deshalb u. a. folgende sinnvolle Substitution:

$I_p(D)$ durch den pK_a-Wert der konjugierten Säure HD
$E_a(D)$ durch die induktiven Substituentenkonstanten σ_I
$E_a(M)$ durch die Energie des niedrigsten unbesetzten π-MO (ε_{LVMO}).

Auf diese Weise konnten Reaktivitätsabstufungen gedeutet bzw. Entscheidungsgrößen (s. o.) gefunden werden; zur Formulierung von zahlenmäßigen Gleichungen reichte das experimentelle Material allerdings nicht aus.

In neuerer Zeit [138, 568] wurde bei der Untersuchung der kationischen Polymerisation folgendes empirisches Verfahren angewendet. Der Mechanismus der kationischen Polymerisation gestattet Annahmen darüber, welche Faktoren die ersten Teilreaktionen und damit die Gesamtreaktion beeinflussen (s. Tab. 26). Diese Faktoren wurden empirisch quantitativ in ihrer Wirkung auf die experimentellen Zielgrößen ($\lg k_{Brutto}$, $\lg \overline{DP_n}$) beobachtet. Grundlage der Formulierung sollte dabei das Prinzip der linearen freien Enthalpie (*LFE*) sein [39]. In Tab. 54 sind einige Ergebnisse zusammengestellt, die bei der kationischen Polymerisation p-substituierter Styrole erhalten wurden.

Tabelle 54. Beziehungen der Art $y = a + bx$ für die kationische Polymerisation von p-substituierten Styrolen (nach Daten aus [138] und [568])

Nr.	y	x	a	b	r*)	Bedingungen
1	$\lg k_{Brutto}$	σ_p	−0,992	−2,94	0,994	($TiCl_4/CH_2Cl_2/0°$)
2		$\delta_{CH_2\text{-}Wagg.}$	115,6	−0,128	0,974	
3		E_T	−5,90	0,097	0,995	($Styrol/BF_3 \cdot O(C_2H_5)_2/CH_2Cl_2/0°$)
4		$\frac{D-1}{2D+1}$	−3,77	4,65	0,994	
5		$\varkappa_{Kat}$	−1,85	0,0028	0,988	($Styrol/CH_2Cl_2/0°$)
6		ν_{CO}	9,15	−0,0069	0,962	
7		$\varkappa_{Cokat/Kat}$	−8,15	6,66	0,978	($Styrol/SnCl_4/CH_2Cl_2/0°$)
8	$\lg \overline{DP_n}$	σ_p	1,78	−0,582	0,955	(wie Nr. 1)
9		E_T	3,01	−0,022	0,966	(wie Nr. 3)
10		$\varkappa_{Kat}$	2,16	−0,0014	0,993	(wie Nr. 5)
11		$\varkappa_{Cokat/Kat}$	3,44	−1,40	0,899	(wie Nr. 7)

*) Korrelationskoeffizient

Die Tabelle zeigt, daß im allgemeinen eine gute Korrelation zwischen Einfluß- und Zielgrößen erhalten wird. Allerdings wurden zur Korrelation mit den Zielgrößen Parameter unterschiedlichen Charakters herangezogen, die sich zu folgenden Gruppen zusammenfassen lassen.

a) empirische Reaktivitätsindices, d. h. Parameter, die aus kinetischen und Gleichgewichtsmessungen gewonnen wurden (z. B. σ_p für den Substituenteneinfluß (Nr. 1); $\varkappa_{Kat}$ als Leitfähigkeitsmaß für die Katalysatoraktivität (Nr. 5));
b) Molekülgrößen, d. h. Werte für Eigenschaften der beteiligten Moleküle, die für den Mechanismus wesentlich sein sollten (z. B. D für den Lösungsmitteleinfluß (Nr. 4), δ_{CH_2} — die Verschiebung der CH_2-wagging-Schwingung der Vinylgruppe als Maß für den Substituenteneinfluß (Nr. 2));
c) theoretische Größen, d. h. quantenchemisch berechnete Größen (z. B. Elektronendichten, Lokalisierungsenergien usw.).
Die Korrelationen mit quantenchemischen Größen (s. nächsten Abschnitt) sind im allgemeinen weniger genau, da bei den quantenchemischen Rechnungen naturgemäß von wichtigen Einflüssen abstrahiert werden muß und nur die Wechselwirkung idealer, isolierter Moleküle wiedergegeben wird.

Dagegen sind, wie zu erwarten, die Korrelationen mit den empirischen Reaktivitätsindices von hoher Güte, da diese die dynamische Verhaltensweise der beteiligten Moleküle widerspiegeln. Da außerdem für diese Indices z. T. schon zahlreiche Werte tabelliert sind bzw. sie relativ leicht durch Vergleichsmessungen bestimmt werden können, sind sie ein geeigneter Ausgangspunkt für weitere Arbeiten. Dabei steht der nicht immer physikalisch eindeutig erklärbaren Wechselwirkung zwischen gefundenen empirischen Indices und experimentellen Reaktivitäten die für die Praxis bedeutsame erreichbare hohe Genauigkeit der Korrelationen gegenüber (s. auch [39]). So ist es besonders problematisch, Parameter für die Katalysatoraktivität zu finden. Eine Möglichkeit besteht z. B. darin, die für LEWIS-Säuren oft verwendete Skala der Carbonylfrequenzen der LEWIS-Säure-Xanthon-Komplexe [35] für die Korrelation zu benutzen. Wie Tab. 54 (Nr 6) zeigt, ist aber die Korrelation zwischen Polymerisationsgeschwindigkeiten und den Carbonylfrequenzen weniger gut. Die spezifischen Wechselwirkungen im System Monomer/Katalysator/Cokatalysator werden durch die Veränderungen der Carbonylfrequenz der Xanthonkomplexe nicht ausreichend modelliert. Für die kationische Polymerisation wird es sinnvoller sein, vom gesamten Katalysator-Cokatalysator-System eine „spezifische Acidität" mit Hilfe der Glaselektrode (ε_{Glas}: $r = 0{,}996$ für Styrol/CH_2Cl_2/0°) bzw. die Fähigkeit zur Bildung von Ionen mit Hilfe der Hochfrequenzleitfähigkeiten ($\varkappa_{Kat}$: Nr. 5 in Tab. 54) vergleichend zu messen. Beide Möglichkeiten gestatten, im Gegensatz zur Skala der Carbonylfrequenzen, beliebige Katalysator-Cokatalysator-Systeme (z. B. $BF_3 \cdot O(C_2H_5)_2/H_2O$) einzuordnen. Besonders die Leitfähigkeitsmessungen sind geeignet, bei konstantem Katalysator die Aktivität des Cokatalysators für den Polymerisationsvorgang zu bestimmen und als empirischen Parameter einzuführen (Nr. 7 in Tab. 54).

Die so empirisch bestimmten Parameter für die Aktivität des Katalysatorsystems beweisen ihre Brauchbarkeit, wenn sie beide gemeinsam mit den experimentellen Reaktivitäten korreliert werden [568]:

$$\lg k_{\mathrm{Brutto}} = -8{,}77 + 0{,}028\,\varkappa_{\mathrm{Kat}} + 6{,}93\,\varkappa_{\mathrm{Cokat/Kat}} \qquad (R = 0{,}956)$$

$$\lg \overline{DP}_n = 3{,}42 - 0{,}015\,\varkappa_{\mathrm{Kat}} - 1{,}25\,\varkappa_{\mathrm{Cokat/Kat}} \qquad (R = 0{,}989).$$

Damit ist ein erster Schritt in Richtung komplexer Zusammenhänge zwischen Einfluß- und Zielgrößen getan, der dann auch von praktischem Interesse für die Syntheseplanung werden kann. Dabei hat sich das „Prinzip der Polylinearität" [39], d. h. die Kombination mehrerer linearer Beziehungen zu einer komplexen als tragbar erwiesen, wie auch die Erweiterung der obengenannten linearen Gleichungen auf solche mit drei und vier Einflußgrößen [568] zeigte. So konnten z. B. für die Beeinflussung der Geschwindigkeitskonstanten die folgenden Gleichungen erhalten werden:

$$\lg k_{\text{Brutto}} = -7{,}75 - 3{,}00\,\sigma_{\text{para}} + 0{,}0032\,\varkappa_{\text{Kat}} + 5{,}98\,\varkappa_{\text{Cokat/Kat}}; \qquad R = 0{,}981$$

$$\text{g}\, k_{\text{Brutto}} = -12{,}84 + 0{,}106\,E_T - 2{,}98\,\sigma_{\text{para}} + 0{,}0034\,\varkappa_{\text{Kat}} + 6{,}66\,\varkappa_{\text{Cokat/Kat}} \qquad R = 0{,}985$$

Weitere Untersuchungen zeigten, daß mit Hilfe dieser Gleichungen für die kationische Polymerisation von Styrolen Voraussagen über die Bruttogeschwindigkeiten mit einem Fehler von $< 10\%$ gegenüber dem Experiment gemacht werden können.

Die Ausdehnung dieser empirischen Arbeitsweise sollte in absehbarer Zeit auch für einen weiteren Kreis von Monomeren und auch bei anionischen Polymerisationen zu praktisch verwertbaren Ergebnissen führen.

6.3. Quantenchemische Berechnungen [569–571; 128]

„Da die SCHRÖDINGER-Gleichung sowohl die Zeit als auch die Koordinaten aller Atomkerne eines Systems enthält, muß sich im Prinzip jede denkbare reaktionskinetische Situation auf diese Basis zurückführen lassen. Bei vielen wichtigen (den meisten thermischen) Reaktionen ist die elektronische Zustandssumme gleich Eins, d. h. es ist während der gesamten Reaktion nur ein elektronischer Zustand realisiert (adiabatische Reaktion). Die Anwendung der SCHRÖDINGER-Gleichung auf diesen Zustand erfordert dann die Berechnung der Elektronenenergie E als Funktion der Koordinaten sämtlicher Atomkerne des reagierenden Systems" (von BÜNAU [572]).

Damit ist ein Weg vorgezeichnet, wie er bei einfachen Reaktionen, d. h. bei Reaktionen mit wenigen beteiligten Atomen und mit vorausschaubarer Reaktionskoordinate schon mit Erfolg beschritten wurde. Für ionische Polymerisationen erscheint das zur Zeit noch wenig erfolgreich, handelt es sich bei ihnen doch um komplizierte Reaktionssysteme, bei denen Monomere, Katalysatorsysteme und Lösungsmittel nach einem komplexen Mechanismus wechselwirken. Absolutrechnungen im oben angegebenen Sinne können nur an so drastisch vereinfachten Modellen durchgeführt werden, daß die Interpretation der Ergebnisse wohl nur qualitative Schlußfolgerungen zuläßt.

Vorerst liegt der Schwerpunkt der Anwendung quantenchemischer Berechnungen auf Polymerisationen noch auf Untersuchungen mit Hilfe der einfachen HÜCKEL-*MO*-Methode (*HMO*), obwohl in den letzten Jahren in zunehmendem Maße auch anspruchsvollere Verfahren (wie z. B. *CNDO* [573, 574] und *EHT*

[575, 576]) benutzt werden. Ziel dieser Rechnungen ist es, aus den quantenchemischen Größen für Verbindungsklassen relative Reaktivitätsangaben abzuleiten. Die folgende Darstellung benutzt im wesentlchen Ergebnisse von *HMO*-Rechnungen.

6.3.1. Allgemeines zur Berechnung von Reaktivitäten

Die Reaktivität einer Verbindung in einem Reaktionssystem wird durch die Aktivierungsenergie und -entropie bestimmt.

Vergleicht man nun die Reaktivitäten ähnlich gebauter Verbindungen, für die die entsprechenden Übergangszustände eine vergleichbare Struktur besitzen, dann kann die Änderung der Reaktivitäten näherungsweise in Abhängigkeit von der Aktivierungsenergie alleine betrachtet werden. Sind an den elektronischen Umgruppierungen während der Reaktion im wesentlichen π-Elektronen beteiligt, dann bietet sich die Anwendung von einfachen quantenchemischen Verfahren in π-Näherung (z. B. *HMO*) an, wenn man gleichzeitig annehmen kann, daß die Veränderungen im σ-Gerüst für die betrachtete Reihe von Verbindungen wieder vergleichbar sind.

Unter diesen Voraussetzungen sind nun folgende Näherungen zur Charakterisierung der Reaktivität möglich und üblich:

a) Näherung des isolierten Moleküls:
Geht man davon aus, daß die Reaktionsmöglichkeiten schon im isolierten Molekül angedeutet sein müssen, dann sollte es möglich sein, Beziehungen zwischen Grundzustandseigenschaften und den experimentellen Reaktivitäten zu finden. Man versucht damit, aus dem Grundzustand des reagierenden Systems auf den Verlauf der Energie entlang der Reaktionskoordinate zu schließen (s. Bild 35), was nur eine sehr grobe Näherung sein kann. Zur Charakterisierung der Reaktivitäten werden im Rahmen dieser Näherung verwendet: Elektronendichten und Bindungsordnungen an den Reaktionszentren und im Falle von ionischen Reaktionen Energien der höchsten besetzten (*HOMO*) und der niedrigsten unbesetzten *MO's* (*LVMO*)

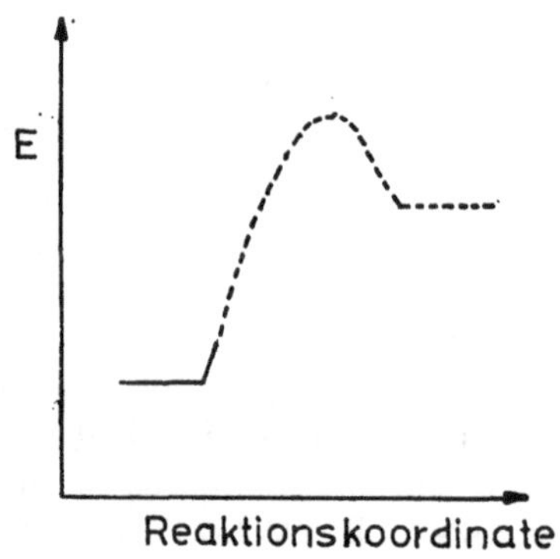

Bild 35. Charakterisierung der Näherung des isolierten Moleküls auf der Reaktionskoordinate

So erscheint es für die Polymerisation von Vinylverbindungen nach ionischen

$$\overset{\beta}{H_2C}=\overset{\alpha}{C}H-R \qquad \text{(XII)}$$

Mechanismen sinnvoll, die Elektronendichten am β—C-Atom (q_β) bzw. die Bindungsordnungen ($p_{\alpha\beta}$) der $C_\alpha-C_\beta$-Bindung zu vergleichen (XII). Für die kationische Polymerisation ist der Übergang

(XIII)

von Bedeutung, der die Entfernung eines Elektrons aus dem verkleinerten π-System ein, schließt. Deshalb wird die Ionisierungsenergie des Monomeren bzw. die Energie des *HOMO*- die mit der Ionisierungsenergie in Beziehung steht, von Bedeutung sein. Analoges gilt für die Energie des *LVMO* für die anionische Polymerisation. (Dabei werden im allgemeinen nicht die Energien ε_{HOMO} bzw. ε_{LVMO} selbst, sondern die entsprechenden Werte x_{HOMO} bzw. x_{LVMO} nach $\varepsilon = \alpha - x\beta$ angegeben.)

b) Lokalisierungsnäherung
Dem tatsächlichen Aktivierungsvorgang näher kommt man mit der Berücksichtigung von Grundzustand und erreichtem Zwischenzustand (s. Bild 36) im geschwindigkeitsbestimmenden Schritt. Unter der Voraussetzung, daß die Enthalpieänderung von solchen Teilreaktionen proportional der Aktivierungsenthalpie ist, können aus den Änderungen der π-Energie aller beteiligten π-Systeme ΔE^π relative Reaktivitäten abgeleitet werden. Bei ionischen Polymerisationen werden sehr oft speziell die Lokalisierungsenergien L berechnet. Für die in diesem Falle (XIV) gilt

z. B.

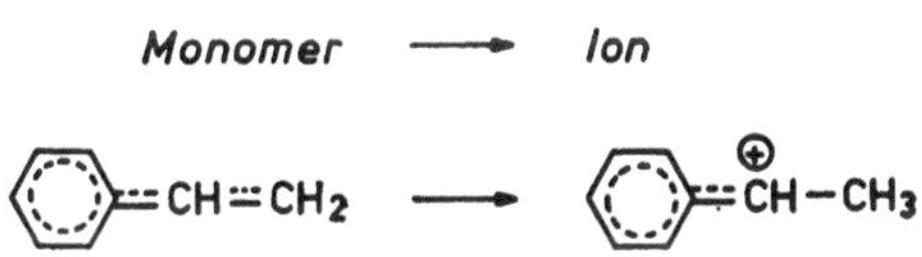

(XIV)

$$L = E^\pi_{Ion} - E^\pi_{Monomer}$$

Die Lokalisierungsenergien sind ein Maß für die Stabilisierung der entstandenen Ladung durch das restliche π-System relativ zum Grundzustand und damit auch für die Reaktivität des Monomeren im Initiierungsschritt. Je geringer der Energieaufwand zur Bildung des Ions ist, desto größer sollte die Polymerisationsgeschwindigkeit sein.

c) Methode der π-Konjugationsstabilisierungsenergien:
Am weitesten sollten Rechnungen führen, die den Übergangszustand selbst mit berücksichtigen. So kann als Maß der Stabilität des bei der Reaktion konjugierter π-Systeme gebildeten Übergangskomplexes, und damit als Maß für die Reaktivität der beteiligten Moleküle die π-Konjugationsstabilisierungsenergie (ΔE^π) verwendet werden. Sie kann direkt als Differenz der Energien von Ausgangszustand und aktiviertem Komplex berechnet werden (Bild 37). Für die ionische Polymerisation erhält man dann

$$(\Delta E^\pi) = E^\pi_{Komplex} - (E^\pi_{Monomer} + E^\pi_{Ion}) \qquad \text{(XV)}$$

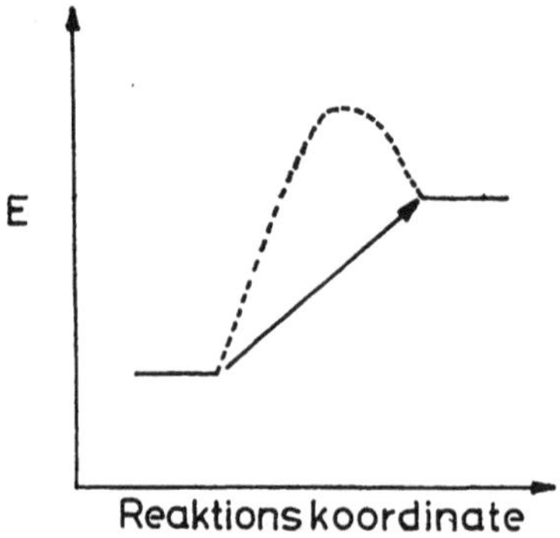

Bild 36. Charakterisierung der Lokalisierungsnäherung auf der Reaktionskoordinate

Voraussetzung für die Anwendung dieser Gleichung ist, daß man ein brauchbares Modell des aktivierten Komplexes für die quantenchemische Berechnung aufstellen kann.

(ΔE^π) kann auch berechnet werden, ohne den aktivierten Komplex explizit in die Betrachtung mit einzubeziehen. Mittels einer Störungsrechnung 2. Ordnung wurde die folgende Gleichung [571] für die Wechselwirkung von Monomer und Ion über die reaktiven Atome r bzw. s abgeleitet:

$$(\Delta E^\pi)_{rs} = 2\left(\sum_{m}^{bes.}\sum_{n}^{unbes.} - \sum_{n}^{bes.}\sum_{m}^{unbes.}\right)\frac{(a_r^m)^2(b_s^n)^2(\Delta\beta)^2}{F_n - E_m} \qquad \text{(XVI)}$$

a, E, m und r gehören zum Monomer, b, F, n, s zum Ion; a_r^m ist der Koeffizient des r-ten Atomorbitals im m-ten Molekülorbital des Monomeren, dem der Eigenwert E_m entspricht. $\Delta\beta$ ist das Resonanzintegral der Bindung, die zwischen dem r-ten und s-ten Atom gebildet wird.

Wendet man diese Gleichung auf die kationische Polymerisation von Styrol an (XVII),

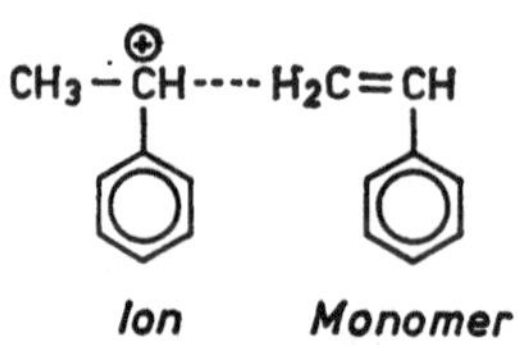

(XVII)

so werden die Werte der Tab. 55 erhalten [571].

In Tab. 55 fällt auf, daß der höchste Beitrag zu $(\Delta E^\pi)_{rs}$ von den sogenannten „frontier-orbitals", den Molekülorbitalen, die Elektronen zur Verfügung stellen (*HOMO* des Styrols, $m = 4$) bzw. Elektronen aufnehmen (*LVMO* des Styrolkations, $n = 4$) können, herrührt.

Entsprechend diesem Sachverhalt kann in vielen Fällen die Lage und Struktur der „frontier-orbitals" der reagierenden Moleküle Auskunft über Fragen der Reaktivität geben. So wird z. B. auch der Ort des Angriffs des Kations bzw. Anions am Monomer durch den höchsten *AO*-Koeffizienten-Betrag im „frontier-orbital"

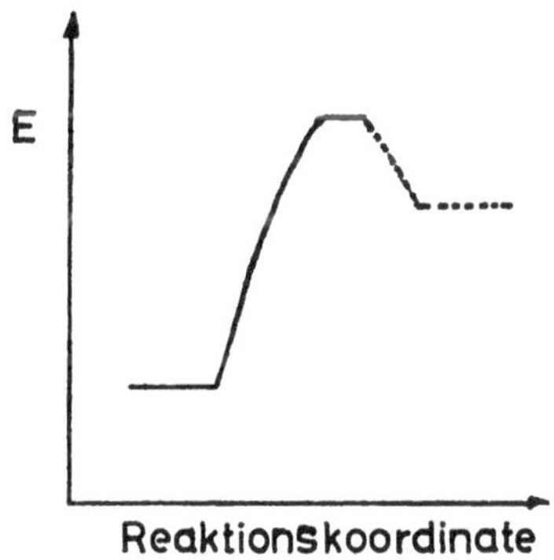

Bild 37. Charakterisierung der Methode der π-Konjugationsstabilisierungsenergien der Reaktionskoordinate

Tabelle 55. Anwendung der Gleichung (XVI) auf die kationische Polymerisation von Styrol (nach [571]).

m	n	$(a_r^m)^2(b_s^n)^2/(F_n - E_m)$	m	n	$-(a_r^m)^2(b_s^n)^2/(F_n - E_m)$
1	4	0,0056	5	1	0,0073
	5	0		2	0,0264
	6	0,0010		3	0
	7	0,0003	6	1	0
				2	0
2	4	0,0505		3	0
	5	0			
	6	0,0074	7	1	0,0020
	7	0,0020		2	0,0074
				3	0
3	4	0	8	1	0,0003
	5	0		2	0,0010
	6	0		3	0
	7	0			
4	**4**	**0,3057**			$-\sum\limits_{n}^{\text{bes.}} \sum\limits_{m}^{\text{unbes.}} = 0{,}0440$
	5	0			
	6	0,0264			
	7	0,0073			
		$\sum\limits_{m}^{\text{bes.}} \sum\limits_{n}^{\text{unbes.}} = 0{,}4063$			$(\Delta E^{\pi})_{rs} = -2(0{,}4063 + 0{,}0440) = -0{,}9006$

des Monomeren bestimmt sein. In Übereinstimmung mit dem Experiment und anderen Berechnungen erhält man für die Polymerisation von Styrol das folgende Ergebnis:

Polymerisation	frontier-orbital	höchster Koeffizientenbetrag im frontier-orbital
kationisch	*HOMO*	an C_β: 0,5952
anionisch	*LVMO*	an C_β: 0,5952

Allgemein kann gesagt werden, daß Berechnungen für ionische Polymerisationen meist in den Näherungen a) und b) erfolgt sind, während für radikalische Polymerisationen auch die Näherung c) vielfach benutzt wurde.

Die quantenchemischen Rechnungen der geschilderten Art sind anwendbar auf drei Fragestellungen:

1. Es können qualitative Aussagen über bevorzugte Angriffsorte in Reaktionsteilnehmern u. ä. gewonnen werden.
2. Es können Entscheidungen darüber gefällt werden, ob ein Monomeres anionisch und/oder kationisch bzw. radikalisch polymerisieren kann.
3. Es kann die Abstufung der Reaktivitäten von Monomeren vorausgesagt werden.

Dabei zeigt sich, daß die 3. Methode im allgemeinen weniger gute Resultate ergibt, als bei empirischen Korrelationen erhalten werden können (s. o.).

Erschwerend kommt hinzu, daß die Ergebnisse der *HMO*-Rechnungen stark durch die Wahl der Heteroatomparameter zur Berücksichtigung der funktionellen Gruppen beeinflußt werden, wie das folgende Beispiel zeigt.

Monomer	lg *k* [138] (Kationische Polymerisation)	L^+ mit Parametersatz aus [577]	[578]
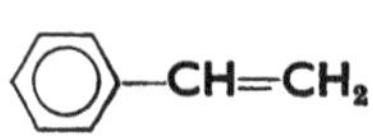	0,699	1,7037	1,7037
	–0,041	1,7188	1,6659

Bei geeigneter Anpassung der Parameter ist für jeden speziellen Fall eine genügend gute Reproduzierbarkeit der experimentellen Ergebnisse erreichbar. Damit wird aber die Anwendung der quantenchemischen Rechnungen problematisch, da sie stets nur zur nachträglichen Interpretation erhaltener Meßergebnisse benutzt werden könnten. Ziel sollte es aber sein, mit Hilfe eines möglichst weit anwendbaren Parametersatzes Voraussagen mit einiger Sicherheit machen zu können.

Im folgenden werden einige Ergebnisse quantenchemischer Rechnungen vorgestellt.

6.3.2. *Anionische Polymerisation*

Tabelle 56 zeigt, daß die Frage, ob eine Vinylverbindung anionisch polymerisieren kann oder nicht, mit Hilfe einer ganzen Reihe von quantenchemischen Größen mit hoher Sicherheit beantwortet werden kann. In den angegebenen Fällen existieren jeweils eindeutige Grenzwerte, die den Bereich der anionisch polymerisierbaren Verbindungen eingrenzen.

Anionische Polymerisationen werden danach zu erwarten sein, wenn z. B.

$$L^- < 1{,}71; \quad x_{LVMO} < 0{,}751; \quad q_\beta \leqq 1{,}00; \quad q_\alpha \geqq 1{,}00.$$

Dabei wird aber keine einheitliche Reihenfolge der Verbindungen entsprechend einer Reaktivitätsabstufung eingehalten.

Der gut untersuchte und relativ unkomplizierte Mechanismus der anionischen Polymerisation gestattete weiterhin, für die einzelnen Teilschritte des Mechanismus die Änderungen der π-Energien entsprechend Näherung b) zu berechnen und diese mit dem experimentellen Verhalten zu vergleichen [570].

Tabelle 56. Anionische Polymerisierbarkeit von Vinylverbindungen $CH_2{=}CH{-}X$ [579]

X	anionisch polymerisierbar	L^- (in β)	x_{LVMO}	q_β	q_α
$-CHO$	+	1,6059	0,6880	0,8863	1,0351
$-CN$	+	1,5976	0,6630	0,8974	1,0281
$-NO_2$	+	1,5710	0,6625	0,8858	1,0204
$-COOCH_3$	+	1,6744	0,7592	0,9041	1,0348
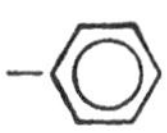	+	1,7037	0,6622	1,0000	1,0000
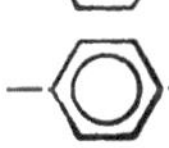 $-CN$	+	1,6453	0,5502	0,9832	1,0016
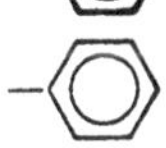 $-NO_2$	+	1,6404	0,5475	0,9810	1,0018
$-COCH_3$	+	1,6088	0,6907	0,8874	1,0349
$-Cl$	–	2,1506	1,0753	1,1037	0,9637
$-OCH_3$	–	2,5950	1,2975	1,3234	0,8609
$-OCOCH_3$	–	2,4283	1,1673	1,2751	0,8758
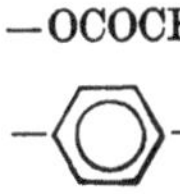 $-OCH_3$	–	1,7977	0,7501	1,0499	0,9946

Der erste Schritt ist die Elektronenübertragung vom Start-Anion-Radikal auf das Monomere, z. B.

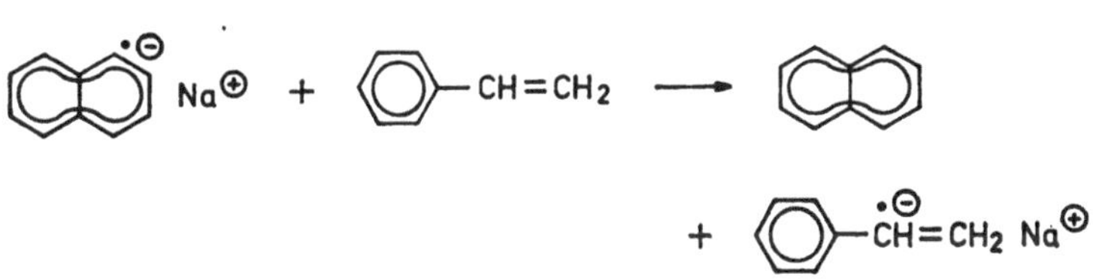

So wurden für das Monomere Styrol die folgenden Abnahmen der Energie aller beteiligten π-Systeme gefunden:

Anion-Radikal	ΔE^{π} (in β)	experimentelle Reaktivität
Naphthalin	$-0{,}044$	
Anthracen	$-0{,}248$	
Tetracen	$-0{,}367$	

Je höher der Energieaufwand zur Bildung der π-Systeme der Endstoffe ist, desto geringer ist die Reaktivität des Systems. Damit wird erklärt, daß die Polymerisationsgeschwindigkeit vom Typ des aromatischen Initiators abhängt.

Im zweiten Schritt erfolgt die Dimerisierung des Monomer-Anion-Radikals, z. B.

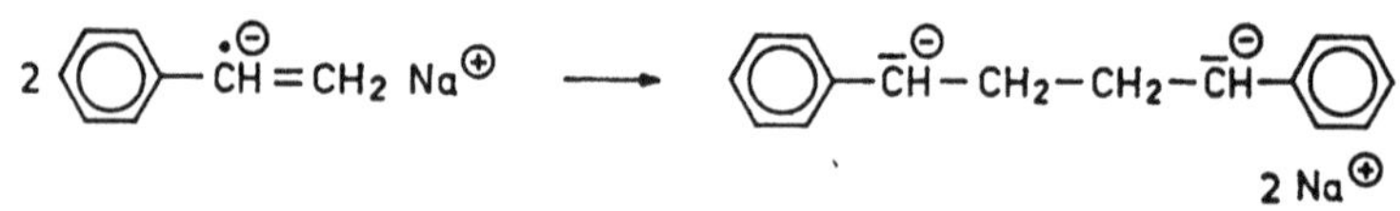

Dabei wird das π-System verkleinert, d. h. die π-Energie nimmt ab. Es zeigt sich nun, daß die Abnahme der π-Energie mit der experimentell beobachteten Fähigkeit zur Bildung des dimeren Dianions korreliert.

Wird ΔE^{π} für die Dimerisierung $\geqq -3{,}197\,\beta$, dann wird auch keine Dimerisierung mehr beobachtet:

Anion-Radikal	ΔE^{π} (in β)	Bildung von Dimeren
1,1/Diphenyläthylen	$-1{,}900$	ja
Styrol	$-2{,}083$	ja
Stilben	$-3{,}307$	nein

Der eigentliche Polymerisationsvorgang ist die Reaktion des polymeren Anions mit einem Monomermolekül z. B.:

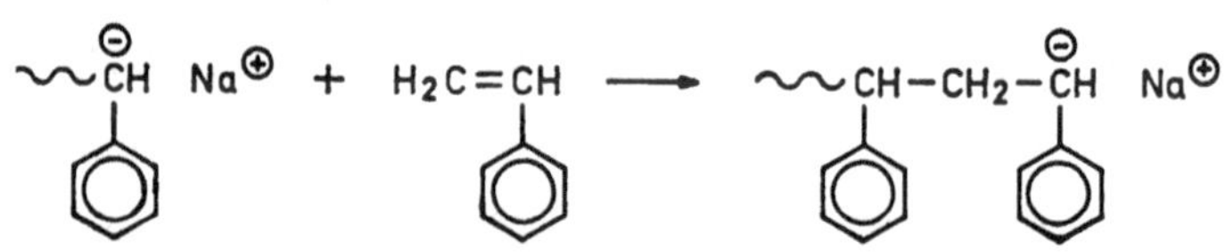

Je größer der π-Energieaufwand für diesen Reaktionsschritt ist, desto kleiner sollte auch die Reaktionsgeschwindigkeit sein. Das wird in einigen Fällen tatsächlich gefunden:

Monomer	ΔE^{π} (in β)	k_p (in $l \cdot \mathrm{Mol}^{-1}\,\mathrm{sec}^{-1}$)
Styrol	$-2{,}424$	500
9-Vinylanthracen	$-2{,}477$	$2 \cdot 10^{-1}$
Acenaphthylen	$-2{,}936$	10^{-4}

Rechnungen im Rahmen der Näherung b) (s. o.) sind also durchaus sinnvoll für die Untersuchung einzelner Reaktionsschritte, vorausgesetzt, daß ausreichende Kenntnisse über diese Teilschritte existieren. Bei radikalischen Polymerisationen wurde bei Zugabe von Akzeptoren eine Erhöhung der Reaktionsgeschwindigkeit beobachtet [580]. Bei anionischen Polymerisationen läßt sich ein solcher Einfluß nur schwer experimentell eindeutig nachweisen, weil Donator-Akzeptorzusätze meist auch als Initiatoren bzw. Inhibitoren wirken können. Hier kann eine quantenchemische Modellrechnung Hinweise auf die Tendenz des Einflusses geben. So wurden mit Hilfe der *CNDO*-Methode die π-Elektronendichten von Acrylnitril und Methacrlyat als freie Monomere und im Komplex mit dem Akzeptor $LiCH_3$ berechnet [573]:

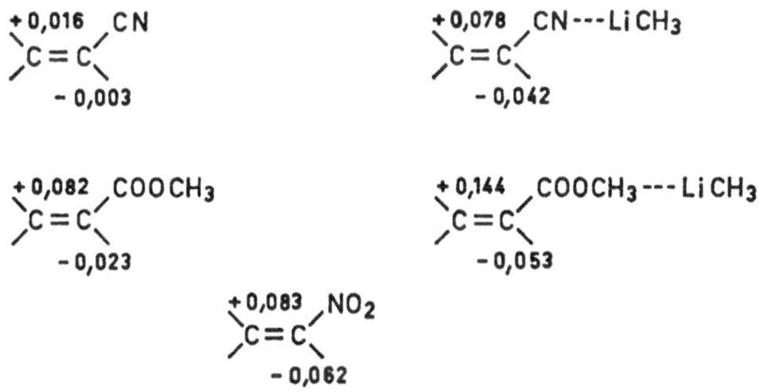

(XVIII)

Die Rechnungen zeigen, daß durch die Komplexbildung die Elektronendichte in der Doppelbindung verringert und gleichzeitig ihre Polarität erhöht wird. Das bedeutet aber, daß die Reaktionsfähigkeit für die anionische Polymerisation erhöht sein sollte. Es fällt auf, daß sich die Elektronenverteilung des Acrylnitril-$LiCH_3$-Komplexes der des sehr reaktiven Nitroäthylens nähert.

6.3.3. *Kationische Polymerisation*

Haben quantenchemische Rechnungen bei der Behandlung der anionischen Polymerisationen gewisse Erfolge gezeigt, so wird die Situation bei der kationischen Polymerisation wesentlich ungünstiger.

Die verschiedenen Einflußmöglichkeiten bedingen eine starke Abhängigkeit des Reaktionsmechanismus, d. h. der Art und Geschwindigkeit der Teilreaktionen von der Struktur der Reaktanden und den Reaktionsbedingungen. Selbstverständlich können die quantenchemischen Rechnungen nur die Einflüsse der Elektronenstruktur der Reaktanden auf die Reaktivität des gesamten Systems widerspiegeln, so daß brauchbare Ergebnisse nur für Reihen ähnlicher Verbindungen im Vergleich mit standardisierten Experimenten zu erwarten sind.

Tabelle 57 zeigt nun, daß die für die kationische Polymerisation sinnvollen quantenchemischen Größen durchaus den Trend richtig wiedergeben: Je höher der Aufwand ist, um aus dem Vinylmonomeren das entsprechende Kation zu bilden (Lokalisierungsenergie, Energie des höchsten besetzten Niveaus), um so geringer

Tabelle 57. Kationische Polymerisierbarkeit von Vinylverbindungen $CH_2 = CH{-}X$ [579]

X	kationisch polymerisierbar	L^+ (in β)	x_{HOMO}	q_β
$-CH_3$	+	1,9464	−0,80563	1,0131
$-OCH_3$	+	1,2830	−0,55999	1,3234
$-CHO$	+	2,0827	−1,02070	0,8863
$-COCH_3$	+	2,0813	−0,88187	0,8874
 $-OCH_3$	+	1,5708	−0,47811	1,0499
 $-CH_3$	+	1,6969	−0,64079	1,0021
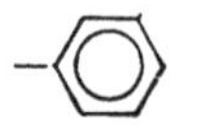	+	1,7037	−0,66215	1,0000
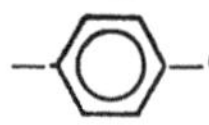 $-Cl$	+	1,6659	−0,60068	1,0134
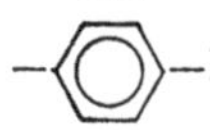 $-Br$	+	1,6818	−0,61953	1,0073
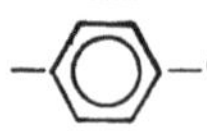 $-CN$	+	1,7259	−0,67073	0,9832
$-Cl$	−	1,6842	−0,70486	1,1037
$-CN$	−	2,0246	−0,97304	0,8974
$-COOCH_3$	−	2,0759	−1,01939	0,9041
$-OCOCH_3$	−	1,3557	−0,59874	1,2751
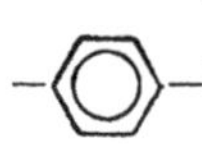 $-NO_2$	−	1,7313	−0,68007	0,9810

sollte die Tendenz zur kationischen Polymerisation sein. Allerdings lassen sich nicht so eindeutige Grenzwerte wie bei der anionischen Polymerisation angeben, von denen ab keine kationische Polymerisation mehr auftritt. Die stark abweichenden Ergebnisse (X=CHO, $-COCH_3$, $-OCOCH_3$) sollten sogar Anlaß sein, nach exp. Besonderheiten des Mechanismus zu suchen, die die Differenzen zwischen theoretischen Berechnungen und experimentellen Befunden erklären können. Mit Sicherheit dürfte hier die hohe Nucleophilie des Carbonylsauerstoffatoms ein „Konkurrenzreaktionszentrum" bieten.

In einer Reihe nahe verwandter Verbindungen kann bei günstiger Wahl der Heteroatomparameter die Rechnung recht gut die durch die Geschwindigkeitskonstanten gegebenen Reaktivitäten widerspiegeln, wie das folgende Beispiel für die kationische Polymerisation von Styrolderivaten zeigt (Tab. 58).

Tabelle 58. Kationische Polymerisation von Styrolen $X-\langle\bigcirc\rangle-CH=CH_2$

X	$\lg k$	L^+ (in β)	x_{HOMO}	x'_{LVMO}	$x_{HOMO} \cdot x'_{LVMO}$	q_β
OCH_3	1,844	1,6245	−0,544	0,066	−0,036	1,0289
CH_3	1,240	1,6822	−0,638	0,021	−0,013	1,0097
H	0,699	1,7037	−0,662	0,000	0,000	1,0000
Br	−0,066	1,7147	−0,669	−0,013	0,009	0,9940
CN	−1,284	1,7149	−0,650	−0,034	0,022	0,9862
NO_2	—	1,7594	−0,714	−0,074	0,053	0,9693

Es fällt auf, daß außer der Energie des höchsten besetzten *MO* des Olefins x_{HOMO} (im Sinne der Bereitschaft zur Kationbildung) auch die Energie des niedrigsten unbesetzten *MO* des entsprechenden Kations x'_{LVMO} (im Sinne der Bereitschaft zur Neutralisierung der Ladung) und das Produkt beider Größen gute Korrelation mit den experimentellen Bruttogeschwindigkeitskonstanten zeigen. Es erscheint notwendig, für weitergehende Rechnungen die Aktivitäten aller beteiligten Spezies zu untersuchen, um zu aussagekräftigen Reaktivitätsindices für diese komplexen Reaktionen zu kommen. Auch eine aufwendigere Rechnung nach dem *CNDO*-Verfahren führt zu dem gleichen Ergebnis [575], daß die Ladung am β-C-Atom für die kationische Polymerisation als Reaktivitätsmaß der Olefine dienen kann.

6.3.4. *Ionische Copolymerisation*

Quantenchemische Rechnungen zur Interpretation der radikalischen Copolymerisation wurden von einer Reihe von Autoren mit einigem Erfolg durchgeführt (s. [581]). Sie verwendeten dabei als experimentelles Maß der Reaktivität von Monomeren in Copolymerisationen die r-Werte aus der Copolymerengleichung bzw. die Q- und e-Werte des Alfrey-Price-Schemas [15; 582], und korrelierten diese Größen im wesentlichen mit Ladungsdichten und Bindungsordnungen der olefinischen Doppelbindung sowie mit den Lokalisierungs- und π-Konjugationsstabilisierungsenergien für die verschiedenen Monomerkombinationen (vgl. z. B. [581; 583]. Über quantenchemische Berechnungen zur ionischen Copolymerisation wurde bisher kaum berichtet. Das hat seine Ursache auch darin, daß die der quantitativen Behandlung der Copolymerisation zugrunde liegende Copolymerengleichung (vgl. Formel 5. IX) wegen der nicht berücksichtigten Initiierungseffekte bei ionischen Copolymerisationen ein verfälschtes Bild ergeben kann. Daß trotzdem Erfolge erhalten werden können, beweist die Feststellung, daß für viele Vinylderivate die anionische Copolymerisation nur dann auftreten sollte, wenn die Differenz der Energien der niedrigsten unbesetzten *MO*'s der Monomere

$$\varepsilon'_{LVMO} - \varepsilon''_{LVMO} < 0{,}15$$

beträgt [373].

Aus den mehrfach angesprochenen Gründen (Kap. 3. und Abschnitt 5.1.) wird für den Mechanismus der kationischen Copolymerisation eine derartig verallgemeinerungsfähige Aussage zwischen theoretischer Erwartung und experimentellem Befund nur schwer aufzudecken sein. Es erscheint aber sinnvoll, in Analogie zu den Ansätzen für die radikalische Copolymerisation unter Ausnutzung des Alfrey-Priceschen Q, e-Schemas (s. [581]) Rechnungen in der Lokalisierungsnäherung und nach der Methode der π-Konjugationsstabilisierungsenergien für ionische Copolymerisationen durchzuführen (z. B. [133]).

7. Literatur

[1] L. K. I. TONG u. W. O. KENYON, J. Amer. Chem. Soc. **67**, 1278 (1945)
[2] F. S. DAINTON u. K. J. IVIN, Trans. Faraday Soc. **46**, 331 (1950)
[3] C. WALLING, *Free Radicals in Solution*, John Wiley & Sons, New York, S. 213 (1957)
[4] G. HEUBLEIN, W. BRAUSE u. P. HALLPAP, Z. Chem. **7**, 419 (1967)
[5] F. S. DAINTON u. K. J. IVIN, Nature, **162**, 705 (1948)
[6] P. DREYFUSS u. M. P. DREYFUSS, Fortschr. Hochpolym. Forsch. **4**, 528 (1967)
[7] D. J. WORSFOLD u. D. BYWATER, J. Polymer Sci. **26**, 299 (1957)
[8] R. S. JESSUP, J. Chem. Physics, **16**, 661 (1948)
[9] L. KÜCHLER, *Polymerisationskinetik*, Springer-Verlag Berlin (1951)
[10] A. A. FROST u. R. G. PEARSON, *Kinetik und Mechanismen homogener chemischer Reaktionen*, Verlag Chemie — Weinheim/Bergstr. (1964)
[11] G. HENRICI-OLIVÉ und S. OLIVÉ, *Polymerisation*, Verlag Chemie, Weinheim/Bergstr. (1969)
[12] J. ULBRICHT u. P. FRITZSCHE, Faserforsch. u. Textiltechn. **14**, 320 u. 512 (1963)
[13] J. E. MULVANEY, C. G. OVERBERGER u. A. M. SCHILLER, Fortschr. Hochpolym. Forsch. **3**, 106 (1961)
[14] S. WINSTEIN u. G. C. ROBINSON, J. Amer. Chem. Soc. **80**, 169 (1958)
[15] T. ALFREY u. C. C. PRICE, J. Polymer Sci. **2**, 101 (1947)
[16] T. C. SCHWAN u. C. C. PRICE, J. Polymer Sci. **40**, 457 (1959)
[17] J. FURUKAWA u. T. TSURUTA, J. Polymer Sci. **36**, 275 (1959)
[18] N. KAWABATA, T. TSURUTA u. J. FURUKAWA, Bull. Chem. Soc. Japan **36**, 905 (1963)
[19] S. W. BENSON u. A. A. NORTH, J. Amer. Chem. Soc. **80**, 5625 (1958); **81**, 1339 (1959)
[20] E. TROMMSDORF, H. KÖHLE u. P. LAGALLY, Makromol. Chem. **1**, 169 (1948)
[21] G. V. SCHULZ u. G. HABORTH, Makromol. Chem. **1**, 106 (1948)
[22] vgl. Zit. [3], S. 189
[23] Chr. REICHARDT, *Lösungsmitteleffekte in der organischen Chemie*, Verlag Chemie, GmbH, Weinheim/Bergstr. (1969)
[24] P. H. PLESCH, *The Chemistry of Cationic Polymerization*, Pergamon Press (1963); S. 126, vgl. die dort zit. Lit.
[25] G. HEUBLEIN u. B. ADELT, Z. Chem. **11**, 321 (1971)
[26] J. LAL, E. F. DEVLIN u. G. S. TRICK, J. Polymer Sci., **44**, 523 (1960)
[27] vgl. Lit. [24], Kap. 1
[28] B. L. ERUSSALIMSKII, Uspekhi Khim. **32**, 1458 (1963)
[29] D. C. PEPPER, in *Friedel-Crafts and Related Reactions*, Herausgeber: G. A. OLAH, Wiley and Sons, New York. Vol. IIp, 1293 (1964)
[30] J. P. KENNEDY u. A. W. LANGER, Fortschr. Hochpolym. Forsch. **3**, 508 (1964)
[31] L. S. BRESLER, Uspekhi Khim. **34**, 895 (1965)

[32] D. Bethell u. V. Gold, *Carbonium Ions*, Academic Press, London/New York (1967)
[33] P. Walden, Chem. Ber. **35**, 2018 (1902)
[34] M. Gomberg, Chem. Ber. **35**, 2397 (1902)
[35] D. Cook, Canad. J. Chem. **41**, 522 (1963)
[36] H. A. Skinner, in *Cationic Polymerisation and Related Complexes*, Herausgeg. von P. H. Plesch, Verl. Heffer, Cambridge, S. 28 (1953)
[37] G. A. Olah, M. B. Comisarow, C. A. Cupas u. C. U. Pittman, J. Amer. Chem. Soc. **87**, 2997 (1965)
[38] vgl. Zit. [24], S. 16
[39] V. A. Palm, *Grundlagen der quantitativen Theorie organischer Reaktionen*, Akademie-Verlag, Berlin (1971)
[40] vgl. Zit. [32], S. 119ff.
[41] H. Becker, *Einführung in die Elektronentheorie organisch-chemischer Reaktionen*, VEB Deutscher Verlag d. Wiss., Berlin (1961)
[42] E. M. Kosower, J. Org. Chemie. **29**, 956 (1964)
[43] G. Briegleb, *Elektronen-Donator-Akzeptor-Komplexe*, Springer-Verlag, S. 144 (1961)
[44] vgl. Zit. [32], S. 162/63
[45] H. F. Ebel, Fortschr. chem. Forschung, **12** (*3*), 387—439 (1969)
[46] W. Schlenk u. E. Marcus, Ber. Deut. Chem. Ges. **47**, 1664 (1914)
[47] H. A. Staab, *Einführung in die theoretische organische Chemie*, Verlag Chemie-Weinheim/Bergstr., S. 71 (1959)
[48] D. J. Cram, *Fundamentals of Carbanion Chemistry*, Academic Press, New York (1965)
[49] C. Agami, Bull. Soc. Chim. France 1205 (1968)
[50] D. Martin, A. Weise u. A. J. Niclas, Angew. Chemie **79**, 340 (1967)
[51] H. Normant, Angew. Chemie **79**, 1029 (1967)
[52] I. B. Owen, J. Amer. Chem. Soc. **76**, 5887 (1954)
[52a] M. Duenten u. J. C. Justice, R. hebd. Seances Acad. Sci. **260**, 5255 (1965)
[53] R. V. Figini, H. Hostalka, K. Hurm, G. Löhr u. G. V. Schulz, Z. physik. Chem. NF **45**, 269 (1965)
[54] H. Hostalka u. G. V. Schulz, Z. physik. Chem. NF **45**, 286 (1965)
[55] D. N. Bhattacharyya, C. L. Lee, J. Smid u. M. Szwarc, J. physik. Chem. **69**, 612 (1965)
[56] A. Brändström, Arkiv Kemi, **11**, 567 (1957)
[57] H.-J. Bittrich, *Leitfaden der chemischen Thermodynamik*, VEB Deutscher Verlag der Wissenschaften, Berlin, S. 201 (1971)
[58] L. Pauling, *Die Natur der chemischen Bindung*, Verlag Chemie Weinheim/Bergstr., S. 93 (1964)
[59] G. Fraenkel, R. E. Carter, A. McLachlan u. J. H. Richards, J. Amer. Chem. Soc. **82**, 5846 (1960)
[60] M. G. Reinecke, H. W. Johnson u. J. F. Sebastian, J. Amer. Chem. Soc., **85**, 2859 (1963)
[60a] M. Szwarc, Advances in Chemistry, Ser. **91**, 236—49 (1969)
[61] N. Bjerrum, Kgl. Danske Videnskab, Selskab. Math.-fys. Medd. (*9*), **7**, **1** (1926]
[62] vgl. Zit. [32], S. 150
[63] M. Eigen u. K. Tamm, Z. Elektrochemie **66**, 107 (1962) G. Atkinson u. S. K. Kor, J. Phys. Chem. **68**, 128 (1965)
[64] M. Szwarc, Makromol. Chem. **89**, 44 (1965)
[65] J. F. Garst u. E. R. Zabolotny, J. Amer. Chem. Soc. **87**, 495 (1965)

[66] R. G. PEARSON, J. Amer. Chem. Soc. **85**, 3533 (1963)
[67] G. HEUBLEIN, Z. Chem. **9**, 281 (1969)
[68] G. HEUBLEIN, Plaste und Kautschuk **19**, 177 (1972)
[69] P. DREYFUSS u. M. P. DREYFUSS, Adv. Polymer Sci., **4**, 546 (1967)
[70] vgl. Zit. [32], S. 49
[71] G. A. OLAH, R. H. SCHLOSBERG, D. P. KELLY u. G. D. MATEESCU, J. Amer. Chem. Soc. **92**, 2546 (1970)
[72] V. GUTMANN, Angew. Chem. **82**, 858 (1970)
[73] J. BOOR, Macromolecular Rev., Bd. *2*, **115** (1967)
[73a] vgl. Zit. [11], S. 137–203
[74] M. N. BERGER u. B. M. GRIEVESON, Makromolekulare Chemie **83**, 80 (1965)
[75] G. NATTA, P. CORRADINI u. G. ALLEGRA, J. Polymer Sci. **51**, 399 (1961)
[76] E. J. ARLMAN u. P. COSSEE, J. Catalysis **3**, 99 (1964)
[77] L. A. M. RODRIGUEZ u. H. M. VAN LOOY, J. Polymer Sci. *A-1*, **4**, 1971 (1966)
[78] G. NATTA, G. DALL'ASTA u. G. MAZZANTI, Angew. Chem. **76**, 765 (1964)
[79] M. ROHA, Adv. Polymer Sci. **4**, 353 (1965)
[80] J. ULBRICHT, Plaste und Kautschuk **19**, 162 (1972)
[81] J. LAL, J. Polymer Sci. **31**, 179 (1958)
[82] E. J. VANDENBERG, J. Polymer Sci. *C 1*, 207 (1963)
[83] T. SAEGUSA, H. IMAI u. J. FURUKAWA, Makromol. Chem. **79**, 207 (1964)
[84] C. E. H. BAWN, W. H. JAMES u. A. M. NORTH, J. Polymer Sci. *C 4*, 427 (1964)
[85] G. NATTA, J. Polymer Sci. **48**, 219 (1960)
[85a] G. NATTA, Pure and Applied Chem. **12**, 165 (1966)
[86] R. G. PARR u. R. S. MULLIKEN, J. chem. Physics **18**, 1338 (1950)
[87] G. HENRICI-OLIVÉ u. S. OLIVÉ, Angew. Chem. **79**, 764 (1967)
[88] P. COSSEE, J. Catalysis **3**, 80 (1964)
[89] P. COSSEE, Rec. Trav. chim. Pays-Bas **85**, 1151 (1966)
[90] M. N. BERGER, G. BOOCOCK u. R. N. HAWARD, Advan. Catal. Relat. Subj., **19**, 211 (1969)
[91] F. ROCABOY, Bull. Soc. Sci. de Bretagne **43**, 289 (1968); **44**, 113 (1969)
[92] D. J. METZ, Advan. Chem. Ser. **91**, 202 (1969)
[93] H. YAMAOKA, F. WILLIAMS, K. HAYASHI, Trans Faraday Soc. **63**, 376 (1967)
[94] R. B. TAYLOR u. F. WILLIAMS, J. Amer. Chem. Soc. **91**, 3728 (1969)
[95] R. C. POTTER, C. L. JOHNSON, D. J. METZ u. R. H. BRETTON, J. Polymer Sci., *A-1*, **4**, 419 (1966)
[96] K. UENO, K. HAYASHI u. S. OKAMURA, Polymer [London] **7**, 431 (1966)
[97] M. A. BONIN, W. R. BUSLER u. F. WILLIAMS, J. Amer. Chem. Soc. **87**, 199 (1965)
[98] A. SCHMIDT u. G. KOLB, Makromol. Chemie **130**, 90 (1969)
[99] M. A. BONIN, M. L. CALVERT, W. L. MILLER u. F. WILLIAMS, Polymer Letters **2**, 143 (1964)
[100] E. HUBMAN, R. B. TAYLOR, F. WILLIAMS, Trans Faraday Soc. **62** , 88 (1966)
[101] K. HAYASHI, Y. YAMAZAWA, T. TAGAKAGI, F. WILLIAMS u. S. OKAMURA, Trans Faraday Soc. **63**, 1489 (1967)
[102] C. G. OVERBERGER, G. F. ENDRES u. A. MONACI, J. Amer. Chem. Soc. **78**, 1969 (1956)
[103] F. WILLIAMS, K. HAYASHI, K. UENO, K. HAYASHI, S. OKAMURA, Trans. Faraday Soc. **63**, 1501 (1967)
[104] H. YOSHIDA u. K. HAYASHI, Advan. Polymer Sci., **6**, 401 (1969)
[105] J. W. BREITENBACH u. C. H. SRNA, Pure Appl. Chem. **4**, 245 (1962)

[106] N. ISE, Advan. Polymer Sci. **6**, 347 (1969)
[107] N. YAMAZAKI, Advan. Polymer Sci. **6**, 377 (1969)
[108] G. MENGOLI u. G. VIDOTTO, Makromol. Chem. **133**, 279 (1970)
[109] P. GIUSTI, P. CERRAI, M. TRICOLI, P. L. MAGAGNINI u. F. ANDRUZZI, Makromol. Chem. **133**, 299 (1970)
[110] G. MENGOLI u. G. VIDOTTO, Makromol. Chem. **139**, 293 (1970)
[110a] F. SOMMER u. J. W. BREITENBACH, JUPAC Internat. Symp. Macrom. Chem., Preprints *Vol. I*, 257 (Budapest — 1969)
[111] M. SZWARC, M. LEVY u. R. MILKOVITCH, J. Amer. Chem. Soc. **78**, 2656 (1956)
[112] T. SAEGUSA u. S. MATSUMOTO, J. Polymer Sci. **6**, *A-1*, 459 und 1559 (1968)
[113] F. C. WHITMORE, Ind. Engng. Chem. **26**, 94 (1933)
[114] A. C. EVANS u. M. POLANÝI, J. chem. Soc. [London], 252 (1947)
[115] H. BURTON u. P. F. G. PRAILL, Quart. Rev. **6**, 303 (1952)
[116] W. H. HUNTER u. R. V. JOHÉ, J. Amer. Chem. Soc. **55**, 1248 (1933)
[117] P. H. PLESCH, J. chem. Soc. [London], 543 (1950)
[118] A. C. EVANS u. G. W. MEADOWS, Trans. Faraday Soc. **46**, 327 (1950)
[119] W. R. LONGWORTH, P. H. PLESCH u. P. P. RUTHERFORD, J. chem. Soc. [London], 68 (1960)
[120] R. O. COLCLOUGH u. F. S. DAINTON, Trans. Faraday Soc. **54**, 886 (1958)
[121] D. S. BRACKMAN u. P. H. PLESCH, J. chem. Soc. [London], 1289 (1953)
[122] A. R. GANTMAKHER u. S. S. MEDVEDEV, Ber. Akad. Wiss. UdSSR **166**, 1031 (1965)
[123] P. H. PLESCH, Progress in High Polymers, **2**, 137 (1968)
[124] T. KAGIYA, Y. SUMIDA u. T. NAKATA, Bull. chem. Soc. Japan **41**, 2239, 2247 (1968)
[125] C. ASO u. O. OHARA, Makromol. Chem. **127**, 78 (1969)
[126] A. GANDINI u. P. H. PLESCH, Soc. Chem. Ind., *Monographie Nr. 20*, 107 (1966)
[127] P. H. PLESCH, Pure Appl. Chem. **12**, 117 (1966)
[128] B. L. ERUSSALIMSKII, *Ionische Polymerisation polarer Monomerer*, Verlag d. Wiss., Leningrad (russ.), 1970.
[129] D. C. PEPPER, Quart. Rev. **7**, 89 (1954)
[130] A. STREITWIESER, *Molecular Orbital Theorie for Organic Chemists*, New York (1961)
[131] J. D. ROBERTS, *Kurze Anleitung zur Berechnung von π-Elektronensystemen*, Stuttgart (1966)
[132] K. MATHIAK u. P. STINGL, *Gruppentheorie*, Berlin (1969)
[133] T. YONEZAWA, T. HIGASHIMURA, K. KATAGIRI, K. HAYASHI, S. OKAMURA u. K. FUKUI, J. Polymer Sci. **26**, 311 (1957)
[134] vgl. Zit. [128], Kap. 3. und die dort zitierte Literatur
[135] E. MARECHAL, Bull. Soc. Chim. France, **5**, 1459 (1969)
[136] C. G. OVERBERGER, L. H. ARNOD, D. H. TANNER, J. J. TAYLOR u. T. ALFREY jr., J. Amer. Chem. Soc. **74**, 4848 (1952)
[137] T. FUENO, T. OKUYAMA, I. MATSUMURA u. J. FURUKAWA, J. Polymer Sci., *A-1*, **7**, 1447 (1969)
[138] G. HEUBLEIN u. H. DAWCZYNSKI, J. prakt. Chem. **314**, 557 (1972)
[139] Y. IMANISHI, A. MIZOTE, T. HIGASHIMURA u. S. OKAMURA, Chem. High Polymers (Japan) **20**, 58 (1963)
[140] E. ELIEL, *Stereochemie der Kohlenstoffverbindungen*, Verlag Chemie GmbH, Weinheim/Bergstr. (1966)
[141] T. OKUYAMA, T. FUENO u. J. FURUKAWA, J. Polymer Sci., *A-1*, 993 (1968)
[142] T. HIGASHIMURA, T. YONEZAWA, S. OKAMURA u. T. FUKUI, J. Polymer Sci. **39**, 487 (1959)

[143] S. NAKANO, K. IWASAKI u. H. FUKUTANI, J. Polymer Sci., *A-1*, 3277 (1963)
[144] S. M. MCELVAIN u. J. W. LANGSTON, J. Amer. Chem. Soc. **66**, 1759 (1944)
[145] R. SPERLING, J. Chem. Soc. [London] 1928 (1949)
[146] J. BOOR, E. A. YOUNGMAN u. M. DIMBAT, Makromol. Chem. **90**, 26 (1966)
[147] K. B. WIBERG u. W. J. BARTLEY, J. Amer. Chem. Soc. **82**, 6375 (1960)
[148] C. F. H. TIPPER u. D. A. WALKER, J. chem. Soc. [London], 1352 (1959)
[149] A. D. KETLEY, Polymer Letters **1**, 313 [1963)
[150] R. H. MAZUR et. al., J. Amer. Chem. Soc. **81**, 4390 (1959)
[151] J. P. KENNEDY u. H. S. MAKOWSKI, J. Makromol. Sci., **A 1** (*3*), 345 (1967)
[152] R. G. FORSTER u. P. HEPWORTH, JUPAC Internat. Symp. Makromol. Chem., Reprints, *Vol. I*, 339 (Budapest—1969]
[153] G. HEUBLEIN u. U. KÖDITZ, Wiss. Ztschr. Friedrich-Schiller-Univ., Math.-Nat. R. **22**, 875 (1973)
[154] R. B. TURNER, W. B. MEADOR u. R. E. WINKLER, J. Amer. Chem. Soc. **79**, 4116 (1957)
[155] C. ASO, T. KUNITAKE u. Y. ISHIMOTO, J. Polymer Sci., *A-1*, **6**, 1175 (1968)
[156] S. KONJIYA, Y. IMANISHI u. S. OKAMURA, J. Polymer Sci., *A-1*, **6**, 809 (1968)
[157] C. ASO u. O. OHARA, Makromol. Chem. **109**, 161 (1967)
[158] C. ASO, T. KUNITAKE u. Y. ISHIMOTO, J. Polymer Sci., *A-1*, **6**, 1163 (1968)
[159] Y. IMANISHI, T. YAMANE, S. KOHJIYA u. S. OKAMURA, J. Macromol. Sci.-Chem., **A 3** (*2*), 223 (1969)
[160] Y. IMANISHI, K. MATSUZAKI, S. KOHJIYA u. S. OKAMURA, J. Macromol. Sci.-Chem., **A 3** (*2*), 237 (1969)
[161] Y. IMANISHI, K. MATSUZAKI, T. YAMANE, S. KOHIJYA u. S. OKAMURA, J. Macromol. Sci.-Chem., **A 3** (*2*), 249 (1969)
[162] G. B. BUTLER u. R. J. ANGELO, J. Amer. Chem. Soc. **79**, 3128 (1957)
[163] C. S. MARVEL u. J. K. STILLE, J. Amer. Chem. Soc. **80**, 1740 (1958)
[164] G. B. BUTLER u. M. L. MILES, J. Polymer Sci., *A-1* (*3*), 1609 (1965)
[165] M. MAREK u. J. PECKA, JUPAC Internat. Symp. Makromol. Chem. Reprints, *Vol. I*, 369 (1969)
[166] C. ASO, T. KUNITAKE, R. K. KHATTAK u. N. SUGI, Makromol. Chem. **134**, 147 (1970)
[166a] C. G. OVERBERGER u. J. A. MOORE, Fortschr. Hochpolym. Forsch. **7**, 113 (1970)
[167] vgl. Zit. [24], S. 299
[168] S. OKAMURA, T. HIGASHIMURA u. Y. IMANISHI, Chem. High Polymers [Japan], **16** 129, 165 (1959)
[169] G. HEUBLEIN u. O. BARTH, Z. Chem. **12**, 19 (1972)
[170] D. S. BRACKMAN u. P. H. PLESCH, J. chem. Soc. [London], 3563 (1958)
[171] G. HEUBLEIN u. G. AGATHA, J. prakt. Chem. **312** (*2*), 300 (1970)
[172] R. G. FLOWERS u. H. F. MILLER, J. Amer. Chem. Soc. **69**, 1388 (1947)
[173] O. MAASS, J. Amer. Chem. Soc. **40**, 1561 (1918); desgl. **43**, 1227 (1921); desgl. **47**, 2883 (1925)
[174] R. F. MAYO u. J. J. KATZ, J. Amer. Chem. Soc. **69**, 1339 (1947)
[175] Y. TSUDA, Makromol. Chem. **36**, 102 (1960)
[176] H. YOKOTA u. M. KONDO, J. Polymer Sci., *A-1*, **6**, 425, 435 (1968)
[177] P. H. PLESCH, Z. Elektrochem. Ber. Bunsenges. physik. Chem. **60**, 325 (1956)
[178] vgl. Zit. [24], S. 149, 217, 225
[179] S. AOKI, H. NAKAMURA u. T. OTSU, Makromol. Chem. **115**, 282 (1968)
[180] S. OKAMURA, T. HIGASHIMURA u. H. SAKURADA, J. chem. Soc. Japan, ind. Chem. Sect. **61**, 1640 (1958)
[181] vgl. Zit. [129], S. 91

[182] D. C. Pepper, Trans. Faraday Soc. **45**, 397 (1947)
[183] F. Lappert, J. chem. Soc. [London], 817 (1961)
[184] T. Kagiya, Y. Sumida u. T. Inoue, Bull. chem. Soc. Japan **41**, 767 (1968)
[185] K. E. Russell, Trans. Faraday Soc. **48**, 114 (1952)
[186] P. H. Plesch, Sci. Proc. Roy. Dublin Soc. **25**, 154 (1950)
[187] D. P. N. Satchell, Proc. Chem. Soc. 335 (1960); desgl. J. chem. Soc. **1453** (1961)
[188] vgl. Zit. [24], S. 254
[189] P. H. Plesch, J. chem. Soc. [London], 104 (1964)
[190] P. Giusti, F. Andruzzi, P. Cerrci u. G. L. Possanzini, Makromol. Chem. **136**, 97 (1970)
[191] J. P. Kennedy, J. Polymer Sci. **38**, 263 (1959)
[192] H. Yuki, K. Hatada, K. Ota, I. Kinoshita, S. Murahashi, K. Ono u. Y. Ito, J. Polymer Sci. **A-1**, *7*, 1517 (1969)
[193] N. S. Enikolopyan, *Kinet. Mech. Obrazov, Prev. Makromol.*, 217—49 (1968); Herausg. V. A. Kargin: Isd. „Nauk", Moskau (1968)
[194] J. H. Beard, P. H. Plesch u. P. P. Rutherford, J. chem. Soc. [London], 2566 (1964)
[195] W. R. Longworth, C. J. Panton u. P. H. Plesch, J. chem. Soc. [London], 5579 (1965)
[196] M. Chmeliř u. M. Marek, Symposium on Macromolecules, *Preprint 7/67*, Brüssel (1967)
[197] M. Marek u. M. Chmeliř, J. Polymer Sci. *C 23*, 223 (1968)
[198] M. Chmeliř u. M. Marek, J. Polymer Sci. *C 22*, 177 (1968)
[199] P. Lopour u. M. Marek, JUPAC Internat. Symp. Makrom. Chem., Reprints, *Vol. I*, 351 (Budapest — 1969)
[200] P. Lopour u. M. Marek, Makromol. Chem. **134**, 23 (1970)
[200a] J. P. Kennedy, Diskussionsbemerkung zum JUPAC-Symposium über Makromoleküle (Helsinki — 1972)
[201] A. Ledwith, Advan. Chem. Ser. **91**, 317 (1969)
[202] M. S. Sambhi, Macromolecules **3** (*3*), 351 (1970)
[203] N. G. Gaylord u. M. Švestka, Polymer Letters **7**, 455 (1969)
[204] M. Szwarc, Carbanions, *Living Polymers and Electron-transfer Processes*, Interscience Publ., New York (1968)
[205] J. Wislicenus, Liebigs Ann. Chem. **192**, 106 (1878)
[206] vgl. Zit. [24], S. 389
[207] D. D. Eley u. A. W. Richards, Trans. Faraday Soc. **45**, 436 (1949)
[207a] J. P. Hermans u. G. Smets, J. Polymer Sci. *A 3*, 3175 (1965)
[208] R. B. Hodgdon, J. Polymer Sci. **47**, 259 (1960)
[209] N. G. Gaylord, J. Polymer Sci. *D-4*, 183 (1970)
[209a] M. S. Sambhi, Proc. Roy. Australian Chem. Inst. **37**, 16 (1970)
[210] B. E. Fleischfresser, W. J. Cheng, J. M. Pearson u. M. Szwarc, J. Amer. Chem. Soc. **90**, 2172 (1968)
[211] G. Heublein u. M. Helbig, J. prakt. Chem. **314**, 1 (1972)
[212] H. Scott, T. P. Konen u. M. M. Labes, Polymer Letters **2**, 689 (1964)
[213] T. Nakamura, M. Soma, T. Onishi u. K. Tamaru, Makromol. Chem. **135**, 241 (1970)
[214] S. Penczek, J. Jagur-Grodzinski u. M. Szwarc, J. Amer. Chem. Soc. **90**, 2174 (1968)
[215] O. F. Olaj, Makromol. Chem. **136**, 255 (1970)
[216] A. Ledwith u. M. Sambhi, Chem. Commun. **64** (1965)
[217] O. Wichterle, M. Marek u. J. Trekoval, JUPAC, Int. Symp. Makromol. Chem. Wiesbaden. *Sect. III A* 13 (1959)

[218] O. Wichterle, M. Marek u. J. Trekoval, J. Polymer Sci. **53**, 281 (1961)
[219] R. Worrall u. S. H. Pinner, J. Polymer Sci. **24**, 229 (1959)
[220] W. H. T. Davison, S. H. Pinner u. R. Worrall, Proc. Roy. Soc. *A 252*, 181 (1959)
[221] C. E. Schildknecht, A. O. Zoss u. F. Grosser, Ind. Eng. Chem. **41**, 2691 (1949)
[222] vgl. Zit. [24], S. 394
[223] S. Okamura, T. Higashimura u. T. Watabane, Makromol. Chem. **50**, 137 (1961)
[224] G. Heublein u. D. Stadermann, Wiss. Ztschr. Friedrich-Schiller-Univ. Jena, Math.-Nat. R. **22**, 881 (1973)
[225] S. Aoki, T. Otsu u. S. Imoto, Makromol. Chem. **99**, 133 (1966)
[226] vgl. Zit. [129], S. 103
[227] A. G. Evans u. D. Price, J. chem. Soc. [London], 2982 (1959)
[228] A. G. Evans u. S. D. Hamann, Sci. Proc. Roy. Dublin Soc. **25**, 139 (1950)
[229] A. G. Evans u. E. D. Owen, J. chem. Soc. [London], 4123 (1959)
[230] A. G. Evans, P. M. S. Jones u. J. H. Thomas, J. chem. Soc. [London] 104 (1957)
[231] V. Bertoli u. P. H. Plesch, J. chem. Soc. [London] *B*, 1500 (1968)
[232] G. A. Olah u. C. U. Pittman, Advanc. Phys. Org. Chem. **4**, 305 (1966)
[233] M. Helbig, Dissertation, Friedr.-Schiller-Univ. Jena, S. 48 (1971)
[234] M. C. R. Symons, Advanc. Phys. Org. Chem. **1**, 283 (1963)
[235] C. E. H. Bawn, Pure appl. Chem. **16**, 285 (1968)
[236] R. H. Biddulph, P. H. Plesch u. P. P. Rutherford, J. chem. Soc. [London], 275 (1965)
[237] J. P. Kennedy, Trans. New York Acad. Sci. **28**, 1080 (1966)
[238] J. P. Kennedy, et. al., J. Makromol. Chem. **1**, 243 (1966)
[239] G. Heublein u. H. Schütz, in Vorbereitung
[240] A. Wassermann u. Mitarb., Polymer Letters **3**, 369 (1965)
[241] G. Heublein u. B. Adelt, Plaste und Kautschuk **19**, 728 (1972)
[242] N. C. Deno u. C. U. Pittman, Jr. J. Amer. Chem. Soc. **86**, 1744 (1964)
[243] D. D. Jordan u. F. E. Treloar, J. chem. Soc. [London], 734, 737 (1961)
[244] A. Gandini u. P. H. Plesch, Proc. chem. Soc. [London], 240 (1964)
[245] A. Gandini u. P. H. Plesch, J. chem. Soc. [London], 4826 (1965)
[246] A. Gandini u. P. H. Plesch, J. Polymer Sci. **63**, 127 (1965)
[247] A. Gandini u. P. H. Plesch, European Polymer J. **4**, 45 (1968)
[248] P. H. Plesch, Advan. Polymer Sci. **8**, 137—54 (1971)
[249] D. C. Pepper, European Polymer J. **1**, 11 (1965)
[250] T. Higashimura, N. Kanoh u. S. Okamura, J. Macromol. Chem. **1**, 109 (1966)
[251] vgl. Zit. [123], S. 156
[252] P. Giusti, Makromol. Chem. **98**, 170 (1966)
[253] G. Heublein u. M. Helnig, J. prakt. Chem. **314**, 1 (1972)
[254] J. P. Kennedy u. R. G. Squires, J. Macromol. Sci. (Chem) *A 1* (5), 805, 831, 847, 861 (1967)
[255] R. F. Bauer u. K. E. Russell, J. Polymer Sci. *A-1*, **9**, 1451 (1971)
[256] W. Jakubek u. P. Schuster, Angew. Chem. **83**, 499 (1971)
[257] Z. Zlamal, K. Ambroz u. K. Vesely, J. Polymer Sci. **24**, 285 (1957)
[258] A. G. Davies u. E. C. Baughan, J. chem. Soc. [London], 1711 (1961)
[259] J. P. Kennedy u. R. G. Squires, Polymer **6**, 579 (1965)
[260] G. Heublein u. Do dinh Rang, Tetrahedron **28**, 1873 (1972)
[261] E. Wiberg, Naturwissenschaften **35**, 182 (1948)
[262] H. A. Staab, *Einführung in die theoretische organische Chemie*, S. 75, Verlag Chemie, Weinheim/Bergstr. (1959)

[263] W. K. BUSFIELD u. D. MERIGOLD, Makromol. Chemie **138**, 65 (1970)
[264] W. KERN, E. EBERIUS u. V. JAACKS, Makromol. Chemie **141**, 63 (1971)
[265] K. BOEHLKE u. V. JAACKS, Makromol. Chemie **142**, 189 (1971)
[266] T. YAMAGUCHI, T. KAWASAKI u. H. MATSUDA, Makromol. Chemie **112**, 40 (1968)
[267] V. JAACKS, K. BOEHLKE u. E. EBERIUS, Makromol. Chemie **118**, 354 (1968)
[268] K. ITO, T. INOUE u. Y. YAMASHITA, Makromol. Chemie **139**, 153 (1970)
[269] L. F. FIESER u. M. FIESER, *Lehrbuch der organischen Chemie*, Verlag Chemie, Weinheim/ Bergstr. (1957), S. 361
[270] K. HARADA, Y. MIZOE, J. FURUKAWA u. S. YAMASHITA, Makromol. Chemie **132**, 269 (1970)
[271] I. T. G. BASSIRI, A. LEVY u. M. LITT, J. Polymer Sci. *B*, **5**, 871 (1967)
[272] A. LEVY u. M. LITT, Polymer Letters **5**, 881 (1967)
[273] A. LEVY u. M. LITT, J. Polymer Sci., *A-1*, 57 (1968)
[274] A. LEVY u. M. LITT, J. Polymer Sci., *A-1*, 63 (1968)
[274a] V. A. KABANOV, V. A. KARGIN, V. P. KOVALEVA u. D. A. TOPCHIEV, Vysokomol. Soed., **6**, 1852 (1964)
[275] vgl. Zit. [24], S. 515
[276] vgl. Zit. [24], S. 490
[277] vgl. Zit. [24], S. 433
[278] F. S. DAINTON u. K. J. IVIN, Quart. Rev. **12**, 61 (1958)
[279] F. S. DAINTON, K. J. IVIN u. D. A. G. WALMSLEY, Trans. Faraday Soc. **56**, 1784 (1960)
[280] E. J. GOETHALS u. W. DRIJVERS, Makromol. Chemie **136**, 73 (1970)
[281] Y. MINOURA, M. TAKEBAYASHI u. C. C. PRICE, J. Amer. Chem. Soc. **81**, 6489 (1959)
[282] R. E. PARKER u. N. S. ISAACS, Chem. Reviews **59**, 737 (1959)
[283] J. NOVÁK u. J. ANTOŠOVÁ, Makromol. Chemie **138**, 179 (1970)
[284] R. C. BURROWS u. B. F. CROWE, J. Appl. Polymer Sci. **6**, 465 (1962)
[285] D. SIMS, Makromol. Chemie, **98**, 235 (1966)
[286] E. B. LUDVIG, B. A. ROZENBERG, T. M. ZVEREVA, A. R. GANTMAKHER u. S. S. MEDVEDEV, Vysokomolekul. Soedin. **7** (*2*), 269 (1965)
[287] D. VOFSI u. A. V. TOBOLSKY, J. Polymer Sci., *A-3*, 3261 (1965)
[288] P. DREYFUSS u. M. P. DREYFUSS, Advanc. Chem. Ser. 91, 335 (1969)
[289] C. E. H. BAWN, C. FITZSIMMONS u. A. LEDWITH, Proc. Chem. Soc. [London], 391 (1964)
[290] S. SLOMKOWSKI, P. KUBISA u. St. PENCZEK, JUPAC Internat. Symp. Macrom. Preprints *Vol. 2*, 823 (Helsinki — 1972)
[291] M. P. DREYFUSS u. P. DREYFUSS, J. Polymer Sci. *A-1*, **4**, 2179 (1966)
[292] J. L. LAMBERT u. E. J. GOETHALS, Makromol. Chemie, 133, 289 (1970)
[293] B. J. SMITH, J. A. DODD, A. T. INSTONE u. D. P. PARTRIDGE, J. Polymer Sci. *A 5*, 625 (1967)
[294] W. KERN, H. DEIBIG, A. GIEFER u. V. JAACKS, Pure u. Appl. Chem. **12**, 371 (1966)
[295] I. K. DIMITROV u. I. M. PANAYOTOV, Compt. rend. Acad. bulgare Sci. **24** (*2*), 191 (1971)
[296] J. E. EISNER u. B. L. ERUSSALIMSKII, Vysokomol. Soed. *A 12*, 1614 (1970)
[296a] P. H. PLESCH, JUPAC Internat. Symp. Macrom. Chem. 1969, Plenary and Main Lectures, 213—221, Budapest — 1971
[297] Y. YAMASHITA, S. KOZAWA, K. CHIBA u. M. OKADA, Makromol. Chemie **135**, 75 (1970)
[298] Z. JEDLINSKI u. J. LUKASZCYK, Makromol. Chemie **114**, 226 (1968)
[299] J. M. MADRID u. J. L. MATEO, Makromol. Chemie **136**, 113 (1970)
[300] Ch. KONSTANTINOV u. V. KABAIVANOV, Polymer **12**, 358 (1971)
[301] M. ROTHE, G. REINISCH, W. JAEGER u. J. SCHOPOV, Makromol. Chem. **54**, 183 (1962)

[302] M. ROTHE, Angew. Chem. **80**, 245 (1968)
[303] Z. CSÜRÖS, J. RUSZNÁK, G. BERTALAN, L. TRÉZL u. J. KÖRÖSI, Makromol. Chem. **137**, 9, 17 (1970)
[304] T. KAGIYA, Y. SUMIDA u. T. NAKATA, Bull. Chem. Soc. Japan **41**, 2239 (1968)
[305] St. PENCZEK, Makromol. Chemie **134**, 299 (1970)
[306] R. E. BURTON u. D. C. PEPPER, Proc. Roy. Soc. [London] *A*, **263**, 58 (1961)
[307] M. J. HAYES u. D. C. PEPPER, Proc. Roy. Soc. [London] *A*, **263**, 63 (1961)
[308] A. ALBERT u. D. C. PEPPER, Proc. Roy. Soc. [London] *A*, **263**, 75 (1961)
[309] D. H. JENKINSON u. D. C. PEPPER, Proc. Roy. Soc. [London] *A*, **263**, 82 (1961)
[310] G. J. BLAKE u. D. D. ELEY, J. chem. Soc. [London], 7405 (1965)
[311] T. KAGIYA, M. IZU u. K. FUKUI, Bull. chem. Soc. Japan **40**, 1045 (1967)
[312] G. AGATHA, Dissertation, FSU-Jena (1972)
[313] D. D. ELEY u. A. SEABROOKE, J. chem. Soc. [London], 2231 (1964)
[314] G. HEUBLEIN, M. GÖRING u. U. LAHNE, Wiss. Z. Friedr.-Schiller-Univ. Jena, **21**, 381 (1972)
[315] S. OKAMURA, N. KANOH u. T. HIGASHIMURA, Makromol. Chem. **47**, 35 (1961)
[316] N. KANOH, T. HIGASHIMURA u. S. OKAMURA, Makromol. Chem. **56**, 65 (1961)
[317] D. D. ELEY, F. L. ISACK u. C. H. ROCHESTER, J. Chem. Soc. [London] (*A*), 872 (1968)
[318] D. D. JORDAN u. A. R. MATHIESON, Nature **161**, 523 (1951)
[319] D. D. JORDAN u. A. R. MATHIESON, J. chem. Soc. [London], 611 (1952)
[320] T. HIGASHIMURA u. S. OKAMURA, Chem. High Polymers Japan **13**, 338 (1956)
[321] vgl. Zit. [24], S. 255
[322] vgl. Zit. [24], S. 268
[323] C. E. H. BAWN, C. FITZSIMMONS, A. LEWITH, J. PENFOLD, D. C. SHERRINGTON u. J. A. WEIGHTMAN, Polymer [London], **12**, 119 (1971)
[324] D. C. PEPPER u. P. J. REILLY, J. Polymer Sci. **58**, 639 (1962)
[325] T. HIGASHIMURA, T. FUKUSHIMA u. S. OKAMURA, J. Macromol. Sci. *A 1*, 683 (1967)
[326] R. D. PARNELL u. A. F. JOHNSON, Kinetics and Mechanism of Polyreactions **2** (*18*), 321 (1969)
[327] P. GIUSTI u. F. ANDRUZZI, Symposium on Macromolecular Chem., Repr. P-492, Prag (1965); Chimica e Industria **48**, 435, 442 (1966)
[328] B. VOLLMERT, *Makromolekulare Chemie*, S. 112, Springer-Verlag, Berlin—Göttingen—Heidelberg (1962)
[329] T. SAEGUSA, S. MATSUMOTO u. Y. HASHIMOTO, Polymer J. **1**, 31 (1970)
[330] St. PENCZEK u. P. KUBISA, Makromol. Chem. **130**, 186 (1969)
[331] T. HIGASHIMURA, H. KUSANO, T. MASUDA u. S. OKAMURA, Polymer Letters **9**, 463 (1971)
[332] M. A. S. MONDAL u. R. N. YOUNG, Europ. Polymer J. **7**, 523 (1971)
[333] vgl. Zit. [123], S. 172 und die dort zitierte Literatur
[334] J. P. KENNEDY u. R. M. THOMAS, J. Polymer Sci. **55**, 311 (1961)
[335] J. P. KENNEDY, J. KIRSHENBAUM, R. M. THOMAS u. D. C. MURRAY, J. Polymer Sci. *A-1*, 331 (1963)
[336] J. H. BEARD u. P. H. PLESCH, J. chem. Soc. [London], 3682 (1964)
[337] J. P. KENNEDY, A. SHINKAWA u. F. WILLIAMS, J. Polymer Sci. **9**, 1551 (1971)
[338] J. P. KENNEDY, W. W. SCHULZ, R. G. SQUIRES u. R. M. THOMAS, Polymer **6**, 287 (1965)
[339] T. MASUDA u. T. HIGASHIMURA, Polymer Letters **9**, 783 (1971)
[340] T. MASUDA u. T. HIGASHIMURA, J. Polymer Sci., *A-1*, **9**, 1563 (1971)
[341] H. YUKI, K. HATADA, T. EMURA u. K. NAGATA, Bull. Chem. Soc. Japan **44**, 537 (1971)

[342] G. Heublein, B. Adelt u. R. Börner, Wiss. Z. Friedrich-Schiller-Univ. Jena, **21**, 369 (1972)
[343] C. G. Overberger u. G. F. Endres, J. Polymer Sci. **16**, 283 (1955)
[344] G. Heublein u. W. Römer, J. prakt. Chem. **315**, 801 (1973)
[345] J. P. Kennedy u. R. G. Squires, J. Macromol. Sci. **A 1** (*5*), 831 (1967)
[346] J. P. Kennedy u. R. G. Squires, J. Macromol. Sci. **A 1** (*5*), 847 (1967)
[347] I. M. Panayotov, I. K. Dimitrov u. I. E. Bakerdjiev, J. Polym. Sci. **A-1**, (*7*), 2421 (1969)
[348] I. Dimitrov u. I. Panayotov, Bulg. acad. Sci., Comm. Depart. Chem. **IV** (*1*), 137 (1971)
[349] WP (DDR), 86693 (Erf.: G. Heublein, B. Adelt u. U. Köditz)
[350] N. Ise, Y. Hayashi, S.-X. Chen. u. I. Sakurada, Makromol. Chem. **117**, 180 (1968)
[351] vgl. Zit. [24], S. 375–99
[352] K. Iwasaki, H. Fukutani u. S. Nakano, J. Polymer Sci. *A-1*, 1937 (1959)
[353] T. Higashimura, K. Suzuki u. S. Okamura, Makromol. Chem. **86**, 259 (1965)
[354] T. Kunitake u. C. Aso, J. Polymer Sci., **A-1**, (*8*), 665 (1970)
[355] T. Higashimura, Y. Ohsumi, S. Okamura, R. Chujo u. T. Kuroda, Makromol. Chem. **126**, 87 (1969)
[356] T. Higashimura, Y. Ohsumi, S. Okamura, R. Chujo u. T. Kuroda, Makromol. Chem. **126**, 99 (1969)
[357] G. Natta, M. Farina u. M. Peraldo, Chim. e Ind. [Milano] **42**, 255 (1960)
[358] H.-G. Elias, Makromol. Chem. **137**, 277 (1970)
[359] J. Smid, Angew. Chem. **84**, 127 (1972)
[360] M. Szwarc, Makromol. Chem. **35**, 132 (1960)
[361] Brit. Pat. 24790 (1910), Erf.: F. E. Mathews u. E. H. Strange
[362] C. Harries, Liebigs Ann. Chem. **383**, 213 (1911)
[363] G. S. Whitby, *Synthetic Rubber*, Kap. 2. J. Wiley and Sons (1954)
[364] W. Schlenk u. E. Bergman, Liebigs Ann. Chem. **463**, 1 (1928)
[365] K. Ziegler, L. Jakob, H. Wollthan u. A. Wenz, Liebigs Ann. Chem. **511**, 34 (1934)
[366] W. C. E. Higginson u. N. S. Wooding, J. chem. Soc. [London], 774 (1952)
[367] M. Szwarc, Nature [London], **178**, 1168 (1956)
[368] M. Szwarc, Advanc. Chem. Ser. **34**, 96 (1962)
[369] M. Szwarc, Pure and Applied Chem. **12**, 127 (1966)
[370] M. Szwarc u. J. Smid, Progress in Reactionkinetics **2**, 219 (1964)
[371] K. Gehrke, Plaste und Kautschuk **19**, 184 (1972)
[372] K. Höfelmann, R. Sattelmayer, K. Hamann, Makromol. Chem. **112**, 300 (1968)
[373] D. Vogel, Dissertation, THC Leuna-Merseburg (1971)
[374] T. Fueno, K. Asada u. K. Morokuma, J. Polymer Sci. **40**, 511 (1959)
[375] M. Morton, *Vinyl Polymerization*, 1 (PtZ), 211–29, Edit. by G. E. Ham, Marcel Dekker, New York (1969)
[376] A. R. Gantmakher, Kinet. *Mech. Obrazov. Prev. Makromol.*, 173–215 (1968); Herausg.: V. A. Kargin, Isd. „Nauk", Moskau (1968)
[377] B. A. Dolgoplosk, B. L. Erussalimskii, A. P. Kabunenko u. A. W. Merkureva, Vysokomol. Soed. **4**, 1333 (1962)
[378] J. Furukawa, T. Tsuruta u. S. Inoue, J. Polymer Sci. **35**, 268 (1959), desgl. Makromol. Chem. **42**, 12 (1960)
[379] T. Makimoto, T. Tsuruta u. J. Furukawa, Makromol. Chem. **50**, 116 (1961)
[380] B. Francois, L. Christmann, Cl. Mathis u. J. Parrod, JUPAC Internat. Symp. Macrom. Chem., Reprints, *Vol. II*, 21 (Budapest – 1969)

[381] H. Wexler u. J. A. Manson, J. Polym. Sci. *A 3*, 2903 (1965)
[382] A. R. Lyons u. E. Catterall, JUPAC Internat. Symp. Macrom. Chem., Reprints, *Vol. II*, 11 (Budapest – 1969)
[383] P. E. M. Allen u. B. A. Casey, European Polymer Journal **2**, 9 (1966)
[384] B. A. Casey u. P. E. M. Allen, JUPAC Interat. Symp. Macrom. Chem., Reprints, *Vol. II*, 7 (Budapest – 1969)
[385] W. C. E. Higginson u. N. S. Wooding, J. Chem. Soc. [London] 760 (1952)
[386] W. E. Goode, W. H. Snyder u. R. C. Fettes, J. Polymer Sci. **42**, 367 (1960)
[387] B. L. Erussalimsky, I. G. Krasnoselskaya, V. N. Krasulina, A. V. Novoselova, E. V. Zashtsherinsky, JUPAC Internat. Symp. Macrom. Chem., Reprints, *Vol. II*, 91 (Budapest – 1969)
[387a] B. L. Erussalimsky, Plaste und Kautschuk, **15**, 788 (1968)
[387b] B. L. Erussalimsky u. I. Krassnoselskaya, Makromol. Chem. **123**, 80 (1969)
[388] J. Grodzinsky, A. Katchalsky, D. Vofsi, Makromol. Chem. **44**, 591 (1961)
[389] L. Horner, K. Jurgeleit u. K. Klüpfel, Liebigs Ann. Chem. **591**, 108 (1955)
[390] E. W. Koshetov, M. A. Marcevic, A. A. Berlin, N. F. Kedrina, L. K. Pachomova, JUPAC Internat. Symp. Macrom. Chem. Reprints, *Vol. II*, 39 (Budapest – 1969)
[391] vgl. Zit. [11], S. 90
[392] D. J. Worsfold u. S. Bywater, Canad. J. Chem. **38**, 1891 (1960)
[393] D. Margerison u. J. P. Newport, Trans. Faraday Soc. **59**, 2058 (1963)
[394] M. Morton u. L. J. Fetters, J. Polymer Sci. *A-2*, 3311 (1964)
[395] Y. Yasuda, N. Kawabata, T. Tsuruta, J. Makromol. Sci. *A-1*, 669 (1967)
[396] I. Kulevskaya, B. L. Erussalimskii, V. Mazurek, Vysokomol. Soed. 8, 876 (1966)
[397] vgl. Zit. [128], S. 118ff.
[398] J. Jišová, M. Kolinský u. D. Lim, JUPAC Internat. Symp. Macrom. Chem. Reprints, *Vol. II*, 15 (Budapest – 1969)
[399] C. G. Overberger, E. Pearce u. N. J. Mayes, J. Polymer Sci. **31**, 217 (1958)
[400] C. G. Overberger, E. Pearce u. N. J. Mayes, J. Polymer Sci. **34**, 109 (1959)
[401] R. E. Robertson u. L. Marion, Canad. J. Res., *26 B*, 657 (1948)
[402] A. A. Morton, E. E. Magat u. R. L. Letsinger, J. Amer. Chem. Soc. **69**, 950 (1947)
[403] W. Schlenk u. E. Bergmann, Liebigs Ann. Chem. **463**, 91 (1928]
[404] D. Lipkin, D. E. Paul, J. Townsend u. S. I. Weissmann, Science, **117**, 534 (1953)
[405] D. E. Paul, D. Lipkin u. S. I. Weissman, J. Amer. Chem. Soc. **78**, 116 (1956)
[406] N. D. Scott, J. F. Walker u. V. L. Hansley, J. Amer. Chem. Soc. **58**, 2442 (1936)
[407] A. Zilkha, P. Neta, M. Frankel, J. Chem. Soc. [London], 3357 (1960)
[408] D. Braun u. W. Neumann, Makromol. Chem. **92**, 180 (1966)
[409] I. M. Panayotov, I. B. Rashkov u. I. N. Yukhnovski, Europ. Polym. J. **7**, 749 (1971)
[410] G. Greber u. G. Egle, Makromol. Chem. **59**, 174 (1963)
[411] I. M. Panayotov, Ch. B. Tsvetanov, I. B. Rashkov, Vysokomol. soed., *10 B*, 845 (1968)
[412] I. M. Panayotov, Ch. B. Tsvetanov u. I. N. Yukhnovski, Europ. Polym. J. **6**, 1625 (1970)
[413] I. Juchnovski, Ch. Tsvetanov u. I. Panayotov, Monatsh. Chem. [Wien], **100**, 1980 (1969)
[414] I. M. Panayotov u. Ch. B. Tsevetanov, Monatsh. Chem. [Wien], **101**, 1672 (1970)
[415] I. M. Panayotov u. I. B. Rashkov, Makromol. Chem. **154**, 129 (1972)
[416] F. Welch, J. Amer. Chem. Soc. **80**, 3145 (1958)
[417] G. L'Abbe u. G. Smets, J. Polymer Sci. *A 5*, 1359 (1967)

[418] C. Geacintov, J. Smid u. M. Szwarc, J. Amer. Chem. Soc. **83**, 1253 (1961)
[419] T. Shimomura, K. J. Tölle, J. Smid u. M. Szwarc, J. Amer. Chem. Soc. **89**, 796 (1967)
[420] H. Hostalka u. G. V. Schulz, Polymer Letters **3**, 175 (1965)
[421] J. Comyn, F. S. Dainton, G. A. Harpell, K. M. Hui, K. J. Ivin, J. Polymer Sci., *B-5*, 965 (1967)
[422] W. K. R. Barnikol u. G. V. Schulz, Z. physik. Chem. NF **47**, 89 (1965)
[423] A. A. Arest-Jakubovic u. C. C. Medvedev, Dokl. Akad. Nauk, SSSR, **159**, 1066 (1964)
[424] A. A. Arest-Jakubovic, A. R. Gantmacher u. S. S. Medvedev, Dokl. Akad. Nauk, SSSR, **167**, 1069 (1966)
[425] A. A. Arest-Jakubovic u. S. S. Medvedev, Vysokomol. Soed. **8**, 681 (1966)
[426] vgl. Zit. [11], S. 102
[427] H. Sinn u. O. T. Onsager, Makromol. Chem. **55**, 167 (1962)
[428] F. Wenger, Makromol. Chem. **36**, 200 (1960)
[429] I. E. L. Roovers u. S. Bywater, Trans. Faraday Soc. **62**, 701 (1966)
[430] F. S. Dainton, G. C. East, G. A. Harpell, N. R. Hurworth, K. J. Ivin, R. T. La Flair, R. H. Pallen, R. M. Hui, Makromol. Chem. **89**, 257 (1965)
[431] S. Bywater, Fortschr. Hochpolym. Forsch. **4**, 66 (1965)
[432] T. L. Brown, J. Organometal. Chem. (Amsterdam), **5**, 191 (1966)
[433] M. Morton, R. A. Pett u. J. F. Fellers, JUPAC Macromol. Symp. Prepr. 2. 1. 10, Tokyo (1966)
[433a] M. Morton u. Mitarb., Macromolecules **3**, 327 (1970)
[434] H. L. Hsieh, J. Polymer Sci. *A-3*, 153 (1965)
[435] I. Kuntz, J. Polymer Sci. *A-2*, 2827 (1964)
[436] D. J. Worsfold u. S. Bywater, Canad. J. Chem. **42**, 2884 (1964)
[437] A. F. Johnson u. D. J. Worsfold, J. Polymer Sci. *A-3*, 449 (1965)
[438] Y. L. Spriin, A. R. Gantmakher u. S. S. Medvedev, Dokl. Akad. Nauk, SSSR **146**, 368 (1962)
[439] vgl. Zit. [91], S. 118
[440] C. L. Lee, J. Smid u. M. Szwarc, Trans. Faraday Soc. **59**, 1192 (1963)
[441] F. Dawans u. G. Smets, Makromol. Chem. **59**, 163 (1963)
[442] M. Szwarc, Encycl. Polymer Sci. Techn., **8**, 303 (1968)
[443] M. Szwarc, Advan. Polymer Sci. **4**, 457 (1967)
[444] M. Levy u. S. Schliek, J. phys. Chem. **64**, 883 (1960)
[445] H. Schreiber, Makromol. Chem. **36**, 86 (1960)
[446] S. Yen, Makromol. Chem. **81**, 152 (1965)
[447] J. Ulbricht, G. Popoff u. K. Gehrke, Wiss. Z. Techn. Hochschule Chem. Leuna-Merseburg, **11**, 249 (1969)
[448] C. A. Uraneck, H. L. Hsieh u. R. J. Sonnenfeldt, J. appl. Polymer Sci. **13**, 149 (1969)
[449] R. W. Basova u. A. R. Gantmakher, Vysokomol. Soed. **4**, 361 (1962)
[450] G. V. Schulz, Z. physik. Chem. *B-43*, 25 (1939)
[451] P. J. Flory, *Principles of Polymer Chemistry*, Cornell Univ. Press, New York (1953), Kap. 8
[452] vgl. [11], insbes. die Abschn. 1.6. und 2.2.3.
[453] J. W. Breitenbach, H. G. Burger u. A. Schindler, Mh. Chem. (Wien) **93**, 160 (1962)
[454] G. V. Schulz, A. Scholz u. R. V. Figini, Makromol. Chem. **57**, 220 (1962)
[455] J. C. Moore, J. Polymer Sci. *A-2*, 835 (1964)
[456] L. E. Maley, J. Polymer Sci. *C-8*, 253 (1965)
[457] M. Szwarc, Science **170**, 23 (1970)

[458] R. V. Figini, G. Löhr u. G. V. Schulz, Polymer Letters **3**, 985 (1965)
[459] M. Szwarc, Fortschr. Hochpolym. Forsch. **2**, 275 (1960)
[460] D. K. Poljakow, J. L. Spirin, A. R. Gantmakher, S. S. Medvedev, Dokl. Akad. Nauk, SSSR, **150**, 1051 (1963)
[461] A. Zilkha, B. Feit u. M. Frankel, J. Polymer Sci. **49**, 231 (1961)
[462] S. Kume, A. Takahashi, G. Nishikawa, M. Hatano, S. Kambara, Makromol. Chem. **84**, 137, 147 (1965)
[463] A. Gourdenne u. P. Sigwalt, European Polymer J. **3**, 481 (1967)
[464] L. J. Fetters, J. Polymer Sci. *2-B*, 425 (1964)
[465] A. L. Gatzke, J. Polymer Sci. *A-7*, 2281 (1969)
[466] W. Kern, D. Braun u. M. Herner, Makromol. Chem. **28**, 66 (1958); **36**, 232 (1960)
[467] D. Braun, W. Betz u. W. Kern, Makromol. Chem. **42**, 89 (1960)
[468] H. Sinn, C. Lundborg u. K. Kirschner, Angew. Chem. **70**, 744 (1958)
[469] J. L. R. Williams, T. M. Laakso u. W. J. Dulmage, J. Org. Chem. **23**, 638 (1958)
[470] S. Inoue, T. Tsuruta u J. Furukawa, Makromol. Chem. **32**, 97 (1959)
[471] T. G. Fox, B. S. Garret, W. E. Goode, S. Gratch, J. F. Kincaid, A. Spell u. J. D. Stroupe, J. Amer. Chem. Soc. **80**, 1768 (1958)
[472] A. A. Korotkow, S. P. Mitsengendler, V. N. Krasulina u. L. Valkova, Vysokomol. soed. **1**, 1319 (1959)
[473] D. L. Glusker, E. Stiles u. B. Yoncoskie, J. Polymer Sci. **49**, 297 (1961)
[474] W. E. Goode, F. H. Owens, R. P. Fellman, W. H. Snyder u. J. E. Moore, J. Polymer Sci. **46**, 317 (1960)
[475] A. Nishioka, H. Watanabe, K. Abe u. Y. Sono, J. Polymer Sci. **48**, 241 (1960)
[476] Y. Nakayama, T. Tsuruta, J. Furukawa u. A. Kawasaki, Makromol. Chem. **43**, 76 (1961)
[477] F. C. Forster u. J. L. Binder, Advances Chem. Ser. **19**, 26 (1957)
[478] A. V. Tobolsky u. C. E. Rogers, J. Polymer Sci. **40**, 73 (1959)
[479] H. L. Hsieh, J. Polymer Sci. *A-3*, 181 (1965)
[480] M. Szwarc, J. Polymer Sci. **40**, 583 (1959)
[481] W. Gebert, J. Hinz u. H. Sinn, Makromol. Chem. **144**, 97 (1971)
[482] T. Ito, K. Aoshima, F. Toda, K. Uno u. Y. Iwakura, Polymer Journ. **1** (*Nr. 3*), 278 (1970)
[483] Z. Jedlinski u. J. Majnusz, JUPAC Internat. Symp. Macrom. Chem., Reprints, *Vol. II*, 95 (Budapest — 1969)
[484] J. Furukawa u. T. Saegusa, Macromol. Chem. Pure and Applied Chem. **4**, 401 (1960)
[485] J. Furukawa, T. Saegusa u. H. Fujii, Makromol. Chem. **44/46**, 398 (1961)
[486] O. Vogl, J. Macromol. Sci. Chem. *A-1*, 243 (1967)
[487] I. Mita, S. Yabe, I. Imai u. H. Kambe, Makromol. Chem. **137**, 133 (1970)
[488] I. Mita, I. Imai u. H. Kambe, Makromol. Chem. **137**, 143, 155, 169 (1970)
[489] N. S. Enikolopyan, J. Polymer Sci. **58**, 1301 (1962)
[490] N. Mathes u. V. Jaacks, Makrom. Chem. **135**, 49 (1970)
[491] E. Künzel, A. Giefer u. W. Kern, Makrom. Chem. **96**, 17 (1966)
[492] V. Jaacks u. N. Mathes, Makromol. Chem. **131**, 295 (1970)
[493] D. Fleš, V. Tomašić, D. Ahmetović u. B. Jerman, JUPAC Internat. Symp. Makrom. Chem. Reprints, *Vol. II*, 137 (Budapest — 1969)
[494] K. S. Kasanskiy u. A. A. Solovjanov, JUPAC Internat. Symp. Makrom. Chem., Reprints, *Vol. II*, 103 (Budapest — 1969)
[495] W. T. Grubb u. R. C. Osthoff, J. Amer. Chem. Soc. **77**, 1405 (1955)

[496] M. Morton, M. A. Deisz u. E. E. Bostick, J. Polymer Sci., *A-2*, 513 (1964)
[497] M. Morton u. E. E. Bostick, J. Polymer Sci., *A-2*, 523 (1964)
[498] D. H. Richards u. M. Szwarc, Trans. Faraday Soc. **55**, 1644 (1959)
[499] A. Rembaum, I. Moacanin u. E. Caddihy, J. Polymer Sci. C. **4**, 529 (1963)
[500] I. M. Panayotov, J. V. Berlinova u. Ch. B. Tsvetanov, European Polym. Journ. **7**, 127 (1971)
[501] S. Boileau, G. Champetier u. P. Sigwalt, Symp. Makromol. Chem. Preprints, S. 379 (Prag — 1965)
[502] vgl. Zit. [328], S. 34
[503] vgl. Zit. [11], S. 112
[504] C. Tosi, Fortschr. Hochpolym. Forsch. **5**, 451 (1968)
[505] T. Alfrey, F. R. Mayo u. F. T. Wall, J. Polymer Sci. **1**, 581 (1946)
[506] F. R. Mayo u. Ch. Walling, Chem. Rev. **46**, 191 (1950)
[507] G. Goldfinger u. T. Kane, J. Polymer Sci. **3**, 462 (1948)
[508] F. R. Mayo u. F. M. Lewis, J. Amer. Chem. Soc. **66**, 1594 (1944)
[509] M. Fineman u. S. D. Ross, J. Polymer Sci. **5**, 259 (1950)
[510] G. E. Ham, *Copolymerisation*, Interscience Publ., New York (1964)
[511] vgl. Zit. [24], Kap. 15 (von R. B. Cundall)
[512] M. Morton, *Copolymerisation*, High Polymers, Vol. VIII (1964)
[513] C. C. Price, Disc. Faraday Soc. **2**, 304 (1947)
[514] T. Yonezawa, K. Hayashi, C. Nagata, S. Okamura u. K. Fukui, J. Polymer Sci. **14**, 312 (1954); **20**, 537 (1956)
[515] G. S. Levinson, J. Polymer Sci. **60**, 43 (1962)
[516] J. R. Hoyland, J. Polymer Sci. *A-1*, **8**, 885, 901, 1863 (1970)
[517] E. Gey, J. prakt. Chem. **313**, 1155 (1971)
[518] J. F. Dunphy u. C. S. Marvel, J. Polymer Sci. **47**, 1 (1960)
[519] H. Koinuma, S. Inoue u. T. Tsuruta, Makromol. Chem. **136**, 65 (1970)
[520] C. G. Overberger, E. M. Pearce u. D. Tanner, J. Amer. Chem. Soc. **80**, 1761 (1958)
[521] C. G. Overberger, D. H. Tanner u. E. M. Pearce, J. Amer. Chem. Soc. **80**, 4566 (1958)
[522] T. Okuyama, T. Fueno, J. Furukawa u. K. Uyeo, J. Polymer Sci. *A-1*, **6**, 1001 (1968)
[523] R. E. Florin, J. Amer. Chem. Soc. **73**, 4468 (1951)
[524] C. G. Overberger, R. J. Ehrig u. D. H. Tanner, J. Amer. Chem. Soc. **76**, 772 (1954)
[525] C. S. Marvel, R. Gilkey, C. R. Morgans, J. F. Noth, R. D. Rands Jr. u. C. H. Young, J. Polymer Sci. **6**, 483 (1951)
[526] G. Natta, G. Mazzanti, A. Valvassori, G. Sartori u. Barbagallo, J. Polymer Sci. **51**, 429 (1961)
[527] G. Natta, G. Crespi, A. Valvassori u. G. Sartori, Rubber Chem. Technol. **36**, 1583 (1963)
[528] vgl. Zit. [79], S. 375
[529] N. Ashukari, T. Kanemitsu, K. Yanagisawa, K. Nagakawa, H. Okomoto, S. Kobayashi u. A. Nishioka, J. Polymer Sci. *A-2*, 3009 (1964)
[530] C. G. Overberger u. V. G. Kamath, J. Amer. Chem. Soc. **81**, 2910 (1959)
[531] C. G. Overberger u. V. G. Kamath, J. Amer. Chem. Soc. **85**, 446 (1963)
[532] N. Kanoh, K. Ikeda, A. Gotoh, T. Higashimura u. S. Okamura, Makromol. Chem. **86**, 200 (1965)
[533] G. Heublein u. W. Römer, Makromol. Chem. **163**, 143 (1973)
[534] G. Heublein, G. Kisser u. W. Römer, Plaste u. Kautschuk **18**, 257 (1971)
[535] vgl. Zit. [511], S. 581, Tab. 5

[536] WP (DDR), 83241, Erf.: G. HEUBLEIN, K. GÄRTNER u. W. RÖMER
[537] I. K. DIMITROV u. I. M. PANAYOTOV, Compt. rend. Acad. bulg. Sci. **24**, 191 (1971)
[538] G. HEUBLEIN, O. BARTH u. W. RÖMER, Mikrosymposium „Ionische Polymerisation", Jablonna — VR Polen (1972), Reprints im Druck
[539] G. V. RAKOVA u. A. A. KOROTKOV, Rubber Chem. Technol. **33**, 623 (1960)
[540] C. G. OVERBERGER, T. M. CHAPMAN u. T. WOJANAROWSKI, J. Polymer Sci. *A 3*/8, 2865 (1965)
[541] M. SZWARC u. J. SMID, J. Polymer Sci. **61**, 31 (1962)
[542] D. N. BHATTACHARYYA, C. L. LEE, J. SMID u. M. SZWARC, J. Amer. Chem. Soc. **85**, 533 (1963)
[543] M. SHIMA, D. N. BHATTACHARYYA, J. SMID u. M. SZWARC, J. Amer. Chem. Soc. **85**, 1306 (1963)
[544] M. SHIMA, J. SMID u. M. SZWARC, J. Polymer Sci. *2-B*, 735 (1964)
[545] R. K. GRAHAM, D. L. DUNKELBERGER u. W. E. GOODE, J. Amer. Chem. Soc. **82**, 400 (1960)
[546] J. STEARNE, J. SMID u. M. SZWARC, Trans. Faraday Soc. **60**, 2054 (1964)
[547] J. URETA, J. SMID u. M. SZWARC, J. Polymer Sci. **44**, 2219 (1966)
[548] D. J. KELLEY u. A. V. TOBOLSKY, J. Amer. Chem. Soc. **81**, 1597 (1959)
[549] H.-G. ELIAS, *Makromoleküle*, Kap. 16, Verlag Hüttig u. Wepf, Basel und Heidelberg (1971)
[550] G. V. RAKOVA u. A. A. KOROTKOV, Doklad. Akad. Nauk SSSR, **119**, 982 (1958)
[551] A. A. KOROTKOV u. G. V. RAKOVA, Vysokomolek. Soed. **2**, 365 (1960)
[552] A. V. TOBOLSKY u. A. V. BONDREAU, J. Polymer Sci. **51**, 553 (1961)
[553] F. DAWANS u. G. SMETS, Makromol. Chem. **59**, 163 (1963)
[554] K. ITO, T. SUGIE u. Y. YAMASHITA, Makromol. Chem. **125**, 291 (1969)
[555] S. YABUMOTO, K. ISHII u. K. ARITA, J. Polymer Sci. **7**, 1577 (1969)
[556] L. FUNT u. J. RYBICKY, J. Polymer Sci., *A-1*, **9**, 1441 (1971)
[557] G. WENTWORTH u. J. R. SECHRIST, Polymer Letters **9**, 539 (1971)
[558] N. G. GAYLORD, Non-Equimolar Compositions in Polymerization of Charge Transfer Complexes, Hauptvortrag zum JUPAC Internat. Symp. Macrom. (Helsinki — 1972)
[559] J. FURUKAWA, Control of Monomer Reactivity in Copolymerization, Hauptvortrag zum JUPAC Internat. Symp. Macrom. (Helsinki — 1972)
[560] K. YAMADA, A. NOGUCHI u. H. IIDA, Polymer Letters **9**, 533 (1971)
[561] M. IMOTO, T OTSU u. Y. HARADA, Makromol. Chem. **65**, 180 (1963)
[562] M. IMOTO, T. OTSU, B. YAMADA u. A. SHIMIZU, Makromol. Chem. **82**, 277 (1965)
[563] S. TAZUKE, K. TSUJI, T. YONEZAWA u. S. OKAMURA, J. Phys. Chem. **71**, 2957 (1967)
[564] N. G. GAYLORD u. A. TAKAHASHI, Adv. Chem. **91**, 94 (1969)
[565] N. G. GAYLORD u. A. TAKAHASHI, J. Polym. Sci. *B-6*, 749 (1968)
[566] M. TANIGUCHI, A. KAWASAKI u. J. FURUKAWA, J. Polym. Sci. *B-7*, 411 (1969).
[567] J. KŘIŽ, JUPAC Internat. Symp. Macrom. Chem. Prepr. 3/23 (Budapest — 1969)
[568] H. DAWCZYNSKI, Dissertation, Jena (1973)
[569] Grundlagen der HMO-Methode, s.: A. STREITWIESER jr., *Molekular Orbital Theory for Organic chemists*, J. Wiley/Sons, New York—London (1962); s. auch: E. HEILBRONNER u. H. BOCK, *Das HMO-Modell und seine Anwendung*, Verlag Chemie, Weinheim (1968)
[570] K. HIGASI, H. BABA u. A. REMBAUM, *Quantum Organic Chemistry*, Interscience Publ., New York, London, Sydney (1965)
[571] K. F. O'DRISCOLL u. T. YONEZAWA, Rev. Macromol. Chem. **1**, 1 (1966)

[572] G. v. Bunau, Angew. Chem. 84, 418 (1972)
[573] B. L. Erussalimskii, IUPAC Internat. Symp. Macrom. Chem. Hauptvortrag Sektion 3, (Budapest — 1969)
[574] Yu. Ye. Eizner, S. S. Skorochodov, T. P. Zubova, Europ. Polymer J. 7, 869 (1971)
[575] T. Fueno, T. Okuyama, J. Furukawa, J. Polymer Sci. *A-1*, 7, 3219 (1969); T. Okuyama u. T. Fueno, J. Polymer Sci. *A-1*, 9, 629 (1971)
[576] T. Higashimura, T. Masuda, S. Okamura, T. Yonezawa, J. Polym. Sci. *A-1*, 7, 3129 (1969)
[577] H. J. Hoffmann, M. Scholz, C. Weiss, J. prakt. Chem. **313**, 339 (1971)
[578] G. Derflinger u. H. Lischka, Mh. Chemie (Wien), **100**, 1003 (1969)
[579] G. Heublein u. P. Hallpap, Plaste und Kautschuk **21**, 415 (1974)
[580] C. H. Bamford, A. D. Jenkins u. R. Johnston, Proc. Roy. Soc. *A 241*, 364 (1957)
[581] E. Gey, J. prakt. Chem. **313**, 1155 (1971)
[582] T. Alfrey, J. J. Bohrer u. H. Mark, *Copolymerization*, Wiley-Interscience, New-York (1952)
[583] H. Lüssi, Makromol. Chem. **103**, 47 (1967)
[584] M. Szwarc u. Mitarb., J. Chem. Soc. [London], 355 (1962)
[585] P. Sigwalt u. Mitarb., Bull. Soc. Chim. France, 3487 (1969)
[586] P. H. Plesch, Vortrag in der Sektion Lodz der Polnischen Chemischen Gesellschaft, Lodz (März — 1972)
[587] B. Krummenacher u. H.-G. Elias, Makromol. Chem. **150**, 271 (1971)
[588] H.-G. Elias u. A. Fritz, Makromol. Chem., **114**, 31 (1968)
[589] St. Pasynkiewicz, T. Diem u. A. Korol, Makromol. Chem. **137**, 61 (1970)
[590] W. Kuran, St. Pasynkiewicz u. Z. Floriańczyk, Makromol. Chem. **162**, 53 (1972)
[591] St. Pasynkiewicz, T. Diem, W. Kuran u. K. Kolbrecka, Makromol. Chem. **156**, 251 (1972)
[592] R. J. Gillespie u. M. J. Morton, Quart. Rev. Chem. Soc. [London], **25**, 553 (1971)

www.ingramcontent.com/pod-product-compliance
Lightning Source LLC
LaVergne TN
LVHW060626300926
849162LV00008B/1726